めちゃイケ大百科事典

ENCYCLOPEDIA

PROLOGUE

8年の時空を超越して、「めちゃイケ」の歴史が蘇る。

この本にはそもそも、大それた目的や深い意味はありません。この本は記録です。20世紀から21世紀にかけて、お笑いの世界を駆け抜けた人間たちの事を、皆さんにより理解してもらうための8年間の記録です。

とはいえ、もともとテレビというメディアは、砂に書いた文字のように、次から次へと書かれては消え、消えては書かれていくものです。そこに記録というものは必要ないのかもしれません。

ですが、もしも記録が残ることで、そこから新しい何かが生まれるとしたら？…この記録が新しい「笑い」を生み、その「笑い」がさらに新しい記録として残っていけば？ ………そんな風に積み重ねられていく「笑い」はきっと、今よりももっと素敵な 「笑い」となってくれるはずです。

この本自体に深い意味や目的がないからこそ、この本から新たな意味や目的が生まれる可能性だけは信じていようと思います。

それとは別に、今日の時代背景もこの本を作るきっかけになったのかもしれません。

最近、だんだんと「お笑い」には厳しい世の中がやってきているような気がします。気のせいかもしれません。とりこし苦労なのかもしれません。ですが、そんな時代を 生き抜く覚悟が、記録を残すことにした理由のひとつでもあります。

そうは言っても、この本はただの記録です。記録は記録として残すこと以上の意味を持ちません。もしもこの記録によって何かが変わるとしたら、それはこの本を読んだ皆さんの気持ちだけです。それ以上の意味を、この本は持っていません。

「めちゃイケ」観賞のお供として、テレビやビデオの脇に置いて、わからない言葉が出た時に随時参照して下さい。ただしあなたの常識を損なうおそれがありますので読みすぎに注意しましょう。

最後に、この本は我々の8年間の歴史をともに作ってきたすべての出演者と、すべてのスタッフの想いの記録でもあります。彼らすべてと「めちゃイケ大百科事典編纂委員会」への感謝を込めて！

About
This book

「めちゃイケ大百科事典」について

1. 本書「めちゃイケ大百科事典」は番組総監督・片岡飛鳥監修のもと、約半年の期間をかけて制作された、フジテレビ「めちゃ²イケてるッ!」唯一の番組公認本である。

2. 「めちゃ²イケてるッ!」のルーツである伝説の深夜番組「新しい波」から現在に至るまでの歴史を、より深く理解するためのキーワード679項目を収録した。また、文中に参照すべき関連キーワードがある場合には、青文字のハイパーリンクで表示し、キーワード/キーセンテンスの番組全体での位置を俯瞰して把握できるようになっている。

3. キーワード/キーセンテンスの表記は、番組内でのテロップ等や出演者の発言(発声)を、できるかぎり忠実にテキスト化したものを原則としている。また、会話からのあきらかな引用の場合には、該当個所をカギカッコ「 」で括ることにした。

4. 配列は五十音順を原則とし、欧文およびその他の略号については慣用の読み方に習って配列した。長音の場合はその前の母音を重ねて配列し、ナカグロ・は読みの順序には含めていない。また同じ仮名の場合は清音/濁音/半濁音の順に並べている。

5. 日付については西暦を採用した。また、数字は算用数字を基本とするが、通例漢数字で表記するものについては、それにならった。

6. 項目の末尾にはキーワード/キーセンテンスの代表的な出典元(番組タイトル、コーナーetc.)を省略記号で付記し、「めちゃ²イケてるッ!」における各項目のルーツ〜広がりかたを把握するための目安にした。巻頭の「出典記号と出典一覧」を参照されたい。

7. 「めちゃ²イケてるッ!」の歴史上、エポックメイキングな出来事については、キーワード/キーセンテンスだけでなく、巻頭の「めちゃ²イケてるッ!　タイムライン」も併せて参照されたい。また巻末の「キーワード/キーセンテンスindex」を利用すれば、探している項目を素早く検索することができる。

8. 本書の編纂作業は2000年年末〜2001年初頭にO.A.された「pM8企画」以降も続き、番組で紹介されたキーワード/キーセンテンスについて、さらに深い検証作業をおこなったうえで完成した。従って番組内で紹介された予定原稿とは一部異なる記述もあるが、情報量を損なうことなく、より充実した内容となっている。

付録:

How to use This book

本書の使い方

016 | ○あーのるど・しゅわるつぇねっがー○あーみー・えんじぇるす○あい・しー・でぃー・てぃー 2

1 あ

あ 3

4 **アーノルド・シュワルツェネッガー**
（あーのるど・しゅわるつぇねっがー）〈名詞〉

御存知ハリウッドの誇る世界的スーパースター。「日本一周　ええ仕事の旅」で、ナインティナインのブッキングにより、映画『エンド・オブ・デイズ』プロモーションのために来日中だったシュワちゃんとのインタヴューが実現し、ドキドキの中居正広だったが、シュワちゃんが興味を示したのはマネージャーの岡村隆史の方で、すっかり意気投合。果ては大ヒットした映画『ツインズ』のパート2製作の際は、ぜひ共演して欲しいとオファーするほど岡村に御執心（ごしゅうしん）。当然その間、中居は徹底的に無視され、そのプライドは大きく傷ついた。

[NHIS4,COOL]

アーミー・エンジェルス
5 （あーみー・えんじぇるす）〈名詞〉

ホリプロの最終兵器・堀越のり＆1999年度写真集売り上げNO.1・川村ひかるからなる女子プロレスのタッグ。第3回「格闘女神MECHA」に登場し、チャイナナイト光浦＆矢沢心が組んだ超新生フレッシュ・ギャルズと対戦した。2人は「ババア」（堀越）「腐ってんじゃないの？」（川村）と、光浦をマイクパフォーマンスで激しく挑発。とくにボクシングの心得がある川村のパンチは強烈だったが、結果はレフェリー・岡村四郎限界により無効試合。なお、第2回に続いて謎の覆面レスラー（JR新大久保）がまたもや乱入し、ロープ越えにチャレンジしたがミラクルなコケ方に終わった。

6 [KTJM,COOL]

ICDTV
（あい・しー・でぃー・てぃー・びー）〈名詞〉

「イケてるカウントダウンTV」の略称。TBSの音楽情報番組「CDTV」のパロディで、番組進行のキャラクターはオカムー、グッチョン、ヒナママ。めちゃイケメンバーが凝ったメイクと振りでJポップのパロディに挑戦する。ルーツは「めちゃ²モテたいッ！」でO.A.されていた「俺をこう撮れ！」。

ICDTVからは数多くの人気キャラクターが生まれたが、1996年12月28日O.A.の「ケチョンケチョンにしてやるスペシャル!!」は過去の総集編的な内容でランキングが発表された。雛形あきこ＆鈴木紗理奈の魅力がはじけたPAFEE（パフェー）、水商売疑惑が囁（ささや）かれる山本圭壱の山室波恵など、将来お宝映像となることは必至である。

1位.「LA・LA・LA LOVE SONG」岡保田利伸

日本人離れ、というより人間離れ！

2位.「LA・LA・LA LOVE SONG」
久保田利伸 with NAOMI CAMPBELL

3位.「これが私の生きる道」PAFEE

7 アイドルの魅力全開！

1 ツメ

あ・か・さ・た・な・は・ま・や・ら・わ行別に色わけしてあるので、おおまかな目安として利用してください。

2 ハシラ

偶数ページでは、そのページで始まりにくる項目、奇数ページでは、そのページ内で最後にくる項目を示しています。

3 語の見出し

あ・い・う・え・お順にすべての語を掲載してあります。

4 キーワード／キーセンテンス（見出し語）

配列は五十音順です。欧文およびその他の略号については慣用の読み方に習って、日本語のアイウエオ順に配置しました。

5 読み方

見出し語の読み方を、これも慣用に習って記してあります。各語はその分類ごとにナカグロ・で区切りました。

6 出典記号

見出し語の代表的な出典元を記号化して付記しました。巻頭の「出典記号と出典一覧」を参照してください。また記号の省略化には、たとえば「爆烈お父さん」であれば「Baku Retsu Otou San → BROS」というように、ある程度のルール性がありますので、記憶する際には類推の参考にしてください。

7 キャプション

見出し語、または本文中の解説に対応しています。

Source codes
And
Bibliography

出典記号と出典一覧

注記：

※本書がピックアップしたキーワード／キーセンテンスが、「めちゃ²イケてるッ!」のどのコーナー／企画でO.A.されたかを示すための省略記号一覧です。各項目の最後に付された4～5文字の省略記号をこのページと照らし合わせると、「めちゃ²イケてるッ!」におけるルーツ～広がりかたを把握する目安になります。
※「めちゃ²イケてるッ!」以前にO.A.されていた「新しい波」「とぶくすり」「殿様のフェロモン」「とぶくすりスペシャル」「とぶくすりZ」「めちゃ²モテたいッ!」の記号も含まれていますので、巻頭の「タイムライン」と併せて参照することで、めちゃイケの、そしてキーワード／キーセンテンスの背景を、より俯瞰して理解することができます。
※コーナー／企画名後の（　）内は、それぞれの初出O.A.日時です。ここに挙げた多くが、不定期に復活する可能性を孕んでいるため、終了したように思われるものについても最終O.A.日時は原則として記していません（例外あり）。

■ABTS
油谷さん
（1998年2月7日O.A.～）

■ACNO
アクション寝起き
（1997年8月9日O.A.～）

■ACNO1
アクション寝起き　青森の七戸君とヒナ襲撃!
（1997年8月9日O.A.）

■ACNO2
アクション寝起き2　怒りのアルツ
（1998年2月28日O.A.）

■ACNO3
アクション寝起き3　JAWS
世界初の人妻アクション寝起き♥沖縄寝起き上手
（1998年8月22日O.A.）

■ACNO4
アクション寝起き総集篇
（1999年8月14日O.A.）

■ACWC
愛するコンビ、別れるコンビ
（1999年8月7日O.A.）

■AFKD
有野ファン感謝デー
（1999年7月10日O.A.～）

■AFMN
アフリカマン
（1997年8月2日～1998年5月30日O.A.）

■AJKK
MNN報道特集　超緊急赤字解消企画
（1998年11月7日O.A.）

■ARSC
有野はめちゃイケに不必要か!?
存在感CHECK
（1999年1月23日O.A.）

■ATNR
青田昇
（1997年7月12日O.A.～）

■AYMS
麻布ヤマモト騒動
（1999年9月11日O.A.～）

■BROS
爆烈お父さん
（1996年11月23日O.A.～）

■CBTK
チビッコ討論会めちゃイケのココが嫌い
（1998年5月30日O.A.～）

■COOL
めちゃ²イケてるッ!
（1996年10月19日O.A.～）

■CTEY
キャッツアイ
（1997年2月1日O.A.～）

■CTTM
ザ・カルチャータイム
（1997年2月22日O.A.～）

■DCAD
どっちのADショー
（2000年10月21日O.A.～）

■DIBK
ダイブツくん
（1996年12月7日O.A.～）

■DIKS
ダイクさん
（1997年1月25日O.A.～）

■DKTK
ドラコン大会
（1998年8月15日O.A.～）

■DREG
でるエガ
（1997年2月8日O.A.～）

■EGAD
秋休みボケ解消　ヤラセ厳禁だまし企画
映画オーディション（実録・伊豆の踊子）
（1999年12月4日O.A.～）

■EGHM
江頭の一言物申す
（1997年2月22日O.A.～）

■EPIT
エスパー伊東
（1998年11月21日O.A.～）

■FRCK
古田チック
（1997年7月19日O.A.～）

■FRFR
フリフリNO.6
（1997年11月15日O.A.～）

■FTKS
フジテレビ警察密着24時!!
逮捕の瞬間100連発
（1997年12月13日O.A.）
（1998年12月12日O.A.）
（1999年12月11日O.A.～）

■GKJO
最も外国人に受ける芸人
めちゃイケ外国人王は誰だ!?
（1997年10月25日O.A.～）

■GNKT
ガチンコ対決
（1998年8月8日O.A.～）

■HGDS
濱口だましシリーズ
（1998年10月31日O.A.～）

■HGDS1
濱口1日中ドッキリ!　抜き打ち司会テスト!!
（1998年10月31日O.A.）

■HGDS2
濱口に新しい彼女を!
（1999年1月9日O.A.）

■HGDS3
史上最大の作戦　濱口をボウズに！
（スター・ウォーズ・エピソードⅡ）
（2000年1月15日O.A.）

■HGDS4
初生放送だよ全員集合！ 4月馬鹿スペシャル!!
濱口が初生放送に合コンで遅刻中!!
（2000年4月8日O.A.）

■HIYK
とぶくすり
（1993年4月8日～1993年9月23日O.A.）

■HIYS
とぶくすりスペシャル
（1993年10月2日～1994年4月2日O.A.）

■HIYZ
とぶくすりZ
（1995年10月10日～1996年3月24日O.A.）

■HJMJ
人質名人
（1999年5月22日O.A.～）

■HMDN
ハマディーン
（1998年3月7日O.A.～）

■ICDT
イケてるCDカウントダウンテレビ（ICDTV）
（1996年10月19日O.A.～）

■ICTT
イケてるCDカウントダウンテレビ2（ICDTV2）
（2000年8月19日O.A.～）

■IKCS
イケてるキャバクラスカウト
（1999年2月13日O.A.～）

■IJST
伊集院さんと白鳥さん
（1998年6月6日O.A.～）

■ITBT
伊東部長
（1997年1月18日O.A.～）

■JRKH
めちゃイケの残暑お見舞い
実録ちょっと怖い話
（1998年8月29日O.A.～）

■KBSK
第1回！　イケてる芸能人顔バレ選手権!!
（1998年5月9日O.A.）

■KDDS
こども電話相談室
（1997年10月11日O.A.～）

■KDMO
最も子供受けする芸人　めちゃイケ子供王は誰だ!?
（1997年3月1日O.A.～）

■KDEZ
きだ英蔵
（1997年11月22日O.A.～）

■KFSB
恐怖新聞
（1998年5月30日O.A.～）

■KHAD
ここがヘンだよAD
（2000年9月16日O.A.～）

■KHKA
ここがヘンだよかけだしアイドル
（2000年5月27日O.A.～）

■KHMJ
ここがへんだよマネージャー
（2001年3月10日O.A.～）

■KSMM
クシャミマン
（1997年11月15日O.A.～）

■KTJM
格闘女神MECHA
（めちゃ日本女子プロレス）
（1999年5月22日O.A.～）

■KNPD
こにしプロデューサー
（1997年7月5日O.A.～）

■KNSN
健さん
（1999年11月13日O.A.～）

■KPSK
第1回！　イケてる顔パス選手権!!
（1998年2月21日O.A.～）

■KTOK
加藤＆大久保
（1999年4月17日O.A.～）

■KTOK1
加藤浩次　涙の借金返済ツアー
（1999年4月17日O.A.～）

■KTOK2
結婚式篇
（1999年6月26日O.A.～）

■KTOK3
完結篇
（1999年9月18日O.A.～）

■MEOT
夫婦
（1997年5月17日O.A.～）

■MICM
めちゃイケCM
（1998年9月12日O.A.～）

■MIIA
めちゃイケINアルツ磐梯!!
（1998年2月7日、28日、3月21日O.A.～）

■MIIO
めちゃイケIN沖縄!!
（1998年8月8日、15日O.A.～）

■MIIG
めちゃイケINグアム!!
（1997年8月2日、9日O.A.～）

■MIIH
めちゃイケIN北海道ルスツ高原スキー場!!
（1997年1月11日、18日O.A.～）

■MIKT
夏休み直前企画　めちゃイケ期末テスト
（2000年7月15日O.A.～）

■MIMR
脱税タレント摘発！　めちゃイケマルサ!!
（2000年3月18日O.A.～）

■MIST
スポーツの秋ということで
めちゃイケスポーツテスト
（2000年10月28日O.A.～）

■MIOO
めちゃイケ親子大喜利
（1999年6月19日O.A.～）

■MKCI
感動をあなたに　街角ちょっといい話
（1998年1月17日O.A.～）

■MKIV
街角インタビュー
（1997年11月29日O.A.～）

■MKIV1
街角インタビュー／オカ田英寿
（クールな魅力にギャル興奮　国民的スター　オカ田英寿 街角インタビュー）
（1998年9月12日O.A.～）

■MKIVI
街角インタビュー／オカ田英寿INイタリア!!
（イタリア娘も興奮♥スーパースターオカ田英寿 街角インタビューinローマ）
（1998年12月5日O.A.～）

■MKIV2
街角インタビュー／オ村拓哉
（国民的アイドル　キスしたい男1
オムタク街角インタビュー!!）
（2000年5月27日O.A.～）

■MKIV3
街角インタビュー／オリ町隆史
（大パニック　抱かれたい男No.1
オリ町隆史街角インタビュー!!）
（1997年11月29日O.A.～）

■MIUY
めちゃイケ運輸
（1997年5月10日O.A.～）

■MMTJ
ものまね兆治
（1997年4月19日O.A.～）

■MNSK
Mの三兄弟
（1999年9月4日O.A.～）

■MOBR
めちゃイケ！お笑いバトル・ロワイアル
（2001年2月24日O.A.～）

■MRGK
モリグチくん
（1998年4月25日O.A.～）

■MSTP
めちゃSTEPS
（1999年5月15日O.A.～）

■MUBK
光浦靖子バースデー記念
女性初！色じかけダマシ!!
（1998年5月23日O.A.～）

■MUOK
光浦オナベ企画　オナベがチャレンジャー
光浦オトせたら100万円!!
（2000年11月25日O.A.～）

■MUSS
光浦家の三姉妹
（1999年2月20日O.A.～）

■MUSS1
バレンタインデー
記念ドラマ　光浦家の三姉妹1
（1999年2月20日O.A.）

■MUSS2
バレンタインデー
記念ドラマ　光浦家の三姉妹2
（2000年2月12日O.A.）

■NGTS
NG大将
（1999年9月4日O.A.～）

■NHIS
日本一周
（1996年9月28日O.A.～）

■NHIS1
日本一周　16時間の旅!!
（1996年9月28日O.A.）

■NHIS2
日本一周　フルコースの旅!!
（1997年3月29日O.A.）

■NHIS3
日本一周　お見合いの旅!!
（1998年4月4日O.A.）

■NHIS4
日本一周　ええ仕事の旅!!
（1999年12月25日O.A.）

■NHSK
日本新記録
（1996年10月19日O.A.～）

■NOHS
寝起き早食い選手権
（2000年2月5日O.A.～）

■NOHS1
寝起き早食い選手権PRIDE1
（2000年2月5日O.A.）

■NOHS2
寝起き早食い選手権PRIDE2
（2000年6月17日O.A.）

■NKKK
99欠席緊急会議
（めさ^{2}イケとるッ!?）
（1999年6月12日O.A.～）

■NRDM
ノーリアクションドラマ
（1998年4月25日O.A.～）

■NRNK
野良猫
（1998年11月21日O.A.～）

■NSMM
ノンストップママ
（1999年5月22日O.A.～）

■NEII
14年越しの夢実現！
新田恵利の家に行こう
（1999年2月27日O.A.～）

■OAHD
イケてるデート王　バレたら終わり！
岡村＆ヒナデート
（1996年12月14日O.A.～）

■ODAN
男だらけのあいのり
（2001年2月17日O.A.～）

■OISJ
岡田一少年の事件簿
（1996年10月19日O.A.～）

■OKMT
岡村隆史探検隊シリーズ
（1996年1月25日O.A.～）

■OKMT1
土曜スペシャル岡村隆史探検隊シリーズ　伝説の雪男ビッグフットを追え!!
（1997年1月25日O.A.）

■OKMT2
土曜スペシャル岡村隆史探検隊シリーズ　恐怖の幻の怪獣ミニラを追え!!
（1997年7月5日O.A.）

■OKMY
オカッチ&ミヤッチ
（2000年6月10日O.A.～）

■OKTN
岡ちゃん
（1998年4月18日O.A.～）

■OKNO
岡村隆史VS中尾彬　ナチュラル演技力対決
知ってるいたずらウオッチング
（1997年5月24日O.A.～）

■OMOS
岡村オファーが来ましたシリーズ
（1997年10月4日O.A.～）

■OMOS1
岡村オファーが来ましたシリーズ／ジャニーズJr.編（ジャニーズJr. 岡村! SMAPライブ出演　ガチコンいわしたるッ! スペシャル!!）
（1997年10月4日O.A.）

■OMOS2
岡村オファーが来ましたシリーズ／月9ドラマ編（岡村に出演依頼！月9ブラザーズ）
（1998年5月2日O.A.）

■OMOS3
岡村オファーが来ましたシリーズ／結婚式編（岡村さんの司会で感動結婚式を）
（1998年6月20日、27日O.A.）

■OMOS4
岡村オファーが来ましたシリーズ／新春かくし芸大会編（絶対満点で年を越すぞ！いつか最高の自分にスペシャル!!）
（1998年12月26日O.A.）

■OMOS5
岡村オファーシリーズ／ムツゴロウ王国編
（シャカリキに頑張るゾ 動物王国スペシャル!!）
（1999年10月9日O.A.）

■OMOS6
岡村オファーシリーズ／めちゃ^{2}あいしてるッ!
（フルマラソン編）
（2000年12月31日／特番O.A.）

■OMOS7
岡村オファーシリーズ／ライオンキング編
（今年で30しっとるケ!?　ガオーッスペシャル!!）
（2000年10月14日O.A.）

■OOOK
'98ホワイトデー記念　俺の女のオトし方
（1998年3月14日O.A.～）

■OTYO
最もお年寄り受けする芸人
めちゃイケお年寄り王は誰だ!?
（1997年5月17日O.A.～）

■PHER
殿様のフェロモン
（1993年10月16日～1994年3月26日O.A.）

■PMET
pM8
（2000年12月2日～2001年1月27日O.A.）

■POP!
めちゃ^{2}モテたいッ!
（1995年10月28日～1996年9月28日O.A.）

■PRSJ
プレッシャー星人
（1996年11月30日O.A.～）

■PYOV
ポパイとオリーブ
（1997年5月24日O.A.～）

■QZHM
クイズ濱口優
（1998年4月25日O.A.～）

■QZHO
クイズ濱口おさる
（2000年5月20日O.A.～）

■QZMO
クイズ＄マジオネア
（2001年3月10日O.A.～）

■RAKK
恋愛の加藤教師
（1999年11月13日O.A.～）

■RDMN
ライダーマン
（1996年10月19日O.A.～）

■SBKZ
小便小僧
（1998年8月15日O.A.～）

■SINP
新しい波
（1992年10月9日～1993年3月19日O.A.）

■SJTK
船上トーク
（1996年10月19日O.A.～）

■SKBM
スカート・バイ・ミー
（1998年8月1日O.A.～）

■SKTV
人手不足のさくらんぼテレビをお手伝い!!
(1997年6月7日O.A.～)

■SNGT
少年愚連隊シリーズ
(1996年3月16日O.A.～)

■SNGT1
七戸少年愚連隊　吹雪をブッ飛ばせ!の巻
(1997年3月15日O.A.)

■SNGT2
深野少年愚連隊
小樽の新しいお父さん!の巻
(1997年6月14日O.A.)

■SNGT3
河野少年愚連隊　片思いの彼に告白!の巻
グイグイ来ておりますスペシャル
(1997年12月27日O.A.)

■SNGT4
ヨモギダ少年愚連隊3
(1999年3月6日、13日、20日、4月10日O.A.)

■SNSZ
七人のしりとり侍
(2000年3月11日～2001年2月10日O.A.)

■SPDK
シャンプー刑事
(1997年2月15日O.A.～)

■SPED
スピ――ド
(1997年8月16日O.A.～)

■SROT
ボケ肉番付お笑いストラックアウト
(1999年1月30日O.A.～)

■STMP
STAMP
(1996年11月2日O.A.～)

■STRK
ストーカー・危険な女
(1997年2月15日O.A.～)

■TBKT
つばめ救助隊
(1998年3月21日O.A.～)

■TMKO
最も竹村健一に受ける芸人
めちゃイケ竹村健一王は誰だ!?
(1998年10月24日O.A.～)

■TSIS
鉄人作家伊藤さん
(1997年4月26日O.A.～)

■TTHR
たつひろ
(1996年11月9日O.A.～)

■TTKM
ツタンカーメン師匠
(1998年10月24日O.A.～)

■TYJS
通訳のジョーンズさん
(1997年4月26日O.A.～)

■URMI
裏めちゃイケ(「27時間テレビ夢列島　てれずにいいこと、てれずに楽しく」内特番)
(1998年7月18日O.A.～)

■WTBR
Whiteberryスペシャル、凍死覚悟の北海道で美少女バンドを追え
(2000年3月4日O.A.～)

■WUOK
笑う男
(1999年1月16日O.A.～)

■WWGO
笑わず嫌い王決定戦
(1998年6月13日O.A.～)

■YBOK
矢部&大久保
(2000年4月15日O.A.～)

■YBOK1
矢部&大久保(温泉ツアー)
(2000年4月15日O.A.)

■YBOK2
矢部&大久保　ふぞろいのイケてるメンバーたち
第2回「愛する人を追いかけますか?」
(2000年7月1日O.A.)

■YBOK3
めちゃイケスクリームin河口湖
(2000年9月23日O.A.)

■YHSD
矢部君26歳の誕生日記念
矢部♥素人のせいちゃんデート
(1997年11月1日O.A.～)

■YHDO
めちゃイケファン感謝デー　矢部浩之のデート王
(1997年9月13日O.A.～)

■YHMH
矢部浩之の持ってけ100万円
(1995年1月20日O.A.～)

■YHMH1
矢部浩之の持ってけ100万円
(1995年1月20日、27日O.A.～)

■YHMH2
帰ってきためちゃイケギャンブラー
矢部浩之の持ってけ100万円
(1997年2月1日、8日O.A.)

■YHMH3
めちゃイケギャンブラー
矢部浩之の持ってけ100万円
(1998年1月24日、31日O.A.)

■YHMH4
めちゃイケギャンブラー
矢部浩之の持ってけ100万円　大阪篇
(1999年2月6日、13日O.A.)

■YHOS
矢部浩之のオファーしちゃいました!!
(1999年8月28日O.A.～)

■YHOS1
矢部浩之のオファーしちゃいました!!
矢部めざましテレビ24時間夢中でAD!!
(1999年8月28日O.A.)

■YHOS2
矢部浩之のオファーしちゃいました!!
第2弾巨大温泉旅館で矢部24時間労働!
(2000年1月29日O.A.)

■YHOS3
矢部浩之のオファーしちゃいました!!
第3弾ザ・テレビジョンで32時間記者!!
(2000年8月5日O.A.)

■YMKD
山本球団
(1998年11月14日O.A.～)

■YMKD1
めちゃイケに感動のゴールを!
実録・山本球団
(1998年11月14日O.A.)

■YMKD2
実録・山本球団2　俺たちのオールスター
(1999年7月24日O.A.)

■YMKD3
2度あることは3度ある　実録・山本球団3
(2000年7月22日O.A.)

■YMTK
山本通販企画
(1999年4月24日O.A.～)

■YMTN
ザ・ヤマモトテン
(1999年2月20日O.A.～)

■YMSY
ヤシ本真也
(1999年7月10日O.A.～)

■YSKK
よゐこ助っ人企画
初のナイナイだまし　極秘でハガキ投稿
(「オールナイトニッポン」救済計画)
(2000年5月13日O.A.～)

■YSKS
横須賀社長
(1998年5月30日O.A.～)

■ZISP
全員集合スペシャル
(1997年10月11日O.A.～)

■ZISP1
一周年だよ!全員集合スペシャル!!
(1997年10月11日O.A.)

■ZISP2
二周年だよ!全員集合　鶴瓶も悩む
秋スペシャル!!
(1998年10月10日O.A.)

The timeline Before Mechaike 1992-1996

「めちゃ²イケてるッ!」前史 1992年～1996年

「新しい波」
【1992年10月09日～1993年03月19日】

西暦	O.A. DATE	TOPICS
1992	10月09日	「新しい波」O.A.開始　金曜26:55～27:25 【出演】西山喜久恵、週替わりのお笑い芸人
	10月23日	#003によゐこが初出演
	12月11日	#010にナインティナインが初出演
1993	01月22日	#014にオアCズ（現オアシズ）が初出演
	02月05日	#016に極楽とんぼが初出演
	03月19日	「新しい波」最終回スペシャルとして「選抜メンバースペシャル」を放送。 ※放送時間は26:55～27:40（拡大枠） 【出演】堀部圭亮、ナインティナイン、よゐこ、極楽とんぼ、オアCズ、キャイ～ン、フォークダンスDE成子坂、ジュンカッツ、西山喜久恵アナウンサーetc. 【内容】シチュエーションコント「はばたけ！ 舞浜商科大学」「マルコムX大喜利」「うのうのだん」他

「とぶくすり」
【1993年04月08日～09月23日】

西暦	O.A. DATE	TOPICS
1993	04月08日	「とぶくすり」O.A.開始　木曜26:15～26:45 【出演】ナインティナイン、よゐこ、極楽とんぼ、本田みずほ、光浦靖子 【内容】「中学生コント」「タカシとマサル」「岡村隆史22歳」、コントの第1回などがO.A.される。他に「はばたけ！　舞浜商科大学」「うのうのだん」「みんなのう た」「とぶおんな」etc.。この日の視聴率は1.6パーセント。
	05月27日	「みんなのうた」の歌のお姉さんが初代・周栄良美から2代目新田恵利にチェンジ。
	07月01日	第1回総集編
	07月29日	「とぶおんな」のコーナーが終了
	08月08日	初ステージ「とぶくすりinフジテレビまつり」をフジテレビ駐車場内特設ステージで開催
	09月23日	「とぶくすり」最終回

「とぶくすりスペシャル」
【1993年09月26日〜1994年04月02日】

西暦	O.A. DATE	TOPICS
1993	09月26日	「とぶくすり友の会大集会inよみうりランドイースト」を開催。 番組終了を知った友の会会員4.500人が大集合し、初の本格的野外ステージとなる。
	10月02日	「とぶくすりスペシャル〜みんな必死なんだよ!〜」 土曜25:40〜27:10 【ゲスト】武田真治、鍋柄昌宏（ヴェルディ）、熱田君&金田君（ハウスククレカレーCM） 【内容】番組史上初、90分間の公開収録に挑戦。「友の会inイースト」「岡村どつかれ全記録」「濱口どぜうへの道」「ヤベ家の謎」「キャラクターベスト10」「頑張っていこうスペシャル（ABCお笑い新人グランプリで涙する岡村隆史の貴重な映像etc.）」「とぶくすり友の会有名人会員」コーナーが初登場した。
	10月16日	「殿様のフェロモン」O.A.開始　土曜25:30〜27:00 【出演】中山秀征、常盤貴子、今田耕司、千葉麗子、武田真治、ナインティナイン、よゐこ、極楽とんぼ、本田みずほ、光浦靖子、アンバランス他（のちにシャ乱Qも参加）。
	11月02日	「とぶくすりin早稲田祭〜みんな必死ライブ〜」を早稲田大学大教室で開催。 前売り開始15分でチケット1,000枚を完売。
	11月14日	「とぶくすりinファイヤーフェスティバル」を代々木公園野外ステージで開催。 無料イベントに友の会会員が10,000人以上集まる。
	12月04日	「とぶくすりスペシャル2〜みんな必死なんだよ!〜」O.A.土曜25:30〜27:00 【内容】新キャラ・ヨシキ（濱口優）、シゲル・マツザキ（岡村隆史）らのショートコントが登場。藤四郎（岡村）がキムタクに会いに行く！ロケ企画を放送。とぶくすりメンバーがJリーグ・ヴェルディ川崎（当時）の武田修宏らと対戦etc.。
1994	01月29日	「とぶくすりスペシャル3〜みんな必死なんだよ!〜」O.A.土曜25:30〜27:00 【ゲスト】武田真治、結城貢、細川ふみえ、本木雅弘etc. 【内容】人気キャラ・結城みみず（加藤浩次）のコントに本物の結城貢氏が乱入。番組史上初の本格的ロケ企画「絶叫マシーンでネタをしよう会」を放送。うのうのだんでは藤四郎さん（本物）の貴重なVTRを紹介、収録スタジオから直接、藤四郎さんに電話をする。
	03月26日	「殿様のフェロモン」最終回
	04月02日	「とぶくすりスペシャル4〜1周年記念　春の必死まつり！〜」O.A.土曜25:55〜27:25 【ゲスト】武田真治、常盤貴子、デーブ・スペクター、松崎しげるetc. 【内容】「有名人友の会ファイル」「濱口優〜日本一だまされやすい男」「加藤印天然必死素材」「衝撃！タカシくんはゴム人間だった」「キャラクターベスト10」「とぶくすり歌謡ショー〜シゲルマツザキVS松崎しげる」そして人気絶頂でありながら、突然番組の終了を告げられる。 第1次暗黒時代の始まり ※「とぶくすり」や「殿様のフェロモン」の活躍を受けて、他の放送局ではナインティナインの大抜擢が相次いだ。だが、フジテレビは「とぶくすり」シリーズのO.A.を打ち切り。以後「とぶくすりZ」による復活まで、日本のお笑い界にとって半年の時間が無駄に費やされた。

「とぶくすりZ」時代
【1994年10月10日～1995年03月24日】

西暦	O.A. DATE	TOPICS
1994	10月10日	「とぶくすりZ」O.A.スタート 月曜～木曜24:35～24:45　金曜25:20～25:30 【内容】基本的には、平日は「ショートコント」「うのうのだん」の2本立て。 金曜日は「友の会(ロケ)」という構成。
	10月22日	「とぶくすりR(リターンズ)inファイヤーフェスティバル'94」を開催。 【会場】東京国際見本市会場駐車場・中央区晴海運動場 【出演】「とぶくすりZ」メンバー、西山喜久恵アナウンサー 【内容】「SMAPU(スマプー)のふんばりましょう」「タカシ&マサルの人工呼吸」 「ヨシキソロライブ」「たそがれ青年団の消火活動」「藤四郎の避難訓練」 「桜間教授の防災講義」「シゲルマツザキショー」
1995	01月01日	「ゆく年くる年とぶくすりスペシャル～俺らにはまだ早いやろ!!」O.A. 12月31日23:30～25:00 【メインスタジオ】渋谷公園通り劇場 【出演】「とぶくすりZ」メンバー、武田真治、袴田吉彦、山本太郎、鶴久政治、藤吉信次、 常盤貴子、渡辺満里奈、鈴木蘭々、磯野貴理子、夏木ゆたか、神田利則、 川端健嗣、奥山英志、西山喜久恵、佐野瑞樹、マリー・オリギン 【内容】「年越しうのうのだん」「チェッカーズメドレー」「108人坊主」(CX駐車場)、「渋谷 円山町ラブホテル街中継」「ホモ結婚式」「佐野のニュース(だまし企画)」
	03月24日	「とぶくすりZ」終了
	04月01日	「とぶくすりZ inシアターアプル」を開催
	04月05日	「とぶくすりZ増刊号　秋まで待てないスペシャル」を放送 第2次暗黒時代の始まり ※フジテレビは再び「とぶくすり」シリーズの続行を打ち切り!　一方、他の放送局ではナインティナインをメインにした番組が続々と企画され、彼らはスターへの道を歩み始める。この時期、濱口優と本田みずほの「フォーカス事件」起こる。メンバーの距離が離れ始めた。

「めちゃ²モテたいッ!」時代
【1995年10月28日〜1996年9月28日】

西暦	O.A. DATE	TOPICS
1995	10月28日	「めちゃ²モテたいッ!」O.A.スタート 毎週土曜23:30〜24:00 【出演】ナインティナイン、武田真治、雛形あきこ、鈴木紗理奈、山本圭壱 【ゲスト】岩城滉一、EAST END、リトバルスキー、セイン・カミュ 【内容】「めちゃモテトーク」「俺をこう撮れ！」「モテたいスポーツ」etc.
	12月23日	クリスマス特別企画(めちゃモテスーパーバンド)JUDY&MARY、武内亨
1996	01月06日	めちゃスキin大阪に光浦靖子が出演
	01月20日	加藤浩次突然の出演(以後レギュラーに)
	05月18日	めちゃスキin博多で江頭2:50デビュー
	08月17日	めちゃスキinサイパン　加藤浩次のスカイダイビング、カナヅチ発覚、江頭VS紗理奈対決、江頭ビーチフラッグ対決etc.
	09月14日	よゐこゲスト出演で本田みずほ簡易裁判。よゐこを呼んで本田みずほに関する論争あり。
	09月28日	「めちゃ²モテたいッ!」最終回 番組打ち上げ&岡村疑惑の遠投シュートの日だった。 実は同日20:00から「ナインティナインの出世街道!モテさせてくれてありがとうスペシャル!!」をOA。中居正広16時間日本一周&めちゃモテベストセレクションを放送した。

Mechaike Encyclopedia

あ

あ

アーノルド・シュワルツェネッガー

（あーのるど・しゅわるつぇねっがー）《名詞》

御存知ハリウッドの誇る世界的スーパースター。「日本一周　ええ仕事の旅」で、ナインティナインのブッキングにより、映画『エンド・オブ・デイズ』プロモーションのために来日中だったシュワちゃんとのインタヴューが実現し、ドキドキの中居正広だったが、シュワちゃんが興味を示したのはマネージャーの岡村隆史の方で、すっかり意気投合。果ては大ヒットした映画『ツインズ』のパート2製作の際は、ぜひ共演して欲しいとオファーするほど岡村に御執心（ごしゅうしん）。当然その間、中居は徹底的に無視され、そのプライドは大きく傷ついた。

[NHIS4,COOL]

アーミー・エンジェルス

（あーみー・えんじぇるす）《名詞》

ホリプロの最終兵器・堀越のり＆1999年度写真集売り上げNO.1・川村ひかるからなる女子プロレスのタッグ。第3回「格闘女神MECHA」に登場し、チャイナナイト光浦＆矢沢心が組んだ超新生フレッシュ・ギャルズと対戦した。2人は「ババア」（堀越）「腐ってんじゃないの？」（川村）と、光浦をマイクパフォーマンスで激しく挑発。とくにボクシングの心得がある川村のパンチは強烈だったが、結果はレフェリー・岡村四郎限界により無効試合。なお、第2回に続いて謎の覆面レスラー（JR新大久保）がまたもや乱入し、ロープ越えにチャレンジしたがミラクルなコケ方に終わった。

[KTJM,COOL]

ICDTV

（あい・しー・でぃー・てぃー・びー）《名詞》

「イケてるカウントダウンTV」の略称。TBSの音楽情報番組「CDTV」のパロディで、番組進行のキャラクターはオカムー、グッチョン、ヒナママ。めちゃイケメンバーが凝（こ）ったメイクと振りでJポップのパロディに挑戦する。ルーツは「めちゃ²モテたいッ！」でO.A.されていた「俺をこう撮れ！」。

ICDTVからは数多くの人気キャラクターが生まれたが、1996年12月28日O.A.の「ケチョンケチョンにしてやるスペシャル!!」は過去の総集編的な内容でランキングが発表された。雛形あきこ＆鈴木紗理奈の魅力がはじけたPAFEE（パフェー）、水商売疑惑が囁（ささや）かれる山本圭壱の山室波恵など、将来お宝映像となることは必至である。

1位.「LA・LA・LA LOVE SONG」岡保田利伸

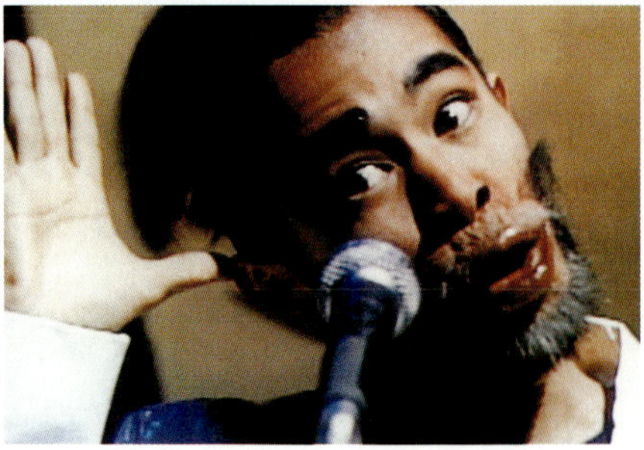

日本人離れ、というより人間離れ！

2位.「LA・LA・LA LOVE SONG」
久保田利伸 with NAOMI CAMPBELL

3位.「これが私の生きる道」PAFEE

アイドルの魅力全開！

あ

4位.「太陽のSEASON」山室波恵
5位.「田園」矢部置浩二
6位.「どうしようもない僕に天使が降りてきた」
加ト原敬之

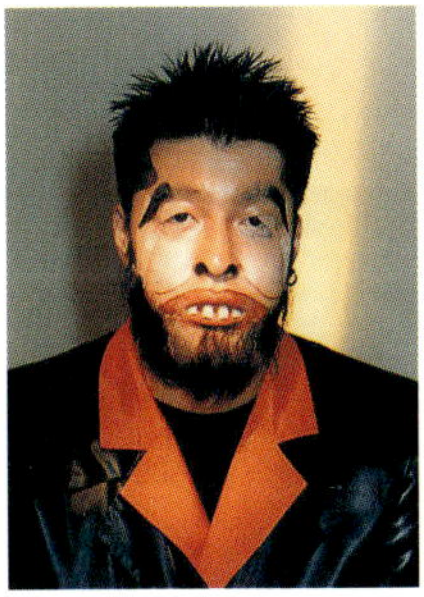
怪物メイクが物議を醸した

7位.「まちぶせ」光任谷靖実
8位.「CIRCUS」布袋2:50
9位.「SQUALL」オ室京介
10位.「アジアの純真」PAFEE
[ICDT,ICTT,POP!]

愛するコンビ、別れるコンビ

（あいする・こんび、わかれる・こんび）《名詞》

司会／ヤのもんた（矢部浩之）、ヤマ川憲一（山本圭壱）、ゲスト／カト沢富美男（加藤浩次）、オヴィ夫人（岡村隆史）、スズ島愛（鈴木紗理奈）、ミツ川昌子（光浦靖子）、ヒナ舘牧子（雛形あきこ）で収録された、「愛する二人、別れる二人」のパロディ。1999年8月7日O.A.。

当初は、よゐこ濱口優が、相方の有野晋哉のやる気のなさを指摘し、コンビ解消を迫る、という設定であると濱口は聞かされていた。が、実は濱口以外は全員仕掛人であり、コンパ狂いの濱口を全員で糾弾（きゅうだん）し、改心を迫る内容になっている。この点において、本企画は一連の「濱口だまし」の中にも位置付けられよう。

有野の主張によれば、濱口は彼女ができて以来、毎晩のようにデートを繰り返し、仕事にも悪影響が出ていた。後に彼女と別れたのはよいが、更に女遊びはエスカレートし、やがては大事な仕事をすっぽかすまでになった。有野は、こんな大バカとは一刻も早く手を切りたい、と懇願（こんがん）した。

やがて「愛する二人、別れる二人」と同様に、証人と電話が繋（つな）がる。よゐこの現場のマネージャー、X氏登場。氏は「離婚届」風に有野のサイン済みの契約書を持参。文面は「ゴールデンで冠（かんむり）番組を持つまで、合コン、夜遊びを一切やめます」。これにサインしなかったら松竹芸能としては、「(もう濱口はタレントとして）いりません」とX氏。濱口は「有野ができないから全部ひとりでやっている、自分はピン芸人なのか」と最後の抵抗をするも、結局はハンコを押す事に。
[ACWC,COOL]

濱口を追及するお歴々

防戦一方の濱口

愛、泪、瞳

（あい・るい・ひとみ）《名詞》

「キャッツアイ」シリーズの3姉妹の名前。

あ

テレビアニメ化され大人気となった北条司原作の漫画の主人公。フェティッシュなレオタードに身を包み、美術品を盗み出すセクシー大泥棒である。「あなたのハートをいただきよ！」が決めゼリフ。めちゃイケ女性メンバーの 雛形あきこ、鈴木紗理奈、光浦靖子が原作と同じレオタード姿で演じた。原作では本来、三女が愛なのだが、当シリーズでは愛役の光浦が最も年長であり、性格もやたらとリーダーに執着し、ほかの2人を仕切りたがる傾向にあった。設定も姉妹ではなく、光浦すなわち愛がとある施設から瞳と泪を連れてきてキャッツアイを結成、最初は従順だった２人がやがて自我の芽生えとともに愛に反抗し始める、という深淵なるストーリーが隠されているらしい。ちなみに原作の愛はメガネではない。

[CTEY,COOL]

写真左より、泪さん、愛さん、瞳さん

青ジャージ

（あお・じゃーじ）《名詞》

岡村隆史のトレードマーク。その歴史は古く第10回「新しい波」O.A.（ナインティナインの初登場／1992年12月11日）までさかのぼることができる。このとき岡村は「対人恐怖症」というネタで、自前の青いジャージを初披露。その後、「とぶくすり」の「はばたけ！　舞浜商科大学」というコーナーで岡村が演じた「おはよう！　はにわ寄席研究会」会長役の衣装にもなった。めちゃイケでは、とくに「岡村オファーが来ましたシリーズ」における過去の栄光のことを「青ジャージ伝説」と呼ぶ。ジャニーズJr.企画でSMAPのステージに参加、月9ドラマ「ブラザーズ」に警官役出演、一般の人からの結婚式の司会を依頼され成功（岡村結婚式企画）、「新春かくし芸大会」で中国ゴマ披露、ムツゴロウさんとの競馬対決で勝利、そしてミレニアム・ファンランでの42.195キロ完走、劇団四季のミュージカル『ライオンキング』での完璧なパフォーマンス……。岡村隆史の栄光の歴史は、どこまで続くのか？　なお「岡村オファーが来ましたシリーズ」におけるユニフォームが青ジャージであるのに対し、矢部浩之の「矢部オファーしちゃいましたシリーズ」でのユニフォームは赤ジャージである。

[SNIP,HIYK,OMOS,COOL]

栄光の歴史が刻まれている……

青田昇

（あおた・のぼる）《名詞》

1997年7月12日O.A.に初登場した、山本圭壱が演じる謎のキャラクター。東大卒の狂信的な巨人ファン。巨人軍の帽子を目深にかぶりすぎているため、常にまぶたがつり上がり、その視線はどこを見ているのか不明である。青Tシャツ、リュックに水筒、半ズボン姿。水筒の中身は甘い麦茶。喫茶店で談笑中のカップルの背後などに突然あらわれ、巨人戦における試合運びのマニアックなアドバイスを一方的に話し続ける。言うまでもなく元巨人軍の本塁打王であり、人気プロ野球解説者だった故・青田昇氏と同姓同名。野球好きの山本ならではのリスペクトが感じられるキャラクターと言えよう。ちなみに青Tシャツに半ズボンという扮装はリハーサル時の山本の普段着がそのまま採用されたもの。また、青田昇があらわれる場所にかならず濱口優が居合わせているのも当コントの特徴のひとつである。

[ATNR,COOL]

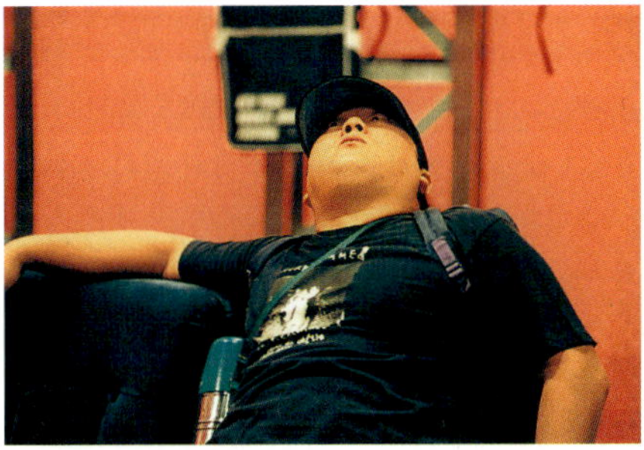

この角度でないと視界ゼロ

青森県五所川原

（あおもり・けん・ごしょがわら）《名詞》

地名。「七戸少年愚連隊」に登場した雛形あきこファンの高校生（当時）、七戸君が通っていた高校の所在地。「七戸少年愚連隊」ロケにも重要なポイントとして登場した。JR五能（ごのう）線沿い。津軽半島に位置し、リンゴの産地として有名。近くには作家・太宰治の生地もある。またSTAMPに登場した謎のプロレスラー・吾作の出身地でもあり、彼は当コーナーで姓を五所川原と名乗っていた。

[SNGT1,STMP,COOL]

青柳チーフ

（あおやぎ・ちーふ）《名詞》

「矢部オファーしちゃいましたシリーズ」2に登場の、福島県会津若松市東山温泉、旅館御宿東鳳の調理場チーフ。二瓶（にへい）サブ・チーフと並んで立つと、矢部浩之言うところの「人を2、3人殺している」感じ、つまり本物の“極道”にしか見えない。実際「早うやれや！」と怒声を浴びせる時の迫力たるや、矢部でなくともビビること請け合い。ただし実際には、徐々に矢部の努力を認め、最終的には満面の笑みで矢部の労をねぎらうようなとても優しい人だった。笑顔はやっぱり怖かったけれど。

[YHOS2,COOL]

赤字

（あかじ）《名詞》

1998年8月8日、15日の2週にわたりO.A.された、「めちゃイケIN沖縄!!」。このロケの後、巨額赤字疑惑が浮上。同年11月7日には「MNN報道特集　超緊急赤字解消企画」と題して特番が放送された。番組内ではめちゃイケ各メンバーの、沖縄ロケ3日間におけるホテル宿泊代の利用明細書をチェック。明らかに無駄と思われる支払いについては、使用した金額分を「赤字緊急募金箱」に寄付することになった。明細書の内容は下記の通り。

1. 矢部浩之1,575円（有料テレビ＝ペイ代）
2. 岡村隆史440 円（ミニバー1本、電話代）
3. 濱口優5,310円（遠距離電話代）
4. 光浦靖子・雛形あきこ・鈴木紗理奈1万6,800円（マッサージ代）。ただし、マッサージは1人4,200円で3人ならば1万2,600円のはず。1人分多いのはなぜだ!?　と追及したところ、有野晋也がどさくさにまぎれて一緒に受けていたことが判明。
5. 武田真治6,000円（ゲーム代）
6. 加藤浩次9,240円（ミニバー代）だが、山本圭壱が加藤のミニバー代を肩代わりして募金箱に寄付。

7. 佐野アナ3万3,000円（出番がないのにホテルに宿泊したため、空出張と見なされる。社員からは現金を徴収できないため、服や時計を募金代わりに）。

しかし、本当のところの赤字の原因は同ロケでの最大の目玉企画となった「アクション寝起き3 JAWS」の全長8 mの巨大ザメに費用がかかりすぎたせいだという説もある。

[ACNO3,AJKK,COOL]

赤ジャージ

（あか・じゃーじ）《名詞》

「岡村の青ジャージ」に対して、「矢部の〜」。岡村隆史の「岡村オファーが来ましたシリーズ」での青ジャージが人々を感動させるような奇跡を起こすのに対して、「矢部オファーしちゃいましたシリーズ」の赤ジャージは、「お金を払ってお願いをしてまで仕事をやらせてもらった」挙げ句、最後に矢部浩之がショックを受けて脱力するようなパターンが多い。

[YHOS,COOL]

明石家さんま

（あかしや・さんま）《名詞》

お笑い界のトップを走る大物コメディアン。別名・お笑い怪獣。メンバーたちにとって「オレたちひょうきん族」という「土8」枠の大先輩であり、そして常日ごろ「平成のひょうきん族」とメンバーが標榜するお笑いのシンボルである。また、彼のお笑いのためなら何でもするという姿勢、人のオチを瞬時に吸収してさらに面白くしてしまう“オチドロボー”…それがお笑い怪獣と呼ばれる所以である。その笑いへの貪欲さ、卓越したセンスとパワーは他の追随を許さない。さんま師匠はどんな場においても全てを根こそぎ持っていってしまうため、メンバーにとっては尊敬しつつも共演するのが最も恐ろしい存在なのである。

彼はあいうえお作文コーナー「フリフリNO.6」のダメ出しをかねてからしたがっていたようで、1998 年4月4日O.A.の特番ではついにスペシャルゲストとして登場。「ヘタクソ女」の場面でベッドから「お待ち娘」の扮装で登場し、メンバー全員素になるほど驚かせた。そして「お前らリハーサルから声張れ張れ！　リハーサルはスタッフ用、本番は茶の間用！」とさすが師匠ならではの貴重な教えを伝授したのだった。さらに2000年9月16日O.A.の「七人のしりとり侍」にもダメダメボーイズで登場、このときもゲストの名を知らされていなかったメンバーは、師匠の奇襲に再び恐れおののいた。しかし一説には、メンバーに前もって彼がゲストであることを告げてしまうと、余りにプレッシャーが大きすぎて精神衛生上よくないため、あえて直前まで秘密にされているとか。それほどまでに若手芸人たちを緊張させるさんま師匠、やはり怪物である。そしていつの日かこのお笑い怪獣を倒すため、めちゃイケのメンバーたちは日夜精進しているのである。

[FRFR,SNSZ,COOL]

「七人のしりとり侍」にダメダメボーイズの扮装で出演時

あ

アクション寝起き

（あくしょん・ねおき）《名詞》

1997年8月9日O.A.のグアムロケから始まった、「寝起きもの」のアクション版。寝起きという静的シチュエーションにアクションの動的要素を融合させた斬新さで、寝起き史に革命を起こした企画であり、冒頭に展開されるアクション部分は、寝起き本編と限りなくかけ離れているのが特徴である。

第1回目のグアムでは、雛形あきこが宿泊する「PIC GUAM」のスイートルームに忍び込むため、ヘリを使ってホテル屋上に着陸。寝起きメンバーは一般人と一線を画す寝起き界の達人、岡村隆史プロと山本圭壱プロ、そしてはるばる青森から招待された雛形の大ファン、七戸君（勤務先から作業着のまま参加）。このときランボーの扮装でトランポリンを使い雛形の上に豪快にダイブするという、アクション寝起きの基本パターンができ上がった。そして1998年2月28日O.A.のアルツ磐梯（ばんだい）ロケでは「アクション NEOKI　怒りのアルツ」編として再登場。冒頭シーンの、−7℃の中で上半身ハダカで走りまわり、JACの皆さんを配して本格的な銃撃戦を展開するという、ムダな努力ともいうべき岡村の健闘ぶりは必見の価値がある。さらに同年8月22日にO.A.された「NEOKIⅢ　JAWS」では、全長8mの巨大鮫を製作し、エキストラはオール外国人、岡村を主人公にスピルバーグ監督の名作を忠実に再現した。ロケに1週

トランポリンの前の儀式に入る岡村（右）・山本（左）両プロ

間をかけ、一説ではサメのみに予算2,000万円を投じたこの企画で番組が大赤字を出してしまったのは有名なエピソードである。

このように、アクション寝起きは赤字を恐れず予算を注ぎ込み、壮大なスケールでくだらないことに取り組むという、いわば番組そのもののこだわりや方向性が顕著にあらわれているコーナーといえるだろう。

[ACNO,COOL]

悪性のウイルス（笑）

（あくせい・の・ういるす（わらい））《名詞》

たちの悪い病原体、の意。2000年末、pM8収録中の山本圭壱を突然襲い、緊急入院に追い込んだ。フラットに発音すると深刻だが、「ウ」に強勢を置いて発語し、最後にみんなで（笑）を入れると、思いのほか明るいイメージとなる。入院直前にはすっかり人相が変わる等、その病状が心配された山本だったが、その後無事退院した。「めちゃイケ大百科事典」のための集合写真の撮影には、残念ながら間に合わなかった山本だったが、その代役は小っちゃい山さんが見事務めた。

[PMET,COOL]

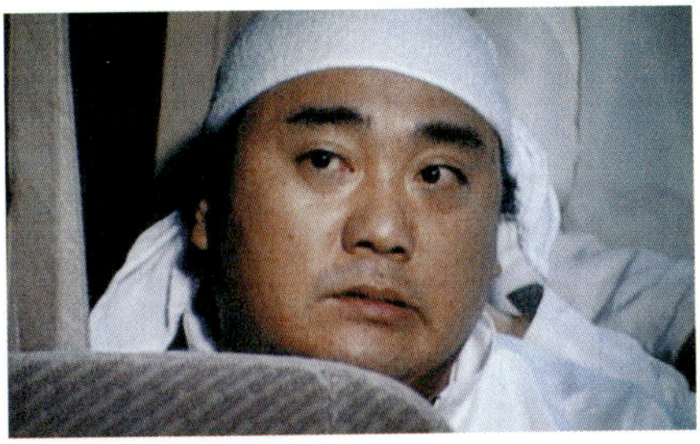

慶応病院に入院する前夜の山本

阿久津陽一郎

（あくつ・よういちろう）《名詞》

劇団四季『ライオンキング』シンガーアンサンブル・キャプテン。楽曲「お前こそ王となる」を歌う際、ともすれば主役シンバのパート「♪王となる〜」を歌いたがる

あ

岡村隆史のお目付役として、練習期間中、岡村のすぐ後ろに立ち、岡村が歌おうとすると後ろから口を押さえるという役目を果たした。やがて2人の間には友情が芽生え、親友と呼べる存在にまでなったのだが、ダブルキャストシステムにより、阿久津さんは本番で主役シンバに抜擢された。友達だった阿久津さんが突然主役になってしまった事につらさを感じる岡村だったが、やがてはそれをバネに身を奮い立たせ、より一層のレッスンに励むのだった。

[OMOS7,COOL]

アグレッシヴ

（あぐれっしゔ）《形容詞》

aggressive（反意語はdefensive）。本来は「侵略的な」「攻撃的な」「押しの強い」という意味の言葉だが、めちゃイケ的には「七人のしりとり侍」用語と言っていいだろう。戦（いくさ）に臨むさい、守りの姿勢にまわらず積極的に攻めていこうという心意気を表す言葉。野武士にボコボコにされた侍が、みずからの戦意高揚のため、「よーし、次はアグレッシヴにいこう！」などと口にすることが多い。

[SNSZ,COOL]

浅香光代

（あさか・みつよ）《名詞》

本来はミッチーVSサッチーバトルで名をあげた芸能界の大御所（おおごしょ）だが、めちゃイケでは「七人のしりとり侍」用語。野武士にボコボコにされ、カツラがとれた七郎次（山本圭壱）は、なぜか浅香光代にそっくり。毎回、誰からとなく「浅香さん！」の声がかかり、七郎次が「あたしゃねぇ〜」とモノマネをすることが、お約束に。「オレ、本来はモノマネタレントじゃないから」と言いつつも、回を重ねるごとに七郎次の芸は磨かれていったのであった。

[SNSZ,COOL]

誰もがどこかで見たことのある、楽屋の浅香さん

「朝から油臭いもの」

（あさ・から・あぶら・くさい・もの）《名詞》

肉じゃがのこと。つくったのは、吉本興業の大御所＆参議院議員である西川きよし師匠の愛妻・西川ヘレンさん。第2回「寝起き早食い選手権」に参加したきよし師匠のために、心を込めてつくった愛妻料理だったが、寝起き直後のきよし師匠は、参議院本会議出席を控えて絶不調。侵入者が矢部浩之と岡村隆史だとは気がついたが、企画の主旨がわからず、「おい、朝から油臭いもの持ってくるなよ！」と暴言を吐き、日課である体操を始めてしまった。「誰がつくったのでしょうか？」と尋ねた岡村に、「知るか！」「そんな、（肉じゃがをつくる人は）日本国中にいるわ」「銀座の『汁八』（いきつけの店の名）のか？」と、問題発言連発。「いまは競技中ですよ」と諭（さと）しても、「人と競うのいやや」とマイペースを崩さず、体操を岡村にもやらせようとする。さらに「フジテレビは『お茶の間寄席』でお世話になった」と昔話にふけり、歯を磨きはじめ、鈴木マネージャーにヒゲ剃りを要求し、目薬をさす。30分が経過しようとするあたりで、ついに誰がつくった肉じゃがなのかわかったきよし師匠、ひと呼吸置いて、「マジか！」……。だが、ニンジンを食べようとした瞬間に鈴木マネージャーからタオルが投入され、TKO負け。その

後、西川家でなにが起こったかは、誰も知らない。なおきよし師匠は2001年1月2日O.A.のpM8「新春緊急呼び出しスペシャル!!」に出演したさい、「めちゃイケ大百科事典」からこの一件が削除されることを強く希望したが……、そのまま書いてすいません。

[NOHS2,COOL]

あさひ銀行早稲田支店

（あさひ・ぎんこう・わせだ・してん）《名詞》

矢部浩之の「持ってけ100万円」シリーズで、矢部が賭け金として自分の預金を下ろす銀行支店名。ことの始まりは「めちゃ²モテたいッ！」時代の当コーナー初登場(1996年1月20日O.A.）時にさかのぼる。その回から毎度かならず早稲田大学正門前で早大生に現金を拾われてしまう彼は、その後新たな大勝負に出るべく、この早稲田支店で大金を引き出すのである。1998年1月24日O.A.ではついに大台の100万円を引き出し（ほぼ貯金全額)、矢部は次第に壊れていくのであった。

[POP!,YHMH,COOL]

麻布ヤマモト騒動

（あざぶ・やまもと・そうどう）《名詞》

1999年9月11日O.A.。同年夏に世間を騒がせた「麻布サル騒動」のごとく、山本圭壱が不思議な野生動物「ヤマモト」として逃げ回る。ヤマモトはもちろんしゃべるが、

報道陣に驚き、威嚇するヤマモト

攻撃的でビワが好物、特にその目は彼の野生の血を如実（にょじつ）に感じさせる。

住民とマスコミ、警察のそれぞれの立場のぶつかり合いをも描いた社会派作品。

[AYMS,COOL]

浅利慶太

（あさり・けいた）《名詞》

岡村隆史に『ライオンキング』への参加を要請した人物。劇団四季代表、日本のミュージカルの父と呼ばれる傑物（けつぶつ）でもある。しかしながら当初は岡村のポテンシャルを量りかね、挑戦したハイエナダンスは無理かも知れないとの危惧も抱いていたという。本番の大舞台での大役を見事果たした岡村の勝負強さに、感嘆することしきりの浅利氏だった。

[OMOS7,COOL]

岡村さんと固い握手を交わす浅利氏

足切り

（あし・きり）《名詞》

センター入試の点数が規定に満たない場合、志望する大学の二次試験を受けられず、不合格となること。正式名「一次不合格」。ちなみに岡村隆史は、前期・後期日程とも、筑波大学学長・北原保雄さんから「足切り」の通知を頂いた。

[SNGT4,COOL]

あ

前期に続き、後期で2本目も切られた瞬間

「飛鳥まかしとけ〜」

（あすか・まかしとけ〜）

2000年9月16日O.A.の「七人のしりとり侍」にゲスト出演したさいの、明石家さんま師匠のセリフ。師匠をはじめとしたダメダメボーイズのメンバーは、ほんとうに楽しそうに戦（いくさ）に臨んでいた。なお「飛鳥」とは、めちゃイケ総監督・片岡飛鳥のことである。

[SNSZ,COOL]

あせるべからず

（あせる・べから・ず）

合格祈願のために湯島天満宮で岡村隆史が引いたおみくじにあった文言（もんごん）であり、「ヨモギダ少年愚連隊3」第二夜のスペシャルタイトルでもあった。この言葉とは裏腹に、大いにあせりまくる展開となったのは皮肉だった。余談（よだん）だが、4週連続でO.A.された大作「ヨモギダ〜」のスペシャル名と副題を順番に記すと、

❶「ヨモギダ少年愚連隊3　ダダーンボヨヨンボヨヨン　スペシャル」第一夜　'98 帰郷
❷「ヨモギダ少年愚連隊3　あせるべからずスペシャル」　第二夜　'98 秘密
❸「ヨモギダ少年愚連隊3　いんいちがいちスペシャル」　第三夜　'99 初恋
❹「ヨモギダ少年愚連隊3　目を覚ませ　スペシャル」　最終夜　'99 巣立ち

それぞれ、劇中で岡村が発するキーワードがスペシャル名になっている。サブタイトルには「北の国から」の影響が見て取れ、作品全体のムードを象徴するものになっている。

[SNGT4,COOL]

新しい波

（あたらしい・なみ）《名詞》

1992年10月から1993年3月まで放送された、若手お笑い芸人によるライブ番組。Sinpa とも呼ばれる。そもそもは、その後ゴールデンタイムで活躍することになるフジテレビの若いディレクターたちが、今後一緒に付き合っていく、将来有望なタレントを探していく番組として作られた。その若手ディレクターとは、現在めちゃイケの総監督を務める片岡飛鳥、荒井昭博プロデューサー（後に「夢がMORIMORI」「SMAP×SMAP」など）、伊戸川俊伸ディレクターら。当時、大阪の人気グループ、吉本印天然素材でくすぶっていたナインティナインやよゐこ、まだ無名だった極楽とんぼを発掘したのは片岡である。この番組をきっかけに、その頃かけだしの若手芸人たちは全国的に知名度を上げていくこととなった。また、オアシズもこの番組に登場。現在のめちゃイケのスタートラインとなった、めちゃイケを語るうえで忘れてはならない歴史的な番組である。ちなみにこの番組の発案者のひとりである佐藤プロデューサー（現・佐藤義和演芸制作担当部長）は当初「お笑い大集合」というタイトルを考案。もうひとりの発案者、吉田正樹プロデューサー（現在「笑う犬の冒険」を担当）が慌てて「新しい波」というタイトルに変えたというエピソードも残されている。

新しい波の最終回として45分の拡大枠で放送された「選抜メンバースペシャル」にはナインティナイン、よゐこ、極楽とんぼ、オアシズを始め、キャイ〜ン、フォークダンスDE成子坂、ジュンカッツ、堀部圭亮（K2）

らが出演。その後「とぶくすり」へとつながる（ひいてはめちゃイケの根底にも通じる）シチュエーションコント「はばたけ！舞浜商科大学」や「うのうのだん」などの実験版が同番組中ですでに披露されている。
[SINP]

「あなたのハートをいただきよ！」
（あなた・の・はーと・を・いただき・よ・！）

愛、泪、瞳の3人からなるイケてるセクシー大泥棒、キャッツアイの決めセリフ。
[CTEY,COOL]

アナル
（あなる）《名詞》

anal。本来の意味は肛門。めちゃイケでは「七人のしりとり侍」での戦におけるタブー用語。ごく初期に菊千代（岡村隆史）が使って問題視され、以後「アナル」以外の下ネタも全面禁止となった。なお、下ネタ禁止の理由については、「野武士が嫌いだから」「侍たるもの、下ネタで笑いをとろうなんて、志が低い」「ゴールデンタイムなので青少年への配慮が必要」など諸説がある。
[SNSZ,COOL]

あふたがわ龍之介
（あふたがわ・りゅうのすけ）《名詞》

「期末テスト」国語における、濱口優の「『羅生門』の作者はだれか？」という問題の答え。正解はもちろん芥川龍之介。
[MIKT,COOL]

油谷さん
（あぶらたに・さん）《名詞》

「とぶくすり」（1993年9月）に初登場し、メンバーもすっかり忘れていた1998年2月7日O.A.のめちゃイケINアルツ磐梯!!編にて大復活を遂げた山本圭壱のヒットキャラ。正式名称は「AV男優油谷さん」。その原型は「とぶくすり」の中のコーナー「ラッシュのくすり」で山本が演じたホモキャラといわれる。当時は脇役に過ぎなかったが、やがて主役となって再登場し、今や山本の代表的キャラクターの一つに成長した。加藤浩次にもよく見られるパターンだが、極楽とんぼが演じるキャラクターにはこうした脇役から主役に成長していくパターンが多く、これは極楽の「主役食いの法則」と言われている。

さてこの油谷さんだが、メンバーのお誕生日などおめでたいことがあると突如登場し、全身を使ってお祝いを盛り上げる。頭から爪先まで全身テッカテカに油（サラダオイルだったことが最近判明）を塗りたくった油谷さんが、ご自慢のボディを使ってお誕生日のメンバーにオイルマッサージをサービスしてくれるのだ。本業はAV男優のはずなのだが、最近は副業のほうが忙しいらしい。彼は「まめちくびの歌」に始まり「ワールドカップと私」「打たせ油のテーマ」「春はこいのぼり」「PTAの反対と私」「香港返還讃歌」など自作の名曲も数多く残しており、そのソングライティング力も

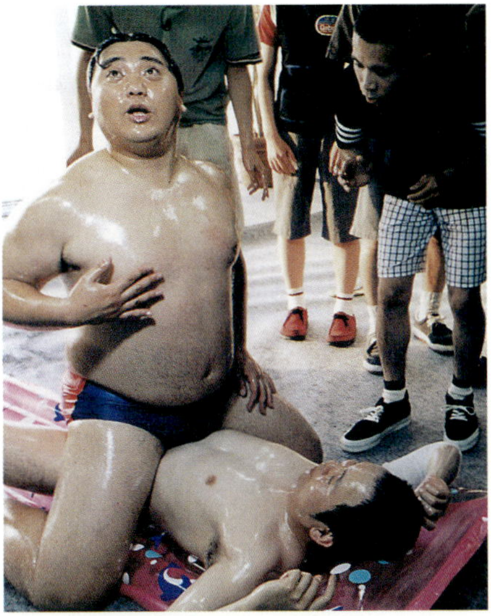

ホンコンさんを「香港返還讃歌」でお祝い中

あ

特筆しておくべきであろう。さらに油谷さんは、「とぶくすり」時代にくらべ20キロ増量されていたことも忘れてはならない。

また、当初は登場時期がワールドカップと一致していたことから、彼は4年に1度出現すると言われていたが、2000年12月のpM8では新世紀前の高揚感も手伝ってか、「ワールドカップ前と私」という時節柄を正確に描写した新曲とともに一夜限りの見事な復活劇を遂げた。

[ABTS,HIYK,HIYS,HIYZ,COOL]

アフリ階段

（あふり・かいだん）《名詞》

めちゃイケにおける、フジテレビ大階段の別名。濱口優扮するアフリカマンが、今ではお台場フジテレビの名所の一つとなっている大階段の名前を一般告知した際（1997年12月6日O.A.）、自ら「アフリ階段！」と提案。しかし世にまったく認知されずに終わった。

[AFMN,COOL]

遥かなるアフリカに思いをはせる大階段

アフリカマン

（あふりか・まん）《名詞》

濱口優のオリジナルキャラクターのひとつ。松竹芸能所属。全身黒塗りにボサボサの髪、鼻には骨、腰ミノ、そして「ウンバボ！」の挨拶といった、今どき珍しいくらいステレオタイプな原住民風キャラである。隠し兵器は股間（こかん）に装着したカメレオンやアフリカ象のハリボテ。

活動期間は主に1997年～1998年で、「子ども王」「お年寄り王」「外国人王」といった一連の「○○王は誰だ!?」シリーズでも濱口は一途にこのキャラクターを貫いていた。また「アフリカマンの部屋」というコーナーも登場し、モーニング娘。や稲垣吾郎を始め多くの有名芸能人が部屋を訪れ、アフリカマンに悩みを解決してもらうという人気コーナーとなった。

アフリカマンは「オレたちひょうきん族」の「ビビンバ！」や「アダモちゃん」などのいわゆる「黒塗りキャラ」を踏襲（とうしゅう）しているが、「あんなに外見は卑怯（ひきょう）なのに受け答えは普通」というのが濱口ならではの魅力の一つ。しかし前述の通りキャラクター作りが少々前時代的すぎたため、視聴者から「現代のテレビにふさわしくない」等多くのご意見が寄せられ、しだいにアフリカマンは画面から姿を消していったのだった。その後、濱口の「塗りキャラ」は「小便小僧」や「ツタンカーメン」に受け継がれている。

[AFMN,COOL]

受け応えはいたって普通です

阿部四郎

（あべ・しろう）《名詞》

第2回「格闘女神MECHA」の極楽同盟VS全日本女子プロレス最強タッグ（豊田真奈美＆堀田祐美子）で突如復活を遂げた、伝説の極悪レフェリー。岡村隆史演じる、岡村四郎のモデルとなった男である。阿部は1980年代の女子プロレス界で、当時人気絶頂だったクラッシュ・ギャルズ（ライオネル飛鳥＆長与千種）に対抗し、極悪同盟（ブル中野＆ダンプ松本）と共謀。考えようによってはお笑いの世界にも通じる非道なプロレスを展開し、人気を博していた。極楽同盟VS全日本女子プロレス最強タッグ戦での阿部は、じつはプライベートで足を負傷していたのだが、往年と変わらぬダーティなジャッジを披露し、会場を沸かせた。なお阿部は第3回「格闘女神MECHA」の極楽同盟VSキッスの世界戦、第4回の極楽同盟VS W井上戦にも登場している。また、実況担当の志生野温夫とは古い友達らしく、試合収録後は2人で昔話に花を咲かせていたらしい。

[KTJM,COOL]

伝説の男がめちゃイケで復活！

雨上がり決死隊

（あめ・あがり・けっし・たい）《名詞》

宮迫博之と蛍原徹のコンビ。勢いを感じさせる吉本興業所属の若手芸人。宮迫は、目つきの鋭い悪人顔のブチきれ芸人。対して蛍原は、ルックスが地味、無口、リアクションが素（す）、という三重苦を背負った、一見しておよそ芸人には向かないタイプ。だが、実は雨上がりのキーマンは蛍原なのかも、と思わせるフシもある。凡庸（ぼんよう）であることが逆に存在感に繋（つな）がる、希有（けう）な才能も感じさせるのだ。

めちゃイケと雨上がり決死隊との関わりは、主に「ガチンコ対決」（後に「オカッチ＆ミヤッチ」）がその舞台となっている。そしてその因縁（いんねん）は、実は雨上がりとナインティナインの下積み時代からのものだった。もともと、吉本の新人養成所、NSCで、宮迫は岡村隆史の2年先輩であり、その後両コンビ共、吉本印天然素材に所属。当時は兄弟にも似た強い結びつきを感じさせる間柄だったが、その後、後輩だった岡村はすっかり売れっ子に。以前は岡村が宮迫に憧れ、金魚のフンのようについて来ていたのに、という思いが、ナインティナインに対する屈折した感情となって、すべてのからみを爆発に導いている事は確かだろう。

[GTNK,OKMY,COOL]

ナインティナインの好敵手、雨上がり決死隊

アラモス瑠偉

（あらもす・るい）《名詞》

めちゃイケ内のトーク番組「ここがヘンだよ～」シリーズに登場した論客。どことなくラモス瑠偉を思わせる風貌で、歯に衣（きぬ）を着せぬ発言が期待されたが、とくに目立

あ

つことなく、まるでよゐこの有野晋哉のような存在感であった。

[KHKA,KHAD,KHMJ,COOL]

発言は少なかったが、見た目はラモスそっくり！

あり、おり、はべり、いまそがり

（あり・おり・はべり・いまそがり）

1997年2月28日O.A.の「ガンバレ受験生！　試験に出る江頭」(略称・でるエガ)において、江頭2:50が「体を動かして文字を覚えろ！」と受験生に伝授した、古文のラ行変格活用の動詞。江頭は意外にまじめな受験生であったかもしれない、と想像させるネタであった。

[DREG,COOL]

アリコント

（あり・こんと）《名詞》

「とぶくすり」で初めて収録された記念すべきショートコントのタイトルであるが、いきなりボツとなった伝説の作品。その貴重な映像は「とぶビデオ1」の中に数秒だけ収められている。「とぶくすり」以後、現在まで「アリコントからやり直すか」という言葉は放送の表でも裏でも度々繰り返されており、初心を思い出す時の大切なキーワードとなっている。

[HIYK,HIYS,HIYZ,POP!,COOL]

岡村が脇役の黒アリ、天才有野が白アリ

「有田さん？」

（ありた・さん・？）《名詞》

恐怖新聞を配達された山田まりやは、悪魔の新聞配達人の有野晋哉のことを見ても、誰なのか名前がわからなかった。「あり、がつく名前」と矢部浩之が助け船を出したところ、「有田さん？」と一言。

[KFSB,COOL]

有野晋哉

（ありの・しんや）《名詞》

1972年2 月25日、大阪府生まれ。B型。身長180cm 、体重60kg。1990年に濱口優と「よゐこ」を結成。松竹芸能所属。めちゃイケでの主なキャラクターは悪魔の新聞配達人（恐怖新聞)、スティーブ（STAMP)、キダタロー、アラモス瑠偉、五郎兵衛（七人のしりとり侍)、通訳のジョーンズさん、Z-mensの乙川君など。とりわけ「フリフリNO.6」など大喜利(おおぎり)系のネタに強く、知能指数の高さを感じさせる有野は、めちゃイケメンバー及びスタッフらが「天才」と認める存在である。かつては岡村隆史にも勝る天才的なボケを発揮していた時代もある。だが、有野自身はその天才ぶりを何年も自ら封印しており、めちゃイケではなんとなく影の薄い存在として扱われることが多い。それもまた立派な企画やネタとして成り立っていたりもするのだが、今後の有野の天才的な活躍も期待される。そんな有野のもうひとつの呼び名は富士山芸人。芸に悩んだ時には富士山に行くらしい。
[SINP,HIYK,PHER,HIYS,HIYZ,POP!,COOL]

有野の母

（ありの・の・はは）《名詞》

よゐこ、有野晋哉の実母。「めちゃイケ親子大喜利」において、その卓越したお笑いのセンスが披瀝（ひれき）され、大いなる驚きと快哉（かいさい）をもってその才能が絶賛された。「めちゃイケ親子大喜利」は、出されたお題にメンバーの親が解答、その子供たちが答えを発表するという形式で行われたが、並み居るメンバーの肉親の中でも、有野の母の答えは抜群の冴（さ）えを見せ、仲間内で「天才」（ただし未完の）と賞賛される有野の才が、実は母親譲りであることが実証された。
[MIOO,COOL]

有野ファン感謝デー

（ありの・ふぁん・かんしゃ・でー）《名詞》

1999年7月10日O.A.。本企画、「有野ファン感謝デー」の登場の理由は、いささか因縁めいていた。かつて1998年1月23日にO.A.された「有野はめちゃイケに不必要!? 存在感CHECK!!」は、有野がめちゃイケに必要な男かどうかを確認するためのモノだった。山手線の各駅を回り、そこの乗降客の前で有野抜きのメンバーが勢揃い、「僕たち、めちゃイケメンバーです！」とアピール、有野の不在を指摘してもらおうという企画だったのだが、案に反して、どこの駅でも彼の不在に気がつく者はいなかった。ロケは深夜にまで及び、最終電車から降りたひとりの乗客が、ようやく気づき、何とか有野の面目は保たれたかに見えたのだが。放送終了後、有野ファンからの苦情が殺到した。

そのお詫びとして、本企画が登場。お台場フジテレビ前にファンが大集合。インターネットで厳選された有野ファンは総勢15名。有野のシュールな世界を150％理解する彼女たちは、有野と夢のような1日を存分に堪能（たんのう）したのだった。
[AFKD,COOL]

白馬に乗って有野登場

アルツ

（あるつ）《名詞》

正式名称は「めちゃイケINアルツ磐梯!!」。めちゃイケ冬のロケ地（1998年2月7日、28日O.A.）となった場所。福島は磐梯町にあるリゾートスキー場。このアルツロケは、JACの皆さんを配してランボーばりの撮影を敢行した「アクション寝起き」や、「とぶくすり」以来の復活となった「油谷さん」、氷点下のゲレンデでの「アフリカマン」や「シャンプー刑事」といった、のちに語り継がれる数多くの名シーンが生まれた思い出深い場所である。
[MIIA,COOL]

アルファ・ロメオ

（あるふぁ・ろめお）《名詞》

ALFA ROMEO（伊）。加藤浩次の愛車。イタリアが世界に誇るスポーツカーで、特に加藤の乗る'68年GT1300ジュニアは、日本国内に10数台という希少（きしょう）車。彼女のミキちゃんと別れる原因ともなった加藤の宝物だが、基本的には「涙の借金返済ツアー」他の、赤字、借金、脱税などの金銭トラブルの際に本人の意思とは無関係に登場する。一度は山本圭壱の手により

あ

中古車屋に売却されかけた。

彼がこのクルマをいかに大事にしているかは画面からも明らかだが、2001年初頭のpM8にて、武田真治が鉄槌を下し、廃車寸前の憂き目を見た。その光景は、かの金閣寺炎上にも似て、放送を見た多くのカーエンスーたちの涙を誘った。それは、シャンプー刑事などを通じて武田と長く付き合ってきたはずの加藤が、彼のキャラの本質を理解していなかったことと、8年間バラエティをやってきたものの、未だ個別打ち合わせをしてもらえない武田の、真面目すぎる番組への取り組みとが生んだ悲劇と言えよう。

なお、この加藤のアルファ・ロメオが番組に露出する際は、基本的にナンバープレートにはモザイクをかけないのが決まりになっている。

[KTOK1,PMET,COOL]

加藤の愛車、アルファ・ロメオの美しいお姿

廃車寸前に。泣きそうな加藤

アンチショック

（あんち・しょっく）《名詞》

G-SHOCKのパチモン腕時計。1997年11月16日、1998年1月18日にO.A.された「たつひろの社会見学」において岡村隆史演じるたつひろがフジテレビを見学したさい、自慢げに身につけていた。

[TTHR,COOL]

たつひろ自慢の逸品！

アンディ・ウォーホル

（あんでぃ・うぉーほる）《名詞》

正しくはアメリカのポップアートの巨匠の名前だが、「ザ・カルチャータイム」のMr.ヤベッチは「かなり鍛えてるね、鍛えてるんですよ、強い、強い。必殺技なんやったかなー」。最終的なヤベッチの解答は、「アンディ・フグ」。

[CTTM,COOL]

い

飯塚現子

（いいづか・あきこ）《名詞》

「日本一周　お見合いの旅」（1998年4月4日O.A.）における、中居正広の東京ベイエリアでのお見合い相手の名。芸名は和田アキ子。「スラッとしたお姉さまタイプ♥」として登場し、中居とリムジンでドライブするロマンチックなお見合いを繰り広げたが、残念ながら恋愛には発展しなかった。

[NHIS3,COOL]

イエスタディ・ワンスモア

（いえすたでぃ・わんす・もあ）《名詞》

人気絶頂でありながら突然終了を迎えた「とぶくすりスペシャル」最終回（1994年4月2日O.A.）で、番組の最後に流れたカーペンターズの名曲。あまりにも突然の番組終了に愕然（がくぜん）とする出演者、スタッフ、そして番組を支えてくれた多くの視聴者のやりきれない心情をまさしく代弁するような選曲であり、熱い涙を誘うものだった。ところで、この曲は音楽に疎（うと）い人でも一度は聴いたことのある有名な曲だが、大阪でダンスに明け暮れた青春時代を過ごしてきた岡村隆史（キッドの項を参照）はこの時に初めてカーペンターズを知り、初めて「イエスタディ・ワンスモア」を聴いたのだという。いたく同曲に感動した岡村は、その後まるで自分が世の中で初めて発掘した曲かのような勢いをもって、オールナイトニッポンでこの曲を紹介している。また、同曲は本田みずほと再会した2000年12月30日O.A.のpM8でも再び流れ、メンバーの気持ちをより熱くした。

[HIYS,PMET,COOL]

イエローキャブ・ノダッズ

（いえろー・きゃぶ・のだっず）《名詞》

タレント事務所イエローキャブに所属する、最強グラビア女王・小池栄子&野田社長秘蔵の愛娘・小野愛からなる女子プロレスのタッグ。第4回「格闘女神MECHA」に登場し、チャイナナイト光浦と堀越学園（旧リングネームは堀越のり）が組んだフレッシュ・ギャルズ2001と対戦した。2人は「クモの巣張ってるんじゃないの？」（小野）、「ヒゲ剃ってこいよ！」（小池）と光浦をマイクパフォーマンスで激しく挑発。小野は柔道経験を活かした大外刈り、小池は鎌固めやフィッシャーマンスープレックス等、プロレスファンの心をつかむ大技を連発し会場を沸かせたが、結果はレフェリー・岡村四郎限界と謎の覆面レスラー・JR新大久保の乱入で無効試合に。

[KTJM,COOL]

イガグリカトちゃん

（いがぐり・かと・ちゃん）《名詞》

油谷さんが、相方の加藤浩次の誕生祝いの時に作った歌のタイトル。当時坊主頭だった加藤の頭をイガグリに例えている。加藤の鼻の中に指をつっこみながら顔や頭をぐるぐるなでまわし、「イガグリボーヤね！イガグリカトちゃん、イガグリカトちゃん、イガグリカートーちゃーん、イガグリカートーちゃーん」。

[ABTS,COOL]

戦

（いくさ）《名詞》

「七人のしりとり侍」における、しりとりゲームのこと。各ラウンドは戦1、戦2と呼ばれる。

[SNSZ,COOL]

い

イケてるキャバクラスカウト

（いけてる・きゃばくら・すかうと）《名詞》

よゐこと極楽とんぼ山本圭壱によるコント。若者言葉でグチャグチャしゃべりあうキャバクラカウトマン2人（有野晋哉、濱口優）がメチャクチャ軽い口調で女の子（雛形あきこ＆鈴木紗理奈）をスカウト。女の子たちはまんざらでも無さそう、結構いい感じ、なのだが、そこに見るからにダサダサのマナブ（山本圭壱）が登場。輪をかけた軽いノリでスカウトし始めるが、思いっきり引かれて逃げられてしまい、よゐこにデブネタで延々といじめられる、というオチ。この3人の組み合わせは古く、「とぶくすりZ」のコント「Feみおのくすり」まで遡ることができる。当時全盛だったフェミ男（武田真治やいしだ壱成がその代表格）に扮した濱口＆有野と、確かに特徴はフェミ男だが、どう見ても許せないデブのタモツ（これがマナブの原型）の不思議なトリオが織り成す人間模様を扱ったコントであった。

[HIYZ,IKCS,COOL]

得意のトークで看護婦を口説くマナブ

イケてるスーツ

（いけてる・すーつ）《名詞》

「岡田一少年の事件簿」で犯人が着せられる風船式のスーツ。空気が満杯になると爆発する。通常は1人用だが、1996年12月28日にO.A.された「ケチョンケチョンにしてやるスペシャル!!」での長尺バージョンでは、この当時あやしい関係と言われていた濱口優＆鈴木紗理奈のために、「特製ラブラブスーツ」が用意された。

[OISJ,COOL]

記念すべき第1回O.A.での加藤浩次

池乃めだか

（いけの・めだか）《名詞》

吉本新喜劇の大師匠。ミュージカル『ライオンキング』に挑戦しながらも、ともすれば自分を見失いそうになる岡村隆史が、自分が師と仰ぐべき人物は、浅利慶太氏ではなく、めだか師匠なのだと気づき教えを乞（こ）うた。実は、ナインティナインが今日のブレイクを勝ち取る遥か以前、岡村は、めだか師匠に「自分の後を継ぐ者が現れた」と見込まれ、コンビとしてではなく、ひとり新喜劇に呼ばれていた、という過去を持っていたのだ。

「最初にはっきりと云（い）うとく。僕と浅利君の教え方はかなり違うぞ」と重々しく前置きして演劇論を説き始めためだか師匠だったが、矢部浩之が差し出したペットボトルに気をとられ、遂には猫のようにじゃれつき、最後は猫水に命を奪われてしまう。動物の心を知ろうとしていた岡村にとっては、非常に示唆（しさ）に富んだ邂逅（かいこう）だった。

[OMOS7,WWGO,COOL]

意地晴

（いじはる）《名詞》

1998年5月16日O.A.の爆烈お父さん第12話で誕生した加藤家の末っ子。加藤家のお父さんとお母さんのキスによって、この世に生を受けた。意地晴という名前はあの欽ちゃんファミリーの見栄晴に対抗しているものと思われるが、「人生は見栄より意地」という加藤家の父の信念がこめられている。意地晴は横浜Fマリノスの中村俊輔選手の大ファンで、将来の夢はJリーガー。また生後4カ月で言葉を覚えるなど、幼少時から並外れた秀才ぶりを発揮している。しかし、言葉を覚えて家族全員の名前を言えるようになったのに次男の隆史の名前だけは口にしなかった。以来、意地晴と隆史の確執（かくしつ）は続いている。また意地晴が誕生してから、両親は惜しみのない愛情を意地晴に注いでいるが、一方では隆史に対してどこか他人行儀な態度を示すことが多くなる。その裏には隆史の出生の秘密が隠されていることが次第に明らかにされている（中根広助の項を参照）。意地晴は加藤家の愛の象徴ともいえる存在であるが、同時にどんな幸福な家庭にも多かれ少なかれ潜んでいる闇をも浮き彫りにしている。

[BROS,COOL]

加藤家のマスコット的存在。眼鏡はお父さんとおそろい

伊集院さんと白鳥さん

（いじゅういん・さん・と・しらとり・さん）《名詞》

お祝い事があるとかけつけてリップサービスしてくれる老人コンビ。加藤浩次扮する伊集院さん（78歳）と、山本圭壱扮する白鳥さん（84歳）はゲートボール仲間。伊集院さんは赤いジャージ姿でゲートボールのスティックを杖がわりにしている。白鳥さんは和服姿で杖をつき、首からはなぜかホイッスルをぶら下げている。めちゃイケメンバーの誕生日があると、リップサービス（口づけ）で祝福するために登場してキス攻めにする。これまでの被害者は矢部浩之、岡村隆史、鈴木紗理奈。ちなみに白鳥さんの必殺技は相手の鼻をチューチューと吸いまくることである。

[IJST,COOL]

ゲートボールのスティックは伊集院さんの分身的存在

白鳥さんの鼻攻撃の前に紗理奈の目を吸う伊集院さん

いつか最高の自分に

（いつか・さいこう・の・じぶん・に）《名詞》

岡村オファーが来ましたシリーズ「新春かくし芸大会」のテーマソング。E.L.T.（Every Little Thing）の「Dear My Friend」の一節である。共演したネプチュ

い

ーンの堀内健が突然歌い始め、それ以降中国ゴマチームのテーマソングとなった。練習中などに「いつか最高の自分に」という部分だけを何度も繰り返し大合唱して励まし合う。ちなみにこの時の放送のサブタイトルは「絶対満点で年を越すぞ！　いつか最高の自分にスペシャル!!」。無事、かくし芸の演目である中国ゴマの本番を終えた岡村隆史とネプチューン、安達祐実、知念里奈は楽屋で「いつか最高の自分に」と輪になって大合唱をした。清々（すがすが）しかった。
[OMOS4,COOL]

伊東部長
（いとう・ぶちょう）《名詞》

山本圭壱が扮した（株）パシフィックスポーツ営業部長のこと。本名も伊東(姓)部長(名)という、部長になるために生まれてきたような人物。大学時代は落研に所属し、「飯喰亭（めしくいてい）おかわり」という名前だった。普段はダジャレが大好きな、どこにでもいるごく普通の部長なのだが、自分のハゲ問題となると極端にナーバスになる。彼はヅラであることを何より気にしているため、矢部浩之ら部下たちは周囲の人にヅラがばれないよう常に気を配らなくてはならない、どう見てもバレバレなのだが。それでも自意識過剰の部長は、ふと誰かがもらした「(なんか）ズレてるんですけど？」「浮いちゃってるんだよー」「バレてる！」などの言葉に敏感に反応し、「君、（私のヅラが）ズレてるかね、ズレてるのかね!?」と取り乱してやがて人格が壊れ始めるのである。ちなみに「ズレる」に敏感な人というキャラクターの原型は「とぶくすりZ」で同じく山本が演じた「クサカリ部長」が基になっている。

また伊東部長のヅラが落ちると、♪タ～ラ～ララ～ララ～♪と「蛍の光」がかかり、音楽をバックに部長が壊れ、部下たちは慌てふためいて彼を追い、部長がヅラを慌てでかぶると「蛍の光」もピタリと止まる。その後は「蛍の光」が流れる・止まるの繰り返し。すなわち、この「伊東部長」シリーズは1.壊れる部長　2.追う部下　3.蛍の光、この3つによって構成されており、「ハゲ問題に過剰にナーバスになっている人と、微妙に気を使わなくてはならない周囲の人々」という図式をみごとにデフォルメして描いてみせた社会派コントといっても過言ではない。加えてSMAPの草彅剛や故・別所毅彦など、豪華なゲストが顔を出しているのも注目すべき点である。

そして当コーナーのラストでは、必ずパシフィックスポーツの故・初代会長（濱口優）の銅像が登場し、壊れた部長が思いっきりダイブして会長を吹っ飛ばし幕を閉じる。その際会長は必ず白のブリーフを着用していることも見逃してはならない。
[HIYZ,ITBT,COOL]

①装着時　　②ヅラ落ち時

伊藤マネージャー
（いとう・まねーじゃー）《名詞》

ナインティナインのマネージャー。岡村オファーが来ましたシリーズ『ライオンキング』において、厳しいレッスンの連続に落ち込む岡村隆史を励ますため、ダンスの先生がくれたNYにしか売っていないライオンキングTシャツを、大事に肌身離さず持っていてくれ、という岡村の要請を忠実に実行し、実際に着てしまった。ちなみに

い

伊藤君は身長180cmに体重130kgと結構な肥満体で、Tシャツは無惨にも伸び切っていた。
[OMOS7,COOL]

命の湯

（いのち・の・ゆ）《名詞》

「日本新記録」シリーズで出演者のために用意されている湯舟のこと。当シリーズでは氷を張ったプールに飛び込む、または落ちるというゲームを数度にわたって展開したのだが、その際には必ずセットの横に適温の湯が入った浴槽が置かれていた。氷のプールに落ちたメンバーはこの浴槽に直行し、冷え切ったカラダを温めて難を逃れるのである。そうまさに、「命の湯」。特に“冷え”は禁物である女性メンバーにとって、この湯はほんとうに有り難い存在であっただろうし、氷水に落ちるなどという過酷な作業を強いられるお笑い番組の非情さの中で、この命の湯の存在は、唯一メンバーの最低限の人権を守る場とすら思える。すなわち命の湯はめちゃイケにおけるスタッフの優しさ、またはメンバーの人権擁護の象徴といっても過言ではないであろう。
[NHSK,COOL]

犬軍団

（いぬ・ぐんだん）《名詞》

岡村オファーが来ましたシリーズ「動物王国」で、競馬練習でストレスの溜まる岡村隆史を癒（いや）した、犬界の面白ドリームチーム。王国内の独身寮で暮らす、テキーラやハイジなど個性豊かな面々は、横田君との一件以来、犬恐怖症に陥っていた岡村の心を一気に打ち解けさせた。今日も食事時の“犬祭り”で盛り上がっていることだろう。
[OMOS5,COOL]

面白ドリームチームの皆さん

茨木西校サッカー部

（いばらき・にし・こう・さっかー・ぶ）《名詞》

岡村隆史と矢部浩之がかつて在籍していた、ふたりの出身校のサッカー部。2000年7月1日にO.A.された矢部&大久保大阪編「ふぞろいのイケてるメンバーたち」では、ふたりの懐かしい仲間がひさしぶりに大集合した。
[YBOK,COOL]

色じかけダマシ

（いろ・じかけ・だまし）《名詞》

女性芸能人が色じかけにだまされるという、史上初の企画。1998年5月23日O.A.された「光浦靖子バースデー記念　女性芸能人初！ 色じかけダマシ!!」がそれである。「光浦にもてまくる最高の一夜をプレゼントしよう！」と、めちゃイケメンバーが「芸能界一のモテモテ野郎」高知東生に仕掛け人を依頼した。高知はその巧みなテクニックで光浦の心をつかみ、初の色じかけダマシを成功へと導いた。

色じかけダマシの第2弾となったのは、2000年11月25日にO.A.された「オナベがチャレンジャー　光浦オトせたら100万円!!」。めちゃイケメンバー各人が選んだ6名のオナベさんと光浦を合コンさせるというものである。実は女同士だとは知らない光浦だが、オナベさんたちは巧みなテクニックで光浦の心をつかんでしまった。

いずれの場合も、すっかりモテている気

い

分になっていた光浦の、だまされたとわかった時のショックはその瞬間の表情から十分すぎるほどに読み取れる。そして、その度に光浦は自分は女である前に芸人なのだということを思い知らされることになった。

[MUBK,MUOK,COOL]

岩城滉一

（いわき・こういち）《名詞》

1995年10月28日O.A.、「めちゃ²モテたいッ！」の記念すべき第1回トークゲスト。念願のパナソニック枠開始にあたり、当時25歳の岡村の気合いが裏目に出て、伝説に残る惨敗を喫した相手。

当時、期待の若手芸人と聞いて出演した岩城が、「岩城さんは大きいんですか」などの最低の質問や、芸のない下ネタを連発する岡村に失望し、最後までトークは盛り上がらず収録終了。大きなトラウマを抱いた岡村は、再びの共演を期して今日までがんばって来たという。

pM8で「めちゃイケ大百科事典」を製作するにあたって、「岩城さんに惨敗を喫したままで20世紀を終わるわけにはいかない!! 何とか借りを返したい」と決意した岡村。事典に、「岩城滉一さんに惨敗したが、後に圧勝」と書き添えたい。

岡村は「寝起き早食い選手権」で勝負を挑み圧勝するべく、岩城がロケをしている京都へと乗り込んだ。

気合いを込めるべく、決起大会をメンバーに呼び掛ける岡村。飲めないビールをあおり、へべれけになりながら心情を吐露する。曰（いわ）く、ダウンタウン、ウッチャンナンチャンを生んだパナソニック枠の第一歩をつまずいたことは、芸人として大きな悔恨（かいこん）になっている。その事は同時に、伝説の「ジャニーズJr.企画」が岩城とのトークをきっかけとしていた事を始め、めちゃイケ5年間の原動力ともなっていた。「いつか岩城さんを見返したい」と、常に自分を追い詰めていたのだ、と。

恒例の「集合」をかける。曲は「岩城さん惨敗の日」。そこへ、後ろから忍び寄る影がひとつ。ハイタッチの輪の中に岩城の顔。岡村は、今まで「見たことのない顔」で驚き、その場にへたり込んだ。大喜びのメンバーたち。

岩城はちっとも怒ってなんかいなかった。なのにこれまで岡村は、岩城がテレビ局などで偶然出くわして、肩に手をかけようとすると、殴られると思ってよけてしまっていた。岩城は親愛の気持ちを表しているだけなのに。「いつも岡村に声をかけてしまうのは、きっと自分は岡村のファンなんだと思う」と語る岩城の言葉に感激する岡村。岡村の自作のカレーを「うん、美味しい」と食べ、一件落着と思いきや、「もう、これからはよけるなよ」とちょっと凄（すご）んでビビらせる岩城。

事典の岩城滉一の項目の最後には、「20世紀末に岡村ファンになったが、21世紀も相変わらずビビらせている」と付け加えられた。

[POP!,PMET,COOL]

1995年にビビっている岡村

2000年末にもビビっている岡村

う

ウソ生放送

（うそ・なま・ほうそう）《名詞》

濱口だまし「初生放送だよ　全員集合！」で、濱口をだますために作られたフェイクのスペシャル生放送番組。ウソ番組の一種だが、その規模の大きさ、巧妙さは、もはや独立した別個の番組といっても差し支えないレヴェルのモノとなっている。

元々、この番組は「濱口を生放送に遅刻させる」事を目的に、濱口に生放送のO.A.は終了したと思わせるために製作された。濱口にだけはスペシャルの生放送が「生放送のように見えるけど、実は収録されたものがオンエアされる」という、「架空の生放送」として、視聴者をだましたものであると説明し、実際完璧にそう思わせていたのである。

当然濱口をだますためには、番組として完全に成立させなければならず、そのために、演者も全部入り、衣装も変え、素材のV TRも全部用意し、と丸々ひと番組を作る手間をかけている。

しかも特筆すべきは、それだけ作り込んで2時間以上の番組を撮っていながら、「初生放送だよ　全員集合！」でVTRとしてO.A.したのはほんの何秒かにすぎない、ということ。空前絶後の絶対確信犯的お蔵入り番組。ちなみにこのウソ生放送、ウソ番組ならではの危険なネタが満載で、全編O.A.を望む声も多い。

[HGDS4,COOL]

ウソ番組

（うそ・ばんぐみ）《名詞》

タレントを驚かせたいときによく使う手。例えばpM8で、元めちゃモテADで、現在若手芸人として修行中の大隈いちろうをだますために作られた「東京食べちゃうぞ！」は、BSフジのグルメバラエティ、司会は新人女子アナという設定だった。大隈は知性派レポーターとして頑張るが、超強力ライバル、なかやまきんに君が大隈を苦しめる存在として仕込まれており、案の定大隈は、きんに君のハイテンションの芸の前に大苦戦する。

めちゃイケにおいてはこの種のウソ番組は数多く作られており、濱口だましの際の「よゐこ・釈のためにならないTV」などもその一種。

[HGDS,PMET,COOL]

宇多田ヒカル

（うただ・ひかる）《名詞》

オカピーのライバル。しかし、岡村隆史演じる敏腕・こにしプロデューサーは、オカピーの多くが宇多田によってパクられていると激怒した。パクリとして指摘されたのは以下の通り。

〈宇多田VSオカピー対照表〉

宇多田	オカピー
NYと東京を行ったり来たり	CXと湘南を行ったり来たり
Automaticでデビュー	オートマ免許あり
デビューシングルで200万枚突破	渋谷ボウリング場で200突破
帰国子女	遅刻してどうしよう
愛称ヒッキー	倍賞は旧姓「イノキ」
キムタク大好き	金玉出し過ぎ
キムタクファン	チンギス・ハーン

う

後半になればなるほど、訳が分からなくなるところに、こにしPの憤りの大きさが見て取れる。
[KNPD,COOL]

家においでよ！
（うち・に・おいで・よ！）《名詞》

「日本一周　ええ仕事の旅!!」で、マネージャー、ナインティナインが中居正広を出演させようとしたテレビ西日本の超人気番組。だが、プロデューサーと交渉するも、年内一杯の出演者のスケジュールはすでに決定していた。飽くまでも、低姿勢で中居を売り込むナインティナインと対照的に、中居は営業のためだけにわざわざ福岡に来たことに怒り、プロデューサーを指差し、「後悔するぞ！」との暴言を吐いた。が、幸いにも、今に至るもこのプロデューサー氏、元気でバリバリ仕事をされているらしい。

余談だが、中居は同局のバラエティ「ハイホー²」のプロデューサーにも、ナインティナインのような確実に笑いのとれるタレントしか使わない、ときっぱり起用を拒絶されている。
[NHIS4,COOL]

家メシ芸人
（うち・めし・げいにん）《名詞》

2000年4月22日にO.A.された「ナイナイVS雨上がりガチンコ対決」PK編において、岡村隆史が雨上がり決死隊の宮迫博之に投げかけた罵声（ばせい）。「売れてないので、いつも家で嫁さんのメシを食う芸人」のこと。岡村は他に「オクラ芸人」「ヘルペス」「嫁はバレリーナ」等と宮迫を挑発したが、このPK戦では負けている。
[GNKT,COOL]

内山信二
（うちやま・しんじ）《名詞》

「あっぱれさんま大先生」で注目された永遠の子役。「めちゃ²モテたいッ！」時代から、雛形あきこファンとして何度も番組に出演（ヨモギダ君と柔道対決等）、いわば、めちゃイケのスーパーサブ的存在である。過去もっとも注目されたのは、「めちゃイケ柔道王決定トーナメント」（1996年12月7日O.A.）において準優勝を成し遂げたときであろうか？　また第1回「寝起き早食い選手権」では「下町の若きブタ」とのふれこみでステーキに挑戦するも、このときは惨敗。「七人のしりとり侍」に用心棒として出演したこともある。
[POP!,NOHS,SNSZ,COOL]

腕毛
（うで・げ）《名詞》

こにしプロデューサーを語る上で決して忘れてはならない、チャームポイントの一つ。本人曰（いわ）く「引くほど毛深い」というだけに、ポロシャツの袖からのぞく腕毛はそれはもう大変な状態になっている。しかも回を追うごとに量だけでなく、毛足もオランウータン級の長さに成長している。時には「虫でいう触角」、つまりアンテナの役割をしたり、「お手入れにはバリカンを使用」「雨に濡れると泡が出る」など数々の奇っ怪なエピソードを残しているのである。
[KNPD,COOL]

うのうのだん
（うのうのだん）《名詞》

「新しい波」の最終回「選抜メンバースペシャル」で行われたのが始まりで、その後の「とぶくすり」や「とぶくすりZ」でも人気を博した企画のタイトル。カードゲームのUNO と言葉遊びの山手線ゲームをミックスさせたような内容で、だんは「談」でもあり「団」をも意味する。トークというよりも友達同士で車座になってうだうだ話をする雰囲気が視聴者の親近感を呼んだ。同スペシャル中ではナインティナイン

う

とよゐこの4 名が「痛いこと」をテーマに行っている。

有野　緑の、冬の寒空でドッジボールをしていて、ボールが耳にチッとさわった時。

矢部　黄色の、目の下をつままれた時。

濱口　赤の、ホテルのカミソリ。

岡村　赤の、海亀の産卵。

というように、それぞれ手持ちのUNOのカードを出すことをきっかけにテーマトークを行った。

「とぶくすり」でも以上の4 名が「キモチいいことうの」、「いらないものうの」、「つめたいものうの」、「あたたかいものうの」など、毎回テーマを決めて行っていたが、次第にトークが中心になっていき、ゲーム的な要素は消えていく。なお、「とぶくすり」最終回で初めてメンバー全員が出演。「とぶくすりスペシャル」以降はメンバー全員参加するのが定番になり、「とぶくすりZ」からはやがてそこにゲストが加わるようになった。

めちゃイケになってからはうのうのだんは行われていないが、このコーナーから生まれたネタは実に多い。藤四郎やたつひろなどいわゆる矢部家ネタもうのうのだんから誕生した代表的なネタであり、現在のめちゃイケへの布石になっているといえる。メンバーの当時の考え方や感じ方、人間関係などを知るうえでも非常に貴重なコーナーだったのである。

[SINP,HIYK,HIYS,HIYZ]

宇野勝

（うの・まさる）《名詞》

元中日ドラゴンズの遊撃手。「フライのボールをおでこで受けた」ことで有名で、高視聴率番組「プロ野球珍プレー好プレー」の常連だった。2000年7月22日O.A.。「山本球団」Part3において、低視聴率企画の汚名を返上するために登場した。

[YMKD3,COOL]

馬カップル

（うま・かっぷる）《名詞》

1996年12月14日、12月28日にO.A.された「バレたら終わり！　岡村＆ヒナデート」において、東急ハンズ系の馬のお面を被って登場した岡村隆史と雛形あきこのこと。「馬鹿ップル」こと梅宮アンナ＆羽賀研二と混同してはいけない。「アイドルなので普通の人みたいにデートをしたことがない」という雛形の悩みを聞いた岡村が、「それなら僕が1日エスコートしてあげる」ということで、2 人はデートすることになった。みずからデート王と名乗る岡村は、芸能人同士であるとばれないように、馬のお面を被ることを思いつく。このアイデアは成功し、原宿～渋谷と楽しく過ごしていたが、岡村、時が経つにつれ雛形への思いが変化し、最後には「雛形が好きだ!!」とマジで叫ぶことに……。

[OHID,COOL]

初顔合わせでギクシャク満開の4人

渋谷「GAP」をデート中の2頭

ウラBTTB

（うら・びー・てぃー・てぃー・びー）《名詞》

坂本龍一がヒットさせた、「リゲインEB錠」のCM曲「energy flow」を含むマキシ・シングル。2000年3月18日O.A.の「脱税タレント摘発! めちゃイケマルサ!!」で、国税査察官の岡村隆史が脱税疑惑のある江頭2:50の部屋を捜索したさいに発見した。エガちゃんは部屋で1人、この曲で癒されているらしい……。

[MIMR,COOL]

ウンコちゃん

（うんこ・ちゃん）《名詞》

「クイズ濱口優」の司会者・矢部口宏が解答者の有野晋哉を紹介する時の呼び名のひとつ。この他にも「びちくそくん」「バカヤロー」「鼻くそ」など、有野に対して侮蔑的な呼び方をすることが多い。

[QZHM,COOL]

ウンコマン

（うんこ・まん）《名詞》

1992年、ナインティナインが若手芸人の登竜門ともいうべきコンクール、「ABCお笑い新人グランプリ」で最優秀新人賞を受賞した、その前年の1991年に同コンクールで予選落ちした時の極楽とんぼのネタ。2001年年始のpM8において、ゲストの西川きよしが、突然めちゃイケメンバーの新人の頃の作品が見たいと言い出した際、たまたま山本圭壱が悪性のウイルス（笑）で緊急入院していたために、この作品は未だ封印されたままとなっている。

[PMET,COOL]

運送業界用語

（うんそう・ぎょうかい・ようご）《名詞》

フジテレビのお台場新社屋引っ越しを記念して、旧社屋の忘れ物をおせっかいにも配達しようという「めちゃイケ運輸」企画（1997年5月10日O.A.）。その中で登場した運送業界用語のこと。その内容は主に梱包方法を示す。

「トーマス」→ガムテープをクロスに貼るテクニック。「チェリッシュ」→ガムテープをグルグル巻きに貼りつける。「ミッチェル」→複雑すぎて解説不可能。「ムーンリバー」→あまりに難度の高いテクのため、もはや判別さえ不可能。

なお、これは岡村隆史以下めちゃイケ運輸メンバーの間だけに通用する完全オリジナルの用語であり、他の運送会社に適用外なのは明らかである。

[MIUY,COOL]

めちゃイケ運輸梱包マニュアルより「チェリッシュ」を抜粋

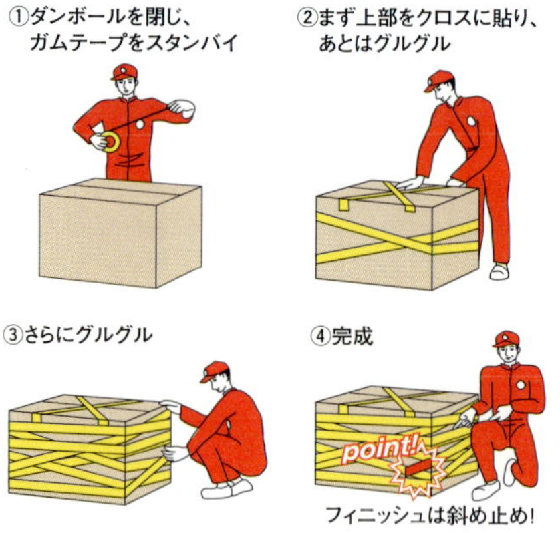

①ダンボールを閉じ、ガムテープをスタンバイ
②まず上部をクロスに貼り、あとはグルグル
③さらにグルグル
④完成
point!
フィニッシュは斜め止め!

ウンバボ！

（うんばぼ！）《感動詞》

濱口優が扮したアフリカマンの決めセリフ。登場し開口一番こう叫ぶのが定番だった。「やぁ！」「よう！」「こんにちは！」等の意。

[AFMN,COOL]

え

ABCお笑い新人グランプリ

(えー・びー・しー・おわらい・しんじん・ぐらんぷり)《名詞》

大阪のお笑い界において、若手芸人の登竜門ともいうべきコンクール。ナインティナインが最優秀新人賞を受賞した1992年には、よゐこも参加。審査員特別賞を受賞した。

2001年正月のpM8では、賞をとった時の盾(たて)が披露され、ナインティナインの受賞の瞬間の懐かしいVTRが流された。初々しいナインティナインの姿に、歓声を上げる一同であった。

ちなみに前年、極楽とんぼは「ウンコマン」で予選落ちしている。

[PMET,COOL]

永遠より続くように

(えいえん・より・つづく・ように)《名詞》

オカピーのカセットアルバム「運命の君」に収録されている曲のタイトル。本人によるライナーノーツには「日向ぼっこしながら紅茶を飲もうという詩にしたかったのですが、すっかり変わってしまいました。書きたいことが書けないのはストレスがウルトラたまります」というコメントが。本人の自己採点は30点満点中23点と低め。しかし親しみやすい楽曲でめちゃイケメンバーやスタッフからの評価は高く、オカピーの代表作となり、番組中でも何度か熱唱された。オカピーが思うように書けなかったというこの歌の詩の一番を記しておく。

繰り返す毎日にうんざりしてたあの頃／常に新しい刺激求めてさまよい歩いた／どんな夢もいつだってこの手にできる／自信に満ちた思いが僕の全てだった　けれど／人の波に流れ流され生きてゆく度に／数えきれないほどの生きざまに出会い／自分なりの幸せの意味作り上げて行く／そしてやっとたどりついた／夢物語より大切なこと／ありふれた毎日が今の僕の宝物さ／穏やかに流れていく日々が幸せの全てだよ／ずっとずっとこのままが永遠より続くように／流れ星に願いを込めるよ／いつまでも流れ行くまま

1999年にはレコード大賞を目指してこの曲が両A面のドーナツ盤で1,000枚プレスされた。ちなみにその発注先はアメリカ・ロサンゼルスの超名門「レインボーレコード」である。1,000枚という数字は、レコードプレイヤーのある小中高の放送部にプレゼントすれば、レコード1,000枚×1校あたり生徒1,000人＝1日延べ100万人に聴いてもらえるというこにしプロデューサーの究極のレコードプロモーション作戦に基づいて決定された。

なお、カセットアルバム「運命の君」の収録曲はインターネットのホームページ上で聴くことができる。

http://www.fujiint.co.jp/MECHA/okapi/index3.htm

[KNPD,COOL]

幻のドーナツ盤のジャケット。スイスの項目も読んでね！

HMV数寄屋橋阪急店

(えいち・えむ・ぶい・すきやばし・はんきゅう・てん)《名詞》

オカピーのカセットアルバム「運命の君」限定1,000本を販売した場所。最初のお客さんは前日の夜9:00から並んでいた。濱口優と鈴木紗理奈の両名が徹夜でテープのダビングを行い、手売りで予定販売数の1,000本を売り切ったが、実はそれを上回る8,000

え

人が来場していたほどの盛況ぶりだった。
[KNPD,COOL]

エイドリア〜ン！

（えいどりあ〜ん・！）《名詞》

もはや説明不要、シルベスター・スタローン脚本・主演の大ヒット作『ロッキー』（1976年）のクライマックス・シーンでの名セリフのこと。街角三部作のひとつである「ホワイトデー記念・俺の女のオトし方」（1998年3月14日 O.A.）において、岡村隆史 はこの映画史上に残る名シーンを完全にパクリ、当時気に入っていたこのセリフを、リング上で思う存分叫んでいた。
[OOOK,COOL]

江頭アタック

（えがしら・あたっく）《名詞》

江頭2:50の得意技。またの名を「エガちゃんアタック」。通常、「江頭クイズ」と共に用いられる、相手に目掛けて横っ跳びに跳躍し、全体重を預けて上半身や尻で攻撃する技。超痩身の江頭の肉体は、それ自体が鋭利な刃物のようなものであり、相手に与えるダメージは相当に大きい。またハイタッチのフリをして相手にバンザイをさせ、そのスキに頭をたたく「江頭フェイント」も多用される。
[EGHM,POP!,COOL]

江頭クイズ

（えが・ちゃん・くいず）《名詞》

「江頭の一言物申す」コーナーで、なくてはならないのがこの江頭クイズである。その内容は例えば「お料理 BANBAN！」の井森美幸への出題「バラドルといえば井森、トカゲに似た生き物といえばヤモリ、ではお昼の司会者といえば？」。井森「タモリさん」、江頭「ブブー、正解はみのもんた！」といった具合。そしてゲストが不正解なら、たとえ相手が武田鉄矢だろうとキッツイ「江頭アタック」をお見舞いするのである。このクイズはいわば、江頭がゲストとコミュニケーションを取るための大切な手段の一つと言えよう。現在までの正解者は2000年1月8日O.A.のユースケ・サンタマリア唯一人であり、そのテンションの高い芸風がわずかながらかぶるため、それいらい江頭の天敵となった。しかし芸風がかぶってると思っているのは江頭だけである。
[EGHM,POP!,COOL]

江頭2:50

（えがしら・にじ・ごじゅっ・ぷん）《名詞》

季節を問わず場所問わず、いかなる時でもピッチリ黒タイツ

長寿コーナー「江頭の一言物申す」を担当する、めちゃイケの準レギュラー。トレードマークは黒のピッチリタイツ。持ち芸は「江頭クイズ」「江頭アタック」など数多い。周囲から精神的に追いつめられることで真の面白さを発揮する。「追いつめられるのは苦痛だけど大好き」なM的芸人。しかしすぐ全裸になったりするので、なかなか電波に乗りにくい芸風とも言えよう。

メンバーとの交流は「めちゃ^{2}モテたいッ!」時代の「めちゃスキ！福岡編」に出演したことから始まる。そのとき鈴木紗理奈に執拗に絡んだためか、当時ほんとうに紗理奈は江頭を嫌っていた、というエピソードもある。そしてめちゃイケに登場してからも常に番組卒業や、芸能界引退を迫られ、その立場は決して安定することがない。事実過去には、プロデューサーへの転向やアイドルグループ・嵐の一員、銀蠅一家への居候、果てはジャッキー・チェン・ファミリーにまで所属するなどさまざまな人生の転機を迎えており、江頭にとってめちゃイケは、まさに流転の歴史そのものと言っても過言ではない。当事典に掲載する項目を検証したpM8「新春緊急呼び出しスペシャル!!」(2001年1月2日O.A.)では、またもすっかり忘れられていた江頭だったが、なぐり込みをかけ存在感をアピールした。

[EGHM,POP!,COOL]

江頭の一言物申す

(えがしら・の・ひとこと・もの・もうす)《名詞》

めちゃイケ黎明期からの長寿企画でありながら、安定感や安心感とは無縁なシリーズ。その原因は、ひとえにコーナー主宰者である江頭2:50の個性によるものだと思われる。布袋寅泰の「スリル」をバックに奇想天外な場所から登場、上半身裸で黒タイツ姿の痩身をさらし、血走った狂気の目でゲストを見据え、時に全身を相手に投げ出す捨て身の江頭アタックで威嚇するその芸

フジテレビ新入社員に一言物申す！

風は、およそレギュラーといった安寧な展開を許さない緊張感に満ちている。

あらかじめ破たんしている。そう見られがちな江頭ではあるけれども、この「一言物申す」を見れば、意外にも彼の語り口が、極めて示唆に富んだ味わい深いものである事に気づくだろう。彼の相手に対する指摘が、時に本質をついたものであり、腑に落ちる事が多いことにも。

ただ、恐らくは見かけと違って江頭は繊細であり、それゆえ相手との距離感によって、ただの暴走に終わるか、より本質的なところで共振しあうか、という振幅は大きい。要は好不調の波が大きいのだ。そこがまた、見るものに適度な緊張感を強い、魅力となってもいる。

これまでの主な「一言物申し」た相手は以下の通り。

1.笑福亭鶴瓶
2.江角マキコ
3.小林幸子
4.江口洋介
5.梅宮辰夫
6.西城秀樹
7.中尾彬＆国生さゆり
8.榊原郁恵＆井森美幸
9.武田鉄矢
10.和田アキ子
11.近藤真彦

え

12.スターにしきの
13.シャ乱Q
14.こにしプロデューサー（本物）
15.横浜銀蠅
16.松本ハウス
17.パイレーツ、TIM、コンタキンテ
18.ポンキッキーズ
19.嵐
20.ジャッキー・チェン
21.松たか子、ユースケ・サンタマリア
22.和田アキ子、藤井隆、ムツゴロウ
23.佐藤浩市、深津絵里、米倉涼子
24.郷ひろみ　with　HYPER　GO 号
25.西川きよし
26.DA PUMP

なお江頭はめちゃイケの記念すべき第1回O.A.から、めちゃイケ号での船上トークゲストに物申していたが（第1回が笑福亭鶴瓶）、これは単なる他コーナーへの乱入であり、「江頭の一言物申す」が番組内で正式なコーナーと認められたのは1997年2月22日O.A.の対榊原郁恵＆井森美幸からである。

[SJTK,EGHM,COOL]

エガラップ

（えがらっぷ）《名詞》

2001年2月10日O.A.の「江頭の一言物申す」で、江頭2:50が即興で作ったラップのこと。ゲストのDA PUMPのKENが披露したカッコいいラップに感化され、エガちゃんもラップに初チャレンジした。「チェケガッペ」なる意味不明の単語を発したり、歌詞が字余りになったりもしたが、「チェッケッ、チェッケッ、チェッケッ、チェッケッ……」と間奏のリズムの間に必死で次のライムを考える。その長さには一定のルールがなく、ライムが浮かぶまで続けることになる。しかしエガちゃんは何とかつなぎきり、4番まで熱唱。4番では「何も、ないけど、出さなきゃネ、それが、お笑い、難しい」とその瞬間の本音を見事リズムにのせきった。なお同年同月24日O.A.の「お笑いバトル・ロワイアル」の中でもエガちゃんは再びエガラップを披露。もう20世紀ですべてが出尽くした感のあったエガちゃんにとって、エガラップは21世紀の新たな武器となった。

[EGHM,MOBR,COOL]

エジンバブエ

（えじんばぶえ）《名詞》

pM8において、「めちゃイケ大百科事典」のキーワード「若頭」の内容を検証するため、カナヅチの加藤浩次を水泳に挑戦させた際、先生であるムサンバニに対し、加藤がうろ覚えのまま呼びかけた言葉。（2000年12月16日O.A.）

ムサンバニは赤道ギニア出身、シドニー五輪出場のオリンピック選手。経験もほとんどないままに100m自由形競泳にチャレンジし、幾度もおぼれかけながらも、決して途中であきらめない不屈の魂を見せつけた。この経歴が買われ、若頭にもかかわらずカナヅチであった加藤の先生として来日、指導中加藤と共に溺れかけもしたが、その技量はともかく、大いなる闘志で加藤の心を鼓舞（こぶ）しようと努めた。

[PMET,COOL]

SとM

（えす・と・えむ）

一般的にはサディズム（sadism）、マゾヒズム（masochism ）という性的嗜好を指す言葉。しかし、めちゃイケでは決して性的要素だけでなく、例えば、

S:せめる、せかす、さす

M:まかせる、まつ、むかえる

というような人間の本質的なタイプを「能動」と「受動」の2つに区分しており、それらはさらにレヴェル分けされながらも笑いのポジションとして有効に使われている。

それは「ポパイ＆オリーブ」「ストーカー・危険な女」での岡村隆史と雛形あきこ、「Mの三兄弟」の岡村、加藤浩次、濱口優の3人とゲストの女王様などから顕著に見ることができる。ここで注意しなければいけないのは、この関係性を決して「ボケとツッコミ」と混同してはならないということだ。つまり「ボケとツッコミ」は笑いの構造上の立ち位置であり、「SとM」は資質的な立ち位置なのである。また、めちゃイケメンバーには極Mの岡村、加藤、濱口、そして極Sの雛形や矢部浩之といった、極端な資質を持ち合わせた人間が偶然にも多く、このことが多くのコーナーに効果的に作用していることは紛れもない事実である。
[POP!,COOL]

めちゃイケメンバー内の「SとM」分布図。SともMとも言えない大久保を中心にキレイに散らばっている

え

エスパー伊東
（えすぱー・いとう）《名詞》

エガちゃんと違うところはストッキング2枚ばき！

超能力芸人。本名・伊東万寿男。年齢・30半ば。最終学歴・高卒。芸能プロダクションなどには入っていない、無所属である。トレードマークはパンティストッキング。上半身裸でピチピチの黒のストッキングを身につけて登場したエスパーに「エガちゃんとかぶってない？」とツッコミが入るが、「江頭さんのはタイツ、私のはストッキングですから！」と堂々と違いを主張。ちなみにストッキングは2枚ばきである。また、モーニング娘。の飯田圭織のファンであり、モーニング娘。を脱退した福田明日香に、「芸能界には絶対にかなわない人がいるんだぁ」と思い知らせ、学業に専念することを決意させた男でもある。

めちゃイケの中でも超能力を駆使した「高速シリーズ」や「辛子まんじゅうニコニコ食い」、「高熱おでんニコニコ食い」などさまざまな超能力を披露するが、成功した試しがない。そんなエスパーには誰もがツッコミたくなるのだが、ツッコミを入れられると弁解しようとして「聞いて！聞いて！」と必死で訴える。このことからエスパーの企画は「エスパー伊東の聞いて！聞いて！」とタイトルがつけられている。また、エスパーの公認ファンクラブには「聞く！聞く！会」という名前がつけられている。芸能人のエスパーファンは多く、岡村隆史も「エスパーを嫌いっていう人は見たことがない！」と太鼓判を押している。それに対して矢部浩之は「エスパーを嫌い？って聞かれたことないし、エスパーの名前もめったに会話に出てこない」と反論しているが、実際、エスパーを嫌いという人を見たことがない、という人は多いのではないだろうか。めちゃイケでは無所属のエスパーのために有名事務所数社を招き「エスパー伊東のドラフト会議」を行っている。しかしエスパーの超能力が成功しないために、いまだ有名事務所からのスカウトは受けていない。

[EPIT,WWGO,COOL]

エスプレッソ

（えすぷれっそ）《名詞》

正しくは挽いたコーヒー豆に蒸気を通して抽出した濃いコーヒーのことだが、「ザ・カルチャータイム」のMr.ヤベッチの解答は「あれでしょ、新しい、最近の人たちがすごく興味のある映画でしょ？」。

[CTTM,COOL]

NSC

（えぬ・えす・しー）《名詞》

吉本総合芸能学院の略称。数多くのスターを輩出した新人タレントの名門養成所として知られる。ちなみに、1期生はダウンタウン、ハイヒール、トミーズなど。雨上がり決死隊宮迫は7期生、ナインティナインは9期生にあたり、これは彼らのコンビ名の由来（“9期生ふたり”のコンビ）にもなっている。経歴の上では宮迫は岡村の先輩であり、このことが、ナイナイVS雨上がりの確執の根本となっている。

[GTNK,OKMY,COOL]

NG大将

（えぬじー・たいしょう）《名詞》

超人気番組「NG大賞」、の形を借りた岡村隆史のひとりコント。ただし、「NG大将」とはいいながら、その舞台は「めちゃ²イケてるッ！」ではなく、「熱血サラリーマン宣言」なる謎のドラマで、そこに本当の意味でのNGは一つも存在せず、全ては岡村の一人ボケとなっており、その様子をメンバーが呆れながら見守る、という二重構造の作りになっている。

[NGTS,COOL]

エピ

（えぴ）《名詞》

正しくはルイ・ヴィトンのデザインのいちパターンの名称だが、「ザ・カルチャータイム」のMr.ヤベッチの解答は「僕の家にはついてないけど、このお台場のトイレにはついてるね、ちゃう!! ちゃう、ビデやそれは!!」。

[CTTM,COOL]

エビバディ！ジャンプ！

（えびばでぃ！ じゃんぷ！）《感動詞》

「めちゃイケinグアム!!」（1997年8月2, 9日O.A.）の「日本新記録」コーナーで誕生し、めちゃイケメンバーの間で大流行したかけ声のこと。O.A.後は渋谷の街でも大ブレイクした（らしい）。この「エビバディ！ ジャンプ、ジャンプ、ジャンプ、エビバディ！（無限に繰り返し）」のかけ声がかかると、いかに危険であろうともリズムに乗ってジャンプをキメなくてはならない。同グアムロケの「ポパイ＆オリーブ」でも岡村隆史はこのかけ声とともに、巨大鮫がいる海に何度もダイブしていた。なお作詞作曲は山本圭壱。油谷さん同様、ここでも彼のソングライティング力が存分に発揮されている。

[NHSK,PYOV,COOL]

Mさん

（えむ・さん）《名詞》

矢部浩之の初恋の人。2000年7月1日にO.A.された矢部＆大久保大阪編「ふぞろいのイケてるメンバーたち」にちらりと登場した。矢部のことがMさんの記憶からすっかり消えていたことを知り、矢部は本気で「オレ、せつないわ〜」と呟いた。

[YBOK,COOL]

遠距離電話

（えんきょり・でんわ）《名詞》

1998年8月の沖縄ロケの際、濱口優は滞在先のホテルから計31本の遠距離電話を東京にかけていた。利用明細書は3枚に及び、合計金額は5,310円。「NTT のスパイか！」と岡村隆史にツッコミを入れられる。ちなみに電話の相手は本田みずほの次の彼女と

お

いわれている当時の彼女で、主な話の内容はペットの子犬、トラの世話についてだったらしい。

[AJKK,COOL]

エンディング・テーマ

(えんでぃんぐ・てーま)《名詞》

めちゃイケで、番組の最後に流れるテーマソング。有名無名を問わず、スタッフが気に入ったミュージシャン及び曲を起用するのが特徴。世間一般のテレビ番組のエンディングテーマの常識に逆らうように、タイアップによる新曲はいっさい使わない。めちゃイケにおけるエンディングテーマの歴史は下記の通り。

1996年秋〜1997年春
JUDY AND MARY「BLUE TEARS」
1997年春〜1997年秋
JUDY AND MARY「Hello! Orange Sunshine」
1997年秋〜1997年冬
スーパー!?テンションズ「ANNIVERSARY」
1998年冬〜1998年春
横浜銀蝿「RUNNING DOG」
1998年春〜1998年秋
ヒックスヴィル「こんな晴れた日には」
1998年秋〜1998年春
ヒックスヴィル「バイバイ・ブルース」
1999年春〜1999年冬
プロペラ「モーレツ」
1999年冬〜2000年春
Whiteberry「YUKI」
2000年春〜2000年秋
Whiteberry「太陽をぶっとばせ!」
2000年冬〜2001年春
Whiteberry「通学路」

なお、その時々の番組の内容に合わせて臨機応変にテーマ曲が流れるのもめちゃイケの特色のひとつである。

[COOL]

お

「オールナイトニッポン」救済計画

(おーるないと・にっぽん・きゅうさい・けいかく)《名詞》

2000年5月13日に「よゐこの助っ人企画 初のナインティナインだまし 極秘でハガキ投稿」のタイトルでO.A.され全貌がわかった、よゐこの心温まる(でも情けない)壮大なだまし計画。

1999年4月。「オールナイトニッポン」の放送時間が夜10時開始になり、ハガキが減るんじゃないか? と岡村隆史から相談されたよゐこのふたりは、密かに「おもしろいハガキを送って番組を盛り上げてあげよう」「ナインティナインには秘密で、だましてみたい」と考え、小便小僧とキダタローのペンネームでハガキを送った。だがネタがつまらないので読まれず、プロのお笑いとしてのプライドが激しく傷つき、やめられなくなってしまった。

毎週30枚前後が没、という日々が半年近くも続き、9月になり、この計画に福井県の谷口まさと君が助っ人として参加する。彼はラジオ番組でハガキを読まれることの達人。さっそく有野のハガキを添削してもらうと、「おもしろくない」ときっぱり。いろいろとアドバイスをもらいネタづくりに励むが、さらに没の日々は続き、ついに新年を迎える。

年明け早々、徳光アシスタント・プロデューサーに「昨年からの撮影費が850万円。3月末までに読まれなければお蔵入り企画」とイエローカードを切られたよゐこ。憔悴したよゐこを見かねて、極楽とんぼのふたり、光浦靖子、鈴木紗理奈、そして武田真治も一緒にハガキを書いてくれるようになった。だが、3月の最終放送でもハガキは読まれず。「もう1,000万かかってる」と嘆く徳光APに、「もし来週(4月6日)駄目なら自腹（といっても松竹芸能）で1,000万払う」と啖呵（たんか）を切ったよゐこ。そして……、運命の4月6日の夜。ついにハガキが読まれたのだが、投稿者のペンネームは、なんとお台場シンディー。武田は、よゐこのふたりのペンネームではなく、自分で勝手に考えたペンネームで投稿していたのだ!!　他のメンバーはみな、よゐこのペンネームで出していたというのに。

「こんな終わりか……。キツネにつままれてる」と、つぶやく濱口。1年近くのあいだに出したハガキの総数は1,833枚……。いつもだまされ続けている男たちが、ナインティナインに一泡吹かせることのできる日は、はたしていつくるのか？

[YSKK,COOL]

オアシズ

（おあしず）《名詞》

1992年、地元愛知県出身同士の光浦靖子と大久保佳代子の２人がコンビを組み、デビュー。人力舎所属。デビュー当時はオアＣズという表記だったが、現在はオアシズである。「新しい波」時代に、当時の伊戸川俊伸ディレクターによって発掘された。新しい波に出演していた当時は光浦も大久保も21歳で、れっきとした女子大生。大久保はミニスカートをはいて出演していた。当時の光浦に対する周囲の評価は「笑えるブス」。光浦は芸人仲間とカラオケボックスに行き、ウケ狙いで全裸になる事件を起こすなど、当時からある意味女を捨てた芸風を発揮していた。「新しい波」に続く「とぶくすり」では、光浦ひとりが残り、アイドル系の本田みずほとともに、女性陣レギュラーとして活躍する。光浦とみずほというまったく異なる個性が並ぶことで、それぞれの芸人としての魅力がより際立つ結果とはなっていたのだが、オアシズで出演したいと切望する光浦にとって、みずほはなかなか素直に受け入れられない存在だったことは事実である。なお、「笑えないブス」といわれていた大久保は「とぶくすり」以降、充電期間に入る。光浦とともに再びオアシズとしてテレビ出演を果たしたのは1998年10月24日O.A.の「竹村健一王」でのことである。この時6年ぶりに肩を並べる光浦と大久保のツーショットがもっともウケたのはナインティナイン、よゐこ、極楽とんぼら、「新しい波」からのつきあいである面々であった。

以後、大久保は「加藤＆大久保」を始め、さまざまな企画に登場して独特の存在感を世に知らしめ、2000年秋にめちゃイケレギュラーとして完全復活。ようやく光浦は大久保とともにオアシズとして出演するという念願を果たした。

[SINP,HIYK,HIYS,HIYZ,POP!,COOL]

大川興業

（おおかわ・こうぎょう）《名詞》

総裁・大川豊率いる、男同志（江頭2:50＆コンタキンテ）や松本ハウスらを擁する超弱小お笑い系芸能プロダクション。ところが、江頭が嵐に一言物申した際に、ジャニーズ事務所所属の彼らに対し「圧力をかけてやる」と脅迫、周囲を震撼（しんかん）せしめた。大川興業＞ジャニーズ事務所…?!

[EGHM,COOL]

「大きいです」

（おおきい・です）

「クイズ濱口優」の司会者である矢部口宏が、解答者の雛形あきこに「どう？」と何がどうと聞いているのかさっぱりわからない質問をした時の雛形の答え。説明するまでもないがおっぱいのことである。次の回の時にも「雛形さー、入籍して、どう？」と矢部口。雛形の答えはまたも「大きいです」。

[QZHM,COOL]

大久保佳代子

（おおくぼ・かよこ）《名詞》

1971年5月12日、愛知県生まれ。O型。身長158cm、3サイズを知りたい人は所属事務所の人力舎へ確認を。通称は大久保さん。日本唯一のOL兼めちゃイケメンバーである。1992年に、同郷の友人、光浦靖子と学生お笑いコンビ、オアCズを組み、「新しい波」では改名し、オアシズとして出演する。光浦はその後「とぶくすり」に単独で参加したが、“笑えないブス”であった大久保さんはレギュラー落ちし、代わりに本田みずほがレギュラーに抜擢された。このことは後に、光浦＆みずほの関係性に若干の影を落とす遠因ともなった。

オアシズは解散せず地道にライブ活動を続けていたが、大久保さん自身は普段はOLとして働き、6年間という長い下積みの生活を送った。

その後みずほは番組を去り、オアシズは加藤浩次＆矢部浩之の知名度を利用し、様々な売名行為（「加藤＆大久保」、「矢部＆大久保」を参照）を画策、そのかいあってか、大久保さんも2000年の秋には念願のめちゃイケレギュラー昇格を果たしている。以降の活躍はご存知の通り。

この大久保さんのレギュラーへの起用は、光浦がブスキャラから、“割と普通の”、ひょっとすると“結構可愛い”キャラに変質してしまったことへの危機感から、番組に一陣の新風を吹き込むために送り込まれた、との見方もある。

ともあれ、相変わらずメンバーからは“さん”付けで呼ばれ、なかなか呼び捨てで呼んではもらえない大久保さん。彼女の存在が、メンバーの人間関係に微妙な緊張感を与え、その埋めきれない距離感が絶妙なおかしみを生んでいることは確かだ。

ちなみに、pM8の「めちゃイケ大百科事典」は当初、空白期間が長く“何も知らない大久保さんのために、めちゃイケのことを教えてあげる”目的で企画された、との話もある。

きっと大久保さんは、未来永劫“大久保さん”のままであり、永遠にどこかよそよそしく扱われ続けるだろう。そしてそのことがまさに、大久保さんがめちゃイケにおいて、他の誰にも代え難い、希有なキャラであることの証左となっているのだ。

[SINP,COOL]

大隈いちろう

（おおくま・いちろう）《名詞》

1994年10月の「とぶくすりZ」から「めちゃ^{2}モテたいッ！」初期まで在籍。数々のリアクションの面白さで、顔出しADの先駆者に。現在は何をしているか不明だが、恐らくは実家の長崎にでも帰ったと思われる。

と、pM8での岡村隆史の「めちゃイケ大百科事典」予定原稿は、ここまでで終わっていた。どうやら岡村は知らなかったらしい。大隈が空白の5年間の間に、お笑いタレントになっており、現在はライヴやビデオで活躍、かくし芸大会にも出場経験があり、岡村を尊敬し、いつか芸人として認めてもらいたいと願っているということを。

ウソ番組「東京食べちゃうぞ！」収録現場。知性派大隈に対して、肉体派の吉本興業所属、なかやまきんに君がライバルとして登場。2人で食を競い合うという設定だが、終始きんに君のテンションに圧倒されっぱなしの大隈。岡村はそんな大隈が腑甲斐無くて仕方ない。

ヨコヤマ弁護士登場。AD時代の大隈との絶妙の掛け合いを思い出させ、芸人としての根性を奮い立たせたい。街角で待ち伏せ、「お前、根性を見せろ、芸人としてそんなんでいいのか！」と大隈の横っ面をはり飛ばすヨコベンに扮した岡村。しばし呆然となる大隈。長い沈黙。しかし、やがて大隈は意を決したように、岡村の横っ面を張り返すのだった。ビンタ対決。そう、あの頃のように。お互いの、この5年間の胸のウチを吐露(とろ)しながら殴り合う、岡村と大隈。そう、岡村は知っていたのだ。大隈が芸人となって、岡村と同じ空間で、同じ空気を吸っていた事を。だが岡村は歯がゆかった。何故、もっと前に出て来ない。何故、根性を見せないのだ、あのADの頃のように。そしてやっと岡村の心を理解した大隈は、岡村の胸に飛び込み、静かに感動を味わうのだった。

先の事典の文章は、こう続く。

決定原稿：ADだった頃の頑張りを思い出して、現在はお笑い芸人として伸び盛り。ただし天敵はなかやまきんに君。

[HIYZ,POP!,PMET,COOL]

芸人としての、一層の飛躍を期待

大阪ドーム

（おおさか・どーむ）《名詞》

①1997年のSMAP大阪公演で使用された会場のこと。岡村隆史はここで、ジャニーズJr.の一員としてバックダンサーを務めた。②山本球団が松坂君に会いに行った場所。しかし野球選手ではなく松阪牛の大輔君だった。そのため、球場が牛フン臭くなってしまったらしい。

[OMOS1,YMKD,COOL]

太田プロ軍団

（おおた・ぷろ・ぐんだん）《名詞》

1997年4月19日にO.A.された「敵は巨人だ！　全員集合スペシャル」のSTAMPに登場した、ダチョウ倶楽部、松村邦洋、猿岩石で構成された挑戦者のこと。元野球部の松村が放つ強烈なスイングが最大の武器となり、STAMPメンバーを脅かした。しかしめちゃイケ側の強烈な助っ人、デーブ大久保の巨大ハリセンの餌食となったダチョウ倶楽部の上島は、そのあまりに凄まじいスイングに恐怖を隠せず「日本ノテレビ局、ヤルコトガ派手過ギマスヨ」（いちおう設定は外国人）と名ゼリフを残した。

[STMP,COOL]

強力な助っ人、バースを用意していた軍団（写真右側）

大塚アナ

（おおつか・あな）《名詞》

「めざましテレビ」で知られる超ベテランアナウンサー・大塚範一氏のこと。「めちゃイケ運輸」（1997年5月10日O.A.）において、河田町の旧社屋に大塚アナの証明写真（！）が忘れられているのを発見、めちゃイケ運輸従業員は新社屋の報道局で勤務中の御本人まで責任を持ってお届けしたのだった。大塚アナは受け取りのサインだけでなく、運送料260円までも快く支払ってくれた。

[MIUY,COOL]

お

オカガニ

（おか・がに）《名詞》

甲殻類。日本で一番大きなハサミを持つ、沖縄に生息する蟹。「クイズ濱口優」が「クイズ濱口おさる」へとリニューアルされた2000年5月20日O.A.に登場し、おさると優が口でキャッチボールするさいのボール代わりに使われた。

[QZHM,COOL]

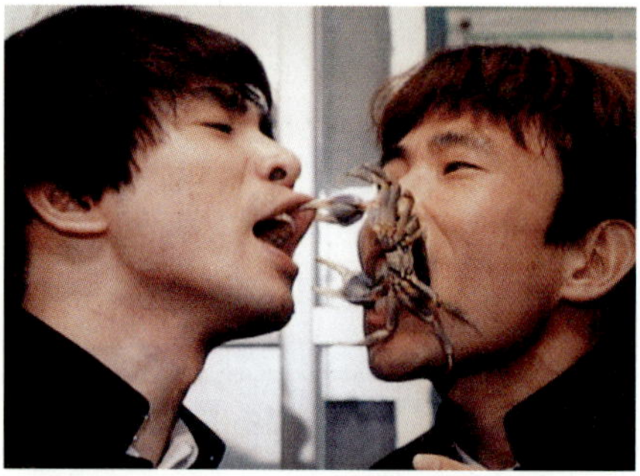

キャッチボール中のまさるとおさる

学術名：Cardisoma hirtipes Dana
甲長約６センチ、インド洋や西大西洋に広く分布、陸上で生息している。6月～10月が産卵期で、満月前後の満潮後に幼生を海で放す。幼生は海洋で生活し、稚ガニになると再び陸上に戻ってくる。

岡田一少年の事件簿

（おかだいち・しょうねん・の・じけんぼ）《名詞》

「金田一少年の事件簿」をパロディにした、めちゃイケメンバーが全員出演するコーナー。毎回、学校内で殺人事件が起こり、岡村隆史扮する岡田一少年が事件を推理して犯人をつきとめ、めちゃイケスーツを着せて処刑する。犯人はつねにメンバー内の誰か、逮捕の理由は「犯人がイケてなかったから」。メンバーの「イケてない素行」が暴露されていくプロセスがリアルだった。

岡村をリーダー格として、メンバーの私生活的な問題点をみんなで糾弾していくこのパターン。ルーツは「とぶくすり」の「はばたけ！　舞浜商科大学」というコーナー内にあったコーナー「とぶくすり頑張っていこう！」にまでさかのぼることができる。無名タレントの集まりだった「とぶくすり」メンバーは、とにかくみんなで頑張ってメジャーになるために、メンバーとして困った行動、恥ずかしい行為をしていた人間を題材とし、笑いをとろうとしていた。こうした身内ネタは、お笑い芸人としての腕のなさを「身を削ること」で補完していたとも言えるが、その後各人が成長したことで、現在ではそれぞれの「イケてなさ」すら、番組上キャラクターの魅力に変えてしまうようになってきた。

「岡田一少年の事件簿」はめちゃイケがゴールデンタイムに進出した当初、番組の最後のコーナーとして毎回O.A.されていた。第1回の犯人は加藤浩次。逮捕理由は「リハーサルに1時間遅れで入ってきて、『腹減った』と言っておかきを食ったから」。雛形あきこが犯人の回の逮捕理由は「収録初日の、ファーストカットで台詞をかんだ。ゴールデンで主役をつとめる女優なのに、コピーを『コペー』と言った」。まさに身内ネタではあるが、メジャーになろうと意気込んでいためちゃイケメンバーの必死さが笑いに昇華され、ある種、レギュラー陣のキャラクターをわかりやすく多くの視聴者に伝える役割を担っていた。なお1996年12月28日の「ケチョンケチョンにしてやるスペシャル!!」では、血の池伝説にまつわる長尺バージョンがO.A.されている。ドラマのあいだに「江頭の一言物申す」がはさまったり、国生さゆりとのおニャン子トークがはさまったりと、盛りだくさんの内容であった。

この身を削るようなコーナーは長尺バー

ジョンをもって一度幕を閉じ、長く封印されていたが、2001年3月10日O.A.の「クイズ$マジオネア」にスタイルを変えて復活を果たした。お笑い芸人として腕が上がったメンバーだが、これらのコーナーがある限り、決して守りに入ることを許されないのである。

[HIYK,OISJ,COOL]

犯人はこの中にいます！

オカタカリーダー

（おか・たか・りーだー）《名詞》

岡村隆史リーダーの略。岡村オファーが来ましたシリーズ「新春かくし芸大会」で共演した時に、ネプチューンの堀内健（通称・ホリケン）が命名。というか、ホリケンだけがこう呼んでいた。

[OMOS4,COOL]

岡ちゃん

（おか・ちゃん）《名詞》

1998年ワールドカップ・フランス大会開催で、岡田武史監督の高まる人気とともに登場したキャラクター。第1回目のタイトルは「ガンバレW杯！全日本サッカー監督・岡ちゃんは休日も元気！」(1998年4月18日O.A.)。

おそば屋さんで食事中の岡ちゃん（岡村隆史）のところに、レポーターの矢部浩之が近付いてきて、いきなり一言「どうですか？」。困惑した岡ちゃん、「僕は今、食事中なんで。プライベートなんで」。当然だ、岡ちゃんは間違ってない。しかし今度はそば屋にいた他のお客さんが気づき、大騒ぎに。みんなの握手攻めにあってしまう岡ちゃん。そこで再び矢部「どうですか？」。ものすごい至近距離で岡ちゃんを見つめるサラリーマン（加藤浩次）。その顔をジッと見ながら、「今、僕はプライベートなんで」。しごく真っ当な答えだ。だが観衆はそれでは許さない。高校生や小学生の野球少年にも小突かれ、ド突かれ、そして矢部に「どうですか？」。岡ちゃん、観念したように「中田を司令塔にして頑張ります」。そのコメントに大喜びのお客さんたち、岡ちゃんをもみくちゃにする。完全にキレた岡ちゃん、「いいかげんにしなさいっ」と店のまねき猫を破損、警察に連行されてしまう。その後も岡ちゃんはコイン洗車場で周りの人に見つかり、愛車（ベンツT320 E）にボールをぶつけられたりしては、レポーター「どうですか？」。怒った岡ちゃんは、そのたびに「スキンシップ」という名の暴力で周りの人たちと大乱闘になるのである。

この、街角でド突かれモミくちゃにされながら「どうですか？」というパターンは、「めちゃ²モテたいッ！」時代に同じく岡村が演じ、2000年に復活した「ヨコヤマ弁護士」の流れを継承している。当時はヨコヤマ弁護士が報道陣に扮したADたちに殴られる設定だったが、岡ちゃんになってからは岡村がめちゃイケメンバーに囲まれる集団コントとして変貌を遂げていった。

しかしどちらも、世相的に注目されている人がやり玉に挙げられるという社会構造を風刺しており、また相手（素人さんや取材陣）が失礼なことをしているのに、それに対し怒ったりすると途端に悪者扱いされてしまう有名人の悲しい宿命、そして一般人の有名人に対する無神経さを鋭く表現した社会派のコントと言えよう。
[OKTN,COOL]

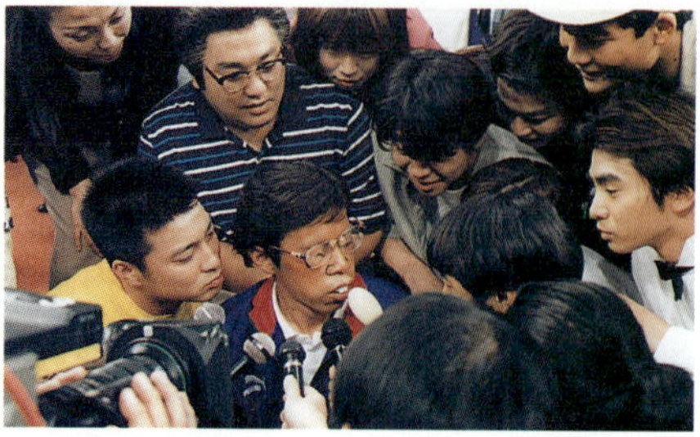

岡ちゃんから何かステキなコメントが欲しくてしかたがないファンの皆さん

オカッチ&ミヤッチ

（おかっち・あんど・みやっち）《名詞》

「ナインティナインVS雨上がりガチンコ対決」等でつねに対立してきた、岡村隆史（オカッチ）VS宮迫博之（ミヤッチ）バトルもののバリエーション。企画のミソは、大勢のチビッコを観客として前にしているので、2人があくまでもかわいらしく戦うことが義務づけられていること。たとえば「本物のヒーローはどっち？」かを決めるさいには、椅子取りゲームがおこなわれたのだが（2000年6月10日O.A.）、しかし、この2人のバトルはかわいらしいまま終わらない。BGMが「オモチャのチャチャチャ～♪」からデスメタルに変わると、壮絶な椅子の奪い合いが発生。敗者のミヤッチは、頭部がへこむほどの傷を負ってしまった。

オカッチは、自分がチビッコに愛されるキャラクターであることを知っている。だから、ゲームの勝敗に関係なく、「悪いことをしたのはどっちですか？」と自分の正当性を認めさせるためのアジテーションを展開する。「ミヤッチ！」というチビッコの声がかかると、さらに「かっこいいのはどっちですか？」と世論を誘導 する。いっぽうチビッコに不人気なミヤッチは、たとえゲームに勝ったとしても、子どもからのブーイングを受け、理不尽な立場に追い込まれる（けっこう正論を吐いたりもしているのだが……）。

もともと「正義の味方はオカッチ！」と決まっているこのゲームは、ミヤッチの屈折した気持ちを楽しむのが、お笑いを愛する大人の鑑賞法である。
[OKMY,COOL]

チビッコの人気者オカッチ（NSC9期生）

チビッコに人気のないミヤッチ（NSC7期生）

オカピー

（おかぴー）《名詞》

史上初のカセットミュージシャン。こにしプロデューサーが期待の大型新人として1998年6月6日のO.A.にて発掘。オカピーの本名は岡田寿也、本職はめちゃイケの小道具担当。神奈川県茅ヶ崎市出身の、バリバリの湘南ボーイだが、見た目はきわめて真面目そうな青年で、とても男性とは思えな

お

い高音域の声を出す。そんな彼の男の子でも女の子でもない中性的な魅力を評して、こにしPは「スイス」と呼んだ。好きな女性のタイプはハキハキした人。好きなミュージシャンは尾崎豊、渡辺美里、華原朋美。好きな言葉は愛、希望、夢。19歳の時から趣味で曲作りを始め、作詩・作曲・編曲・演奏・録音・唄のすべてを1人で行っている。カセットアルバムは計6本あり（別表参照）、オカピー自ら周囲のスタッフに無料で完配していたが、「運命の君」はこにしPの敏腕戦略で発売されることに。以下、歴史を記す。

オカピーのカセットグラフィティー

タイトル	発表年
I NEED SOMEBODY	1987年
Solitaly Person	1988年
It's gonna be alright	1989年
Welcome to Wonderland	1990年
The Real Intention	1991年
運命の君	1998年

1998年8月30日、HMV数寄屋橋阪急店にて「運命の君」を98円で限定発売。14:00pmには1,000本完売するという快挙を遂げた。この時オカピーのカセットアルバムを買うために訪れた人は8,000人にものぼる。また、すでにこの時点でファンレター3万通、ホームページは5万件アクセスという超過熱の人気ぶりだった。レコード会社数社からCD発売の話もあったというが、こにしPが「あくまでもカセットミュージシャンである」という理由で断っている。その背景には「ポケビ（ポケットビスケッツ）でも野猿でもないカセットミュージシャン」としてのプライドと、世間の風潮へのアンチテーゼがこめられており、その思いはこにしＰの「ゆくゆくトントン、おいおいトントン」というポリシーにも通じている。

1999年5月29日、レコードデビュー。こにしＰの独断により「運命の君」から「永遠より続くように」を両Ａ面のドーナツ盤としてシングルカット。1,000枚がプレスされた。レコードを作ることで文字通りレコード大賞をとるのがこにしＰの野望だったが、このドーナツ盤は販売されることはなく、全国の高校にプレゼントされただけだった。このようにセールスとはまったく無縁のオカピーだったが、その後ミュージシャンとしてのクライマックスを迎える。

2000年1月1日O.A.の「めちゃ²あいしてるッ!」であの吉田拓郎率いるLOVE LOVE ALLSTARSをバックに「永遠より続くように」をオカピーは熱唱。それは音楽を純粋に愛するオカピーにとって、どんなミリオンセラーよりも価値のあるかけがえのない「宝物」だったに違いない。なおオカピーについては下記のホームページでさらに詳しく知ることができる。

http://village.infoweb.or.jp/~hisaya/

http://www.fujiint.co.jp/MECHA/okapi/index3.htm

[KNPD,COOL]

聴く者の心をがっちりつかむオカピーのスイス的歌唱力

敬愛するミュージシャンの生演奏をバックに大感激のオカピー

岡村アタック

（おかむら・あたっく）《名詞》

1996年に「めちゃ^{2}モテたいッ!」で生まれた「少年愚連隊シリーズ」の超人気コーナー。その源流は、当時「岡村アタック」という名称は確定してはいなかったものの、1996年3月O.A.「ヨモギダ少年愚連隊」第1部での、「ヘル中アタック」まで遡ることができる。ADが同企画内で行う「チェック」と同様、岡村が対象物に接近し、その情報を探るのがこの「アタック」の元々の第一義なのだが、そこには明確な違いが存在している。

その差異を解明するヒントが、この「アタック」という名称にある。つまり「チェック」が対象に忍び寄り、その情報をゲットすることでストーリーを展開させるのに比べ、「アタック」は文字通り緊張感の中での一か八かの攻撃を意味する無謀な行為であり、何ら有益な情報を得ることもなく、作品中ではストーリーの本筋とのかかわりは一切ない。従って編集時に全面カットすることさえ可能。

毎回1度目のアタックは徒歩で、2度目は自転車でなされる。有名人として顔の割れている岡村がその正体を知られるのを恐れる余り、東急ハンズ系の被りものを被ってアタックする事で、かえって目立つハメに陥るのも定番。これまで岡村が使用した被りものは、人間ではエリツィン、ゴルバチョフ、ヒッチコック、タモリ、Mr.ビーン、マイケル・ジョーダン等が、動物ではカエル、ウサギ等が確認されている。

これまで見てきたように、「アタック」は極めてリスクが大きく、リターンは絶無と言っていい行為である。にもかかわらず、岡村はこのアタックに命を懸けて臨む。毎回当然のように周囲から巻き起こる、「意味ない、カットすりゃいい」との声に憤然と抵抗し、任務を続行するのだ。

岡村特有の「自滅の美学」が典型的に現れたこの「アタック」だが、その割には、携帯電話、1,000～2,000円程度の紙幣、飲料なども常備するなど、装備に意外と細かな配慮がなされていることも特徴的である。

[SNGT,POP!,PMET,COOL]

カエル姿でアタック中（徒歩）

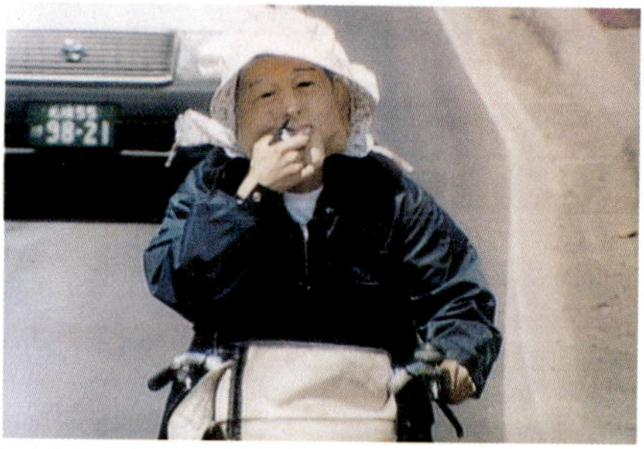

こちらはエリツィン（自転車を使用）

岡村オファーが来ましたシリーズ

（おかむら・おふぁー・が・きました・しりーず）《名詞》

超人気シリーズ。単なる芸人の域を大きく逸脱したナインティナイン・岡村隆史の集中力と執着力の凄み、通り一遍のバラエティ番組の常識にとらわれないめちゃイケの奥行きを遺憾なく示すものとなっている。

構造は基本的にはシンプルなものである。岡村が、クライアントからオファーされた仕事を履行し、対価（金銭とは限らないが）を得る、というもの。

もとより岡村の勘のよさ、運動神経の優秀さは定評のあるところだったが、その能力の高さがほんとうに尋常なものでなかったことは、このシリーズが回を重ねるにつれ、驚愕と共に多くの人が知るところとなった。

このシリーズも、その発端は通常のお笑い番組のいちコーナーとして始まったに過ぎない。初期においては、オファーされた仕事を、岡村がギャグを交えながらこなしていくという、ある種お気楽なムードに包まれたものであった。もちろん今に至るも、「愉快な岡村」は十分に堪能できる。そこかしこに定型の、例えば岡村のベタなボケや意外なゲスト、冷やかし半分のめちゃイケメンバーの乱入とそれに対する岡村の怒り、メンバーの改心といった、「面白おかしい」という感情を刺激する要素には事欠かない。第一級の笑いのエンターテインメントとして、心ゆくまで楽しむことができる。

が、回を重ねるごとに、そのオファーの難度は増していき、岡村はそのハードルのクリアに多くの試練を強いられることになっていく。もちろん岡村は、常にお笑い芸人としての出自に忠実であろうとしており、番組を面白くするという使命感を持ってオファーを履行しようとするのだが、多くの場合、ハードな状況がそれを許さず、大きな葛藤を抱きながらオファーに当たるハメに陥る。つまり、ずっとお笑いを演じていたいのに、「演じていられない顔」が現れる瞬間。そんな二面性が覗けるのも、このシリーズの魅力の一つだろう。

そして、このシリーズを観終わった後、そこに大きな感動があることに気がつく。それはつまりは、このシリーズが「お笑い」という様式の枠内にありながらも、毎回「岡村は、課せられた大いなる困難を果たしてクリアできるのか」の一点において、その結果が全く予断を許さないものになっているからだ。これまでの7回の挑戦で、1回たりとも失敗したことがないという、岡村の「青ジャージ伝説」(毎回の岡村のコスチュームが青ジャージであることに由来する)が、実は毎回薄氷を踏むようなバランスの上に成り立っていることを視聴者は知っており、そこには予定調和の入り込むスキなど一切あり得ない。そう、多くは本番一発勝負である挑戦の成否は、視聴者はもとより、めちゃイケメンバーも、スタッフも、そして恐らくは岡村自身でさえ、確証のないものだろうに違いないのだ。その緊張感は、画面を通しても十二分の迫力を持って胸に迫る。

「岡村さん」のオファーシリーズは、現在まで以下の通り。

❶「ガチコン言わしたるッ！スペシャル!!」ージャニーズJr.企画。Jr.の一員として、SMAPのステージに一夜漬けで参加。初めて大舞台で「発作」を起こしたり、事を成し遂げた後に「最高！」と叫ぶなど、後に定番化した要素を数多く含む、オファーシリーズの発端となった記念すべき企画。ただし、後の「オファーシリーズ」で見られるような世界観はまだここでは定着しておらず、シリーズ全体の中で見ると、やや「番外編」的な印象もある。

❷「月 9『ブラザーズ』に出演！」ードラマ「ブラザーズ」に警官役で出演。報酬／44,444円。クライアントからのオファーを岡村が請けて、様々な仕事にチャレンジするというスタイルは、ここからカタチになった。多くの定番（ギャラの交渉、代役の出現等）も、この回から確認できる。

❸「岡村結婚式企画」ー一般の人からの結婚式の司会者依頼。報酬／22,222円 。この回は、シリーズ中でも珍しい、素人さんからのオファー、北海道在住の野村さんから「司会をしてもらい、平凡に生きてきた私たちの結婚式を感動的なものにしてほしい」との依頼だった。追い詰められ、演じていられない顔の岡村はここから始まった。本番前日に、準備に追われ徹夜をする事も定番に。

❹「絶対満点で年を越すぞ！いつか最高の

お

自分にスペシャル!!」—新春かくし芸大会出演依頼（ヒロスエの代打）。報酬／9,990円 。新春かくし芸大会という、文句なしの大舞台からのオファー。この回から、オファーのハードルがグンと上がり、これまでの事前「準備」が、はっきりと「稽古」へと変質した。

❺「シャカリキに頑張るゾ　動物王国スペシャル!!」—ムツゴロウ王国のお手伝い&ムツゴロウさんとの競馬対決。報酬／競馬に勝ったら新国王の座と国王の帽子 。オファーして来たのは、ムツゴロウこと畑正憲さん。全くの初心者として乗馬にチャレンジし、追い詰められつつも、ここでも超人的な才能を見せる岡村だった。

❻「めちゃ²あいしてるッ!」—フジテレビ「ファンラン」の距離を勘違いしてフルマラソン。報酬／おにぎり 。フジテレビの年越し生特番、めちゃイケと「LOVE LOVE あいしてる」の合体番組にして、初の生オファー。「番組が目指すのは、笑いと音楽の融合!!　その象徴として、岡村に、ファンランを走って欲しい」。果たして5時間半の放送時間内に帰ってこられるか、という一点に於いて、メンバーと感動の共有がなされた回。ここで奇跡を起こした岡村はカッコよささえ見せ始めた。

❼「今年で30しっとるケ!?　ガオーッスペシャル!!」—劇団四季『ライオンキング』に出演 。報酬／子ライオンの人形。ミュージカル『ライオンキング』への出演オファーが、かねてより岡村を高く評価していた日本ミュージカルの父、かの浅利慶太氏よりもたらされた。この回は、岡村以外のメンバーが主役に躍り出る局面があり、その瞬間に於いては、明らかに岡村との主客が逆転していた。その事が、岡村の怒りを買い、さらなる奮起を促す事にも。

先にも述べた通り、これまで岡村はこれらの挑戦のことごとくを成功に導いている。そこには計り知れない努力と情熱が費やされている。回を経るごとに難易度は増し、岡村の苦闘はより一層ハードなものになっていく。今後、いつの日にか岡村はオファーされた依頼に失敗してしまうのかも知れない。しかし、たとえそうなったとしても、きっと我々は笑顔で彼の労をねぎらい、次の挑戦に期待するに違いない。そして驚くべきことには、現在に至るも岡村の能力は進化し続けている。そう、未だ我々は、彼の潜在能力の全貌を知るに至ってはいないのである。

個々のオファーの詳細は、それぞれの項目を参照の事。

[OMOS,COOL]

岡村恭子

（おかむら・きょうこ）《名詞》

元めちゃイケAD。キレやすく、矢部浩之 に対しては特に厳しいことで知られる。真性特Ｓ振りが見事。が、「実録・伊豆の踊り子」にて、岡村隆史 のキスの相手役として急遽（きゅうきょ）抜擢され、意外に女の子らしい一面をのぞかせる。しかも、かなり岡村の好みのタイプ、とか。「河野少年愚連隊」では、色仕掛けで河野さんをたらし込む仕掛人として、妖艶な姿を披露した。また、どうやら差し歯らしい。

[EGAD,OMOS,SNGT,COOL]

岡村結婚式企画

（おかむら・けっこんしき・きかく）《名詞》

1998年6月20、27日O.A.。岡村オファーが来ましたシリーズ。この回は、シリーズ中でも珍しい、素人さんからのオファーとなった。北海道在住の野村慶子さん（28歳、OL）から、「岡村さんに平凡なわたしたちの結婚式の司会をしてもらい、式を感動的なものにしてほしい」との依頼。追い詰められ、マジで苦闘する岡村隆史のオファーシリーズはここから始まった。今回のギャラは２並び、22,222円で！

お

華麗な司会振りの岡村さん

司会をするにあたって岡村が立てた3つの作戦は、「タイタニック」を用意し、名人「徳さん」に学び、「司会者入門」を読む事、だった。

❶「タイタニック」―平凡なカップルに無理矢理当てはめた状況設定が、岡村がそのころようやく知った人気映画『タイタニック』だった。

それは悲運のカップルに夫婦をなぞらえ、夫の家はトラック運転手ということから「貧乏」と勝手に決め付け、夫の名前を「小林ディカプリオ」と名付け、妻の家は駐車場経営ということから「金持ち」と勝手に決め付け、妻の名前を「野村ケート」と名付ける、という相当に強引なものだった。

❷「徳さん」―岡村の助っ人として司会名人徳光和夫先生が登場。徳さん、涙の㊙テクニックを伝授。文豪吉川英治が娘の結婚に際しての気持ちを菊作りの職人のそれにたとえた名句「菊作り　花見る時は　陰の人（成長した子を末席で見守る親心）」も教わる。

❸「司会者入門」―岡村のバイブル『結婚披露宴　司会者入門』(土屋書店)。深夜、司会の特訓をする岡村と矢部。ひとつひとつバイブルに書いてある通りに練習。その中に、前日の心得として、「夜更かしやマージャンなどは慎む事」。しかし、この時すでに24:30 。矢部浩之は先に就寝するが岡村は徹夜で基本事項を暗記。人の一生のイヴェント、「おもしろいはありでも、いいかげんはない」。結局一睡もしないで式に臨むことに。

岡村は「司会者入門」の表紙の通り、鼻の頭とほっぺたを赤く染めたメークで控室に登場。岡村がまたふざけるのでは、と不安に思っていた矢部は代役を用意。オファー恒例代役シリーズ。矢部が送り込んだ刺客は、加藤浩次の「千手観音（せんじゅ）」。「お年寄り王決定戦」以来２回目の登場。新婦が加藤のファン、新郎が加藤と同じ小樽出身ということで盛り上がり、あわや岡村は司会の座を奪われそうになる。が、横道にそれかけていた岡村は、すんでの所で真人間に戻り、結局はもちろん司会は岡村で。

前日の特訓どおり、「司会者入門」と徳さんのアドバイスに基づいて式は順調に進む。

ケーキ入刀のところで、「ケーキ乳頭」の発作を起こす岡村。なんと９回もやってしまう。友人代表の余興では「司会者は自分から率先して歌ったり踊ったりしてはいけない」と「司会者入門」に書いてあったにもかかわらず、率先して歌い踊る。しかし、その宴も終わった式の後半、徳さんの「菊作り　花見る時は　陰の人」を狙いすまして引用し、立派に育った娘を見守る末席の両親を思いやることで、クライマックスへ。

感動が会場一杯に満ちていく。岡村、「まさかの半泣き」寸前に。泣いたらしゃれにならないと、懸命にこらえていた。徹夜明けの必死の頑張りが、劇的なクライマックスへと導かれる。そして何よりも、野村さんに対して「約束を果たした」事が、この上もない喜びとして彼に達成感を与えていく。岡村「結婚最高！」。

最後の岡村の「少し眠らせて下さい」の

お

意味は、当日会場に来ていたお客さんには分からなかったようだけれど。
[OMOS3,COOL]

岡村さん演出の式に、感涙にむせぶ野村ケートさん

岡村さん

（おかむら・さん）《名詞》

岡村隆史の、「岡村オファーが来ましたシリーズ」で活躍する時のみ限定の呼び名。それは矢部浩之の呼び掛けはもちろん、ナレーションやテロップに至るまで徹底している。

「岡村さん」の本質を一言で語るのは大変困難であるが、思い込みが激しく、早とちりをしがちであり、一生懸命努力をし、その割にはどこか虐げられている、という元々岡村にある資質の一部が拡大され、それが表出したもの、と言えるだろうか。

実際、シリーズ中の「岡村さん」は毎回超人的とも言える努力を重ね、困難に打ち勝ち、最後は栄えある栄冠を手にするのだが、そのことで当然大きなリスペクトを得つつも、周りからはどこか差別的な距離を置かれている。つまりは、尊敬と軽蔑を同時に獲得する希有な存在なのであり、そしてさらにそれは「岡村さん」を「『演じている』場合には軽蔑され、『演じていられない』ほど追い詰められた場合には尊敬される」という、ねじれた構造にもなっている。

そんな微妙な位置関係を表現する呼称としてこの「岡村さん」はまさに絶妙なのであり、殊に矢部の「岡村さん、何してはるんすか」という言い回しは、その空気感を見事に言い表わしていよう。
[OMOS,COOL]

岡村四郎

（おかむら・しろう）《名詞》

伝説の悪役レフェリー・阿部四郎の一挙手一投足をビデオで独自学習した岡村隆史が「格闘女神MECHA」で演じる極悪キャラクター。「野良猫」の遊佐にルーツを持ち、岡村の数少ない悪役ぶりが堪能できる。なお岡村はこの企画が持ち上がるまでプロレスには詳しくなく、当然、阿部四郎なる人物の存在を知らなかったが、格闘技ファンである辻ちゃんの影響を受け、じょじょにその世界に開眼していくこととなった。リング上での岡村四郎は、本家に劣らぬデタラメぶり、さらに本家を超えたオリジナルのスピード＆セクハラぶりでフレッシュ・ギャルズを救い、対戦相手の怒りを買う。また、いつのまにかリングから消えてしまい、不毛な無効試合の原因となっている。なお「格闘女神MECHA」の試合では、岡村四郎がリングから消えると、まもなくチビタイガーマスクが現れるので、一部から「2人は同一人物か？」との噂も流れている。
[KTJM,COOL]

つねにめちゃ女をヒイキするインチキレフェリー

お

岡村隆史

（おかむら・たかし）《名詞》

1970年7月3日、大阪府大阪市生まれ。B型。156cm、48kg。立命館大学中退。趣味は熱帯魚、プラモデル、パソコン。吉本興業所属。めちゃイケでの主なキャラクターは岡田一少年、オカッチ、岡ちゃん、オカ田英寿、岡村四郎、岡村探検隊隊長、おかもんた（クイズ$マジオネア）、オヴィ夫人、オマホン（ここがへんだよシリーズ）、オリー伊藤、オリ町隆史、オ村拓哉、カケソバン、菊千代（七人のしりとり侍）、きだ英蔵、クリストフ監督、こにしプロデューサー、ザビエル（STAMP）、ダイクさん、ダイブツくん、タカコ（SPEED）、ちっさい社長、チビタイガーマスク、鉄人作家伊藤さん、藤四郎、プレッシャー星人、ポパイ（ポパイ＆オリーブ）、モリグチくん、ものまね兆治、遊佐（野良猫）、ヨコヤマ弁護士、ライダーマンなど。しかし実際にはここには書ききれないほどの多くのキャラクターやネタにかかわっている。ボケのセンスがズバ抜けているのは誰もが知るところであるが、ボケであるにもかかわらず「フジTV警察24時」や「土曜スペシャル」、pM8などの企画ではキャプテンとして進行に回ることも多い。ただし元々キャプテン向きではないため、かなり無理な進行をしつつ、テンションだけで乗り切ろうとするのが特徴である。また、他の芸人さんのネタをパクる癖があり、その清々しいパクリぶりは「真性パクリ病」という病名までつけられている。そんな岡村の本質は根本的に「真面目」であるという一言に尽きる。その真面目さは一連の岡村オファーが来ましたシリーズなどで顕著に見られるところであるが、真面目すぎるあまり、「真面目に間違ったことを考えている」ことも多い。

参照項目 リーダーとキャプテン

[SINP,HIYK,PHER,HIYS,HIYZ,POP!,COOL]

オカレモン

（おか・れもん）《名詞》

「矢部オファーしちゃいましたシリーズ」3で働いた雑誌「ザテレビジョン」の表紙を、「ナースのお仕事3」の観月ありさとともに飾った謎の生命体。「ザテレビジョン」の17年間の表紙撮影で、「俺のイメージに合わない」とレモンを持たなかった長渕剛の伝説を越えるため、かつて「とぶくすりZ」ではオカレンコンに変身したこともある岡村隆史が、表紙を飾ることに……。

このアイデアには、観月も「伝説になると思いますよ」と、ひとことコメント。

[YOSS3,COOL]

30歳の謎の生命体

23歳の謎の生命体

お

掟

（おきて）《名詞》

「七人のしりとり侍」における、一概に「こういうもの」と定義することがむずかしい さまざまな決まりごと。

まず、戦（いくさ）のルールやスキル（技術）に関するものがある。たとえば、「ダッチョは3文字と数える」「繰り返しは高速で戦う」「一同が流せば基本的にセーフ」「リズムを突然変えるのがテクニシャン」等。「侍たちは元々村を守る用心棒であるがさらに彼らを守る強い用心棒が登場!!」といった、コーナーの広がりを補足説明するものもここに含まれる。

続いて、侍としての心構えを明文化したものがある。「どんな予習も実戦の役に立たない」「負けてテンパるのが悪循環」「モー娘。と違い脱退は許されない」「人の負けは楽しい」等だが、これらはなにやら人生訓のようでもある。

また、「七人のしりとり侍」に収まらない、たんなるネタも、ときに掟として紹介される。「（五郎兵衛は）高校受験の前にも家出」「七郎次ーズラ＝浅香光代」「『クリス』は九蔵の7年も前の彼女のあだ名で深夜番組『とぶくすり』にて流行」等だが、これらを知っていると、勝敗だけではなく、侍たちの性格や戦いぶりにも、さまざまなおもしろさを発見することができた。

[SNSZ,COOL]

おさる

（おさる）《名詞》

本来は解散してしまった漫才コンビ・アニマル梯団のボケ担当だったのだが、相方のコアラが「三原じゅん子の夫」に転向し新コンビ（!?）を結成して以降は、持ち前の「すんまそん」と運動神経のよさを活かし、虎視眈々（こしたんたん）とめちゃイケレギュラーの座を狙っている。そのたくらみは着々と成功しつつあり、濱口優がメインのコーナー、「クイズ濱口優」は、すでに「クイズ濱口おさる」と名称が変更されてしまった。「おさる」と「まさる」……。名前の響きが似ていたのは偶然だが、しかしこの2人、パッと見もなんとなくカリフラワーとブロッコリーのように似ている。濱口がさらに奮起しないと、このコーナー名から「濱口」の文字まで消えてしまう可能性も、否定できないのである。

[QZHM,QZHO,COOL]

元相方を忘れ、ピンでめちゃイケレギュラーを狙う

お台場シンディー

（おだいば・しんでぃー）《名詞》

武田真治のペンネーム。「よゐこの助っ人企画」（「オールナイトニッポン」救済計画）において、唯一ハガキが読まれたさいに使ったもの。番組O.A.ではよく聞き取れなかったが、月9ドラマに関するネタがナインティナインの目にとまり、採用された模様。「ハガキがラジオで読まれたのは初めて」と、びっくりしたように武田は語った。

[YSKK,COOL]

お

おだいばZ会

（おだいば・ぜっと・かい）《名詞》

1994年「とぶくすりZ」時代に、出演者とスタッフが結成したチーム。当時のフジテレビはまだ新宿区河田町にあったが、将来港区のお台場に移転する頃にはこのメンバーで天下をとるために、通信教育の「Z会」にならい、自分たちを常に添削して切磋琢磨（せっさたくま）していこうという思いがこの名前にこめられていた。やがて1996年にフジテレビはお台場に移転。まさしく同じ年にめちゃイケがスタートし、ゴールデンへの進出を果たした。「とぶくすりZ」以後、幾度かの苦難を乗り越えながら、おだいばZ会はその野望を現実のものにしたのである。その時の喜びと、チーム結成時の精神をいつまでも忘れないために、いまでもめちゃイケのスタッフロールの一番最初におだいばZ会の名が記されている。

[HIYZ,POP,COOL]

小樽

（おたる）《名詞》

加藤浩次の出身地。北海道有数の観光都市。また加藤が彼の義父・深野さんと初めて対面した「深野少年愚連隊　小樽の新しいお父さん！の巻」スペシャルの舞台であり、「加藤＆大久保」企画では結婚して里帰りを果たしている。さらに「爆烈お父さん」でも加藤家のお父さんの出身地として頻繁（ひんぱん）に話題にのぼることから、めちゃイケとは大変縁の深い街といえよう。そもそも加藤が小樽をネタにしたのは「とぶくすり」時代の「はばたけ！　舞浜商科大学」で田舎者がテーマになったときから。ここで「小樽を馬鹿にするな！」と叫んだ瞬間から、それまでの二枚目キャラが壊れ、加藤の今日のキャラクターが芽を出したのである。

[HIYK,SNGT,BROS,KTOK,COOL]

お月様

（おつきさま）《名詞》

月に一度の女の子の日の事。めちゃイケでは、青少年への影響を考え、婉曲（えんきょく）してこう表現する。しかし、2001年新春のpM8では、久しぶりに再会した本田みずほが直接的な表現を連発。5年もの間、テレビから遠ざかっていたそのブランクの大きさを図らずも示す事となった。

[PMET,COOL]

男だらけのあいのり

（おとこ・だらけ・の・あい・のり）《名詞》

フジテレビ系の人気恋愛観察バラエティー番組「あいのり」の「男だらけ」版。2000年末のpM8でミドリちゃん（オカマバー・コンドルモモエのホステス）に熱烈なキスをしてホモ疑惑をいっそう深めた加藤浩次に、性別や常識を超えた真実の愛を芽生えさせようと企画された。加藤及び加藤のことが好きな「ホモセクちゃん」たち（表参照）がオカマをほられたラブワゴンに乗り込み、真実の愛を探すため1泊2日の旅に出た。しかし加藤へ純真な愛をぶつけるホモセクちゃんたちに対して、終始つれない態度の加藤。宿泊先の温泉大浴場では、ホモセクちゃんのひとり、きむらっちの熱い視線に危機を感じ、雪の夜道に全裸で逃げ出す始末。その我を忘れたかのような本気の怯（おび）え方は、加藤の一連の恐怖症ぶりを思い起こさせるほどだったが、きむらっちはただ加藤の背中を流したかっただけなのである。

しかし、最後にミドリちゃんが登場したことにより、加藤の様子は一変する。めちゃイケメンバーの冷やかしにはムキになって反論していたが、恋愛の扉をノックされてしまったというミドリちゃんのひたむきさに加藤は明らかにほだされていた。そして最後にはふたりきりでバスに乗り、東京へと帰って行ったのである。同企画において加藤がホモであるというカミングアウトは本人の口からついぞなされることはなかったが、加藤を純粋に愛するミドリちゃんと、そんな男を許した加藤の姿がそこにはあった。つまり、ふたりの関係はとっくに性別や常識を超えていたといっても過言ではないだろう。

[OTAN,COOL]

本名
加藤浩次
ニックネーム
コウジ
年齢
31歳
職業
芸人
一言PR
若頭として奮闘中

本名
木村孝蔵
ニックネーム
きむらっち
年齢
32歳
職業
フリーター
一言PR
好きな人にとことん尽くす

本名
峯松公明
ニックネーム
みっちゃん
年齢
22歳
職業
ボーイ
一言PR
チャームポイントは小さいこと

本名
中村淳
ニックネーム
マスター
年齢
49歳
職業
マスター
一言PR
まずはスキンシップから

本名
山本祐治
ニックネーム
バナナ
年齢
42歳
職業
ホステス
一言PR
女らしさで全力勝負

本名
田中明浩
ニックネーム
タッくん
年齢
36歳
職業
ビル清掃員
一言PR
太っているので動きでアピール

本名
トム・ロリンズ
ニックネーム
トム
年齢
30歳
職業
工場勤務
一言PR
日本語難シイ、ヨロシク

本名
別渡ミドリ
ニックネーム
ミドリちゃん
年齢
31歳
職業
ホステス
一言PR
コウジのことが忘れられない

お年肉

（お・とし・にく）《名詞》

「爆烈お父さん」の加藤家ではお正月になるとお年玉ならぬ、お年肉を子供たちにあげている。封筒の中には牛肉の切り身が入っていて、1枚が1万肉という単位。3 枚なら3 万肉である。長男優は3 万肉、長女紗理奈は2 万肉、末っ子意地晴は1 万肉。次男隆史だけはなぜか、お年肉ではなくお年ベーコンやお年ジャーキーをもらっている。

[BROS,COOL]

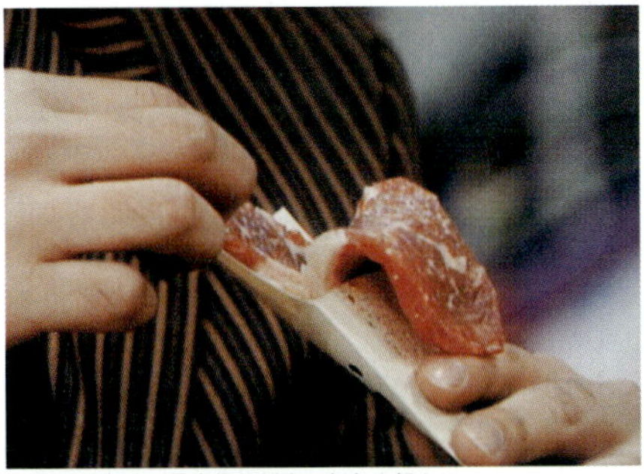

加藤家の定番、最高級松阪牛で新年を祝う!!

踊る大捜査線状態

（おどる・だい・そうさせん・じょうたい）《名詞》

出典は、織田裕二主演のフジテレビの大ヒットシリーズ「踊る大捜査線」より。第11話「青島刑事よ永遠に」において、犯人が現れる可能性が高い店を、室井管理官が時間で買い取り、全ての客を捜査員に入れ替え、犯人の確保を果たしたエピソードにちなんでいる。

めちゃイケにおいては、張り込みの対象人物の周りに配置された人物が、実は全員仕掛人であり、その事に当人ひとりだけが全く気がついていない状態を指す。「ヨモギダ少年愚連隊」で図書館の学習室で勉強するヨモギダ君を観察する際の周りの受験生や、pM8にて本田みずほを偵察する際のキャバクラ「セリーヌ」内の客と従業員が、全員送り込まれたスタッフであった時が、まさにこの状態だった。

自ら「踊る大捜査線THE MOVIE」を映画館で5回観た、と豪語する岡村隆史のマニアぶりがうかがわれる表現である。

[SNGT4,PMET,COOL]

おにぎり

（おにぎり）《名詞》

ファンランをオファーされたのに42.195キロも走ってしまった岡村隆史に対するギャラ。ファンラン完走者にはご褒美としておにぎりが配られることになっており、岡村は走る前からそれを楽しみにしていた。ところがファンランの規定距離5キロではなく、42.195キロを走りぬいた岡村がフジテレビにたどり着いたのは、スタートから5時間半後であった。おにぎり配布所はとっくに閉鎖されていたが総責任者の「LOVE LOVEあいしてる」きくちプロデューサーは感動のあまり、みずからつくったおりぎりを差し出した。岡村の要求を覚えていたのである。疲れ果てた岡村が、きくちPから受け取ったおにぎりをおいしそうに頬張る姿が印象的だった。

[OMOS6,COOL]

おニャン子クラブ

（お・にゃん・こ・くらぶ）《名詞》

1985年～1987年にフジテレビでO.A.されていた伝説の人気番組「夕やけニャンニャン」から輩出されたアイドルグループ名。めちゃイケ的にとくに重要なメンバーは、岡村隆史がファンだった会員番号4番新田恵利と、濱口優がファンだった会員番号8番国生さゆりである。岡村と濱口が、かつてファンクラブである「こニャン子クラブ」に所属するほどのおニャン子ファンであったことは、有名。歴史をさかのぼると、岡村は「新しい波」に出演した時点で、すでに「こニャン子クラブの会員ナンバーが3000ナンボでした」と宣言している。また

お

「とぶくすり」では岡村と濱口には内緒で、2人の前に突然新田恵利が登場したことがあった。２人と新田はもちろん初対面で、このときの岡村と濱口は、言葉を失うほど驚いたのであった。その後、新田恵利は同番組の「みんなのうた」コーナーの２代目「うたのおねえさん」として、しばらくレギュラー出演。岡村と濱口は至福の時を過ごした。

「めちゃ²イケてるッ！」になってからの新田恵利は、「フジTV警察'98　密着24時!! 逮捕の瞬間100連発」において、夫であるフジテレビ営業管理部・長山雅之が「おニャン子泥棒」容疑で逮捕され、それが縁で「新田恵利さんちに遊びに行こう！」企画が成立。また国生さゆりは、1996年12月28日にO.A.された「ケチョンケチョンにしてやるスペシャル!!」での「岡田一少年の事件簿スペシャルファイル」に紅亜里砂として出演した。

[SINP,HIYK,FTKS,OISJ,NEII,COOL]

「おばあちゃん！」

（「お・ばあ・ちゃん・！」）《名詞》

「山本通販企画」のPart1＆2において、自らの想いが拒絶された後に山本圭壱が相手（1は当時20歳の相沢紗世、2は当時22歳の小沢真珠）に対して吐いた最後の捨てゼリフ。

[YMTK,COOL]

お待ち娘

（お・まち・むすめ）《名詞》

「オレたち　ひょうきん族」で明石家さんまが演じていたキャラクター（1983年）。ゴールドに輝くバニーガールの衣装を身につけ、「お待ち♥」と登場する。当時このセリフが大流行した。フリフリNO.6にさんま氏がゲスト出演した際、この衣装で突然現れ、メンバーが腰を抜かすなか華々しく司会進行役を務めた。

[FRFR,COOL]

下半身はアミタイツを着用

お見合いの旅

（お・みあい・の・たび）《名詞》

ナインティナイン＆中居正広による大人気シリーズ「日本一周」第3弾のテーマ。（1998年4月4日O.A.）。お嬢様タイプやツッパリ系、スラッとしたお姉さま系まで、全国からさまざまな美女が選ばれた。中居は自分の好みにピッタリのチャームポイントを聞いては、喜び勇んで美女に会うため全国を縦断するのだった。お相手と場所は表の通り。

しかし延べ29時間50分にも及ぶ旅の終わりに、中居が大変気に入っていた①と⑤には残念ながら彼氏がいたことが判明した。

[NHIS3,COOL]

●お見合いSPOT● ① 北海道	●お見合いSPOT● ② 高知県	●お見合いSPOT● ③ 兵庫県	●お見合いSPOT● ④ 東京都港区	●お見合いSPOT● ⑤ 東京都大島
●お見合い相手● 函館在住、正真正銘のお嬢様 **今山佳奈ちゃん**	●お見合い相手● ツッパリ系 **築比地里絵ちゃん**	●お見合い相手● 手足の長い女の子 **宮沢さくらちゃん**	●お見合い相手● スラッとしたお姉さまタイプ **飯塚現子ちゃん**	●お見合い相手● 足の細い色白美人 **鈴木千晶ちゃん**

●詳細データ● 21歳、女子大生	●詳細データ● 全国女子相撲チャンピオン	●詳細データ● オランウータン	●詳細データ● 芸名：和田アキ子	●詳細データ● 20歳、家事手伝い

オリー伊藤

（おりー・いとう）《名詞》

めちゃイケ内のトーク番組「ここがヘンだよ～」シリーズに出演した論客。どことなくテリー伊藤を思わせる風貌で、歯に衣を着せぬ発言が期待されたが、岡村隆史との特別な関係をにおわせた女性アイドルが登場するとマジギレして「売名行為！」発言を連発。そういう女はほんとうに嫌いらしい。なお2001年3月10日にO.A.された「ここがヘンだよマネージャー」では、オリー伊藤に代わってオマホンなる論客が登場した。

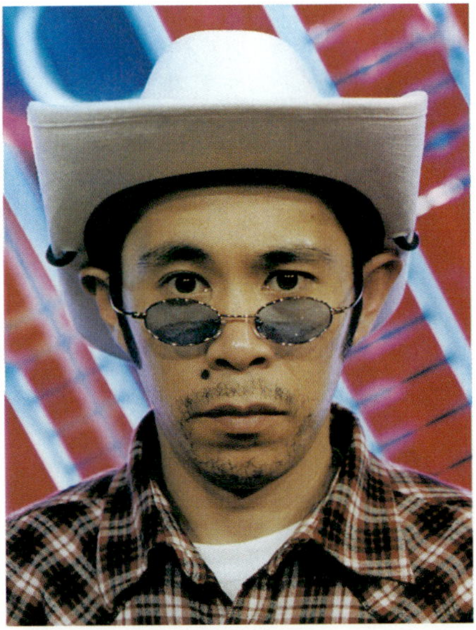

アイドルを甘やかさない辛口の論客

[KHKA,KHAD,KHMJ,COOL]

俺をこう撮れ！

（おれ・を・こう・とれ・！）《名詞》

「めちゃ²モテたいッ！」でO.A.されていた、ICDTVのルーツにあたるJポップのプロモーションビデオのパロディコーナー。Mr.Childrenの「シーソーゲーム～勇敢な恋の歌～」、氷室京介の「VIRGIN BEAT」、郷ひろみの「逢いたくてしかたない」etc.を岡村隆史が演じていた。ICDTVがビデオの完成品を見せるのに対し、「俺をこう撮れ！」は岡村が演じる過程を見せることに

お

重きを置いた内容であった。
[ICDT,POP!,COOL]

このギターはリッケンバッカー

地上50mで撮影

計2トンの水をかぶった

オレンジ共済

(おれんじ・きょうさい) 《名詞》

正しくは超高利を売り物にした金融機関に絡んだ汚職事件のことだが「ザ・カルチャータイム」のMr.ヤベッチの解答は自らも犠牲者のひとりになった「てんやわんや事件」。
[CTTM,COOL]

お笑い界8年周期説

(おわらい・かい・はち・ねん・しゅうき・せつ) 《名詞》

「お笑い界は、8年ごとにスターを生みだして世代交代をしている」という、めちゃイケのルーツ番組「新しい波」が企画された背景にもなった、知る人ぞ知る業界の定説のこと。たとえばビートたけし→明石家さんま→ダウンタウン→ナインティナインという流れを例にとると、それぞれが全盛期を迎える30歳前後に、ちょうど次代のスターがデビューしたばかり（22歳くらい）という周期が観測できるのである。

「新しい波」が始まった1992年と言えば、ダウンタウン、ウッチャンナンチャンの次の世代がなかなか誕生しない、そんな時代だったが、ナインティナインは期待に応え、みごとにこの説を証明した。なお、pM8という企画が生まれたのは、自分たちのデビューから8年が経ち、この周期説が正しければそろそろ次の世代が頭角を現わすタイミングだが、そんな若手と切磋琢磨(せっさたくま)するためにも初心を思い出し、たんなる旬(しゅん)の人気者ではない、お笑い界のスタンダード（本物）を目指してがんばろう！という意味も含まれていた。
[SINP,HIYK,PHER,HIYZ,POP!.COOL]

お笑いバトル・ロワイアル

(おわらい・ばとる・ろわいある) 《名詞》

2001年2月24日O.A.された、初の江頭2:50持ち込み企画「めちゃイケお笑いバトル・ロワイアル」のこと。江頭の持ち込み企画というのも新鮮だが、内容があの文部省を巻き込んで論争を巻き起こした深作欣二監督作品『バトル・ロワイアル』のお笑いバージョンであるというのも注目するべき点だろう。これは文字通り、メンバー同士が自らのお笑い能力を極限までぶつけ合い、命がけの闘いを繰り広げる「お笑いバトル」であり、そしてそのショッキングなストーリーのため15歳以下は入場不可となった問題作のパロディを、ゴールデンタイムで再現してみせるというチャレンジ精神溢(あふ)れる企画でもある。さらに、暴力シーンやストーリー展開といった表層的な部分を追うばかりで、作品の本質を解読する感受

お

性をまったく持ち得ないまま「低俗な映画」と決めつけてしまう世の大人達への、強烈なカリカチュアでもある。

何も知らず富士の裾野にロケバスでやってきたメンバー８人は、プレハブ小屋に連行され、突如登場した江頭に今回の企画の中身を聞かされる。制服姿に首輪を装着し、１人１人袋を選ばされるシーンは『バトル・ロワイアル』そのままだ。その袋の中身には命をつなぐ食料（明治「プッカ」、キリン「生茶」）と、まさかの時の携帯電話、そしてバトル勝敗の鍵を握る「お笑い武器（小道具）」が入っている。もちろん当たりもあればハズレもあるこの袋を持ってメンバーは雪原に散り、互いにバトルを仕掛け合うのだ。相手の芸に笑ってしまった者は即、敗者となり、それは芸人としての死を意味する。

第一戦は有野晋哉VS山本圭壱。運命を左右する「お笑い武器」にムチウチ用コルセットを引き当てた有野は、アコーディオンを武器に挑む山本の前では手も足を出ず、惨敗。第二戦では天才芸人・山崎邦正直伝のギャグを武器とした岡村隆史と、『フリテンくん』（植田まさし著）全巻を当てた濱口優が対決。フリテンくんの４コマギャグは強力かと思われたが、「笑う男」濱口は自分で笑ってしまったため自爆する。そして今回、異様な強さを発揮したのはダークホース、大久保佳代子であった。当初、大久保は光浦靖子と秘密裏に結託し、オアシズとして強豪の加藤浩次や岡村を撃墜。コンビの強さを見せつけた。さらに大久保は光浦の不意を打って勝ち進んだものの、山本との羊小屋の決闘で無惨にも敗退。そして、すでに死亡したメンバーたちの見守る中で始まった最後の闘い、すなわち江頭VS山本戦は、誰も予想し得なかったほど熾烈（しれつ）を極めたのだった。両者一歩も引かず、極寒の雪原の中30分に及ぶ持ち芸の競い合いはまさに死闘。この壮絶な闘いの決着をつけたのが山本の「腹毛」だった。腹毛を毛繕（づくろ）いする山本を前に、こらえきれず倒れ込む江頭。ついに山本は唯一人の勝者となって生き残ったのだった。今回はゲラ度が限りなく0に近い山本の底知れぬパワーと、そして冷酷無比な策略家、大久保の異能ぶりを発見することのできた企画であった。ここで発揮された彼らの能力が今後どう伸びていくのか、期待が高まるところである。

[MOBR,COOL]

「めちゃイケはすっかりダメになってしまいました…」

大久保と闘った羊小屋での山本「ん〜富士山♪〜」

御宿東鳳

（おんやど・とうほう）《名詞》

「矢部オファーしちゃいましたシリーズ」2において、矢部浩之が下働き見習いを務めることになった、福島県会津若松市の東山温泉にある収容人員1,000名を誇る超大型旅館。

[YHOS2,COOL]

か

カートレット

（かーとれっと）《名詞》

若手売り出し中だった極楽とんぼを早くからCM起用してくれた、ありがたい中古自動車の販売会社。2000年3月18日にO.A.された「めちゃイケマルサ」（「脱税疑惑」の項目参照）では、山本圭壱が加藤浩次の愛車アルファ・ロメオを、ここ以外の会社に売ろうとしたことで、ケンカになった。なおpM8では冒頭の研究室のシーンで、古いラジオからこの会社のパロディCMが流れていた。

[MIMR,PMET,COOL]

「カーメン」

（かーめん）《感動詞》

「アーメン」にかけた、ツタンカーメン師匠のいちおしのギャグで、収録中は何度も言っているが、放送は一度しかされたことはない。

[TTKM,COOL]

会長

（かいちょう）《名詞》

ショートコント「伊東部長」に登場する銅像のこと。故・（株）パシフィックスポーツ初代会長。コントの展開は、山本圭壱扮する伊東部長が場内のセットを破壊しまくったあと、最後にこの銅像に身体ごと突っ込む。銅像役は 濱口優。山本に激突され吹っ飛ばされた会長は決まって白のブリーフを着用している。この銅像キャラには、かつての「新春かくし芸大会」の定番であったハナ肇氏の銅像芸へのリスペクトが込められている。

[ITBT,COOL]

この銅像も濱口の塗りキャラの系譜に位置づけられる

顔パス

（かお・ぱす）《名詞》

「第1回！ イケてる顔パス選手権!!」企画（1998年2月21日 O.A.）でのキーワード。これは「めちゃイケ開始から1年4ヵ月も経ったのだから、もう我々の顔を知らない人はいないだろう」という前提のもと、あらゆる場所に顔パスで入ってみようという強引な企画である。ちなみに「顔パス」とは、身分証明書やチケットなしに、顔だけで入場を許されてしまうこと。そう、いわば有名人の証。あくまでも「あ、芸能人のナントカさんだ！」と言われることが目的であり、タレントとしての成熟度を測定する企画なのである。

実験は、フジテレビやテレビ東京の正面玄関、映画試写会会場、高級イタリアン・レストラン、超有名クラブといったチャレンジポイントを設置して実施。メンバー全員がクリアできればその時点でロケ終了となるのだが、なぜか加藤浩次だけがいつも入場不可。予想外にロケは難航した。加藤はタレントであることを全く認知されていないのか、「短パンはちょっと…」と服装を理由に断られ続けてしまうのだった。そして最後の超有名クラブでも結局加藤ただ一人が入場不可。自腹でお金を払ってクラブに入り、すでに顔パスで入店しているメンバーたちに怒りをぶつける様は、やはり街中の乱暴な素人そのものだったのである。

類義語 顔バレ

[KPSK,COOL]

顔バレ

（かお・ばれ）《名詞》

芸能人が訪れる回数が少ない県でも、めちゃイケ男子が道行く人に気づかれれば芸能人として広く認知されていることになる、という前提に基づき、1998年5月9日O.A.の「第1回！ イケてる芸能人顔バレ選手権！！」が行われた。舞台に選ばれたのはめちゃイケの調査により、秋田県。めちゃイケ男子は決められた順に私服で規定コースに出ていき、一般の人に握手やサインを求められれば顔バレしたとみなされる。最初に顔バレしたのは山本圭壱。最後まで争ったのが有野晋哉と矢部浩之。結果、最後まで顔バレしなかったのは意外なことに矢部だった。

類義語 顔パス

[KBSK,COOL]

カオリちゃん

（かおり・ちゃん）《名詞》

「クイズ＄マジオネア」で発覚した加藤浩次の新しい彼女。女優の肩書きを持つ、という以外はすべて不明。

[QZMO,COOL]

カキたい人

（かき・たい・ひと）《名詞》

1999年、大阪の人々が選んだ「ステキな人」第1位は鈴木紗理奈。2位の広末涼子を 抑えての人気である。また、「カキたい人」でも2位の藤原紀香を抑えて1位に輝いた。さすが浪花のタコ焼きガールである。

[YHMH4,COOL]

格闘女神MECHA

（かくとう・じょしん・めちゃ）《名詞》

フジテレビの全日本女子プロレス中継番組である「格闘女神 Athena」に倣った、「めちゃ日本女子プロレス」の試合をO.A.する、めちゃイケ内番組のタイトル。過去、1999年5月22日、2000年2月26日、2000年6月3日、2001年3月3日の4回O.A.されており、ここからはフレッシュ・ギャルズ、極楽同盟、岡村四郎、チビタイガーマスクといった人気キャラクターが輩出されている。

めちゃイケで女子プロレスが始まったのは、「キャッツアイ」終了後、ふたたび女性による壮絶バトルを復活させたいと考えていたスタッフが熟慮の末、原点に戻って「プロレスがいい」と決めたからである。そもそもはチャイナナイト光浦を中心とするめちゃイケメンバー女性陣と、番組でのレギュラーの座を要求するアイドルとのセクシーなバトルが人気だったが、男である極楽同盟の参戦により、男と女のガチンコ対決という、予期せぬ展開に発展しており、次回の中継が待ち望まれている。

[KTJM,COOL]

楽屋チェック

（がくや・ちぇっく）《名詞》

めちゃイケメンバーによる、あらゆる客層を前に芸を競い、その王者を決める「○○王は誰だ!?」シリーズ。現在までに「子ども王」「お年寄り王」「外国人王」、そして番外編として「竹村健一王」が行われたが、そこでの各人の楽屋は、いってみればテレクラのような個室になっており、開演するまで決してお互いのネタを知ることができない。唯一、司会者の矢部浩之による“楽屋チェック”で、矢部とメンバーがやりとりする会話を盗み聞きし合って予想するしかないのである。中にはわざと自ら怪

「お年寄り王」での緊張感溢れる楽屋風景

情報を流して予想を錯乱させる者もおり、この楽屋チェックにおける各メンバーのスリリングな駆け引きが、開演前の恒例の見せ場となっている。

[KDMO,OTYO,GKJO,TMKO,COOL]

家訓

（かくん）《名詞》

「爆烈お父さん」の加藤家の家訓。お父さんである加藤辰夫にとって間違ったことを言ったゲストに対して説教をする時に、家族全員で家訓を復唱するのが、ジャイアントスイングに突入する前の加藤家の儀式となっている。お父さんの基準こそが加藤家の基準であり、それがどんなに無意味で矛盾に満ち、理不尽なものだったとしても、家族は家訓に従う。加藤家の家族にとってお父さんの言うことは絶対的なものなのである。1996年11月23日にO.A.された「イケてるお父さん」、そして爆烈お父さん第1話（1996年11月30日O.A.）から第20話（2000年11月11日O.A.）までの加藤家の全家訓をここに記す。

[BROS,COOL]

ハシをおけーっ！ ひとーつ加藤家家訓！

家訓

- ●ピーターが好きと言っちゃうヤツは、筑紫哲也にかじられる!!
- ●ホタテのジャリジャリしたところを嫌いと言うヤツは、小ブタの夢はパイロット？
- ●ジャガイモを嫌いと言うヤツは〜、コギャルがラモスの宝物？？
- ●スイカの食い方に文句をつけるヤツは、芸人失格であります！
- ●夏のオメ、思い出を言わないヤツは、徹子の背はまだ伸びる？
- ●仕事でしか北海道に行きたくないヤツは、キリンと僕とは戦友です？
- ●深野さんをショボイと言うヤツは、ズバリ正解であります！
- ●カメをゴシゴシ磨いてピクピクさせちゃうヤツは、おはガール失格であります!!
- ●好きなお笑いタレントをゴルゴと言っちゃうヤツは、プッチモニ3人揃って米泥棒？
- ●2000年の目標をなんとなく頑張ると言っちゃうヤツは、近鉄のドラフト1位はマグロです？
- ●自分で藤原紀香に似てると言っちゃうヤツは、Z-1失格であります！
- ●本選出場だけのヤツは、（カンだので家訓なし）
- ●そこらへんにある物をパクっちゃうヤツは、ディカプリオ！ディカプリオ！ディカプリオ！ プリモス ディカプリオ！ ワインを一杯めぐんで下さい？？
- ●お父さんの頭をドラム替わりにしちゃうヤツは、ホワイトベリー失格であります！
- ●国民栄誉賞をとった人を知らないと言っちゃうヤツは、花＊花の目の敵はロボコップ？
- ●秘密を本当の秘密にしちゃうヤツは、サボンセニョールお前さん？ これでどうだ〜〜〜〜ッ！？ これで買った？？

●言葉遣いが悪いのは、長男失格であります！
●お米が立っていないのは、次男のせい！
●長女の帰りが遅いのは、尼寺の和尚さんが昔々言いました、言いまんにゃ。
●お米をこぼすのは、OKです？
●ペットのタマを逃がすのは、長女失格であります！
●肌にブツブツできるのは、アイドル失格であります！
●チャリに7万もかけるのは、ペダルに味噌をぬりなさい？
●ラーメンを食わねぇ野郎は、ストックホルムで逢いましょう？
●耳にイヤリングをしてるのは、お父さん見てません？
●猫のしつけが悪いのは、私の責任でございます！
●肉よりエノキが好きなのは、アブラカタブラマジックナイト？
●まゆ毛をいじってる野郎は、アイドル失格であります！
●小樽をバカにするヤツは、北京ダックが一人旅？
●まだ小樽を嫌いというヤツは、ヌケジャラソ、ムンルリゲ（呪文）？
●耳にピアスを開けるのは、アイドル失格でございます！
●夜中に1人で歩くのは、兵藤ゆきが見張ってる？
●白アスパラガスを食べないヤツは、さらばさらば人生よ？
●カラオケボックスに5、6時間いたことは、浪花節を唄ってから、そして俺の、
俺の心に響く、そうそうそう頑張れよ！
あばよ〜、サブジロー？
●天からパワーとほざくのは、アイドル失格であります！
●時計が合っていないヤツは、上海あたりで屁をこいて？
●サッカーに興味がないとほざくヤツは、パートゥノパートゥノウシュテムターン（独語）
おニャン子ダイスキシュテムターン（独語）
ヒヒーン!!
●バンソウコウをおしゃれでするヤツは、パラシュートに乗って行っちゃいな！
どこか遠くに行っちゃいな!!
パスポートがないからダメさ、バカ!!
●勝手にCDを出すヤツは、アイドル合格であります！
●彼氏を作っちゃうヤツは、うらやましいね。
●ホタテをバカにするヤツは、ヨークシャテリアが彼氏なの。
●小樽をバカにするヤツは、ラクダの愚痴を聞いてやれ!!
●日本語を苦手と言っちゃうヤツは、アナウンサー失格であります！

●母ちゃんをブサイクと言うヤツは、これまた正解であります!!
●江ノ島ばかりに行っちゃうヤツは、海からセルジオやって来る？
●勝手にカトちゃんパクるヤツは、カトちゃんペッ！
●少ないけどCM8本と言っちゃうヤツは、花子姉さん失格であります！
●パフィーを小汚いと言っちゃうヤツは、裸の小室と踊りゃあいいさ？
●きよし師匠をキー坊と言っちゃうヤツは、鹿がスリッパ集めてる？
●好きな芸能人にミニスカポリスと書くヤツは、雅俊が、雅俊が、雅俊が、
迷子になって泣いちゃった？
●えーブーに帰れと、おー、えーと、ブーに帰れと言うヤツは？
ブーに帰れと言うヤツは、♪青い夢のほのかにゆれる今宵　星の影の瞬く嬉しさにー
●年令を24歳と言っちゃうヤツは、モーニング娘失格であります!!
●山咲千里を好きだと言っちゃうヤツは、箱の中身は堀内孝雄？
●ウニを嫌いと言っちゃうヤツは、アリクイのあんな姿初めて見た？
●箸をドラムのバチにしちゃうヤツは、私、昔、ヒモでした？
●胸で得したことがとくにないと言っちゃうヤツは、パイレーツ失格であります!!
●尊敬する人がとくになしと言っちゃうヤツは、押入れに隠れているのは、
ジャッキー・チェン？
●小樽を寒いとだけ言っちゃうヤツは、釜本がアリンコ喰えるか悩んでる？
●思い出の場所を実家と言っちゃうヤツは、チャンス！チャンス！グランドチャンス！
●好きな食べ物をもつ煮と言っちゃうヤツは、ビジュアルクイーン失格であります!!
●好きな曲を森のクマさんと言っちゃうヤツは、ガチャピン不倫で悩んでる？
●好きな人を、タルラー・バンクヘッドと言っちゃうヤツは、曙が空を飛べると言い出した？
●苦労をまったく知らないヤツは、YURIMARI失格であります!!
●仲のいい奴をオセロの黒と言っちゃうヤツは、馬の顔した鳩なんです？
●鬼で泣かないヤツは、森光子パンチはK-1級？
●休日の過ごし方を寝て、食べて、寝ると言っちゃうヤツは、チェキッ娘失格であります!!
●バレエも出来ないのにバレエを特技と言っちゃうヤツは、正和が高速道路を歩いてる？
●なわとびを上級指導員と言っちゃうヤツは、ガブガール失格であります!!
●チャームポイントを3つも言ってやらないヤツは、木村佳乃の土俵入り？
●自分で言っておいて「あっ、言っちゃった！」って言っちゃうヤツは、
MAXが声をからしてデモ行進？

加藤

か

筧利夫

（かけい・としお）《名詞》

シャンプー刑事第14話「所轄（しょかつ）の意地を見せてやれ！」(1999年6月19日O.A.) でゲスト出演。現在のバラエティにおけるハイテンションキャラのきっかけとなった、印象深い出演となった。有名になった「踊る大捜査線」よろしく、本庁からの助っ人新条管理官として登場するも、カメラを前にノリノリで、全て思いつきのテキトーな行動ばかり。いままでのイメージとの余りのギャップに、どう扱っていいものやら戸惑うばかりのシャンプー刑事たちだった。

[SPDK,COOL]

カケソバン

（かけそばん）《名詞》

1990年代中頃の実在ヒーロー、ヤキソバンのパロディだが、「とぶくすり」で大人気に。コミカルなアクションと勢いを売りにする以外は、特に事件も解決しない。2000年暮れのpM8において、勢いで復活した。

[HIYK,HIYS,PMET,COOL]

カケソバーン!!（勢い）

我修院達也

（がしゅういん・たつや）《名詞》

元モノマネ・タレントの若人あきら。謎の失踪事件の後、作曲家、俳優として復帰し、現在はTV、CM等で活躍中。SMAPのビデオ出演でも話題を呼んだ。めちゃイケには、濱口だまし「スター・ウォーズ・エピソードII」に仕掛け人のひとりとして出演し「オーディションの選考基準がマユゲの太さにある」という設定に、絶妙のリアリティを与えた。

[HGDS3,COOL]

この人には負けたくなかった（濱口後日談）

カセットミュージシャン

（かせっと・みゅーじしゃん）《名詞》

自作の楽曲をカセットに録音して人に聴かせるミュージシャン、オカピーのこと。CD化、MD化、レコード化はいっさいしないのが原則であり、録音されたカセットは販売するのではなく知り合いなどに配って聴いてもらう。

参照項目 完配

[KNPD,COOL]

片岡飛鳥

（かたおか・あすか）《名詞》

めちゃイケの総監督。1988年フジテレビ入社。「オレたちひょうきん族」(1981年～1989年）のADを経て、1990年、ウッチャンナンチャンの「やるならやらねば」でディレクターデビュー。1992年片岡がディレクターを担当する「新しい波」がスタート。この時にナインティナイン、よゐこ、極楽とんぼを発掘したのが片岡である。以来、「とぶくすり」、「殿様のフェロモン」、「とぶくすりスペシャル」、「とぶくすりZ」、「めちゃ^{2}モテたいッ！」、「めちゃ^{2}イケてるッ！」と8年間にわたりpM8の歴史とともに歩んできた。初めてのAD、初めてのディレクターを担当したのがともに土曜夜8時の番組であり、それだけに土曜8時のめちゃイケに対する思い入れも深い。そんな片岡のお笑い番組作りのベースになっているのはひょうきん族であり、明石家さんまや西川のりお、島崎俊郎、ぼんちおさむ（ホタテマン）らひょうきん族のベテラン陣がめちゃイケに出演してくれるのも、片岡がひょうきん族のADの頃から培ってきた信頼関係によるところが大きい。ひょうきん族への敬意を常に持ちながら、ひょうきん族とはいかに違う手法でお笑いを表現していくかを片岡は追求している。それはテレビそのものへの挑戦でもあるともいえ、守りにだけは決して入らない片岡の番組作りがめちゃイケのパワーにもつながっている。日々のほとんどを編集室と会議室で過ごし、主食のユンケル、おかずのエスタロンモカでエネルギー補給をしている片岡の強靭なタフネスぶりはめちゃイケメンバーもスタッフも認めるところだが、「笑っていいとも！」のディレクター時代、昼の番組なのに寝坊して起きたら夕方だったという前代未聞の失敗を犯したことが一度だけある。その時はいいともレギュラーのSMAPの中居正広から直々にお叱りを受けたそうである。

[SINP,HIYK,PHER,HIYS,HIYZ,POP!,COOL]

ガチンコ対決

（がちんこ・たいけつ）《名詞》

ナインティナインとよゐこがスポーツで対決する企画。よゐこの2人が「常に強気のナイナイをぶち負かしたい！」と挑戦状をつきつけたのが始まりで、水泳対決、腕相撲対決、卓球対決、相撲対決が行われた。いずれの対決の場合も対戦前は楽勝宣言をしているナインティナインの2人に、よゐこが圧勝。しかし対決には敗れても「早く泳いだから何なわけ？」「相撲に勝ったからってどうってことないよね」など言葉で攻め返してくるナインティナインのほうが一枚上手という感は否めない。よゐこはスポーツでは勝つが、笑いではナインティナインに負ける、というのがガチンコ対決の決着パターンであった。以後、ナインティナインの対戦相手は雨上がり決死隊に変わっていった。

[GTNK,COOL]

ガッペ

（がっぺ）《副詞》

江頭2:50用語。佐賀弁で「めちゃ^2」の意味。「ガッペむかつく」というように使用する。ちなみにエガラップで披露された「チェケガッペ」は意味不明。

[EGHM,MIBR,COOL]

加藤＆大久保

（かとう・あんど・おおくぼ）《名詞》

めちゃイケ 史上に惨然（さんぜん）と輝く、「一大恋愛叙事詩」、転じて「平成毒婦の事件簿」。

その男らしいルックスと一本気な性格で、めちゃイケ のメンバー中の若頭を自認する加藤浩次と、OLにして光浦靖子とのコンビ、オアシズでの芸能活動もしている「万事控えめな」大久保佳代子との、「結構大きい恋のメロディ」である。

事件は「涙の借金返済ツアー」(1999年4月17日OA.)で起こった。この企画は、加藤浩次を、少しでも親しみやすいキャラクターにするため、その障害となっている過去の借金を、想い出の土地を訪ねて返済していこうというもの。ところが、元彼女ミキから借りたままになっている50万円を返すために愛車アルファ・ロメオを売る、という案には激しく抵抗。そこに現れたのが大久保さんだった。加藤の窮状（きゅうじょう）を聞き付け、OLをして貯めた50万円を手に駆け付けて来たのだ。目の前の金に判断力を失い、思わず大久保さんから金を借りて、返済してしまう加藤。「付き合うわ、おれ…」と言

い残し、2人クルマに乗って帰っていく。しかし、番組エンディングでの目先の笑いのためのたった一言で、運命は大きく転がり

大久保さんの預金通帳。50万円おろされてます…

「付き合うわ」、この一言さえなければ…

始めた。

そしてその後（1999年6月26日OA.）、もちろん恋人としての務めを怠っている加藤の寝起きを襲い、メンバーはデートを履行する事を約束させる。「加藤さんの生まれたところが見てみたい」という大久保の希望を入れ、早速、小樽へ。親友、東藤さんや加藤の母校（中学校）を訪ねるうちに、これまでの行程が、2年前、元彼女のミキちゃんと来たデートコースと全く同じルートな事に気がつく加藤。いつまでも未練たらしいことを言う加藤に怒り、ミキとの思い出の写真を奪い、海に投げ捨てる大久保さん。思わず海に飛び込むが、実はカナヅチの加藤。助け出され暖を取りながら、大久保さん手作りのお弁当を食べ、加藤は思わず一瞬気を許してしまう。逆らえない、何かの魔法にかかった瞬間だった。

小樽の天狗山山頂。ロープウェイの中、照明がピンクになり、唇を突き出す大久保さん。同時にロープウェイが停止、加藤は暴れだす。

徐々に大きな流れの中に巻き込まれていくことを感じる加藤。そこに、何とその日一日ロケバスの運転手をしていたのが深野さんであることが判明。

深野　（大久保さんは）いい娘だよ〜。

一同拍手。縁談成立。その時、外に山本圭壱を先頭としたパレードが。小樽名物の人力車に乗せられる2人。車夫はもちろん深野さん。パレードが奏でる蒲田行進曲。商店街、6,000人市民の大歓迎！パレード

溺れかけ、暖をとりながら大久保さんの手作り弁当を食べる加藤

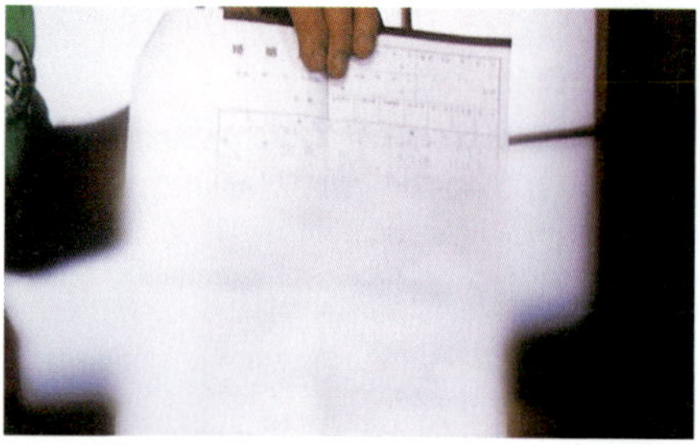

そして婚姻届

は続いて行く…。

次の事態は深刻だった（1999年9月18日OA.）。何と、この日発売の写真週刊誌『FLASH』に、加藤宅に通う大久保さんの姿が載ってしまっている！『FLASH』を見せられ驚く寝起きの加藤。そこへ長ネギを抱えた大久保さんが戻ってくる。

大久保　ごめんなさい、ぼーっとしていた

から撮られちゃった…。

言いたい事言った方がイイよ、とメンバーにうながされ、「じゃ、責任とって下さい」と大久保さん。どこへ行こう、責任とるために？

大久保 じゃあ、愛知県に。

大久保さんの故郷で、御両親に御挨拶をと、一行は一路(いちろ)大久保さんの故里（愛知県田原町）へ。正装（着物）で迎えるお母さん。ビビる加藤。加藤のサイン入りの婚姻届（来る道すがら、大久保さんに借りた50万円の借用書のサインだと、加藤を騙して入手したもの）を取り出す岡村。「オレ結婚すんの？」と加藤は絶句する。では、お母さんにけじめの一言を。すっかりヤケになって、「娘さんを僕に下さい！」と口走る加藤。善は急げで結納をすませた。

2人の乗るロケバスの後ろを、名古屋名物嫁入りトラックが追走する中、一路宝石店へと向う一行。この期(ご)に及んで指輪を買う金がないとゴネる加藤の目の前で自殺しようとする大久保さん。加藤、40万8,000円の指輪をローンでお買い上げ。

次は地元っ子憧れの結婚の聖地、華山神社へ。中へと進むと、深野さんが待っていた。いよいよ式へ。厳(おごそ)かなムード。神妙な2人。もはや身動きすらできなくなって行く自分を感じる加藤が途中少々取り乱すも、つつがなく式は進む。

次は披露宴。タイタニックのテーマで入場する、スーツ＆ウェディングドレスの2人。何故か東京のマスコミも来ている…。

と思っている間に、後ろの披露宴の看板が、オアシズ芸能界復帰記者会見に早変わり。

この結婚は、実は長らくテレビでのコンビ活動を停止していたオアシズ芸能界復帰計画の一環だった!!! 遠大な作戦の成功にほくそ笑む、光浦＆大久保。

何と、これまでの一連の大久保さんの言動は、全て売名行為だった！ 加藤が、自分にとってこれが良い事なのか悪い事なのかの判断さえもつかなくなった時、山本が思わずオアシズの2人に鉄拳をふるう。そこからはもうノンストップで暴れまくり。

山本 オレらが踏み台にするのはよくても、踏み台にされるのはヤなんだ！

それは、芸能界での座席を未だ見つけられず、他人を踏み台にしなければならないのに、こんなところで踏み台にされてどうするのだ、という極楽とんぼのリーダーとしての魂の叫びだった。

この項、実は「矢部＆大久保」へと続く。

[KTOK,COOL]

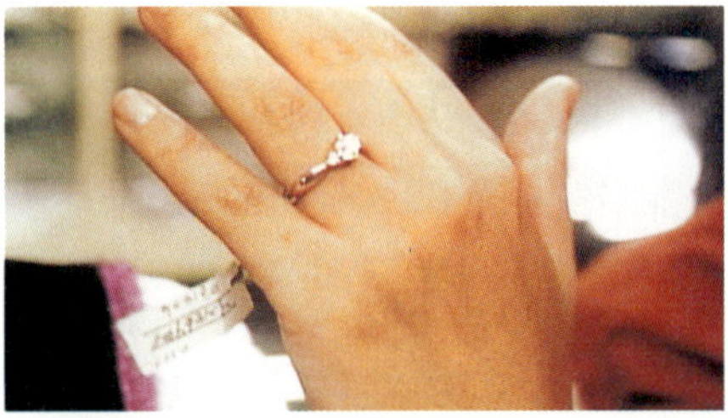

これが婚約指輪

遂に結婚へ！加藤＆大久保

これぞ売名行為、オアシズの野望が遂に発覚！

か

加藤浩次

（かとう・こうじ）《名詞》

1969年4月26日、北海道の小樽市生まれ。O型。身長176cm、体重76kg。小樽市立潮陵高校卒業。尊敬する人はアーノルド・シュワルツェネッガー。めちゃイケでの主なキャラクターは伊集院さん（伊集院さんと白鳥さん）、加藤辰夫（爆烈お父さん）、カトウコウジくん、神様、加守徹、九蔵（七人のしりとり侍）、コーディー（シャンプー刑事）、つばめ救助隊デビッド（STAMP）、横須賀社長、古田チック、Mr.カトッチ、ヒロミ（夫婦）。めちゃイケの、若頭であり、狂犬であるが、その反面では高所や水などさまざまな恐怖症などウィークポイントの宝庫であり、それがまた加藤のチャームポイントにもなっている。そもそも「とぶくすり」の頃の加藤はお笑い芸人なのにカッコよすぎていじりにくい人物だと周囲から思われていたのだが、ある時、シチュエーションコントの「はばたけ！舞浜商科大学」の中で加藤が北海道小樽市出身であるということがネタへと発展。「小樽をバカにすんな！」と弱々しく壊れた瞬間、その後のキャラクターは決まったのであった。人間の強さと弱さをスイッチのごとく切り替えるキャラクターの大きな振り幅が加藤の笑いの源になっているといえよう。ただ、元彼女のミキと別れてから私生活は荒れ続け、酔うと同席している女の子をネチネチと口説くのは加藤の弱点ではなく欠点であり、カオリちゃんがそれを救うのかが注目される。

[SINP,HIYK,PHER,HIYS,HIYZ,POP!,COOL]

カトウコウジくん

（かとう・こうじ・くん）《名詞》

2100年、10歳になる恋愛落ちこぼれ。メガネをかけたエエとこのボンボン風の衣装で家庭教師ならぬ「恋愛の加藤教師」に出演中。真剣に恋愛に取り組んでいく事にしためちゃイケは、彼に恋愛の勉強をしてもらうために、加藤教師センターからゲストを派遣、教師との対話の中で、恋愛とは何か、を理解させせようとする。しかしコウジくんは、持ち前の説教キャラ全開でゲストを論破しようとし、毎回ケンカ別れのようになってしまう。

分りやすい特徴として、メガネをかけている時のコウジくんは従順な少年だが、メガネをとると大人、「ガツンとイクよ！」のサインである。

[RAKK,COOL]

恋愛勉強中のカトウコウジくん

加藤茶

（かとう・ちゃ）《名詞》

国民的コメディアン。「8時だよ！全員集合！」で誕生した、ハゲカツラにチョビ髭、メガネ、着物にステテコの「加トちゃん」が代表的キャラクター。「爆烈お父さん」における加藤家の父は、よくよく見てみれば、まんま「加トちゃん」のパクリである。そのルックスが全て一致しているだけでなく、キャラクターグッズまでもパクろうとしていたことが発覚した。また、「爆烈お父さん」に加藤茶氏がお父さんに内緒でゲスト出演したときは（1997年10月11日 O.A.）、本物の加トちゃんによる加藤家家訓「勝手に加トちゃんパクるヤツは、ヘーックショってか！」や、お父さんが本家をジャイアントスイングするシーンなど、多くの貴重な映像が見られた。しかし当然だが、姓が一緒だからといって国民的キャラをパクることは許されない。

[BROS,COOL]

家訓以外で初めて正座するお父さん

かとうれいこ

（かとう・れいこ）《名詞》

岡村隆史の芸能界における初恋の人。また、芸能界で彼が怒らせてしまった2人のうちの1人（もう1人は岩城滉一氏）。1995年当時、あまりにかとうさんのことが好きだった岡村は、共演番組で本人にしつこくセクハラをしてしまったため怒らせてしまい、そのお詫びとして「めちゃ²モテたいッ！」で「かとうれいこさんに謝りたい」企画が作られた。

[POP!]

カヌチャ・ベイ・リゾート

（かぬちゃ・べい・りぞーと）《名詞》

1998年8月の沖縄ロケでめちゃイケメンバーが宿泊した、沖縄の最高級リゾートホテル。雛形あきこをターゲットにした、記念すべき世界初の人妻アクション寝起きはこのホテルで行われたが、赤字の一因になったとも噂される。

[ACNO,COOL]

カベルネ・ソーヴィニヨン

（かべるね・そーゔぃによん）《名詞》

正しくはワインの品種名だが、「ザ・カルチャータイム」のMr.ヤベッチは、千昌夫のイントネーションで知られる東北弁の「しばれるね～」にひっかけて、「かべるね～」と一言。

[CTTM,COOL]

神様

（かみ・さま）《名詞》

極楽とんぼの2人が扮するキャラクター。山本圭壱の恵比寿様と、加藤浩次の福禄寿様がケンカをしながらカット・イン（登場）。「日本一周」シリーズを始めとするさまざまなコーナーに登場し、ときに食事の用意や交通整理といった心優しい働きで出演者を助けてくれる。

[NHIS,SNGT3,COOL]

命をかけて岩場でケンカ中の神様

加守徹

（かもり・とおる）《名詞》

めちゃイケ内のトーク番組「ここがヘンだよ～」シリーズに出演した、加藤浩次似の論客。どことなく江守徹を思わせる風貌で、得意の説教を全開にしていた。

[KHKA,KHAD,KHMJ,COOL]

正論を述べるが、ついつい説教口調に

ガヤ

（がや）《名詞》

お笑い番組を成立させるうえで非常に重要な役割を担う、脇役たちの総称。めちゃイケでは山本圭壱がみずからの役どころをすばやく察知し、主役を引き立てるために天才的なガヤプレーを披露することが多い。もともとガヤというのは業界用語で、その響きには多少「軽んじられている」的なニュアンスも漂うが、しかしながら、お笑いの世界に籍を置いてガヤを軽んじるようでは、あまりにも世間知らずである。番組内では、ごく初期に、濱口優が台本を見て「これやったら僕、いかなくていいでしょ。どうせガヤだし」と呟（つぶや）き、収録をサボろうとしたことで有名になったが、このころの濱口の認識では「ガヤ＝おいしくない役」。その後、濱口は成長する過程でガヤの重要性に気づき、「ツタンカーメンの部屋」ではチェキッ娘に対し「芸能界はそんな甘いもんじゃない！　まずガヤから始めよう。2番、3番も大事」と諭（さと）したことがあったが、これは、胸を打つ言葉であった。

[OISJ,TTKM,COOL]

辛子まんじゅうニコニコ食い

（からし・まんじゅう・にこにこ・ぐい）《名詞》

エスパー伊東の超能力のひとつで、その名の通り、辛子まんじゅうをとにかく笑いながら食べる。辛子まんじゅうに使われている材料は練り辛子100g、タバスコ1本、チューブわさび1本とかなり強烈である。「水はいらない」と宣言してこの超能力に挑んだエスパー伊東だが、一口食べるやいなや、みるみる涙目に。「ちょっと辛子まんじゅうをなめてました」とコメント。

[EPIT,COOL]

完配

（かん・くば）《名詞》

こにしプロデューサーによれば、カセットミュージシャンのオカピーが、自作の音楽を趣味で録音したカセットテープを友達や知り合いに「売る」のではなく手渡しで「配りきる」こと。利益目的ではなく、自分の音楽を聴いてほしいというオカピーの純粋な気持ちを象徴している言葉でもある。ソールドアウトに対して「配りアウト」ともいう。

[KNPD,COOL]

元祖爆笑王

（がんそ・ばくしょう・おう）《名詞》

本来は放送作家だが、「少年愚連隊シリーズ」の尾行名人として有名。光るピカチューの携帯電話と、落研出身の軽快なおしゃべり（トークではない）が大きな武器。O型、さそり座、36歳（2001年4月現在）。

ただし、「尾行名人」とはいえ、そこは

あくまで素人。その拙い尾行術にハラハラさせられる局面も多い。肝心なところで携帯が切れるのも毎度のハプニング。
[SNGT,PMET,COOL]

神田利則

（かんだ・としのり）《名詞》

番組とのかかわりは結構古く、1995年の「とぶくすりZ」から出演。その年の「ゆく年くる年とぶくすりスペシャル」で「二枚目のTK（キムタク）がきてます」と聞いて熱狂する観客の前に出ていき、マジでヘコむくらいのブーイングを浴び、大ショックを受けるという暗い過去を持つ。その後も「新田恵利の家に行こう」や「クイズ濱口優」に解答者として出演経験あり。
[HIYZ,HIYS,NEII,COOL]

き

聞く！　聞く！　会

（きく・！・きく・！・かい）《名詞》

エスパー伊東の公認ファンクラブ。メンバーは草彅剛、香取慎吾、笑福亭鶴瓶、斎藤陽子、研ナオコ、楠田枝里子、モーニング娘。など。
[EPIT,COOL]

きくちプロデューサー

（きくち・ぷろでゅーさー）《名詞》

フジテレビ、きくち伸プロデューサー。「LOVE LOVEあいしてる」や、「HEY！HEY！HEY！」などを担当してきた敏腕プロデューサーであり、その人柄のよさから、音楽班にいながら、めちゃイケメンバーを始めとするお笑い芸人に「きくちゃん」と呼ばれ、とても好かれているという、希有な存在である。

しかしそんな好人物なきくちPではあるが、その経歴に関しては、「フジTV警察」に3年連続で逮捕されるという、些か不名誉な記録が目につく。まず、1997年に、当時18歳未満の女の子であったSPEEDにテレカをあげてしまったために逮捕。この時警察に援助交際を指摘され、猛反省したにもかかわらず、翌1998 年には、同じく18歳未満の女の子たちであったチェキッ娘に携帯ストラップをあげたため、再逮捕。で、猛々反省した矢先の1999年、嵐と共に、まん中でにっこり微笑むきくちPの写真の存在が発覚。彼らにネックピースをあげちゃったため、少年法違反で再々逮捕。この3年連続の不祥事は、本人が実は前年の逮捕を何とも思っておらず、従ってそこに何の反省もなかったことが図らずも露呈してしまっている。特に未成年に対する淫行であるだけに、放送人としてのモラルを厳しく問われても仕方のないものだろう。

また彼は「岡村オファーが来ましたシリーズ」にて、岡村隆史 に仕事を発注するクライアントとしても登場。依頼内容は「生特番『めちゃ²あいしてるッ!』のO.A.5時間半の間に、岡村にファンランを走りきって欲しい」というものだったが、きくちPはぼーっとしていて肝心の走る距離（5km）を伝え忘れ、岡村は勘違いしてフル・マラソン（42.195km）を走破、要らぬ負担を強いる結果となった。

[FTKS,OMOS6,COOL]

岡村巡査部長に尋問されるきくちP

奇跡

（きせき）《名詞》

めちゃイケにおいては、一般に「岡村オファーが来ましたシリーズ」を中心とする様々な企画において、岡村隆史が起こす、常人には実現不可能な精神力や身体能力、あるいはそれらがもたらす信じ難くも素晴らしい成果を指して言う。

類義語 ミラクルとの混用に注意する事。

[OMOS,COOL]

きだ英蔵

（きだ・えいぞう）《名詞》

岡村隆史 がたった一度だけ演じた謎のキャラクター。1997年11月22日 O.A.。モデルは「笑っていいとも！」出場に命をかけ、オーディションに臨む素人さん。

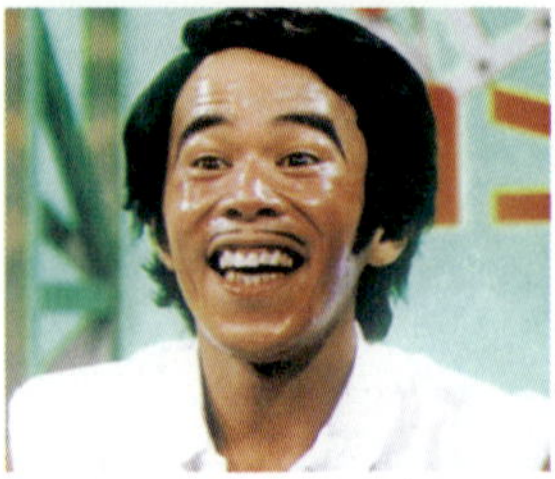

ひくほどテカッてます

[KDEZ,COOL]

キダ・タロー

（きだ・たろー）《名詞》

「浪花のモーツァルト」こと大阪が誇る天才作曲家。「2時のワイドショー」「プロポーズ大作戦」「ラブアタック！」「かに道楽」「有馬兵衛(ひょうえ)向陽閣」「日清出前一丁」「アホの坂田」など、数多くの名曲を世に発表している。「こにしプロデューサー」コーナーでの里利笑ちゃんの胎教プロデュース企画（1999年10月23日O.A.）において、「胎教にはモーツアルトが最適」と登場し、名曲メドレーを披露した。

類義語 キダ・タロー

[KNPD,COOL]

「こにしプロデューサー」に出演中のご本人

キダタロー

（きだたろー）《名詞》

有野晋哉が扮したキャラクターのこと。

「一周年だよ！全員集合スペシャル!!」(1997年10月11日O.A.）における「こども電話相談室」で初登場した。有野が浪花の天才作曲家、キダ・タロー氏に扮した当キャラは、その後も彼の定番として「外国人王決定戦」を始め多くのコーナーに姿を見せている。ちなみに扮装してはいるが、その芸風は基本的にモノマネではない。

類義語 キダ・タロー

[KDDS,COOL]

「キダタロー」と切らずに呼んで下さい

北原保雄さん

（きたはら・やすお・さん）《名詞》

岡村隆史の両足を叩き切った人。ヨモギダ君と岡村が志望した名門国立大学、筑波大学の当時の学長さんである。「ヨモギダをギャフンと言わしてやる」と筑波受験を表明した岡村だったが、敵は強大、高偏差値の国立大学。センター入試の自己採点も思わしくなく、結果岡村は、前期、後期日程とも、北原さんから「あなたは、本学に入学を志願されましたが、第1段階の選抜の結果、不合格となりましたので通知します。」というお手紙と共に足切りを喰らっている。

なお、学長さんにはつらく当たられたものの、前期試験の合格発表会場に居合わせた筑波大サッカー部の皆さんが、不合格に落ち込むヨモギダ君に、後期試験で頑張れと、ナインティナインと共にヨモギダ君を囲み、夕日をバックにサッカーに興じる感動的な場面が、O.A.されなかった後日談として目撃されている。筑波大学、素晴らしい！

[YSGT,COOL]

キッスの世界

（きっす・の・せかい）《名詞》

全日本女子プロレスの若手、中西百重・高橋奈苗・脇澤美穂・納見佳容の4人組。つんくプロデュースの「バクバクkiss」で歌手デビューもした。1999年5月22日にO.A.された第1回「格闘女神MECHA」のさい、乱戦中に脇澤が当時セコンドだった山本圭子の顔を蹴り、それが因縁で極楽同盟とガチンコで試合をすることに。華麗な連続ドロップキック攻撃等で善戦したが、極楽同盟の反則攻撃と、レフェリー・阿部四郎のダーティなジャッジのため、じょじょに形勢不利に陥った。しかし、最後にはZAPが登場し、彼女たちを救った。

[KTJM,COOL]

キッド

（きっど）《名詞》

1985年頃、少年期の岡村隆史が大阪で在籍していたストリートダンスチーム「エンジェルダスト・ブレイカーズ」での彼のニックネーム。ヒップホップの洗礼を受けた当時中学生の岡村は、ストリートで高校生に混じって踊っていた。彼のダンスの素

その才能は全国のダンス業界人に知れ渡っていた

養はこのころ培(つちか)われたのである。
[POP!]

ギブ

（ぎぶ）《名詞》

ギブアップの略。「クイズ濱口優」で安岡力也に池に落とされ、おぼれかけた濱口が息も絶え絶えに訴えた言葉である。濱口がこの言葉を初めて口にしたのは「とぶくすり」初期の人気コーナー「ダイナミックのくすり」の中でのこと。アルコールが飲めない濱口が何杯もビールを飲まされ続け、4回目以降ついに「ギ、ギブ」と降参した。
[HIYK,QZHM,COOL]

期末テスト

（きまつ・てすと）《名詞》

2000年7月15日に突如実施された、めちゃイケメンバーの学力を測定するためのテスト。国語、数学、社会、理科、英語の主要5科目で、内容は中学校1年生程度のもの。このテストの目的は、単に「誰がバカなのか」を決めることにあった。試験会場はフジテレビのリハーサル室。「ショートコントのリハーサルあり」と聞かされて集まったメンバーは、担任教師の岡村隆史から突然テストのことを伝えられて動揺するが、岡村先生は厳しい口調で「先生も全科目90点以上と頑張ったので、みんなも絶対ボケたりせず真剣にやりなさい！」。

試験実施にあたり、めちゃイケメンバーの学歴が紹介された。貴重なデータであるので、ここに正確に記しておこう。

試験は1科目あたり50分。10分の休息後すぐに次の科目へ、と5時間にわたり続いた。終了後、即時採点。順位発表となり、

期末テスト受験者プロフィール

氏名	最終学歴	得意科目	不得意科目
有野晋哉	大阪市立汎愛高校卒	社会	数学
加藤浩次	北海道小樽潮陵高校卒	数学	国語
鈴木紗理奈	私立大阪成蹊女子高校卒	国語	数学
武田真治	北海道札幌北陵高校卒	英語	社会
濱口優	大阪市立汎愛高校卒	理科	英語
光浦靖子	東京外国語大学外国語学部卒	英語	なし
矢部浩之	大阪府立茨木西高校卒	英語	理科
山本圭壱	私立瀬戸内高校	理科	数学

期末テストの結果

順位	氏名	国語	数学	社会	理科	英語	総得点	平均点
1位	光浦靖子	94点	92点	86点	87点	92点	451点	90.2点
2位	武田真治	81点	83点	68点	78点	92点	402点	80.4点
3位	加藤浩次	60点	92点	69点	76点	83点	380点	76.0点
4位	有野晋哉	68点	67点	75点	78点	70点	358点	71.6点
5位	鈴木紗理奈	74点	42点	49点	59点	87点	311点	62.2点
6位	矢部浩之	71点	48点	62点	47点	74点	302点	60.4点
7位	山本圭壱	55点	49点	60点	67点	51点	282点	56.4点
8位	hamaguche	58点	38点	70点	82点	28点	276点	55.2点

バカは決まった。これも貴重なデータなので、正確に記す。

ということで、めちゃイケメンバーで一番バカなのはhamaguche なのであった。

[MIKT,COOL]

真剣にテストに取り組んだが、結果は表の通り

木村匡也

（きむら・きょーや）《名詞》

めちゃイケのナレーションを担当。今や、この人の声をTVで聞かぬ日はない程の超売れっ子ナレーターだが、彼も1993年からメンバーとともに成長してきた。

特筆すべきは、その軽妙にして的確、類（たぐい）い稀（まれ）なるギャグセンスを感じさせる声とナレーション技術。このナレーションは、めちゃイケにおいてはテロップと並んで重要な要素であり、通常の番組と異なり、めちゃイケにおけるそれは単なる状況説明、解説に留まらず、時にはツッコミ、時にはボケと、映像と有機的に絡みながら、泣きも笑いも変幻自在に、番組に豊かな表情を与えている。

そして、そのナレーションの引き出しの多さはまさに驚異的の一語。その日の番組の匂いを瞬時に嗅ぎ分け、自在に色を塗り替える。例えば、「フジTV警察」や「少年愚連隊シリーズ」「岡村オファーが来ましたシリーズ」「七人のしりとり侍」等のナレーションをそれぞれ思い起こしてみたい。いずれも、その声、語り、トーンでしかあり得ない、つまり何ものにも代替不能なナレーションである事に気づかされることだろう。

また、現在は他局でも一般化したものの、スポンサーコールの際、番組名を入れるという手法（つまり、従来の「この番組は、○○○の提供でお送りします」に代わって、「めちゃイケは、○○○の提供でお送りします」と番組名を入れる）も、彼のいやみにならないキャラあってこそのもの。そしてさらに後には、「ナイナイ欠席緊急会議」において、なんとスポンサーコールの際、「めさイケは、○○○の提供でお送りします」と番組名すら変えてしまい、「七人のしりとり侍」の時に至っては、「～でお送りするのでござる」とまで言ってのけている。まさに離れ業、であるが、21世紀早々、ナンシー関から某コラムで「語り過ぎ」と一刀両断にされ、残念な事態を迎えている。

[HIYK,PHER,HIYS,HIYZ,POP!,COOL]

キャッツアイ

（きゃっつ・あい）《名詞》

かつて大ヒットしたテレビアニメをモチーフに、雛形あきこ、鈴木紗理奈、光浦靖子が 演じた美人大泥棒のこと。第1回放送は1997年2月1日。泪（雛形）と瞳（紗理奈）は誰が見ても立派なセクシー大泥棒なのだが、問題は、愛（光浦）である。当初は説教好きでブサイクな学級委員的キャラの愛と、それに従うカワイイけれどちょっとおつむの弱い泪と瞳、という図式だったのだが、視聴者から「光浦やめろ」といったこれ以上ないストレートな抗議の投書が殺到。しかしこれで愛はキャッツから去るのかと思いきや、暴力を駆使してもリーダーの座は辞さず、とよけいに頑なな意思を固めてしまうのだった。この時点で愛、いや光浦は、日本中の視聴者を敵に回している。

そしてリーダー的立場を死守するべく、愛は「ボカスカ殴って宝を探せ！　キャッツアイ　リーダー決定戦！」（1997 年7月O.A.）といった、激しい闘いを他の２人と

き

繰り広げていく。やがて泪（雛形）は無表情で暴力を振るうSキャラ、瞳は一度スイッチが入ると「ケンカ上等！」になる元ヤンキャラに変貌を遂げていった。そして闘いは毎回、愛の命の次に大事なメガネを攻撃するほどの無法地帯と化してしまい、その度に愛は「メガネは目と同じ。私にとってこれがキャッツアイ。私は今強がってるけど、心は泣いてるよ!!」（BGM：尾崎豊「I LOVE YOU」）と名セリフを残すのだった。このバトルは、いわば女のお笑い芸人（光浦）としての厳しい生きざまがリアルに伝わってくるコーナーだったと言えよう。当コーナーは若い男子を中心に大人気を博し、有明レインボーステージで5000人を集めた「キャッツアイ夏祭り」（1997年11月15日O.A.）も華々しく開催された。そして、この闘いの系譜は「格闘女神MECHA」へと引き継がれていくのである。

野球を楽しむ泪・瞳さんと仕切りまくる愛さん

[CTEY,COOL]

キャメロン・ディアス

（きゃめろん・でぃあす）《名詞》

正しくはアメリカの人気映画女優だが、「ザ・カルチャータイム」のMr.ヤベッチは、「あのう、最近出てきたんやろな。あっちの方やわ、アメリカのやつ。映画とかに出てるやろ。ハリウッド・スター。最近のやつやろ。最近の映画やろ？　あ、あれや、あっちや。な、あっちとこっちやったらあっちやろな…。『あっちこっち丁稚』ってあったな」。確かにそんな往年の吉本系ドタバタコメディがあった。

[CTTM,COOL]

キャンディちゃん

（きゃんでぃ・ちゃん）《名詞》

「ストーカー・危険な女」の最終回に登場した、ミチル（雛形あきこ）のペットのこと。種類はミズオオトカゲ。成長すると体長2mを越える。

[STRK,COOL]

とっても気性が荒いので要注意なキャンディちゃん

98円

（きゅうじゅう・はち・えん）《名詞》

限定1,000本で発売されたオカピーのセットアルバム1本あたりの金額。ヨドバシカメラでカセットテープが10本980円で販売されているから、1本98円で発売できるというこにしプロデューサーの戦略によるもの。「もうけちゃダメ、トントンで」というところが最大のポイント。

[KNPD,COOL]

恐怖新聞

（きょうふ・しんぶん）《名詞》

1970年代に人気を博したつのだじろうの同タイトルの漫画のパロディー。有野晋哉扮する悪魔が配達する、未来を予告する新聞のことであり、不幸な記事が必ず現実になるというところが恐怖新聞たるゆえんである。恐怖新聞第1号の配達先はタレントの斉藤陽子。都内某ホテルで雑誌の対談をしている斉藤のもとに悪魔の新聞配達人が突然現れ、新聞を置いて去って行った。記事の内容は「3日後に都内の飲食店で顔面蒼白の事件にあう」というもの。恐怖新聞が配達されたちょうど3日後、都内のレストランで雑誌のインタビューを受けている斉藤は、恐怖新聞のことなどすっかり忘れていた。そこに再び突然現れた悪魔の新聞配達人。斉藤の顔めがけて思い切りパイ投げ!!　斉藤の顔はいうまでもなく、生クリームで「顔面蒼白」になってしまった。つまり、恐怖新聞の予告は確かに現実のものになったのである。以下、第2号は山田まりや、第3号は榎本加奈子のもとにそれぞれ配達されたが、榎本に「面白くない」とあっさりと一刀両断されてしまい、あえなく最終回を迎えた。スタッフの判断ではなく、ひとりのアイドルの発言によってある1コーナーが最終回となったのはこの恐怖新聞が史上初である。

これが悪魔の新聞配達人だ！

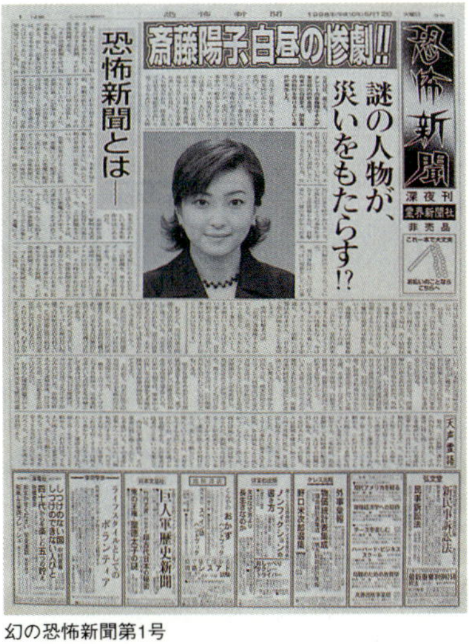

恐怖新聞

斎藤陽子、白昼の惨劇!!

謎の人物が、災いをもたらす!?

恐怖新聞とは—

深夜刊

悪界新聞社

非売品

幻の恐怖新聞第1号

[KFSB,COOL]

新聞の見出し通り、白昼の惨劇に見舞われた斉藤陽子さん

巨大ハリセン

（きょだい・はりせん）《名詞》

STAMPで登場した特注ハリセンのこと。そのパワーはじつに強烈だったが、使い方にコツがあり、ゲスト出演したシャ乱Qのつんく、その子分の吾作などは、相手を正確に打ちのめすことができず恥をかいた。だが、助っ人として登場したデーブ大久保やバースなどは相手の顔面を正確にヒット。プロのスイングの威力は計り知れないものであったであろう。

[STMP,COOL]

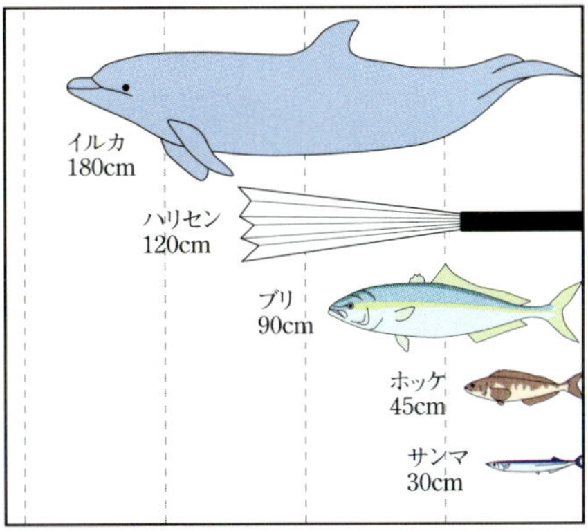

キラーパス

（きらー・ぱす）《名詞》

サッカーでは味方に出す鋭いパスのことだが、めちゃイケ的には、「七人のしりとり侍」の戦（いくさ）における、高難度の技術を指

き

す。めったに出てこないような3文字の言葉を隣の侍に投げつけることで一瞬の思考停止状態に陥らせ、野武士の餌食(えじき)にするための殺人技だ。初期は九蔵が得意としていた(キング→ぐっちょ?/敗者菊千代)が、しだいに技が他の侍にも会得され、平八から返し討ち(スメシ→しまうま?/敗者九蔵)にあったりもしている。

[SNSZ,COOL]

キレる

(きれ・る)《動詞》

お笑い番組であるめちゃイケでは、たとえコントやトークの最中にメンバーの誰かがキレてしまったとしても、そのことを笑いのネタにしてオトシマエをつけるのが基本である。しかしながら、メンバー中唯一の役者である武田真治がマジギレしてしまった場合だけは、ときに収拾がつかなくなる。たとえば1999年7月31日にO.A.されたシャンプー刑事では、演技の枠を超えた武田のキレっぷりがテレビに映し出された。コーディー役の加藤浩次から「映りたいなら撮ってもらえ!」とVTRカメラに顔をぶつけられた武田、最初はなんとか笑顔を保とうとしていたが、ついに沸点を越え、プツリ。「おもしろおかしくやりゃいいだろ~!」と叫ぶや椅子を投げ、床に寝込み、「殺せよ」「死ねってことだろ!」と問題発言を連発(この発言は2000年4月8日にO.A.された「初生放送だよ全員集合! 4月馬鹿スペシャル!!」における未公開NGシーンとして紹介)。その常軌を逸した暴れかたは、もはやお笑い番組の枠には収まらず、キレる若者のドキュメンタリーのようであった。しかし武田、べつにふだんからキレやすい性格というわけではない。むしろものわかりがよくて穏やかな、「沸点の高い」好青年である。その武田をあそこまで暴れさせてしまうというのは、むしろ、加藤の側になにか問題があったのではなかったか? たとえば、武田の役者としてのプライドに関わる部分、自分が一生懸命シンディーを演じているのに、加藤が無粋なからみかたをしたせいで、本来の役作りの部分が台無しになった、とか……。とにかく、加藤との関係性から発生する「武田のキレ状態」は危険である。そして、めったに見られないキレた武田であるが、2001年1月27日にO.A.された加藤のアルファ・ロメオにまつわる一件で、ひさびさに大噴火!またもやメンバー、スタッフ、そして視聴者までをも震撼させた。

[SPDK,PMET,COOL]

「撮るな~!」に辻ちゃんもビックリ

金粉

(きん・ぷん)《名詞》

pM8の歴史に欠かせないお笑い芸人の塗り道具。めちゃイケではツタンカーメン師匠が全身に塗っているものに代表される。かつては生放送の「殿様のフェロモン」(1993年)で岡村隆史が全身に金粉を塗って新宿2丁目を疾走したり、ドラマを演じたことがあった。

[PHER,TTKM,COOL]

金融ビッグバン

(きんゆう・びっぐ・ばん)《名詞》

正しくは国内の金融制度における抜本的な改革のことだが、「ザ・カルチャータイム」のMr.ヤベッチは「…………これはほんとになんやろな、日本の国民はいつもドキドキしてるな。おっきすぎるで、口に入らんで」。Mr.ヤベッチが最終的に出した解答は「金曜日によく食べるビッグマック」。

[CTTM,COOL]

く

グイグイ来ております！

（ぐいぐい・きて・おります・！）

岡村隆史が司会を務める際、連呼するフレーズのこと。「グイグイ来ております！」をトークの端々に執拗（しつよう）に食い込ませては、現場の空気をムリヤリ盛り上げる。

このテクニックが登場したのは矢部浩之の「持ってけ100万円」(1997年2月1日O.A.)において、岡村が司会、すなわちキャプテン役を初めて演じた時に遡る（「リーダーとキャプテン」の項参照）。このフレーズを使うときの岡村は、マイクを口に対して水平に構えるのが基本スタイル。彼のボルテージの高さとマイクの角度は比例しており、グイグイ度がアップすればマイクの角度も重力を無視して限りなく180°に近づいていく。

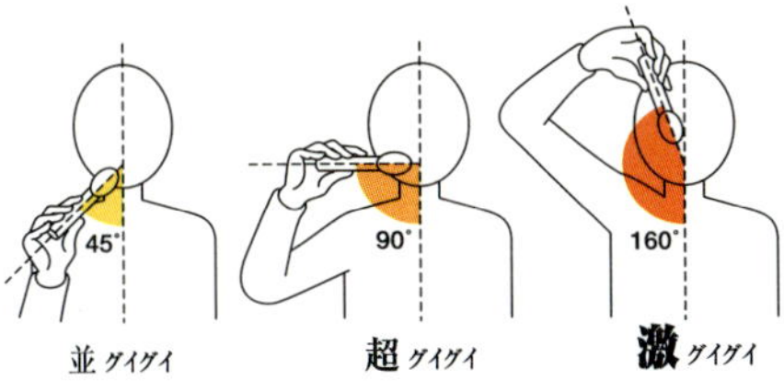

ボルテージかなり上がってます!!

[YHMH,COOL]

クイズ濱口優

（くいず・はまぐち・まさる）《名詞》

1998年4月25日にスタートした、まったく新しいタイプのクイズ番組をベースにした企画のタイトル。「モニター」だという巨大セットの中で、「VTR」だという実際の濱口優がその時々の設定に応じて芝居をする。しかしそのシナリオは司会の矢部口宏によって操られており、濱口は矢部口が言うとおりに動かなくてはならない。そして適当なところで矢部口がストップをかけ、その後予測される濱口の行動を解答者が口々に発言する。その中でもっとも矢部口がおもしろいと思った解答が正解になり、濱口は自分の意思には関係なくその正解通りの行動をしなくてはならない。つまり、司会者と解答者がクイズの形を借りて濱口にとことんおもしろいことをさせるという企画なのである。正解は「花火に火をつけて食べる」「ピラニアが泳いでいる水槽の中に裸で入って、落とした書類を取る」など芸人につきつけられるハードルとしては常軌（じょうき）を逸（いっ）した高さのものが多いが、濱口はその度に正解を超えたパフォーマンスを見せ、結果、数々のミラクルを生み出している。事実、ミヤマクワガタに舌を挟まれたり、オカガニに唇をはさまれるなど、濱口による史上初の衝撃映像が目立つ。それはあの岡村隆史をもってして「すごいコーナーだ」といわしめるほどである。

また、濱口だけにとどまらないさまざまな広がりが生まれているのがクイズ濱口優のもうひとつの特色である。2000年2月19日O.A.でおさるが初登場してから、おさるはめきめきと頭角を表すようになり、同年5月20日O.A.からはコーナータイトルが「クイズ濱口おさる」に変わっている。2001年2月10日O.A.からは大久保佳代子も衝撃の新加入。濱口とおさる以上のパフォーマンスに期待が高まる。一方の解答者席でもケンカあっての大喜利というお笑いの基本を体現。その姿は「平成の笑点」ともいわれ、シュールなふかわりょうがゲスト解答者として出演し、有野晋哉を静かに刺激していることもこのコーナーの特色である。ふかわのシュールさに、有野も刺激されていることは間違いない。そして解答者席と正解とを操る司会の矢部口宏の大物S司会者ぶりも、このコーナーを盛り上げる重要な要素となっている(SとMの項を参照)。

以上のような事柄を総合してみると、同コーナーは出演者それぞれの個性によって、いつ爆発してもおかしくないめちゃイケの火薬庫のような存在といえるだろう。しかもそれらはさらに自己増殖を続けており、その得体の知れない宇宙がどこまで広がっていくのか、まったくもって予断を許さない状況である。

[QZHM,QZHO,COOL]

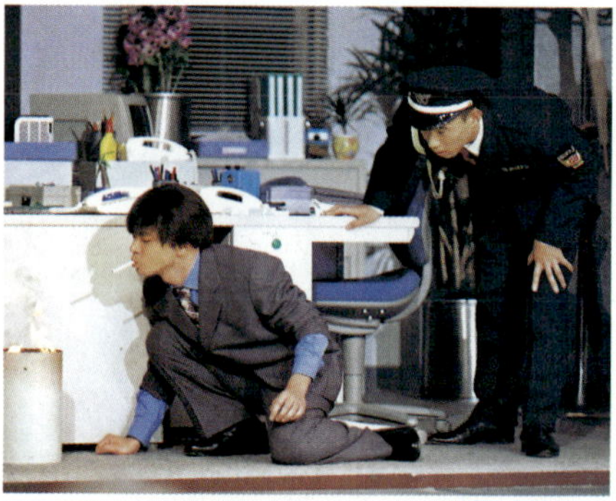

燃えるゴミ箱で煙草に火をつけようとしている濱口。これぞ同企画の象徴的場面!?

クイズ$マジオネア

（くいず・まじおねあ）《名詞》

2001年3月10日からO.A.され始めた、「クイズ$ミリオネア」のスタイルを模した新コーナー。司会者は 岡村隆史扮するおかもんた。マジオネアとは「MAJI+ON AIR」（マジでO.A.するの？）の意味で、回答者となるめちゃイケメンバーにクイズ形式でプライベートのシャレにならない告白を迫り、電波に乗せてしまうのが真の目的という、史上最大の理不尽クイズである。ちなみに初回の回答者だった加藤浩次は、ミキ以来の新しい恋人「女優のカオリちゃん」の存在を、たった1,000円の賞金と引き換えに全国ネットで知られることになってしまったわけだが、告白内容と賞金額のアンバランスさは、昨今のテレビ業界に横行する拝金主義、賞金目当てにタレントが素(す)を晒して一喜一憂する風潮に対する風刺にもなっている。また内輪ネタで身を削りながらでも笑いをとる、というのは「とぶくすり頑張っていこう!」に始まり、めちゃイケ初期の「岡田一少年の事件簿」でも盛んに用いられた伝統的手法。おかもんたは、いまやゴールデンタイムの顔となっためちゃイケメンバーに慢心や手抜きを許さない、いわば「お笑いの刺客」としての役割を担っており、これからもきわどいクイズで、メンバー一同にタレント生命を賭けたファイナルアンサーを迫り続けるのである。

[QZMO,COOL]

くいだおれ人形

（くい・だおれ・にんぎょう）《名詞》

1999年2月6日、13日O.A.の「矢部浩之の持ってけ100万円」大阪編で現金を放置する場所に指定された人形。この人形を現金放置場所に選んだ最大のポイントは、人形が常に一定のテンポで太鼓をバチで叩いているという点である。太鼓の上に現金を置いてもすぐにバチで押さえられてしまうため、通行人は簡単にお金を取ることができないだろうと仮定した。その仮定を実証するために、持ってけ100万円実行委員会はくいだおれ人形の8分の1 スケールの縮小モデルを製作。実際に縮小モデルの太鼓の上にお金を置いて実験を行い、バチがしっかりお金を押さえつけることを確認した。自信を持った矢部は現金放置に挑んだが、本物のくいだおれ人形を前にした瞬間、この作戦が失敗だということが発覚。なぜなら本物のくいだおれ人形は、太鼓を叩くふりをしているだけで、バチは太鼓から常に浮いた状態だったのだ。

[YHMH4,COOL]

実験のためだけにここまで精巧な人形を製作

クサい

（くさい）《形容詞》

「七人のしりとり侍」で山本圭壱扮する七郎次が5敗目を喫したさい、野武士が貼った称号。野武士はデオドラントスプレーの8×4も一緒に置いていった。ボコボコにされた七郎次は、なんとか笑ってごまかそうとするが、でも、「クサい」呼ばわりされたことに心底傷つき、「もっと、普通の悪口だったら言い返せるけどさ、『クサい』とかって、最悪じゃない？」と、半泣き顔。菊千代も、「これは、絶対、人に言っちゃいけない」と力説し、この回の掟は、「菊千代も敏感なこの『クサい』はイジメだから皆は絶対に禁止!!」となった。そういえば菊千代に扮する岡村隆史は「とぶくすりZ」時代、「口がクサい」とネタにされ傷ついた過去を持っており、においに関することは、他人事ではなかったのかも。なお山本は映画オーディション企画でも、鈴木紗理奈にキスしようとして「クサい」と言われている。また「格闘女神MECHA」でもキッスの世界から毒霧攻撃を「クサい」と言われ、さらに「ここがヘンだよ～」シリーズでは「パンツがウンコ臭かった」とADに暴露されている。

[EGAD,SNSZ,KTMM,KHAD,COOL]

クシャミマン

（くしゃみ・まん）《名詞》

シリーズ化にならず、以後再び姿を見ることのなかった幻のキャラクター。1997年11月15日O.A.。山本圭壱が白の全身タイツ姿で登場し、捕らわれた鈴木紗理奈をクシャミで助けるのだが、「ヘークションッ、ヘークションッ」と派手にクシャミをし続けるため、紗理奈も悪役の濱口もそのニオイを含めものすごく迷惑する。これは同じく山本が演じる「油谷さん」や「伊集院さんと白鳥さん」における白鳥さんと同様、周囲にご迷惑をおかけする彼ならではの「公害系キャラクター」の一つと言えよう。

[KSMM,COOL]

その後、この白タイツを目撃した者はいない

グッチョン・スカイウォーカー

（ぐっちょん・すかいうぉーかー）《名詞》

濱口だまし「スター・ウォーズ・エピソードII」において、濱口優 に与えられた役名。

この名とコスチュームから判断するに、アナキン（＝ダースベイダー）＆ルークのスカイウォーカー親子へ連なる存在と思われるが、詳細は不明。それにしても、グッチョン……。

[HGDS3,COOL]

グッドルッキングガイ

（ぐっど・るっきんぐ・がい）《名詞》

「ふざけずにだまってたら、なかなか二枚目のグッドルッキングガイやね」と竹村健一が矢部浩之のことを称賛した言葉。直訳すると良い見た目の男。

[TMKO,COOL]

クリス

（くりす）《名詞》

1993年「とぶくすり」スタート時に、加藤浩次が付き合っていた恋人のニックネーム。日本人である。当時、その存在を番組内で山本圭壱に暴露され、以来視聴者の反響を呼ぶことになる。第１回「とぶくすり友の会」で、加藤が女湯に飛び込むと、そこにはクリスが、という加藤だましの元祖ともいえる歴史的ロケにおいて画面に登場。これは「元彼女」の登場としては「ミキちゃん」よりも先だった。以来ことあるごとにネタにされていたが、その後消息不明に。

pM8において、彼女の項目もぜひ「めちゃイケ大百科事典」に加えたいという岡村の願いで、スタッフがニューヨークから横須賀まで奔走（ほんそう）、八方手を尽くしたがその行方は杳（よう）として知れなかった。

鉄拳による情報提供もなされたが、ただただ加藤を激怒させるだけの結果に終わり、一同が彼女の消息を知ることをあきらめかけた時、岡村によって加藤に宛てられたクリスからの手紙が披露された。

手紙は「浩次へ」で始まる感動的なものだったが、最後に加藤と付き合っていた頃、他に彼氏が2人いたことが明かされ、ドラマチックな結末を迎えた。

[HIYK,PMET,COOL]

クリストフ監督

（くりすとふ・かんとく）《名詞》

岡村隆史扮する映画監督。代表作は『トゥルーマンショー』。「リアルさが命」「人の生き様を見たい」との信念のもと、ハリウッドのリアルな演出術で日本の文芸超大作「実録・伊豆の踊子」を撮ろうとしている。オーディションというふれこみで男優を集合させ、実はマジでキスをさせるという「映画オーディション」企画の仕掛人、だったのだが、最後は自分も「小鳥のキス」をする羽目に。

[EGAD,COOL]

「YOUがCANできるならDOしちゃいな！」

紅亜里砂

（くれない・ありさ）《名詞》

1996年12月28日にO.A.された「ケチョンケチョンにしてやるスペシャル!!」における、「岡田一少年の事件簿」長尺バージョンでの真犯人。演じたのは国生さゆり。元ニャン子クラブの岡村隆史や濱口優はドラマの途中にもかかわらず、素のトークを国生としたがった。とくに濱口は、国生の古いシングルレコード「夏を待てない」まで持参する熱心さであった。
[OISJ,COOL]

黒柳靖子
(くろやなぎ・やすこ)《名詞》

矢米宏と並ぶ「ザ・ヤマモトテン」の女性司会者。実は光浦靖子が演じている。黒柳靖子が初めて登場したのは「とぶくすり」(1993年初期)の中の「こぶへいコントシリーズ」。劇中劇の「とっとの部屋」で司会を務めていた。当時も今も玉ねぎ頭がトレードマーク。
[HIYK,YMTN,COOL]

とぶくすりシリーズからの大ベテラン司会者

け

ケーキ乳頭
(けーき・にゅうとう)《名詞》

岡村結婚式企画の中で、司会者を務めた岡村隆史が披露宴で起こした発作。「ケーキ」と言いながら乳頭の部分を両手でつまみ、「乳頭」と言いながら両手を離すというアクションを繰り返しながら、ケーキ入刀が始まることを招待客に伝える。神聖な結婚披露宴という場には決してふさわしいギャグではないが、まずは笑いで落としてから次なる感動をさらに深いものにするという、岡村の司会者としての戦略でもあった。
[OMOS3,COOL]

矢部の計算によれば、合計9回もやってしまった岡村さん

Kディレクター
(けー・でぃれくたー)《名詞》

だんごのお姉さんの彼氏。
[FTKS,COOL]

毛刺

（けい・し）《名詞》

こにしプロデューサーの名刺のこと。こにしP自身の毛でできている。

[KNPD,COOL]

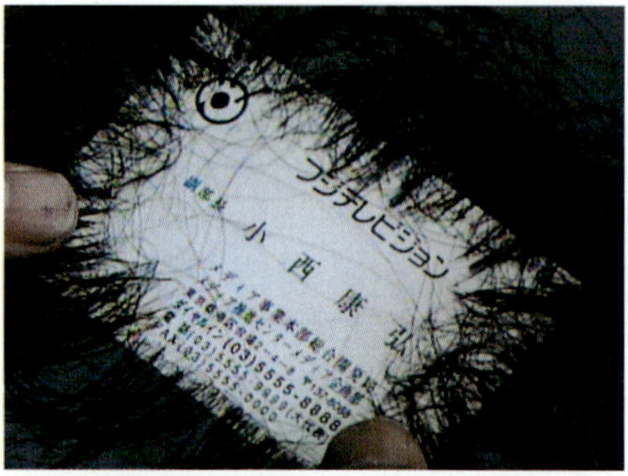

メディア事業本部総合開発局メディア推進センターメディア企画副部長に異動した時の毛刺

出世のごあいさつ

圭ちゃん

（けい・ちゃん）《名詞》

山本圭壱が弱い素の表情を見せた時にめちゃイケメンバーから親しみをもって呼ばれる愛称。メンバーの中で一番の年長であり、芸においてもめったに隙を見せない山本は普段、メンバーから「さん」付けで呼ばれている。小っちゃい山さんでさえもが、小っちゃいのにもかかわらず「さん」づけで呼ばれているほどである。そんな山本が「圭ちゃん」と呼ばれる時は、山本が隙を見せた貴重な瞬間であり、芝居というバリアに覆われた山本ワールドの突破口ともなっている。

類似語 山さんとの混用に留意のこと。

[MIKT,COOL]

毛束

（け・たば）《名詞》

雛形あきこの結婚祝いにこにしプロデューサーがプレゼントした毛だらけの花束。内ももの毛を使用。

[KNPD,COOL]

「月9なら喜んで」

（げっく・なら・よろこんで）

「ポパイ＆オリーブ」シリーズの最終回（1998年3月21日O.A.）で、岡村隆史が言ったセリフ。これがきっかけとなり、のちに岡村は本当に月9ドラマ「ブラザーズ」に出演することとなった。

[PYOV,COOL]

ケツの穴

（けつ・の・あな）《名詞》

めちゃイケでは大久保佳代子の唇のことを指す。2000年2月12日にO.A.された「光浦家の三姉妹」2において、大久保からキスを迫られた矢部浩之が、笑いながら「ケツの穴や」と形容してみせた。

[MUSS2,COOL]

毛ファニー

（けふぁにー）《名詞》

雛形あきこの結婚祝いにこにしプロデューサーがプレゼントした毛だらけの指輪。言えない毛を使用。

[KNPD,COOL]

雛形の結婚指輪とともに燦然と輝く

こにしＰの祝福に雛形も感激！

ゲラ

（げら）《名詞》

笑い上戸のこと。めちゃイケにおける代表的なゲラは加藤浩次であり、自分がリアクションする時の笑いのボーダーラインのゆるさは芸人らしからぬ一面となっている。そんな加藤の様子は「笑う男」などで顕著に見られる。逆に、相方の山本圭壱は他人の芸ではめったに笑うことはなく、「お笑いバトル・ロワイヤル」ではそれが大きな強みとなって見事勝利に至った。

[WUOK,COOL]

毛ラボラ

（けらぼら）《名詞》

衛星放送150チャンネルを受信できるこにしプロデューサーのパラボラアンテナ。毛に包まれている。

[KNPD,COOL]

BSもCSももちろん受信OK！

現金放置人

（げんきん・ほうち・にん）《名詞》

「持ってけ100万円」シリーズで、路上に現金を放置する人。フジテレビの佐野瑞樹アナウンサーがその任務を果たしている。1996年に「めちゃ²モテたいッ！」でこのコーナーがスタートした頃は、まだ全く無名だったので起用されたのだが、あっという間に顔が売れていき、「街角で佐野アナを見つけたら矢部の現金が落ちている」というセオリーが、都会の若者の間に生まれてしまった。そこで1997年のめちゃイケでの「持ってけ100万円」からは、佐野アナということが通行人にバレないように変装をするようになったのである。変装の鉄則はその時々のシチュエーションに合わせて、もっともバレにくい雰囲気を作り上げることであり、佐野アナは任務を全うするべく変装技を回を追うごとに進歩させている。長い歴史の中でも、とりわけ女装をした時にその変装名人ぶりは本領発揮される。ポッチャリしたセクシーな唇や、しなやかな腰つきで今やアナウンサー界の梅沢富美男ともいわれるほどだが、巨漢の美女はいやがおうでも道行く人の注目を集めてしまう。変装しても結局目立ってしまうので、ギャンブラー矢部にとっては現金をとられるのではないかと、一瞬たりとも気の抜けない状況になっている。

[POP!,YHMH,COOL]

175cmのコギャル（東京タワー下）

け

175cmのスタイリスト（関西テレビ前）

175cmの銀座のホステス（銀座マリオン前）

毛ん毛ん

（けんけん）《名詞》

こにしプロデューサー特製の「ポンポン」のことで、もちろんこにしPの毛でできている。チアガールのように毛ん毛んを振りながら、オカピーのことを応援していた。
[KNPD,COOL]

フサフサ華麗に揺れる

健さん

（けん・さん）《名詞》

超大物俳優。名字はたかくら。フジテレビ開局40周年記念ドラマへの出演を依頼されているのだが、現在どうしようか迷っている。基本的に無口な人物。局のスタッフは都内の最高級イタリアンレストランやカジノで接待を続けるのだが、健さんは常にマイペースである。「うまいもの食わして、カネ握らせれば、なんとかなるだろう」という局側の悪癖につけ入る隙を見せない、その孤高の存在感に、周囲はいつもピリピリしている。たとえば最高級イタリアンレストランでメニューを出されても、「自分は、ミートソースを」。超大物の質素な注文に固まる一同。その理由は「……、不器用ですから」。じゃ最高級のトマトで、と提案すれば「自分は、そこらのトマトで」。もちろんその理由はまた、「……、不器用ですから」。この健さんの態度は、人と仕事をするうえでもっとも大切な「ハート」を欠いている業界人たちへの、静かな警鐘なのである。

[KNSN,COOL]

寡黙な国民的大スター

こ

コージー冨田

（こーじー・とみた）《名詞》

タモリのモノマネで一躍有名になった芸人。めちゃイケにおいては、第2回「笑わず嫌い王決定戦」への衝撃的な参戦以来、貴重な名バイプレイヤーとして、出演頻度は高い。彼の看板のタモリのモノマネは、声や口調、姿カタチを完全にコピーするだけに留まらず、タモリの今の存在自体を、思想として解析（かいせき）する、という域にまで達している。

[WWGO,KNPD,NHIS,OMOS6,COOL]

コージー冨田、こにしプロデューサーと共に

コーディー

（こーでぃー）《名詞》

「シャンプー刑事」の中枢（ちゅうすう）をになう加藤浩次演じる刑事のこと。コーディーは暴走する恐れのある後輩刑事・シンディー（武田真治）を厳しく指導する先輩刑事でもあり、数少ないオフをリゾート地で楽しんでいるシンディーの背後から、モーレツな鉄拳や飛びゲリで現れ「38℃のグアムでも、－5℃のアルツ磐梯（ばんだい）でもスーツで通す！」といった刑事の鉄則を教え込んでくれる。容疑者を洗う（シャンプーする）厳しさも人一倍だが、髪の少ない殿方に対しては優しくシャンプーするなど、心優しい一面もある。

[SPDK,COOL]

髪の少ない殿方には優しくシャンプーの図

こ

甲子園大学
（こうしえん・だいがく）《名詞》

「ヨモギダ少年愚連隊3」にて、筑波大学の前期試験に落ちてしまったヨモギダ君を慰めようと、ずっと自らは高卒で、受験の経験はないと言っていた矢部浩之は、「実は、自分も大学を落ちた」と突然告白した。「その名前は…甲子園大学って言うんですけど」。重かったムードに不思議な笑いが起こった。立て続けに、浪人して立命館大学に合格していたはずの岡村隆史も現役受験の頃の話を告白、「僕も甲子園大学の栄養学科を落ちました」。不思議に現場は大爆笑。たった5つの漢字が秘めたパワーは凄かった。

[SNGT4,COOL]

合成写真
（ごうせい・しゃしん）《名詞》

こにしプロデューサーが大切にしている、彼の輝かしい経歴を物語る宝物のこと。この合成写真が登場したのは1997年7月12日O.A.が最初。超一流スポーツ選手と友達ということで、ロバ（マラソン選手）とツーショットの写真を披露。その後も「マドンナのコンサートに出ていた」「M・ジャクソンのスリラーのビデオに出演していた」「ビートルズ初来日のとき、一緒に来日」「『We are the world』に参加」などとその大物ぶりを証明する写真を次々見せてくれるのであった。しかし何度も言うようだが合成である。

[KNPD,COOL]

「北の国から」に蛍役で出演中のこにしP。初めて家に灯りがついた名場面

高速シリーズ

（こうそく・しりーず）《名詞》

エスパー伊東の代表的な技。一気に鳴る数十個の目覚まし時計を高速で止める「高速目覚まし止め」、50個の牛乳パックに高速でラベルを貼る「ラベラーぬんちゃく高速ラベル貼り」、ホワイトボードを高速で真っ黒に塗りつぶす「高速真っ黒」などがある。が、残念ながらその高速ぶりと成果は反比例している。

[EPIT,COOL]

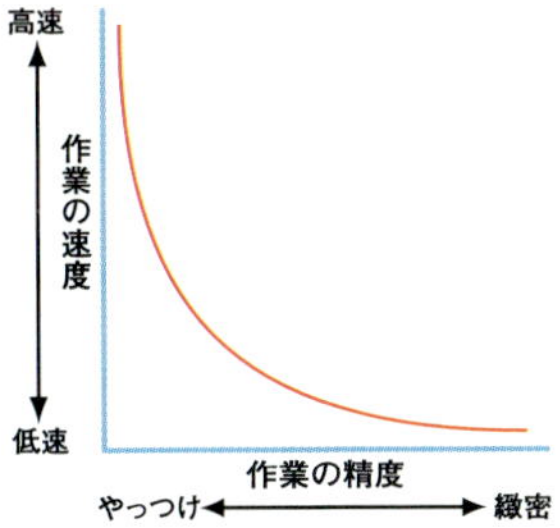

高速戦

（こうそく・せん）《名詞》

「七人のしりとり侍」において、同じ言葉の繰り返しになると戦（いくさ）のテンポがあがって高速に。いつ誰がキラーパスを出すかわからないという、緊張した局面での戦いのことをいう。

[SNSZ,COOL]

高卒

（こうそつ）《名詞》

エスパー伊東の最終学歴。電話帳破りという超能力を披露する時に、司会の矢部浩之に「（いつものように）高速でやりますよね？」と聞かれたエスパー伊東は「いや中速で」と返答。「高速ですよね？」と再度矢部浩之に念を押されて、なぜか「高卒です」と答えたことから高卒電話帳破りという、さらに高度な超能力に変更になったというエピソードがある。

[EPIT,COOL]

河内マネージャー

（こうち・まねーじゃー）《名詞》

ナインティナインのチーフマネージャー。1996年夏の「めちゃ²モテたいッ！」サイパンロケでは、ビーチフラッグで岡村隆史と対決。バツグンのダッシュ力で担当タレントの岡村を制し、勝利を納めた。ちなみにカラオケが得意で、熱狂的なCHAGE＆ASKAバカでもある。

[POP!,COOL]

高熱おでんニコニコ食い

（こうねつ・おでん・にこにこ・ぐい）《名詞》

エスパー伊東の超能力。熱々のおでんを口一杯に頬張り、「全然熱くないもんね〜」と言う技。集中して、煮えたぎるおでんのチクワ、ガンモを口に頬張るエスパー。苦悶し、モノも言えず白目を剥（む）くばかり。終始無言だったエスパーの事務所入りは、またも見送られた。

[EPIT,COOL]

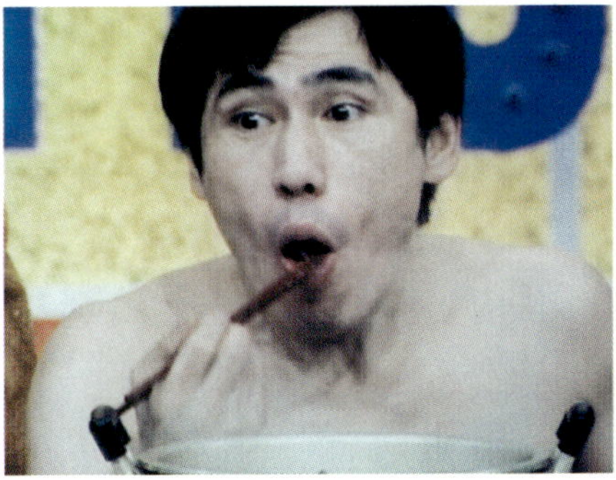

熱さにひるんだエスパー伊東

河野さん

（こうの・さん）《名詞》

河野雅人さん。「河野少年愚連隊」に登場。劇団新感線所属。光浦靖子が、稲垣吾郎主演の芝居『広島に原爆を落とす日』に出演した際に共演し、彼女が5年ぶりに恋に落ちた相手である。「少年愚連隊シリーズ」恒例の、ADによるいささか失礼なチェックや岡村アタックを通じて明らかにされた彼の素顔は、誰もが認めざるを得ないスーパーナイスガイ。光浦が惚れちゃうのも無理はない、さわやかな好青年だった。
[SNGT3,COOL]

河野少年愚連隊

（こうの・しょうねん・ぐれんたい）《名詞》

1997年12月27日O.A.。少年愚連隊シリーズ。一連のシリーズとはちょっと印象が違った、クリスマスに贈る「片思いの彼に告白！」と名付けられた、光浦靖子の本気の恋を描く純愛作。

そもそもこの企画、1997年10月、岡村オファーが来ましたシリーズ「ジャニーズJr.企画」において、ジャニーズJr.に入ってSMAPのバックダンサーとしてコンサートに出演したい岡村隆史が、SMAPの一人ひとりに出演許可を得る際に遭遇した、稲垣吾郎の奇妙な言動に端を発している。許諾(きょだく)を求める岡村に対して、突然光浦の名前を出し、「光浦の友達なら絶対に出演を許可したくない」というのだ。光浦が稲垣を怒らせた？　自分と光浦は、全くの無関係であるとその場しのぎのウソをいい、何とか急場を凌(しの)いだ岡村だったが、一体何があったというのか？

事の真相を確認すべく、後日ナインティナインの２人は再び稲垣のもとへ。元々大のバラエティ嫌いだという稲垣の扱いに苦慮しながらも、稲垣の光浦嫌いの理由を何とか聞き出す事に成功。それによれば、実は稲垣は、6月に自身が主演するつかこうへい原作の芝居『広島に原爆を落とす日』で光浦と共演、当初は可愛がってやろうと思っていた、というのだ。しかしそんな稲垣の気持ちと裏腹に、光浦は他の共演者に恋をした?!「うそーッ!!」驚くナインティナインの２人。一体どんな男性に恋をしたのか?!

早速２人は光浦の部屋に急行。明け方、寝入っている光浦を叩き起こし、真相をただす。「光浦さん、恋してるでしょ？」。「…してますよ」。「お名前は？」。「…河野さん(大阪在住)」。行きましょう、大阪へ。

元AD田中君を初めとする少年愚連隊シリーズ恒例のチェック、岡村アタックを通じて明らかにされていく河野さんの素顔。それは、光浦が惚れちゃうのも無理はない、本当に優しい好青年だった。

河野さんへの想いは本物でも、なかなかそれを相手に伝える勇気を持てなかった光浦。だが、めちゃイケメンバーのサポートや、本当はちっとも怒ってなんかいなかった吾郎ちゃんからの励ましのビデオレター、そして郷里のお母さんからの手紙「頑張って、前に出て一歩進んでみては」との文面を通じて、次第に告白する決意を固めていく。

「光浦がよければ告白に行きます」と岡村。緊張と恐怖で涙を浮かべる光浦。いよいよラストシーンの現場。高さ20ｍのツリーがある広場へ。遂に告白の時が！

河野さん登場。最後の大仕掛けは？　広場にはトナカイやサンタクロース等、着グルミの人々が。トナカイの一人がメガネをかけている。あ、光浦だ！　少しずつ距離を詰めて行く。少しずつ、少しずつ。ためらいながらも、河野さんの前に立ち、トナカイを脱ぎ捨て告白しようとする光浦。「お久しぶりです」。「どうしたの？」と驚く河野さん。勇気出せ、勇気出せ！

「河野さんが、私は、好きです」。駆け付ける一同。おめでとうございます。更に驚く河野さん。祝福する周囲をよそに、河野さんの顔を見られない光浦。5年ぶりの恋、告白できてよかった。目的は答えを聞く事ではない。告白する勇気が何よりも大切だということ。ずっと臆病だった一人の女性が仲間に励まされ、背中を押され、一歩前に踏み出した。涙ぐむ光浦。岡村「お前がナンバーワン！」。

このように、かくも感動的な掌編となったこの「河野少年愚連隊」だったが、めちゃイケの通史から見ると、この作品は別の重要な意味をおびている事が分かる。つまり、この作品は、図らずも「恋する光浦」を肯定するモノとなってしまっており、これを契機に光浦は「オンナ」に目覚め、従来の「笑えるブス」である自身のキャラクターを置き忘れる事が多くなっていたのだ。これはまさに痛恨の「歴史的なミス」であった。この予期せぬネガティヴな副産物に、めちゃイケとしても手をこまねいている訳にはいかなかった。振り子を大きく振り戻させるべく、以降高知東生らによる「色じかけダマシ」「光浦オトせたら100万円」などの企画、相方のさらなるブス、大久保佳代子のレギュラー登用などを仕掛け、光浦の「更生」を謀っていく事となる。

「恋」と「お笑い」。この2つの両立は、かくも困難でシビアなモノなのである。

[SNGT3,COOL]

光浦、憧れの河野さんを囲んで記念撮影

こ

郷ひろみ

（ごう・ひろみ）《名詞》

御存知齢(よわい)40を越えてもなお、圧倒的な人気を誇るスーパースター。「ザ・ヤマモトテン」や「江頭の一言物申す」出演など、めちゃイケとは比較的縁が深い。特に、岡村のフリークぶりは顕著で、1993年の「とぶくすり」の「うのうのだん」での、「大阪の居酒屋で遭遇し、素人のフリをしてトイレについていって、排尿音を聞いた！」トークに始まり、1995年の「とぶくすりZ」ではコントキャラ“4ひろみ”として登場。翌1996年の「めちゃ^{2}モテたいッ！」の「俺をこう撮れ！」では、プロモーション・ビデオ「逢いたくてしかたない」の完コピを披露した程に郷のファンだった。そんな岡村との共演が実現した「ザ・ヤマモトテン」での郷は、かつてない程はじけたキャラを披露した。

[YMTN,EGHM,COOL]

コカマ

（こ・かま）《名詞》

矢部浩之の大ファンで、矢部とのデート企画に出演した素人の男子高校生（当時）、せいちゃんの分類名。コギャルの心を持つオカマの意。キティちゃんが大好き、恋が一番の関心事、おしゃべり好きで騒々しい…などコギャルの基本アイテムを標準装備。そんなせいちゃんのラブリーでユニセックスなキャラクターは視聴者を魅了。コカマという言葉の普及に大きく貢献したと思われる。

[YHSD,COOL]

極楽同盟

（ごくらく・どうめい）《名詞》

第1回「格闘女神MECHA」ではセコンド（研修生）だっためちゃ日本女子プロレス所属の加藤浩美と山本圭子が、1980年代に活躍していた極悪同盟（ブル中野＆ダンプ松本）にならい、「ぜんそくの狂犬・ブル加藤」と「豚足の破壊王・ダンプ山本」として結成しためちゃ女最強の超悪辣(あくらつ)タッグ。そのラフファイト・パフォーマンスは全国の女子プロレスファン、さらに女子プロレス界そのものをも震撼(しんかん)させている。とくに阿部四郎と連携したダーティな試合運びは、極悪同盟隆盛期のマット界の忌まわしい記憶を想起させるのか、じつは一度も勝ったことのない極楽同盟に対し、女子プロレスラーから挑戦状まで舞い込むほどの人気（?）を博している。ダンプ山本の「男をナメんなよ!!」の台詞とともに男と女のガチンコ対決が堪能(たんのう)できる極楽同盟の、過去の対戦成績は以下のとおり。

なお全日本女子プロレス最強タッグ戦のさい、ダンプ山本は堀田の蹴りを胸に受け「あばら骨が折れた」と番組収録後に大騒ぎ。一部情報では「診断の結果、なんともなかったらしい」とされていたが、今回「めちゃイケ大百科事典」編纂にあたり真相を再確認したところ、片岡飛鳥が山本の診断書を保管していることが判明。やはり、ほんとうに肋骨骨折であったことが明らかになった。

[KTJM,COOL]

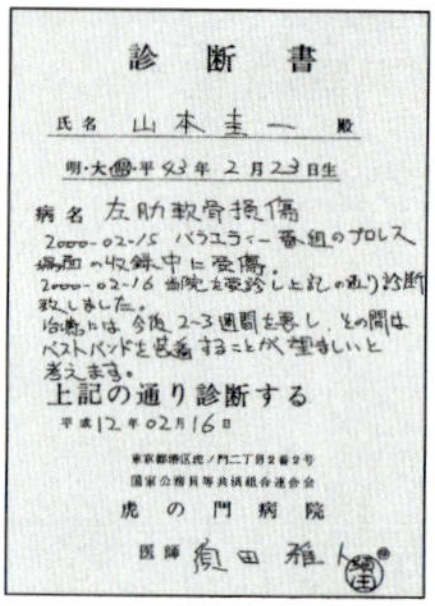
診断書

氏名 山本圭一 殿

明・大・昭・平 43年 2月23日生

病名 左肋軟骨損傷

2000-02-15 バラエティー番組のプロレス場面の収録中に受傷。

2000-02-16 当院を受診し上記の通り診断致しました。

治癒には今後2~3週間を要し、その間はベストバンドを装着することが望ましいと考えます。

上記の通り診断する

平成12年02月16日

東京都港区虎ノ門二丁目2番2号

国家公務員等共済組合連合会

虎の門病院

医師 須田雅人 ㊞

これが証拠の診断書

豚足の破壊王

ぜんそくの狂犬

対戦相手	試合経過および勝敗
全日本女子プロレス最強タッグ (豊田真奈美＆堀田祐美子) 2000年2月26日O.A.	豊田真奈美の胃袋つかみに対し、ブル加藤がケツつかみを応酬するなど、セクハラまがいの技も飛び出したが、11分52秒、ダブルムーンサルトプレス→体固めで全日本女子プロレス最強タッグの勝利。
キッスの世界 (中西百重、高橋奈苗、脇澤美穂、納見佳容) 2000年6月3日O.A.	ダンプ山本VS脇澤美穂の因縁の対決。終始優勢に試合を進めた極楽同盟、最後はキッスの世界を竹刀でめった打ちにし勝利寸前。しかし全女最強ヒールのZAPが助っ人で登場し、13分54秒、竹刀でボコ^2→体固めで全女連合軍の勝利。
W井上(井上京子＆井上貴子) 2001年3月3日O.A.	序盤からドロップキック8連発と動きのいい極楽同盟。しかしW井上もDDT、裏拳、吊り天井といった大技で互角の対決。最後は阿部四郎＆ダンプ山本の竹刀攻撃にキレた井上貴子が40万ボルトのスタンガンを持ち出し、極楽同盟を殲滅。11分49秒TKO勝ち。

こ

極楽とんぼ

（ごくらく・とんぼ）《名詞》

広島県出身の山本圭壱と北海道出身の加藤浩次が上京して1989年にコンビ結成。吉本興業所属。もともとはふたりとも劇団・東京ヴォードヴィルショーの劇団員だったが、月謝を払うことができなくなり、ふたりで逃亡。コンビを結成して吉本興業のオーディションを受けたところ合格した。ちなみに最初は3人のトリオだったという。極楽とんぼという名前は山本の嘘が発端でつけられた。その嘘とは「松田優作のお墓の後ろに極楽とんぼと彫られてある」というもの。純粋な田舎者だった加藤はこの嘘を運命と感じるほど信じて、このコンビ名が決定した。なお、極楽とんぼも「新しい波」に出演しているが、ナインティナインやよゐこに比べると当時はまったく無名の存在に近かった。ナインティナインが1992年に最優秀新人賞を受賞したＡＢＣお笑い新人グランプリにも、その前の年に出場しているが予選落ちしている。だが、その不屈の反骨（はんこつ）精神で独自の世界観を築き上げ、現在に至っている。座右の銘は「絶対人の踏み台になるな！」。

[SINP,HIYK,PHER,HIYS,HIYZ,POP!,COOL]

極楽とんぼミニシアター

（ごくらく・とんぼ・みに・しあたー）《名詞》

「とぶくすり」のコーナーのひとつ。だがこのネーミングは「オチも決めずに、芝居がかった高いテンションだけで、いきあたりばったりの展開を乗りきろうとする」という、極楽とんぼの芸風の本質を表している。２人がつくり出す小劇場的空間は磁力が強く、展開が行き詰まると外部から誰かを巻き込んで責任をとらせようとする傾向がある。他のメンバーは長く極楽とんぼのコントに引きずり込まれることを恐れてきたが、最近は「劇場空間は参加するものでなく、観客に徹するのが一番」という防衛策が浸透。みんなが極楽とんぼの２人を笑いながら見守る、というふうに落ち着いてきている。また、極楽とんぼといえばケンカネタがつきものだが、これは「とぶくすり」の「まもりのくすり」というコントが原点。テンションだけで勝負する極楽とんぼのコントは、「OK」が出るまでカメラを回し続ける「とぶくすり」の収録で、果てることなく数十分にわたって続き、そこからケンカが自然発生したのである。当初は加藤が一方的に怒り、なだめていた山本も巻き込まれるというパターンが多かったが、ケンカが恒例になるにつれて、一筋縄ではいかない性格の山本が加藤の怒りを増幅させ、「ケンカ＝極楽とんぼミニシアター」と拡大解釈されるような展開も増えてきた。これは、加藤が「めちゃ²モテたいッ！」のレギュラーになかなかなれず苦しんでいたことを理解していた山本が、「加藤のフラストレーションを笑いのパワーに昇華し、極楽とんぼの存在感を強めていく」という路線をとったためだと思われる。

[SINP,HIYK,PHER,HIYS,HIYZ,POP!,COOL]

ここがヘンだよ〜

（ここ・が・へん・だよ〜）《名詞》

めちゃイケ内トーク番組のタイトル。2000年5月27日の第1回「ここがヘンだよかけだしアイドル」、2000年9月16日の第2回「ここがヘンだよAD」、2001年3月10日の「ここがヘンだよマネージャー」がO.A.されている。出演はビート矢部（司会）、オリー伊藤、加守徹、浜田五郎、アラモス瑠偉、山錦、MIKACO、鈴田明美、やくしんじ、瀬川雛子、大久保佳代子（なぜか本名）。会場に集まったかけだしアイドルやADやマネージャーと、本音トークをぶつけ合った。なお第1回と第2回に出演したオリー伊藤は第3回には姿を見せず、代わりにオマホンが登場。ビート矢部に「あなたキャラが変わってますよね」とツッコまれたオマホンは「(テリーさんのキャラが) 見えなかった！」と言い訳していた。以上！
[KHKA,KHAD,KHMJ,COOL]

爆弾発言が炸裂するトークバトル

吾作
(ごさく)《名詞》

1996年12月28日O.A.の「ケチョンケチョンにしてやるスペシャル!!」で、STAMPに登場した謎の男。姓は五所川原(ごしょがわら)といい、ほんもののプロレスラーらしい。めちゃイケメンバーと、数日後に紅白歌合戦出場を控えていたシャ乱Qの、ガチンコ対決になったこの日のSTAMP。最後に巨大ハリセンで空振りをした吾作のイケてなさが、視聴者の記憶に強く残っていることだろう。
[STMP,COOL]

こども電話相談室
(こども・でんわ・そうだん・しつ)《名詞》

1964年から続いているTBSラジオの人気長寿番組のこと。正式名称は「全国こども電話相談室」(毎週日曜AM9:00～10:00放送)。生き物や宇宙のことといった、子どもたちの質問に各分野の先生方が電話でやさしく答えてくれる。

めちゃイケでは、有野晋哉がキダ・タロー氏に扮してこのパロディを演じた。しかし久々の主役のせいか異常なほど緊張してしまい、始終汗だく、セリフは前日からリハをやっているのに何度やってもかんでしまう、とボロボロの状態に。さらに最後には電話相談用のヘッドホンをしたまま歩き出し、コードに引っぱられるという大失態を犯したが、その全てが見事なコントとして成立していたのだった。結果、このNG連続の映像は有野主役のコントとして、「一周年だよ！ 全員集合スペシャル!!」(1997年10月11日 O.A.) でオンエアされる栄光に輝いた。
[KDDS,COOL]

キダタローがヘッドホンのコードに引っぱられた瞬間！

こにし劇団
(こにし・げきだん)《名詞》

こにしプロデューサーが作った劇団。漁師役、弁護士役、神主(かんぬし)役がいる。「リョウシですけどぉ。ベンゴシですけどぉ。カンヌシですけどぉ。は～い、コニシですけどぉ!!」と登場。韻(いん)のようなものを踏みたかったらしい。
[KNPD,COOL]

こにしプロデューサー

（こにし・ぷろでゅーさー）《名詞》

①岡村隆史が扮し、大人気を博したキャラクター。1997年7月5日 O.A.に初登場していらい、その異様に毛深い体毛と黒い肌、「こにしですけどぉ！」の決めゼリフといった際立った個性で視聴者を魅了した。彼はことあるごとに己の敏腕ぶりをアピールし、独自の業界用語・ナ言葉を駆使する。彼はいわばテレビ業界で華やかに活躍するプロデューサーという人種の、一つのデフォルメした姿と言えよう。例えばそれは一流大学を優秀な成績で卒業した超エリートであり、彼の人生は華々しく光り輝き、過去には挫折などといった汚点はたった一つも存在しない。ゆえに彼は浮世離れしたマイペースさで暴走し、周囲の凡人たちを困惑せしめる。もちろん凡人が彼とコミュニケーションをとろうといくら努力をしても、凡人との共通言語を持たないため何時間話をしても平行線のままなのだ。ただし育ちのよい境遇ゆえ、彼にはまったく悪気はない。人を勘ぐることもなければ、周りの自分に対する評価を疑ってみる事もない。結局、彼は日々ポジティブに前進し、周りはそれに振り回されながら、永遠にイライラし続けるのだ。このような人物、きっとあらゆる社会組織の中で存在するだろう。「本人に悪気がない」ということこそコミュニケーション上最も憂うべき事態なのではないか。こにしPというキャラクターにはこうした人物たちへのカリカチュア（風刺）が、痛烈に込められているのである。

また、キャラクターの意味合いとは別に、岡村の実にイキイキとした演じぶりも特筆すべきであろう。それはこの「こにしプロデューサー」が、例えばフリートークさえも可能にしてしまうような、非常に自由度の高いキャラクターだったことが要因であろう。決まり事の少ないキャラの中で軽快に遊ぶ岡村隆史の姿が、さらにキャラクターの魅力を引き出す結果となったのである。

②当キャラクターのモデルとなった実在のプロデューサー。めちゃモテ中期〜めちゃイケ初期を担当した小西康弘氏のこと。灘高〜慶応義塾大学卒。めちゃイケを栄転後は、メディア事業本部総合開発局メディア推進センターメディア企画副部長を経て、現在は権利開発部副部長。

[KNPD,COOL]

こニャン子クラブ

（こ・にゃんこ・くらぶ）《名詞》

おニャン子クラブの公認ファンクラブ。絶頂時には会員数20万人を突破していた。岡村隆史と濱口優もかつてこニャン子クラブだったと「新しい波」（1992年）で告白している。おニャン子のファンだった少年たちがついにお笑いの世界に現れたという隔世（かくせい）の感は、まさに新世代の到来を告げていた。ちなみに、じつはナインティナインの結成にもおニャン子クラブはやや関係しており、茨木西校サッカー部時代、後輩だった矢部浩之が先輩の岡村に「『夕焼けニャンニャン』って見てます？」と話しかけたことが、ふたりのつきあいの始まりになったという。

[SINP,HIYK,COOL]

小林君

（こばやし・くん）《名詞》

「ストーカー・危険な女」に登場したワニの名前。種類はミシシッピーアリゲーター。その小粒なボディに秘めた凶暴性が人気を得、その後「敵は巨人だ！　全員集合スペシャル!!」に出演。アシスタントとしてゲストの和田アキ子氏にストローをお届けした。さらに「めちゃイケ運輸」でも、フジテレビの佐藤義和演芸制作担当部長に思い出の「ひょうきんパラダイス」のテープを配達するという大役を務めていた。

[STRK,MIUY,COOL]

静かだが確実に荷物を運ぶ小林君

子ライオン

（こ・らいおん）《名詞》

岡村オファーが来ましたシリーズ『ライオンキング』出演のギャラとして岡村隆史がゲットした子供のライオンの人形。岡村はこれにチュンバと名付け、満足そうだった。

[OMOS7,COOL]

コンドルモモエ

（こんどる・ももえ）《名詞》

本田みずほの親友である、オカマのミドリちゃんが勤めるオカマバー。2000年12月30日O.A.のpM8で、加藤浩次はみずほの情報を探るためにコンドルモモエに潜入し、ミドリちゃんに接近。しかし酒を飲んで本来の目的を見失った加藤は、ミドリちゃんを強引に口説き始め唇まで奪った。結果、コンドルモモエは加藤のホモ疑惑をいっそう深める新宿2丁目の新名所となった。

[PMET,OTAI,COOL]

今や伝説の加藤シートは「ザ・ベストテン」の寺尾聡状態に！

さ

最強家庭教師軍団

(さいきょう・かてい・きょうし・ぐんだん) 《名詞》

「ヨモギダ少年愚連隊3」において、東大生4人、早大生1人で構成された岡村隆史のための家庭教師集団。忙しい仕事の合間を縫って日夜受験勉強に勤(いそ)しむ岡村だったが、独学の限界を知り、フェロモン先生を始めとする5名の家庭教師を用意し、試験に臨むこととなった。

[YSGT,COOL]

西城秀樹

(さいじょう・ひでき) 《名詞》

めちゃイケで1997年1月16日にO.A.された「フジテレビ球体展望室トーク」のゲストとして記憶されている。江頭2:50の素(す)をテレビで映すことに一役買ってくれた、永遠のヤングマンである。

トークの最中から「ケンカは、売られたらやってたね」「腹立ちすぎると、笑ってるよ、オレ」「自分の身は自分で守る」と、いつになく物騒な発言が目立っていた西城だが、これは後の展開のための、みごとな伏線だった。トークの最後に江頭が球体の屋外から登場。「おまえのヒット曲はギャランドゥ。オレは全身、ギャランドゥ〜」と、からみ始めても、西城は不自然に笑っているだけ。そして、いきなり江頭につかみかかった。番組史上、江頭に逆襲したゲストは初めてである。呆然としてビビる江頭を「じゃあね」と冷たくあしらい、西城はエレベーターに乗って帰ろうとする。めちゃイケメンバー、そして番組スタッフも、全員パニックに。「エガちゃん、西城さんに謝って」と、泣きそうな 鈴木紗理奈、必死に謝ろうとする江頭の顔は、みごとに素。すると……。「な〜んてね」と、西城はエレベーター前で急に笑顔をつくり、「みんなを驚かそうと思って」と種明かしをした。「なんだ、よかった」とめちゃイケメンバーにも笑顔が戻ったが、江頭だけは、素の顔のままビビり続けた……、いや、ふだんはダマすのが仕事の番組スタッフだって、西城の思いつき&あまりにリアルな演技に、まんまと引っかかってしまったのだ。

[EGHM,COOL]

「最初にねえ、いいの一発もらっちゃったから、わからなくなっちゃった」

(さいしょ・に・ねえ、いい・の・いっぱつ・もらっ・ちゃった・から、わから・なく・なっ・ちゃっ・た)

破壊王・橋本真也がかつて放った名言に酷似した、山本圭壱演じるヤシ本真也による発言。橋本のそれが、対小川直也との死闘において、その戦況を語る魂の叫びだったのに比べ、ヤシ本のそれは、街頭のサラリーマンやOLの何気ない攻撃をなす術もなく喰らった、その後の一言だったという点が明らかに違っている。

[YMSY,COOL]

最安値

(さい・やす・ね) 《名詞》

オファーを受けて「新春かくし芸大会」に出演した時の岡村隆史のギャラは、9,990円という最安値を記録した。この金額は不況の時代を踏まえた岡村が自己申告したものである。

[OMOS4,COOL]

堺正章

(さかい・まさあき) 《名詞》

「'99新春かくし芸大会出演！絶対満点で年を越すぞ！いつか最高の自分にスペシャル!!」で出会った岡村隆史の心の大師匠。岡村は堺氏のとことんまで突き詰めていく芸への取り組み方を目の当たりにし、おおいに感化された。その後の岡村オファーがシリーズにおける岡村の姿勢にも堺氏の影響は及んでいる。
[OMOS4,COOL]

坂田師匠歩き
（さかた・ししょう・あるき）《名詞》

岡村隆史がSMAPの大阪ドームコンサートでジャニーズJr.の一員としてバックダンサーで参加した際、禁じられていたのに行ってしまった歩き方の名称。本来は中居正広のソロであったが、岡村は発作を起こしてみごとな「坂田師匠歩き」を披露、主役を超えてしまった。
[OMOS1,COOL]

SMAPのステージで坂田師匠歩きをやっちゃった瞬間

坂元健児
（さかもと・けんじ）《名詞》

劇団四季の誇る若手の有望株。『ライオンキング』において主役シンバ役で活躍。岡村オファーが来ましたシリーズにて、同じく主役を狙う岡村隆史は、勝手に彼をライバル視していたのだが、歌や踊りはもちろん、お笑いのセンスも抜群で、岡村はことごとく完敗した。この敗北感はいつしか尊敬の念に変わり、最後は憧れの存在として、岡村の目指す目標となっていった。
[OMOS7,COOL]

ザ・カルチャータイム
（ざ・かるちゃー・たいむ）《名詞》

めちゃイケを代表する人気長寿コーナーのこと。カルチャーマンことMr.ヤベッチ（矢部浩之）が毎回、最新のカルチャー用語を分かりやすく解説してくれる。司会は岡村隆史、フジテレビ杉浦アナ（スギウラッチ）。

そもそもこのコーナーが作られたのは、幅広い知識が必要なツッコミであるにもかかわらず、実は矢部に文化的素養がまったくなかったことが始まりと言われている。すでにそのことが一部で指摘され始めていた番組初期、矢部がゲストの西城秀樹氏の「ロッド（・スチュワート）がさぁ」という発言に対し「あー、はいはい」と知ってるフリの受け答えを発した瞬間、全ての疑惑が確信の形となって露呈したのである。ちなみに矢部の高校時代のお気に入りソングは「鏡の中のマリオネット」（by:BOØWY）だったとか、最も好きな映画が『南極物語』であるとか、文化的知識の低さを匂わせる逸話は確かに多い。

そして当コーナーの注目すべき点は、本来ツッコミの矢部が、ここでは唯一のボケキャラだということである。矢部自身、もちろん意味すら分かっていない言葉に対し常に何か言わなくてはいけない状況に追い込まれ、「ほんと、ボケは大変やな」と感想をもらす一幕もあり、普段のツッコミとのスタンスの違いを毎回痛感していたようだ。しかしこの経験で、矢部にボケへの尊敬の念が生まれ、その後彼のツッコミにはボケ側に対する愛情が感じられるようになったのだった。つまり、本業のツッコミを磨く上でも非常に意義深いコーナーだったのである。

もはや、Mr.ヤベッチは矢部の代表的キャラクターに成長したと言っていいだろう。そして彼の名解答例は以下の項目で確認することができる。

参照項目 ジャミロクワイ、オレンジ共済、エスプレッソ、ダブルクリック、ブラピ、動燃、エピ、失楽園、フェイク・ファー、ヤベアグラ、カベルネ・ソーヴィニヨン、金融ビッグバン、キャメロン・ディアス、バーキン

[CTTM,COOL]

KONISHIKIのお面（手前）をかぶって登場し、満足気な笑顔のMr.ヤベッチ

桜金造

（さくら・きんぞう）《名詞》

心霊現象の研究家としても有名で、夏の怪談ネタの番組では欠かせない存在。街角三部作のひとつ1998年8月29日O.A.の「めちゃイケの残暑お見舞い　実録ちょっと怖い話」に審査員として登場した。その日は、霊的なアクシデントがあってはいけないと、自宅のある中野からフジテレビのあるお台場まで21kmを除霊しながら歩いてきた。だが、フジテレビまであと一歩というところで行き倒れになり、めちゃイケメンバーによって発見された。ヒットギャグは「おやまゆうえんち」。

[JRKH,COOL]

さくらんぼテレビジョン

（さくらんぼ・てれびじょん）《名詞》

山形県にあるフジテレビ系列のテレビ局の名称。全国で最もめちゃイケの視聴率が低かった山形の、その名も「さくらんぼテレビジョン」にメンバーが伺い、めちゃイケのPRの一環としてニュース番組のお手伝いをしようという企画（1997年6月7日O.A.）で登場した。当日はくじ引きの結果、矢部浩之が総務部へ、残り5人は報道部を一日お手伝いをすることになる。5人はさっそく夕方の生番組を任されるが、ツッコミの矢部がいないボケ5人組は全く仕事が進行せず苦戦。唯一現場に出なかった矢部にいたっては、事務的仕事をこなす能力が著しく不足しており、伝票整理に大変な苦労を強いられた。矢部にとって伝票整理、すなわち地道な仕事はよほどつらい作業だったにちがいなく、人にはそれぞれ適材適所があることを実感させられた回であった。また、こうした矢部の「芸能人扱いされないことに不満を抱きながらやる仕事ぶり」は、その後の「矢部のオファーしちゃいましたシリーズ」に受け継がれていく。なお、この回のO.A.は山形で25.7%という驚異的な最高視聴率を樹立。一応視聴率アップのためのお手伝いは成功したと言えよう。

[SKTV,COOL]

差し歯

（さし・ば）《名詞》

芸人の飛び道具のひとつ。過去に岡村隆史が「日本新記録」で、濱口優が「ボケ肉番付お笑いストラックアウト」で、故意に差し歯を抜いた顔を見せている。芸人ならば、ゆるい差し歯は直してはならない。でも元ADの岡村恭子は女なので直すべきだった。

[SROT,NHSK,COOL]

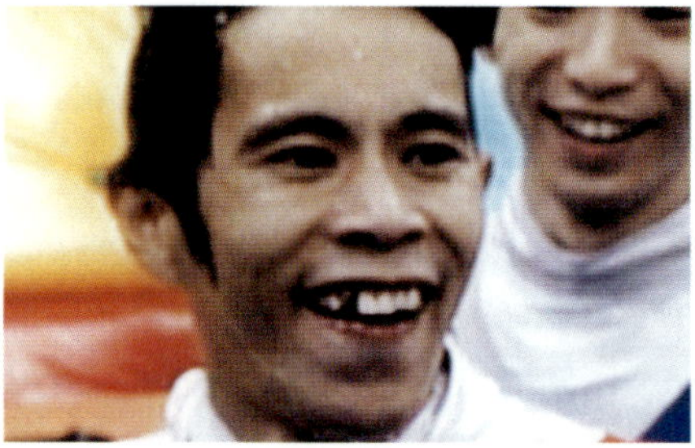

おもしろい

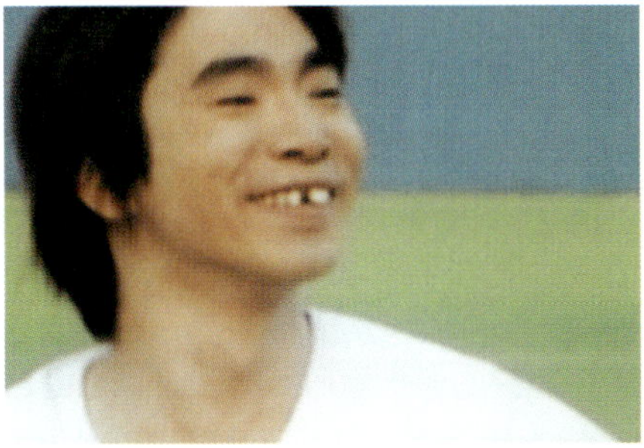

おもしろい

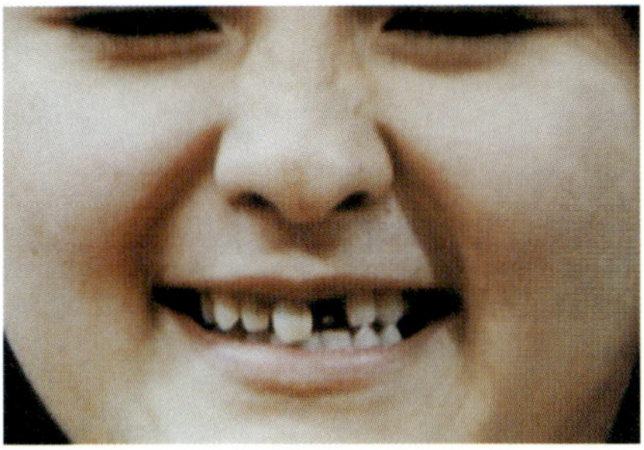

治したほうがいい

雑草

（ざっ・そう）《名詞》

加藤浩次のハングリー精神を象徴する言葉。加藤自身、「爆烈お父さん」の中で「お父さんなんか雑草の狂犬だ」と発言したことがある。仕事がなくて借金取りから逃げ回り、お金を稼ぐためにホモのホストクラブに足を踏み入れそうになったりするなど、苦労の多い下積み時代を送ってきた加藤は、仕事に恵まれ、人気も知名度も高くなった今日でも決してそのことに甘んじない。「(いつでも) 今日が最後の仕事だと思ってやる」と加藤らしい男気のあるポリシーを貫いている。

[BROS,COOL]

ZAP

（ざっぷ）《名詞》

ZAP-IとZAP-Tからなる、全日本女子プロレス最強ヒールの覆面タッグ。1998年12月12日にO.A.された「フジTV警察'98密着24時!! 逮捕の瞬間100連発」では銃刀法違反で逮捕されかけたが警察に大逆襲。また2000年6月3日にO.A.された第3回「格闘女神MECHA」には、キッスの世界の助っ人として登場。極楽同盟を完璧に叩きつぶし、詫びを入れさせた。覆面越しの強面（こわもて）からは想像がつかないが、2人はじつはめちゃイケ好きで笑い上戸な女の子である。

[KTJM,FTKS,COOL]

左がZAP-I、右のZAP-Tがとくにゲラ

ザテレビジョン

（ざ・てれびじょん）《名詞》

2000年8月5日にO.A.された「矢部オファーしちゃいましたシリーズ」第3弾で記者として働いた雑誌。発行部数130万部（売り上げ日本一）、スタッフ総勢30名、「時間厳守!!」「紙面に愛情を注ぐ！」「オリジナリティを大切に！」がモットーで、日本で一番忙しい編集部との異名を持つそうだ。「SHOT×SHOT」にドラマ「花村大介」の記事を書くように指示された矢部は、32時間かけてなんとか原稿を完成させた。この号の「ザテレビジョン」は、番組効果もあり記録的な売り上げだったとのことなのだが、しかし、その表紙にはオカレ

モンが……。

[YHOS,COOL]

観月ありさの手に注目！

佐藤B作

（さとう・びーさく）《名詞》

極楽とんぼの結成のきっかけになった劇団・東京ヴォードヴィルショーの座長にして、2人の恩人。にもかかわらず、「涙の借金返済ツアー」にて、10年前、極楽に3ヶ月分の月謝9万円を踏み倒されていたことが明らかになった。

[KTOK1,COOL]

佐藤義和演芸制作担当部長

（さとう・よしかず・えんげい・せいさく・たんとう・ぶちょう）《名詞》

サトちゃんの愛称で親しまれている、フジテレビのとっても偉い人。元「オレたちひょうきん族」のディレクターだった。めちゃイケのルーツ番組「新しい波」の生みの親でもある。「僕は胃がないの。」が口癖。めちゃイケでは、1996年1月18日にO.A.された「たつひろの社会見学」2のさい、たつひろがいきなり「サトちゃん」呼ばわりしても怒らない人格者ぶりが印象的。社会的地位を越えて芸人と感性を共有できる生き仏的存在なのだ。ちなみに当時の名言、たつひろとの会話中での「お笑い芸人は、忙しいときには、それほど儲からない。でも、一生懸命やっていれば、そのうち自分の時間ができるようになり、そこからはギャラも倍々ゲーム♥」は、長年業界で生きてきた人ならではの、含蓄のあるアドバイス。また、「爆烈お父さん」に出演したさい長年の激務で病気がちにもかかわらず、みずからしっかりボケてお父さんのジャイアントスイングにまわされたことも忘れがたい。

[SINP,BROS,TTHR,COOL]

「お笑い」を深く理解するテレビ業界の至宝

佐野アナ

（さの・あな）《名詞》

フジテレビの佐野瑞樹アナウンサー。社員番号03955 。「新しい波」の放送開始時は20歳で、早稲田大学の現役学生だった。大学卒業後、スポーツキャスターを目指してフジテレビに入社。まだピチピチの新人時代の1994年12月31日、「ゆく年くる年とぶくすりスペシャル」の中の「佐野のニュース」コーナーでだまされたことが、その後めちゃイケに至るまでの長いつきあいのきっかけになった。スカイパーフェクTVのpM8では、西山喜久恵アナウンサーと2人で司会進行を務めている。めちゃイケにおける佐野アナは、コーナー中のアナウンサーとして活躍することが多いが、実はアナウンサーと芸人との境界線があやふやになるケースも目立ち、結果的にアナウンサー界史上初の金字塔を次々に打ち立てている。その筆頭として挙げられるのが「持ってけ100万円！」シリーズでの現金放置人。路上での女装という試みはアナウンサー界初のことである。また、1998年11月7日O.A.の赤字解消企画では、沖縄ロケでの佐野アナの空出張分として、身につけていた時計や洋服をめちゃイケメンバーに徴収され、パンツ一丁の姿にさせられてしまった。パンツ一丁のアナウンサーが全国ネットで放送されたのもアナウンサー界史上初のことである。さらに、2000年10月に結婚した佐野アナは、同年12月9日、16日もO.A.のpM8で油谷さんに祝福を受けている。もちろんこれもいうまでもなく、アナウンサー界史上初のことである。ちなみにアナウンス部からのクレームはとくにない。

[HIYS,POP!,COOL]

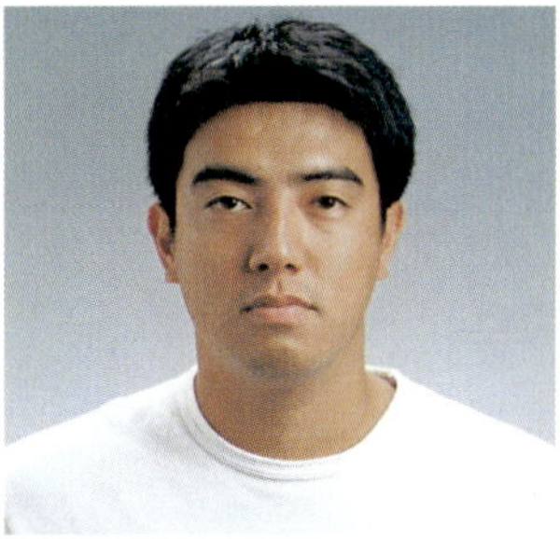

実は変装名人

ザ・ヤマモトテン

（ざ・やまもと・てん）《名詞》

司会／矢米宏（矢部浩之）＋黒柳靖子（光浦靖子）で送る、「極楽とんぼの山本圭壱さんに青春時代の想い出の曲を披露してもらおう」というベストテン形式の歌番組。ただしベストテンと言えども歌うのは毎回山本ひとり、ボードも、1位から10位まで全て「山本圭壱」で占められ、毎回1位（この順位も山本の趣味で決まっている）になった曲を、山本がナリキリのコスチュームで陶酔して歌う。山本と同世代（30代）の人たちに向けたつもりが、実は山本が番組を完全に私物化し、全面自己満足する、というモノに成り果てている。つまりは体のいい電波ジャックなのである。山本が、自分の言うことをきく若手ディレクターのみを周りに配し、事を進めていると言う噂さえある。

山本がこれまで共演した本物のゲストと楽曲は、風見しんご「涙のTake a Chance」、堤大二郎「燃えてパッション」、ビーナス「キッスは目にして！」、イモ欽トリオ「ハイスクールららばい」、郷ひろみ「2億4千万のひとみ」など。

ゲストも久しぶりに懐かしい持ち歌を歌え、山本ももちろん大満足なのだが、岡村以外の参加者は全くやる気がなく、正直もうやめて欲しいと願っている。

[YMTN,COOL]

ビーナスと一緒に御満悦の山本

30半ば

（さんじゅう・なかば）《名詞》

エスパー伊東が答えた自分の年齢。年齢を聞かれて、正確な歳を言いたくない時などに見習いたい表現の仕方である。

[EPIT,COOL]

サンチェ先生

（さんちぇ・せんせい）《名詞》

ジャニーズ事務所担当のコリオグラファー（振り付けの先生）。岡村オファーが来ましたシリーズ「ジャニーズJr.企画」(1997年10月4日O.A.) で岡村隆史がジャニーズJr.に入団した際に登場。SMAPの大阪ドームコンサートのためにスピーディーにダンスを振り付け、Jr.たちを厳しく指導していく姿は実にカッコよく、そして怖くもあった。性格はS度200% (SとMの項を参照)。
[OMOS1,COOL]

お前らサッサとフリ覚えろ!!

3並び
(さん・ならび)《名詞》

「岡村オファーが来ましたシリーズ」における岡村隆史のギャラの交渉の仕方の例で、3並びというのは3万3,333円のこと。10%の所得税を引かれると、ぴったり3万円が手取りとしてもらえる。ちなみにこの3万3,333円とは1998年5月2日にO.A.された、月9ドラマ「ブラザーズ」に出演した時にまず岡村が提示したギャラの金額。でもあまりに待ち時間が長いので4並び (4万4,444円) にアップした。また、北海道在住のカップルから結婚式の司会のオファーを受けた時のギャラは2並び (2万2,222円)。「矢部オファーしちゃいましたシリーズ」では、めちゃイケのほうからオファーをし、貴重な体験をさせていただくための勉強料として、岡村が矢部に5並び (555円) のギャラを逆にめざましテレビ側に支払うように指示した。
[OMOS,COOL]

し

シェーッ
(しぇーっ)《感動詞》

濱口だまし「初生放送だよ　全員集合！」での濱口優のアクション。生放送に遅刻中とも知らず、合コンのカラオケに興じる濱口が、ウサギの付け耳に上半身裸でコンガを打ち鳴らしながら、プッチモニ「ちょこっとLOVE」の「♪まる、まる、まるまるまる」のフレーズに合わせ、「シェーッ」のジェスチャーをアドリブで繰り出し、世間にドッキリの天才芸人ぶりを遺憾(いかん)なく知らしめた。思えば濱口の幸せはこの時が絶頂で、数刻後には絶望のただなかに突き落とされる、過酷な運命が待ち構えているとは想像だにしなかったに違いない。
[HGDS4,COOL]

隠しカメラが捉えた天才の幸せなひととき

JR
(じぇい・あーる)《名詞》

岡村隆史が「岡村オファーが来ましたシリーズ」において、ジャニーズJr.入団のとき着用していたジャージの名札にマジックで書いてしまった文字。誤って大文字のアルファベットで書いたため「JR (JAPAN RAILWAY)」になってしまった。
[OMOS1,COOL]

ま〜るい緑の山手線（内廻り）

ＪＲ新大久保

（じぇいあーる・しん・おおくぼ）《名詞》

「格闘女神MECHA」でチャイナナイト光浦の試合に乱入する、謎の覆面レスラー。

[KTMJM,COOL]

光浦靖子は「大久保さん」と呼ぶ

ＪＲ中野駅

（じぇいあーる・なかの・えき）《名詞》

有野晋哉がめちゃイケに必要な男であることが証明された、記念すべき場所。

[ARSC,COOL]

ジェット・リー

（じぇっと・りー）《名詞》

リーリンチェイ改めジェット・リー。ハリウッド進出を機に改名した、中国映画『少林寺』で主演した俳優。映画の中では少林寺拳法の位が上がると頭に9個の斑点を入れる。岡村隆史もそれをまねて、新春かくし芸大会に出演した際に頭を丸坊主にして9個の斑点を入れた。このエピソードからもわかるように岡村は無類の拳法好きであり、ジャッキー・チェンやブルース・リーのことも敬愛している。

[OMOS4,COOL]

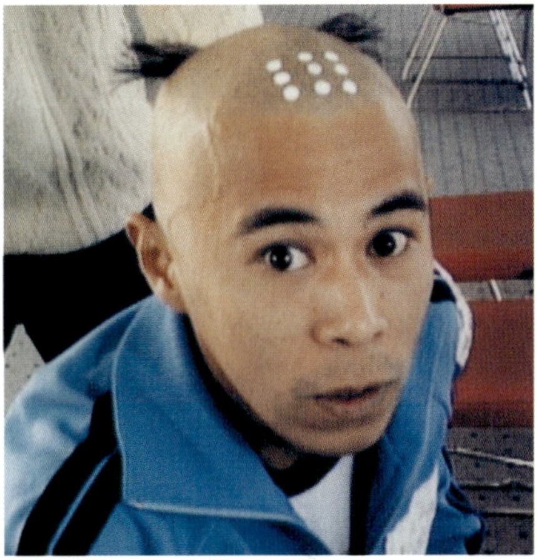

岡村さんの頭の９つの斑点に注目！

ジェフリー・ジャストフォーユー・WEJ

（じぇふりー・じゃすとふぉーゆー・だぶりゅ・いー・じぇい）《名詞》

「日本一周　ええ仕事の旅!!」に登場のジーンズのブランド名。中居正広のマネージャーを務めるナインティナインが、リーバイスのキムタク、エドウィンのブラピに続き、中居にもジーンズのCMを、とアレンジした仕事だったが、端（はな）から「リー」のCMと信じて疑わない中居の意に反して、クライアントは地元のスーパーのワシンであった。仕事は上記の3つの偽ブランドを着用しての、歳末ジーンズ・フェア用のチラシのモデル撮影。この3ブランドは、サイズ表示がS・M・Lと分りやすい、ウエストにゴムが入っていてはきやすい等、多くの優れた特徴があったが、なぜか中居のテンションは低調で、フェアも大量の在庫を残す結果に終わっている。
[NHIS4,COOL]

スーパーワシンのチラシ

その拡大（部分）

志生野温夫
（しおの・あつお）《名詞》

「日本新記録」や「格闘女神MECHA」等で名司会ぶりを見せる、日本テレビ出身のベテランアナウンサー。口調はあくまで真面目ながら、独自の感性と洞察力を生かしてスタジオの爆笑を誘うこともある。
[NHSK,KTJM,COOL]

司会者入門
（しかいしゃ・にゅうもん）《名詞》

岡村オファーが来ましたシリーズで結婚式の司会の依頼を受けた岡村隆史のバイブル。正式なタイトルは『結婚披露宴司会者入門』（830円、土屋書店発行）。岡村隆史はこの本に記されている「笑顔について」「拍手のコツ」「乾杯のときには」などの基本事項を徹夜で暗記。結婚式本番でもほとんどの項目を忠実に守った。ただ一点、「友人代表の余興では司会者が自ら率先して歌ったり、踊ったりしてはいけない」という項目については守ることができず、率先して歌ったり、踊ったりしてしまった。
[OMOS3,COOL]

結婚式での司会のコツがすべてわかる！

志賀君
（しが・くん）《名詞》

「矢部オファーしちゃいましたシリーズ1」で、AD矢部浩之を指導した「めざましTV」の先輩AD。最初は従順に従っていた矢部だが、芸人の勘で、すぐさま志賀君が「使えないヤツ」であることを見抜き、後半はバカにしきっていた。
[YHOS1,COOL]

滋賀県甲賀郡
（しが・けん・こうが・ぐん）《名詞》

「爆烈お父さん」にゲスト出演したYURIMARIのMARIの出身地で、次のような特色がある。

1. 全速チャリンコでコンビニまで20分
2. スーパーの名前が「アーバンパル（都会的な仲間）」

3. 滋賀県なのに琵琶湖が遠い
4. チャリンコ通学はヘルメット着用
5. ノーヘルの場合はイエローカード
6. イエローカード3枚でレッドカード1枚
7. レッドカードの罰は1時間30分の徒歩通学！

そんな故郷をもつMARIに対する加藤家MEMOは「故郷に誇りをもって生きること！」。

[BROS,COOL]

式町千恵
（しきまち・ちえ）《名詞》

矢部浩之の高校時代の友達。若き日の矢部の、よき相談相手だった。2000年7月01日にO.A.された「ふぞろいのイケてるメンバーたち」で、ドラマの重要なカギを握ることになった女性。

[YBOK2,COOL]

始球式
（し・きゅう・しき）《名詞》

「ボケ肉番付お笑いストラックアウト」で、一番最初の挑戦者となった山本圭壱が記念すべき第1球目のネタにつけたタイトル。続く濱口優、加藤浩次、有野晋哉、岡村隆史も、自分が最初に披露するネタのタイトルを始球式にしたが、その表現の仕方にはそれぞれの個性が見事に出ていた。

[SROT,COOL]

自己紹介
（じこ・しょうかい）《名詞》

「クイズ濱口優」で、解答者の岡村隆史がいつも行うこと。まず「大阪から来ました岡村隆史です！」と、芸人・岡村隆史ではなく、一般人・岡村隆史という設定であることをそこはかとなくアピール。さらに「好きなブランドはY's for MEN です！」、「最近のマイブームはアロマテラピーです！」、「行ってみたいヘアサロンはアクアです！」、「最近気に入っているお店はスターバックスです！」、「よく行くお店はドンキホーテです！　菜箸（さいばし）を買います！」など、自分の趣味や近況などを毎回大きな声でハキハキと歯切れよく発表する。その内容はいわゆる「おしゃれなこと」と「ダサいこと」の微妙な境界線を漂っていることが多く、それをまったく照れもなく、むしろ自慢しているかのように堂々と自己紹介する岡村の姿に、見ている者はなぜだか逆に気恥ずかしさを覚えつつも、爆笑せずにはいられない。なぜこれほどまでにたかだか自己紹介が笑いを誘うのか、その理由はこの「めちゃイケ大百科事典」の改訂版が出る時までにはぜひ解明したい。

[QZHM,QZHO,COOL]

宍戸江利花
（ししど・えりか）《名詞》

リングネームはアジャ・コング。結婚願望が強く、「光浦家の三姉妹」2において、光浦靖子、島崎和歌子などとともに男の唇を求めて活躍した。小堺一機がまんまと餌食になってしまったのだが、めちゃイケメンバー十島崎、アジャという全員ボケ役軍団からの奇襲攻撃に、いつもはボケを得意とする小堺が、「おまえたちある種のカルト集団だ」とツッコマざるを得なかった。

[MUSS,COOL]

憧れの小堺さんをめでたくゲット！

沈む舟

(しずむ・ふね)《名詞》

「愛するコンビ、別れるコンビ」で、濱口優が辞めることを画策していた所属事務所、松竹芸能を評しての発言。後に濱口は「沈む舟ではなく、ドロ舟と言った」と訂正したのだが、なおさら悪い、と思う。

[ACWC,COOL]

七人のしりとり侍

(しちにん・の・しりとり・ざむらい)《名詞》

視聴者に大人気ながら、一部団体からの「いじめを助長する内容」との見解で葬られたコーナー。ネタ元は日本を代表する映画監督・黒澤明の1954年作品『七人の侍』である。

『七人の侍』は戦国時代を舞台に、野武士の襲撃に怯(おび)える農民と侍たちとの交流を描いた作品である。村の用心棒として雇われた侍とは、島田勘兵衛(志村喬)、勘兵衛の旧友・七郎次(加東大介)、思慮深い五郎兵衛(稲葉義男)、どこか滑稽な平八(千秋実)、若い勝四郎(木村功)、剣の達人・久蔵(宮口精二)、そして、宿場町で暴れていた自称・侍の菊千代(三船敏郎)の七人。日本を代表する往年の大スターを揃え、個々の侍の性格をみごとに描き分けた、いわばキャラクター・ドラマのバイブルだ。いっぽう「七人のしりとり侍」は、戦(いくさ)を通じて7人の侍たちの人となりを浮き彫りにする、一種のキャラクター・ドキュメンタリーであったが、もうその勇姿を見ることはできない。

「七人のしりとり侍」のコーナーとしての源流は、番組初期のSTAMPに遡ることができる。世の流れに連れ、STAMP→フリフリNO.6→しりとり侍と変化を遂げてきたが、「ゲームでしくじると痛い目に遭う」という基本は同じだ(お笑い芸人でない武田真治はフリフリNO.6までは不参加)。ルールは極めてシンプルで、囲炉裏を囲み「みなのもの、準備はよいな。さんはい、フォッフォッフォッフォフォフォッ」を合図に、戦と呼ばれる3文字(またはリズム的に3音)言葉のしりとりをするだけである。同じ言葉を繰り返すことはOK。ただし下ネタは禁止。しくじれば、野武士の餌食(えじき)になる。5敗以上すると称号を貼られる。戦が他のしりとりゲームと大きくちがうのは、順番が回ってきたさいに、それまでのリズムを損ねることができないこと。つまり「待ったなし」なので、なにがなんでも言葉を口に出すしかなく、そこから珍回答が生まれ、笑いに繋(つな)がるのだ。簡単なルールの縛りにもかかわらず侍たちがとんでもない言葉を口にしてしまう原因は、この「リズムの縛り」なのである。なお、「七人のしりとり侍」屈指の名勝負は……。

囲炉裏を囲んで戦中の侍たち

● フォッフォッフォフォフォッ、プラム、ムンク、クイズ、ズック、クイズ、ズック、クイズ、ズック、クルマ、マイク、クルミ、ミンナ、ナカマ、マリモ、モズク、クルマ、マンボ、ボクラ、ラッパ、パンダ、ダンプ、プラム、ムンク、クイズ、ズック、クルミ、ミルク、クルミ、ミンナ、ナカマ、マット、トンマ、マット、トンマ、マット、トンマ、マット、トンボ、ボクラ、ラッパ、パンツ、つるみ……、敗者は七郎次。

※史上最高の連続記録(41語)。第六話「七郎次も皆仲間」の戦4で達成された。途中、高速戦に持ち込んだのは七郎次本人

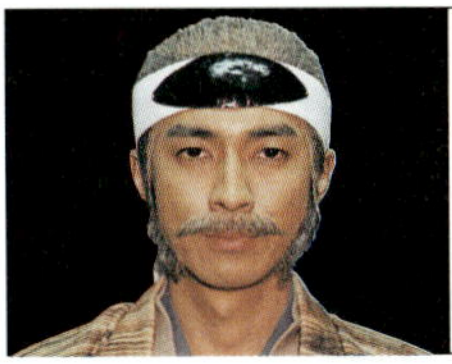

勘兵衛〔ホーケー〕
侍たちのまとめ役で、戦を始めることができる。つねに全体に気を配り、そつのない戦いを見せていた。また臨機応変に敗者をフォローしたり、傷口に塩を塗るようなツッコミを入れたりするあたり、まさに矢部浩之の適役。

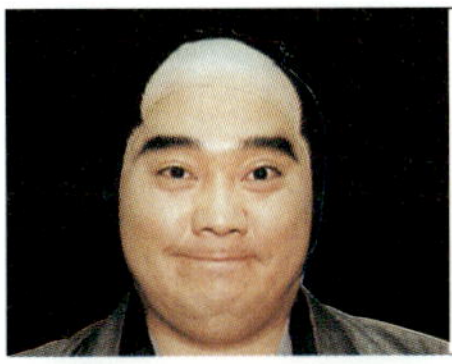

七郎次〔クサい〕
無駄なスタンドプレーをせず好機を待つ、まさに、めちゃ²イケてるッ！における山本圭壱のキャラが出た侍であった。凡ミスで野武士の餌食となり、あげく浅香光代呼ばわりされるご愛嬌も、いかにも山本的。

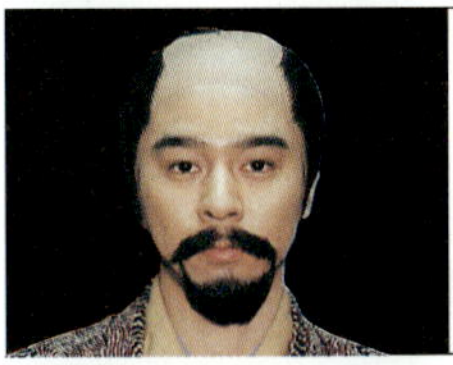

五郎兵衛〔ふかわと交代〕
映画の五郎兵衛は思慮深いのだが、有野晋哉扮する五郎兵衛は天才なのか、眠っているのかよくわからない。「ぷりん」「ちんこ」「ずるがしこい」と、最低レベルの答えで負けたことばかり目立っていた。

九蔵〔深野の子〕
映画では剣の達人だが、加藤浩次扮する九蔵には、どこか山師的雰囲気が漂った。ありもしない法則を売りつけようとしたり、「ビブ」のママからのプレゼントの酒を持ってきたりと、戦以外での存在感が大きかった。

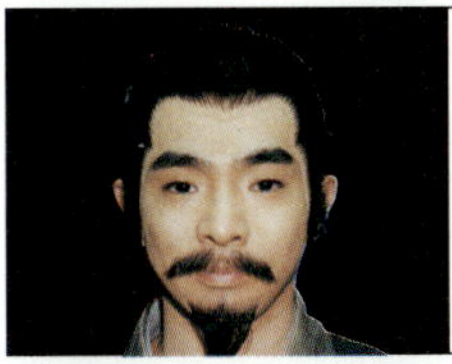

平八〔Hamaguche〕
キラーパスに冴えを見せる、意外な巧者。負け知らずの時期は「勝利の辞書を持っている」と豪語していた。だが高速戦で凡ミスをするなど、どこか滑稽な戦いぶりは、まさに濱口優。5敗目を喫したのは一番最後であった。

勝四郎〔元ジュノンボーイ〕
顔が命の役者・武田真治が、野武士を恐れず果敢に参加。というか、参加するまで敗者がどんな目に遭うのか知らなかった模様。野武士の存在を知って以降は、予習や防御方法を研究する勤勉さが印象に残っている。

菊千代〔負ケザル〕
暴れん坊だが正義感が強く、仲間を思いやるあたりが岡村隆史的だった。七郎次が5敗目を喫したさいの称号に強く異議を唱えた姿が印象的。でも下ネタ禁止の原因となった「アナル」発言はいかがなものか？

※括弧〔　〕内は5敗目の際に喫した称号。

で、緊張感のある展開だったのに、「つるみ」とはなにごと？　「鶴見辰吾のことです」との弁明も却下され、激怒した野武士はいつになく凶暴。七郎次のカツラがとれ、これ以後、浅香光代ネタが始まった。

幟のデザインも映画本編の忠実なパロディ

最終的に世論のいじめにあったのは野武士である悪役商会のみなさんだった……

また侍たちが戦をおこなった水車小屋には、それまでの勝負の中から生まれた掟、や数々の名台詞が貼り紙されていた。代表的なものは、以下のとおり。

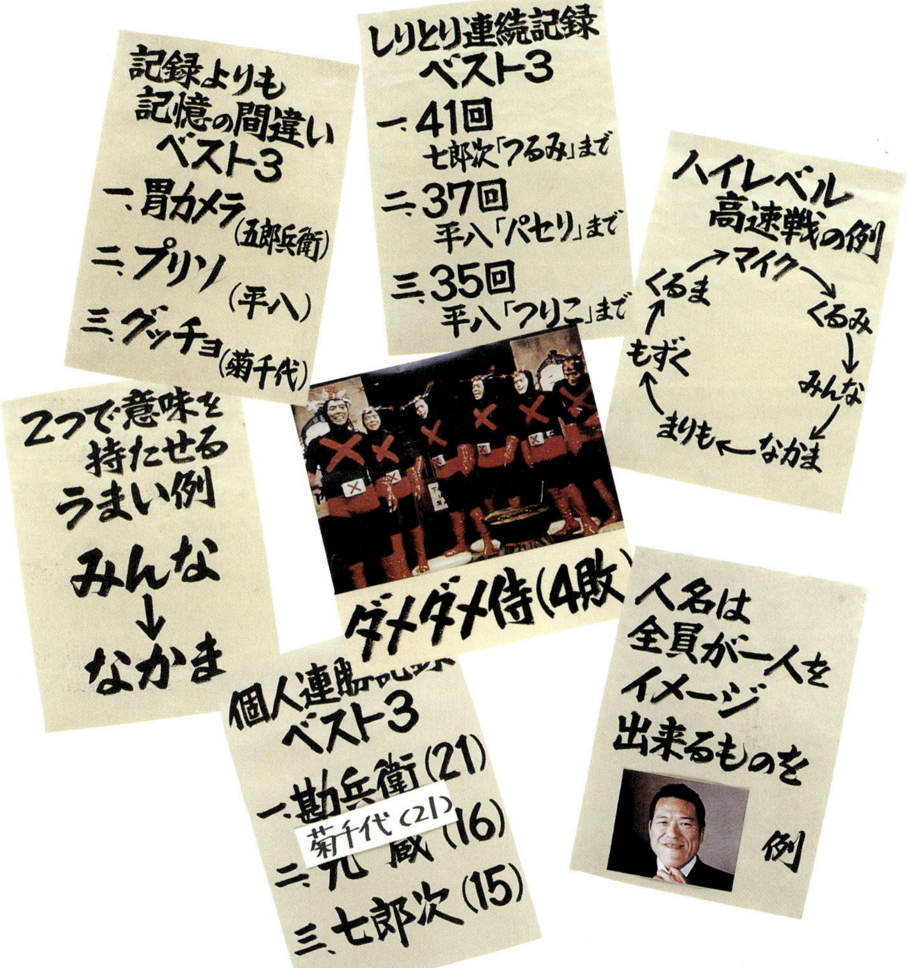
記録よりも記憶の間違いベスト3
一、胃カメラ（五郎兵衛）
二、プリソ（平八）
三、グッチョ（菊千代）
しりとり連続記録ベスト3
一、41回　七郎次「つるみ」まで
二、37回　平八「パセリ」まで
三、35回　平八「つりこ」まで
ハイレベル高速戦の例
マイク→くるみ→みんな→なかま→まりも→もずく→くるま→マイク
2つで意味を持たせるうまい例
みんな
↓
なかま
ダメダメ侍（4敗）
人名は全員が一人をイメージ出来るものを
例
個人連
ベスト3
一、勘兵衛（21）
菊千代（21）
二、(16)
三、七郎次（15）

最後に、「七人のしりとり侍」は「放送と青少年に関する委員会」から「いじめを肯定するおそれがある」との指摘を受け、「最終回という決断は皆の衆（視聴者）が学校でのいじめについて真剣に考えるきっかけだということをわかってほしい。さもなくば、侍たちの死は無駄に終わってしまうのだ」とのメッセージを残して終了したが、もちろん、コーナーの終了自体がいじめ問題の根本的解決にはなっていない。フォッフォッフォフォフォッ、無念。バカヤロー！

[SNSZ,COOL]

し

七戸君

（しちのへ・くん）《名詞》

「七戸少年愚連隊」に登場した男子高校生（当時）のこと。フルネームは七戸和也君。青森県在住。「ヨモギダ少年愚連隊」放送後の当時は、第２のヨモギダ君目指して全国の青少年から手紙が殺到。ほとんどがヨモギダ君を真似て岡村隆史にケンカを売る挑戦状だった中、七戸君から届いたファンレターは「一度ウチにお茶でも飲みに来て下さい」という心温まる内容。その欲のない、人のいい感じがスタッフの目にとまり、彼に会いに行く企画が実現したのだった。彼の純朴な人柄は話題を呼び、グアム編「アクション寝起き」にも再び登場している。

[SNGT1,ACNO,COOL]

大好きな雛形さんとツーショットで幸せいっぱいの七戸君

七戸少年愚連隊

（しちのへ・しょうねん・ぐれんたい）《名詞》

少年愚連隊シリーズ。1996年3月15日O.A.。「七戸少年愚連隊　吹雪をブッ飛ばせ！」と題されたこの回の舞台は青森県五所川原。いきなり雪道に飛び出しスッ転ぶ岡村隆史。雪国を甘く見てはいけない。早朝、七戸君宅に到着。彼は、番組に「お茶を飲みに来て下さい」というファンレターをくれた、めちゃイケを見たことがない17歳の高校生。例の「ヨモギダ少年愚連隊」以来、岡村のもとには、彼を罵倒しつつ、勝負を挑む内容の手紙が圧倒的に増えていた。それに比べてこの手紙の優しさはどうだ？

矢部　いつもの「岡村バカ、矢部死ね」っていう手紙と違いますよ。今回は「ウチにお茶飲みに来て下さい、めちゃイケ大好きです」ですよ。

だが岡村は、異様なテンションの高さで、

岡村　アホかっ！　そんなもんウソに決まってるわ。どうせ行ったら行ったで「あぁ、だまされて来よったわ」ゆうことになるんですから。今日はシバくと言ったらシバきます！

との大いなる予断を持って敵地に乗り込んだのだった。

まずはチェック。シリーズ恒例のADによるチェックはここから始まった。また、ここではチェックの中の一つとして登場している、こんにちの「岡村アタック」の定形に近づいたといえる岡村の自転車＋被りモノという出立ちでの調査もこの作品から。ここでの岡村はマイナス7℃の中を自転車で七戸君の学校に侵入。厳寒の地に対応するための毛糸のマフラーに真っ赤なマスク、そして何故かキャディーさんの麦わら帽子といういかにも怪しい格好のため、先生に見つかり慌てて脱出した。

岡村、凍傷寸前の健闘も、空回り。

凍死寸前の岡村アタック（原型）

数々のチェックを無事、その「イイ人」ぶりでクリアしていく七戸君。そして最後は、「突然遊びに行ったナインティナインに本当にお茶を出してくれるかを確かめる」。話す言葉は「こんにちは」と「寒い」だけ。決して「お茶」と言ってはいけない。が、七戸君はちゃんと家に入れてくれ、お茶どころか、おやつまでも出してくれた！　無事全てをクリア！　そこで、部屋を雛形あきこのポスターだらけにしている七戸君へのプレゼントは、ナマ雛形か、……と思いきや極楽とんぼのナマゲンカ。続いて光浦のナマ水着。そして七戸君が音声さんに変装していた雛形をめざとく発見し、ついにナマ雛形と感激のご対面。七戸君の「ずっと好きでした…」は気持ちがこもっておりました。

[SNGT1,COOL]

ジッポーぶんぶん消し

（じっぽー・ぶんぶん・けし）《名詞》

エスパー伊東の超能力。ジッポーの火を腕の振り一撃の風圧で消す、というモノだったが、いつものように上手く行かず、息で消そうとする。

[EPIT,COOL]

失楽園

（しつ・らく・えん）《名詞》

正しくは渡辺淳一の大ベストセラー小説のタイトルだが、「ザ・カルチャータイム」のMr.ヤベッチは「西麻布にあるで。俺は上カルビ頼むけどね」。ヤベッチの最終的な解答は業界人が集う焼肉の名店「叙々園」。

[CTTM,COOL]

雛形の隣で嬉しそうな七戸君

し

し

実録・伊豆の踊子

（じつろく・いず・の・おどりこ）《名詞》

岡村隆史扮するリアリズムの巨匠、クリストフ監督が日本人のキャストで撮ろうとしている文芸超大作映画の題名。しかし、実は男子メンバーに、普段しているリアルキスを見せてもらうというオーディションだった！（1999年12月4日O.A.）

「今日はあなた方のリアルキスを見せてもらいます」とクリストフ監督。監督はとにかく本物のキスを見たがっている。全員激しく動揺する。クリストフ監督「YOUがCANできるならDOしちゃいな！」。

[EGAD,COOL]

エントリーNO.	氏　名	初キス	参考キス	本番キス
1	濱口優	18歳(高3)	本田みずほ	相手役は光浦靖子。どことなくぎこちない動き。手を取り、体を引き寄せる濱口。妙な間。そっと光浦のメガネを外す。思わずオンナの目になる光浦。
2	加藤浩次	15歳(中3)	ミキ	相手役は光浦。なかなかテンションを高められない加藤。時間が掛かり、それがかえって「コメントが難しいんですが、じらされるって、あの、いい♥」(光浦)
3	有野晋哉	17歳(高2)	夏場のHOT DOG PRESS	相手役は光浦。激しくいやがる彼女を、逆にOKのサインと勘違いして攻め続ける有野。すっかり顔付が変わった有野に光浦のみならず女性陣、全員拒否反応。有野「ちょっと嫌がんのは、女のマナーちゃうの？」。
4	山本圭壱	16歳(高1)	ナンパキス	相手役は鈴木紗理奈。勝手に、自宅に紗理奈を呼んだ設定に変える山本。切っ掛けがつかめず、モジモジ時間だけが過ぎた挙げ句、結果は単なる強引なキス。紗理奈せき込み「…クサイ！」。
5	矢部浩之	14歳(中2)	ひとみちゃん	相手役は光浦。まるで地のままで振る舞う矢部、超A級のリアル度で一同が引くほどのスケコマシぶり。矢部「やっぱり、やめとこ」で、一瞬気が弛んだ光浦にいきなりキス。光浦、泣いている。「なんかちょっとねえ、悔しい、だけど憎み切れない…」。
6	岡村隆史	21歳(大2)	想像？	最後は監督自らキスを披露するハメに。相手役はAD岡村恭子。よく見たら、岡村のタイプ入ってるAD岡村さん。途端に無口になる岡村。演技を始める二人。おずおずとキスをする。一同「かわいー！」。矢部「これが噂の小鳥キスなんですか」。

加藤＆光浦の迫真のリアルキス

岡村＆岡村恭子さんの小鳥キス

自転車でどこまで止まれるんだ？ 大会

(じてんしゃ・で・どこまで・とまれ・る・んだ?・たいかい)《名詞》

「ザ・カルチャータイム」のMr.ヤベッチが1998年11月から中国へ訪れた時の目的は、同大会の視察だった。以前にロサンゼルスでも同じ大会の視察をしたことがあるが、中国は自転車の本場である。ヤベッチが見ていたのは荒予選(成人男性の部)の様子。

[CTTM,COOL]

ヤベッチが見ていた写真。

品川78 た 56-45

(しながわ・ななはち・た・の・ごうろく・の・よんごう)《名詞》

加藤浩次の愛車、アルファ・ロメオの車両番号。芸能人所有のクルマがテレビに露出する際には、いたずらなどを懸念し、通常ナンバープレートにモザイクやボカシをかけ、それと特定できないような配慮がなされるのが通例。だが加藤のこのクルマは、何故か毎回モザイク無しで、あまつさえ、岡村によってナンバーを連呼されてさえいる。その明確な理由は実際のところ不明なまま、今回はこうして活字にもなってしまった。

[PMET,COOL]

絶対にいたずらしないで下さい

ジャイアントスイング

(じゃいあんと・すいんぐ)《名詞》

加藤浩次の得意技にして、加藤浩次自身をも苦しめる諸刃(もろは)の剣。加藤扮する加藤辰夫が「爆烈お父さん」に訪れたゲストをぶんぶん回しまくる技のことである。「とぶくすり」(1993年)で放送された福引きやレオン上官のコントにルーツがあり、喘息持ちの加藤が息切れする姿のおもしろさがこの企画につながったとされる。ジャイアントスイングをかける野性的な加藤の姿は狂犬にも例えらえるが、実は喘息もちで体力を消耗しやすいという弱点ももっている。初期の頃は加藤辰夫の残りエネルギーが円グラフで表示されていたこともある。弱みが逆に笑いになるのは加藤の才能のひとつなのである。

しかし、もちろん回されているゲストも大変であり、フジテレビの木佐彩子アナウンサーの「いままでで一番体を使った仕事でした」というコメントからもそのことは十分にうかがえる。が、最近ではジャイアントスイングをかけられるのをお台場の新しいアトラクション的感覚で喜ぶアイドルも多く、それでは困る加藤辰夫は顔を踏むなどさらに狂犬化する。なお、ジャイアントスイングをかけられた記念すべき第1号は加藤家の長男・優。第2号は次男・隆史。第3号は長女・紗理奈。「イケてるお父さん」と題して始まった第1回目は加藤辰夫の家族がターゲットとなった。以後ジャイアントスイングをかけられたゲストは、雛形あきこ、千秋、山口リエ、篠原ともえ、鈴木紗理奈(家族だがCDを発売したため)、フジテレビの女子アナ4人(菊間千乃、木佐彩子、富永美樹、藤村さおり)、つぶやきシロー、加藤茶、山田花子、さとう珠緒、モーニング娘。、パイレーツ、ビジュアルクイーン・オブ・ザ・イヤー'98(安西ひろこ、柴田あさみ、中沢純子、鮎川いずみ)、YURIMARI、チェキッ娘、

GABUGIRL、おはぐみ（やまちゃん、ベッキー、おはガール　テレビ東京おはスタより）、Z-1、Whiteberry。アイドルがプロモーションを兼ねてやってくることの多い「爆烈お父さん」はお宝系アイドル雑誌に登場するなど、一部マニアを喜ばせている。その理由はアイドルが振り回される時にパンチラ姿が見られるなど、貴重な映像が多いためと思われるが、もちろん本物のパンツが見えないようアイドルは対策を練ってジャイアントスイングに挑む。モーニング娘。の場合はスカートの下にジャージをはいてガードしていた。しかしミラクルは起こる。加藤辰夫の激しいジャイアントスイングによって、そのジャージが脱げてしまったのだ。加藤辰夫の狂犬ぶりは並大抵のものではないのである。

[BROS,COOL]

チェキッ娘のメンバーを振り回す加藤辰夫

シャカリキ

（しゃかりき）《形容動詞》

岡村オファーが来ましたシリーズ「シャカリキに頑張るゾ、動物王国スペシャル!!」のキーワード。出典は、光ゲンジ「パラダイス銀河」の歌詞から。とにかくこの回の岡村隆史は、いや、毎回そうなのだが、「シャカリキに頑張る」を胸に、数々の困難に全力でぶつかり、多くの奇跡を起こしたのだった。

[OMOS5,COOL]

写真週刊誌

（しゃしん・しゅうかん・し）《名詞》

スクープ写真で現代を鋭く切り取る週刊誌。「FRIDAY」「FOCUS」「FLASH」の3誌が有名。それぞれめちゃイケとのかかわりは深く、かつて「FRIDAY」は矢部浩之とひとみちゃん、「FOCUS」は濱口優と本田みずほ、そして「FLASH」は加藤浩次と大久保佳代子とのスクープ写真を掲載している。

[KTOK,COOL]

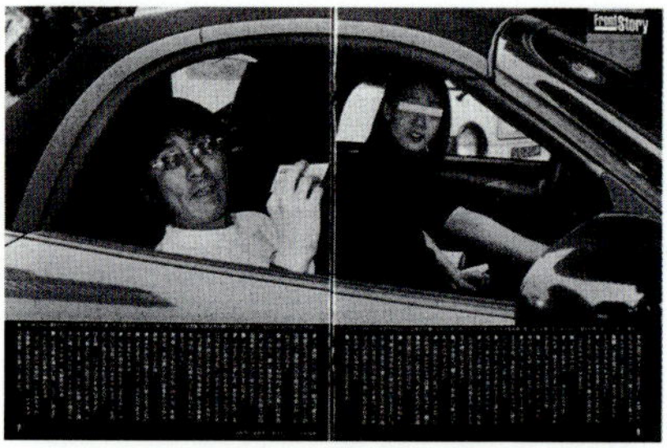

FRIDAY 1999年4月23日号

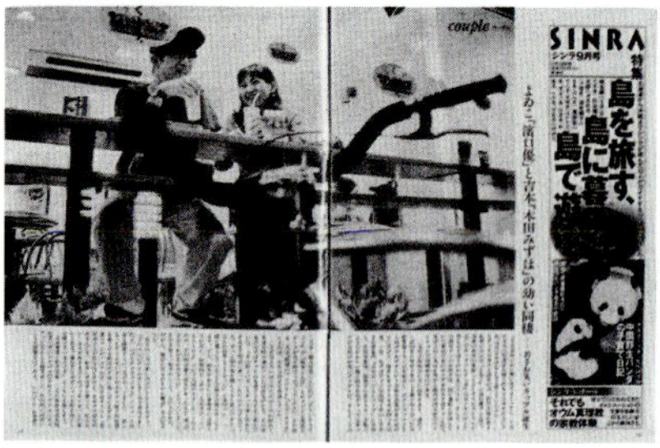

FOCUS 1995年8月9日号

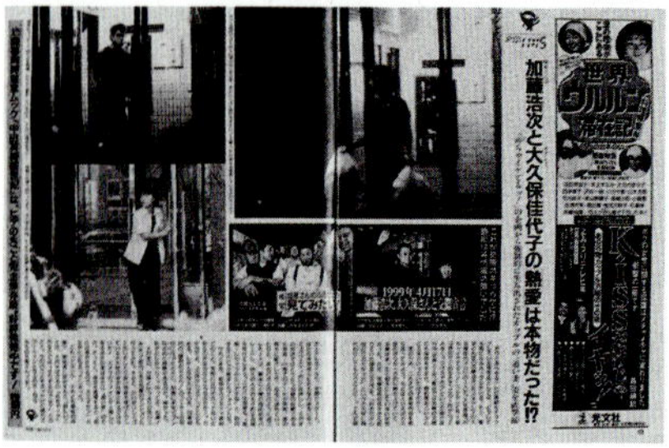

FLASH 1999年9月14日号

し

ジャッキー・チェン

（じゃっきー・ちぇん）《名詞》

岡村隆史も大好きな、香港が生んだ国際的アクション・スター。「江頭の一言物申す」に出演。実は江頭2:50もジャッキーの大ファンで、大感激している。が、この人には、何か足りない。魅力を引き出す相方が必要、と説く。一方ジャッキーは、江頭にぜひ香港に来て自分のスタントチームへ入るようにと誘う。が、相方になりたい江頭は不満顔。「スタントから相方に上がった頃には、体ボロボロだぜ。おまえら、ジャッキー映画のNG集見た事無いだろ」（江頭）、「国際的スタントマンに仕上げます」（ジャッキー）。江頭、SPに抱えられ香港へと旅立って行くのだった。そんなわけで現在、江頭はジャッキー・チェン・ファミリーの一員となっている。

[EGHM,COOL]

ジャニーズJr.

（じゃにーず・じゅにあ）《名詞》

滝沢秀明、今井翼などが在籍する、ジャニーズ事務所の美少年軍団。1997年10月の「岡村オファーが来ましたシリーズ」で岡村隆史が入団したグループのこと。平均年齢14.2歳、身長156.3cm。しかし振付のサンチェ先生がたった30分で振り付けたダンスをどんどん覚えていくJr.たちは、平均14歳にしてさすがプロ。見事な仕事ぶりなのだった。ちなみに岡村本人は現在もJr.に在籍しているつもりだが、胸にはJRの文字が。

[OMOS1,COOL]

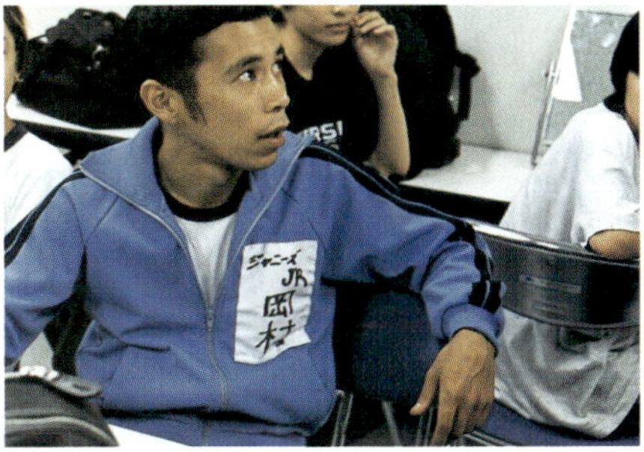

Jr.たちの中で妙に馴染んでる岡村さん

ジャニーズJr.企画

（じゃにーず・じゅにあ・きかく）《名詞》

「ガチコン言わしたるッ！スペシャル!!」と名付けられた、「岡村オファーが来ましたシリーズ」の発端となった記念すべき企画であり、シリーズの番外編的な作品。1997年10月4日O.A.。

この企画、もとはといえば「めちゃ²モテたいッ！」（1995年10月28日 O.A.）時代のゲスト、岩城滉一の「自分は1m75cmだけど、今だともう小さいよね」発言がきっかけだった。

岡村隆史、「えっ!?」。自分は156cmだが顔には自信がある、僕が180cmくらいあったら絶対モテモテのはずだ。きっと笑われるのは“ちっさい”イメージのためで、顔は無関係。ならば、身長は関係なく「顔」だけで勝負できる場所を考えてみた。そこ

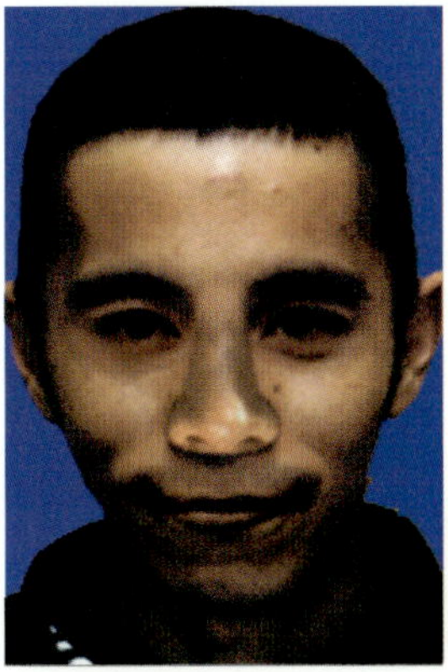

❶目＝錦織一清
❷鼻＝堂本光一
❸口＝岡田准一
❹輪郭＝キムタク
❺髪型＝……ホンコンさん

はズバリ、“ジャニーズJr.”！　年齢14.2歳、身長156.3 cm。これならバッチリ勝負できる！　実際、ジャニーズの人気タレントの顔のパーツを集めて試しに作ってみた岡村のモンタージュ写真は、驚くほどジャニーズ顔の典型なのであった。

そんな強引な理由付けのもと、彼はJr.の門を叩く。もちろん事前にジャニーズの大御所・マッチからの推薦状と、Jr.メンバーについての入念な予習をしておくことも忘れていない。

いよいよ公演中の京都の楽屋に出向き、Jr.の入団許可をもらう。このとき岡村は青の上下ジャージ姿。そう、「青ジャージ伝説」の誕生である。しかしJr.の一員であることをアピールしようと、名札にJRと書いてしまい大失敗。岡村、JRの悲劇。

ついにJr.の一員になった岡村、得意のロボットダンス、ヘンなおじさんのダンスを披露してダンスの技術を認めてもらう。そしてJr.の中でも超注目株、後にタッキーとしてブレイクする直前の滝沢君に自分の存在を知らせておくため、シャワー室に連れ込んでガチコン！ 言わせた。

Jr.の大阪コンサートに同行。しかし到着した場所には「SMAP in大阪ドーム」の文字が！　そう、Jr.のステージとはSMAPの大阪コンサートのことだったのだ。岡村、振付師のサンチェ先生に出演許可をもらい、なんとしてもコンサートに出なくてはならない。しかしサンチェ先生、振付をたった30分で指導する。どんどん覚えていくJr.たち。さすが、年下だけどプロだ。中居正広からも「ステージを絶対壊さないこと」を条件に、出演許可が下りた。いよいよ岡村は一夜漬けで全ての振り付けを覚えなくてはならない。自分にできるだろうか？夜を徹して振付をカラダに叩き込む岡村は、持ち前の精神力でほんとうに一晩で全振付を覚えてしまった。

公演当日。お客さんにバレないよう変装

このカツラは後に大学受験でも使用

してステージへ。出演直前、あまりの緊張のためタバコをモーレツに吸い、Jr.の中で一人浮いていた岡村だったが、いざステージに出ると本来の勝負強さを発揮し、順調だった。

が、次第にノリノリ、ちょっとやり過ぎなくらい自分をアピールし始める。そして、その後の「岡村オファーが来ましたシリーズ」の、様々な局面で起こすことになる発作の、記念すべき第1回目がここで起きた。なんとフリーダンスで、ヘンなおじさん、ヒゲダンス、スリラー、ロボットダンス、ついにブレイクダンスまでやってしまう。しかも岡村、踊りは若々しいけど、Jrの中で一人身体ができあがっていて、なんか目立つ。お客さんにバレないのか⁉

そしていよいよ中居君のソロにバックダンサーとして参加する番に。予想はしていたが、やはり堅く禁じられていた「坂田師匠歩き」を本番でもやってしまい、ついに観客にも岡村だということがバレてしまった。これで全ては台無しか⁉　と思いきや、しかしお客さんは熱狂、熱烈歓迎!!　岡村のテンションも最高潮に達している。なんだかすごく気持ちよさそう。

コンサート終了後、岡村、最高の気分で「SMAP 最高！」と叫んだ。「最高」。この言葉こそ、オファーシリーズの原点であり、その後のシリーズを引っ張る原動力となった、本気の一言だった。

しかし、華やかな舞台とは裏腹に、これ

はシリーズ中、唯一岡村が、「できない」と弱音を吐いた回でもあった。一番最初の振り付けの後、「7曲もできない」と。完全主義者である岡村は、未完成のまま舞台に上がれない、と感じた。実際番組として成立するかどうか、非常に危ういものだったのだ。

それでも結果は観ていてくれた皆さんなら御存知の通り。この成功が切っ掛けとなって、“未知なる分野に挑戦し、そして舞台に立つ”という快感を知ってしまったのか、彼の中で何かが芽生えてしまったようだ。この日の熱い感動を胸に、その後も岡村は「新春かくし芸大会」や劇団四季の『ライオンキング』出演など、数々の奇跡を起こしていくことになるのである。

[OMOS1,COOL]

ジャミロクワイ

(じゃみろくわい)《名詞》

正しくはイギリス出身の超人気バンド、だが、「ザ・カルチャータイム」でのMr.ヤベッチの解答は「は虫類」。

[CTTM,COOL]

シャ乱Q

(しゃ・らん・きゅー)《名詞》

「殿様のフェロモン」でめちゃイケメンバーと共演、「とぶくすりZ」の最終回では、つんくがメンバーの前でアコースティック・ヴァージョンの「ズルい女」を歌ったロックバンド。めちゃイケでは1996年12月28日O.A.の「ケチョンケチョンにしてやるスペシャル!!」において、秘密兵器の吾作を連れてSTAMPに登場、壮絶なバトルを繰り広げた。なお、戦いのあとにみずからも巨大ハリセンの洗礼を受けたつんくが言った、「バラエティ、なめたらあかんな」のひとことは、めちゃイケ史上屈指の名言として印象深い。

[HIYK,STMP]

シャレになんない

(しゃれ・に・なんない)《名詞》

アーティスト・鈴木紗理奈のデビューシングルのタイトル(1997年4月14日、東芝EMIより発売)。シングルを出したこと自体が実はシャレにならなかったという理由で、めちゃイケメンバーからはことあるごとに「シャレになんない!」と多用される名フレーズとして定着している。

[BROS,COOL]

シャンプー刑事

(しゃんぷー・でか)《名詞》

1997年2月15日O.A.から始まった、加藤浩次と武田真治とのコンビによる人気コーナー。正式名称「シャンプー刑事　シンディー&コーディー」。加藤が先輩のコーディー刑事、武田が後輩のシンディー刑事に扮する。そもそもこのコンビが誕生したのはめちゃイケIN北海道ルスツ!!(1997年1月11日O.A.)で、北海道出身の2人が内地出身の他メンバーに対抗し、互いをこう呼び合ったのが始まり。第4回から女性キャラ・ミッツィー婦警(光浦靖子)が加わった。

彼らは大都会に潜む悪を暴くため、「怪しいヤツは徹底的に洗え!」という刑事の鉄則に基づき、ある時は渋谷の女子高生を、ある時は一流企業のOLを、そしてある時はお台場の女子アナまでもシャンプーする。またその捜査範囲は広く、国内のみならずやがてはグアムにまで拡大していった。

そしてミニスカートの女の子を担(かつ)ぎ上げて運ぶコーディーの後ろから、シンディーが「プライバシーは俺が守る!」と女の子のパンツが見えないよう配慮するなど、2人が絶妙のコンビネーションを発揮しているのも見どころの一つである。このコーナーは加藤にとっては、ナインティナインなしで初めて進行役を務めるという挑戦であったし、武田にとっても役者としての自分のスタンスを苦労しながら求め続けた場所であり、両者とも開拓の場だったといえるだろう。

余談だが刑事たちにシャンプーされた容疑者（街の方々）は、収録後、髪を整えるため最寄りの美容院へ直行。濡れてしまった洋服へのクリーニング代はもちろん、なかにはアルマーニのスーツ買い取り（10数万円）など、アフターケアにおけるスタッフたちの苦労は計り知れない。

[SPDK,COOL]

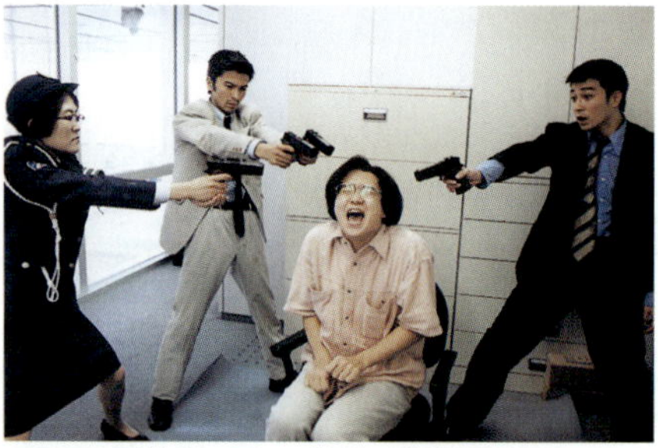

クリーニング代がなんだ！　容疑者は徹底的に洗え！

シュール

（しゅーる）《形容動詞》

芸歴3000年のベテラン、ツタンカーメン師匠（松竹芸能所属）の解説によれば、シュールとは「わけ分からん」こと。8年前、“シュールの急先鋒”との異名をとっていたよゐこが2001年新春のpM8で久しぶりに披露したシュール・コントは、余りに斬新過ぎて、今観ても、ちょっと「わけ分からん」かった。

反義語 ベタ

[TTKM,COOL]

集合

（しゅうごう）《名詞》

岡村隆史が「岡村オファーが来ましたシリーズ」等で本気の勝負を控えた時に、周囲を巻き込み行う一種の儀式。手を重ね合わせ、変なリズムを復唱すると、驚くべきパワーが生まれて、必ず本番での圧勝へとつながる。メロディは毎回ほぼ一定しているようだが、歌詞は即興で紡がれ、その当意即妙の内容で周囲の戦意を盛り立てていく。「フジTV警察'99」で、プリティ金子氏に対して行なったのが最初。

[PMET,COOL]

集合写真

（しゅうごう・しゃしん）《名詞》

「めちゃイケ大百科事典」を飾るため、歴史上のレギュラーメンバー全員が集合した記念写真（326ページ参照の事）。当初、全員が揃った完全な形での撮影は危ぶまれていたが、1995年の「とぶくすりZ」終了以降音信不通だった本田みずほとの感動の再会を果たし、悪性のウイルス（笑）によって欠席を余儀無くされた山本圭壱の代役も小っちゃい山さんが務め、無事撮影を完了した。

[PMET,COOL]

15の夜

（じゅうご・の・よる）《名詞》

めちゃイケにおいて、大団円に向けてみんなが一つになりたいと思う時に歌われる、故・尾崎豊のデビュー・シングルにして、青春の哀切を歌った永遠の名曲。尾崎フリークの加藤浩次がこの曲を歌い出し、そこにある種の磁場が生まれ、融合の象徴としてチェインソングの形で歌い継がれる、という場面が「99欠席超緊急会議」「めちゃ²あいしてるッ！」「初生放送だよ！全員集合」などで確認されている。

[NKKK,OMOS6,HGDS4,COOL]

十面鬼

（じゅうめんき）《名詞》

かぶりものや扮装ものが好きな加藤浩次が街角三部作のひとつ「実録ちょっと怖い話」で扮したキャラクター。が、実態は軽トラックなので、赤信号で止まるなど交通ルールはしっかり守っていた。

[JRKH,COOL]

これが当時加藤の考えた十面鬼。

ジュリー・テイモア

（じゅりー・ていもあ）《名詞》

ブロードウェイ・ミュージカル『ライオンキング』の演出を手掛けた女流演出家。彼女の「力量のある役者は独特の演技をする」という言葉に、岡村隆史は本番前夜、突然にインスパイアされ、独自の演技プランを練った。その結果、劇的と言ってよいほど芝居が変化、『ライオンキング』の舞台で実践された「草」の演技で見事それは成功し、後の数々の奇跡につながっていった。

[OMOS7,COOL]

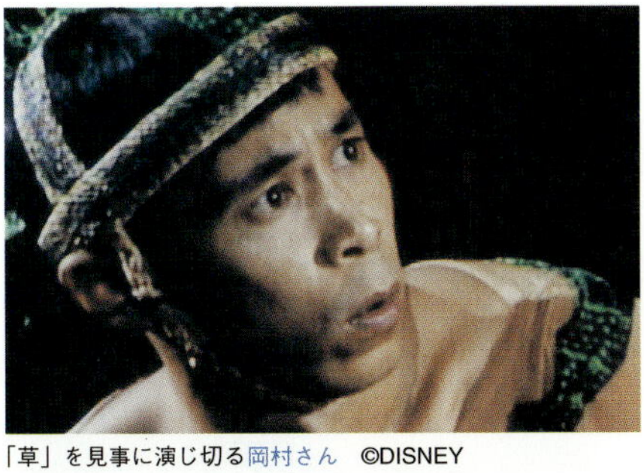

「草」を見事に演じ切る岡村さん　©DISNEY

し

JAWS

（じょーず）《名詞》

1998年8月22日にO.A.された、アクション寝起きのスペシャル版「NEOKIⅢ JAWS」。アクション寝起き第3弾にして、初めて本格的な映画のパロディーとして放送された。舞台となったのは沖縄。ビーチに集められたエキストラはすべて外国人、キャストには外国人タレントのセイン・カミュ、岡村隆史の外国人の息子役はショーン。ナインティナイン以外には日本人はひとりも出演していない。しかも岡村もなぜか、英語のセリフで全編通したため、実質的な日本人キャストはツッコミ役の矢部浩之だけだった。これだけでもすでにばかばかしいほどのパロディーぶりだが、もちろんさらなる隠し玉はJAWS本体。JAWSをやるからには巨大鮫が絶対に必要である。そこでめちゃイケではこの企画のためだけに、全長8m、重さ3.2tに及ぶ本物そっくりのJAWSを作ってしまったのである。このように完璧なパロディーを追究した結果、いまだかつてない一大スペクタクルアクション寝起きとなったが、同時にめちゃイケ史上、もっともお金のかかった企画ともなってしまった。この時のロケがきっかけで、その後、「超緊急赤字解消企画」が持ち上がっている。また、こにしプロデューサーのコーナーでも「8mのサメは反対！」「バカなサメは反対！」など取り上げられたことがあり、後々までめちゃイケスタッフやメンバーの間で語り継がれることになった。ちなみに、なぜかJAWSが放送された直後に本物の小西プロデューサーは人事異動になっている。

[ACNO3,AJKK,COOL]

見よ！この冗談抜きの巨大さを

泳いでいるところは本物と見まごうほどリアル

ロケのために海上を移送されるJAWS

真剣勝負でJAWSと闘う岡村

ショートコント

（しょーと・こんと）《名詞》

めちゃイケの笑いの原点、そして核。歴史をさかのぼると、メンバーで一番最初に撮ったショートコントは「とぶくすり」時代の「アリコント」である。その後、「中学生コント」や「タカシとマサル」「藤四郎のくすり」「どぜう」「カケソバン」といったショートコントが生まれ、「とぶくすりZ」など後続番組に受け継がれていった。

今日ではまずショートコントを「とぶくすり」時代の舞台セットで実験的につくり、基礎を磨く。その後、内容に発展性が見えた場合には、個々にオリジナルセットをつくり、長尺化（ちょうじゃくか）、ゲストを入れる等のアレンジを加え、ひとつのコーナーとして成長させていく。こうした試行錯誤から、後のレギュラーコーナーであるSTAMPや「こにしプロデューサー」「キャッツアイ」などが誕生したのだ。また、これらの3作ほど明確ではないが、「とぶくすり」の「中学生コント」には学ラン姿の岡村隆史、濱口優、加藤浩次が出ており、このトリオがめちゃイケでの「爆烈お父さん」や「Mの三兄弟」の原形となったりもしている。さらに、この3人のパターンにツッコミの矢部浩之を加えた4人での展開が「フジテレビ警察」や「土曜スペシャル　岡村隆史探検隊シリーズ」などにつながる系譜であり、とにかく「めちゃイケの笑いの本質はすべてショートコントにあり」といっても過言ではないのである。

[SINP,HIYK,HiYKZ,POP!,COOL]

ジョーンズさん

（じょーんず・さん）《名詞》

正式名称「通訳のジョーンズさん」。有野晋哉が扮したショートコントのキャラクター（1997年4月26日 O.A.）。

ある中年サラリーマンに向かって上司がリストラを勧告する。上司「勤続20年よく頑張った。新たなる階段を上るという意味で頑張ってほしい」。言葉の意味が分からず戸惑うサラリーマン。気まずい間…。上司が横に座っていたジョーンズさん（外国人らしい）に通訳をうながすと、ジョーンズさんは「(明確な日本語で) クビだって。会社的に紙コップ以下だって。あなたがいると空気が重いんだって。早く出てけって」。ジョーンズさんは本音と建て前という多重性を持つ難解な日本語を、ざっくりと核心部分だけ切り取り、率直な表現に訳して伝えてくれるのである。その職務能力の高さは誰しも認めるところだったのだが、ジョーンズさんの姿はその後、確認できていない。

[TYJS,COOL]

「僕もクビだって」

ジョイウォーク

（じょい・うぉーく）《名詞》

エアマックスのパチモンスニーカー。1997年11月16日、1998年1月18日にO.A.された「たつひろの社会見学」において、岡村隆史演じるたつひろがフジテレビに行ったとき、自慢げに身につけていた。

[TTHR,COOL]

アンチショックと同じく、たつひろ自慢の逸品！

称号

（しょうごう）《名詞》

「七人のしりとり侍」用語。5敗目を喫した侍が、野武士から貼られたレッテルのこと。ちなみに「レッテルを貼る」は比喩でなく、ほんとうにガムテープに書いて体に貼られてしまうのである。菊千代は「負ケザル」、五郎兵衛は「ふかわと交代」、勘兵衛は「ホーケー」（本人はすぐに「仮性や」と弁明）、九蔵は「深野の子」、勝四郎は「元ジュノンボーイ」、七郎次は「クサい」、そして平八は「hamaguche」。

[SNSZ,COOL]

少年愚連隊シリーズ

（しょうねん・ぐれんたい・しりーず）《名詞》

めちゃイケを代表する連作シリーズ。本シリーズは、高い評価を受けたナインティナイン主演の映画『岸和田少年愚連隊』（1995年）の成功の、その盛り上がった気分を受けた高揚感の中で始まっている。

『愚連隊』の“愚連”は、ぐれる、から来た当て字で、愚連隊の語義は本来、「繁華街を一団となってうろつき、暴行、不正行為をなす不良青少年の集団」となる。だが、めちゃイケの「少年愚連隊シリーズ」は、青春の夢や希望、そしてほのかな恋心やちょっぴりの挫折、哀愁等を絶妙の筆致で描く人気実録作品となっている。

本来はバラエティ番組であるめちゃイケにあって、その中央を豊かな水をたたえた大河のように流れる本シリーズの源流は、古くは「めちゃ²モテたいッ！」まで遡る事ができる。ひとりの少年の成長物語を、番組のメンバーとのかかわりを通して描くその壮大な作風は、めちゃイケの世界観に深みと彩りを加え、本家の映画に優るとも劣らない感動を観るものに与えて来た。

それぞれの「愚連隊」が織り成す悲喜こもごものドラマは、それぞれに違った味わいで、そのどれもが愛おしさに溢れている。スタッフも本当に好きなものを作り、なおかつそれが視聴者から評価されている、という状況に、非常に心を強くしているようだ。

キャロルの「ファンキーモンキーベイビー」が流れる中、学ラン姿のナインティナインが、主役となる人物（主に一般人）に悟られぬように尾行、チェックや岡村アタックを繰り出し情報を収集、そして最後には直接対面する事によって様々な物語を演出していく、という基本構造は毎回共通している。そしてそれは、実は『岸和田少年愚連隊』中の名セリフ、「ケンカは不意打ちだ！」にインスパイアされているのだという。今は他番組でも一般化した、ロケバスの中からモニターを見て実況しながら収録していく、という手法も、このシリーズが確立したものである。

今や番組の良心といってもよいこのシリーズは、これまでに以下の4つのヴァージョンを送り出している。

❶「七戸少年愚連隊　吹雪をブッ飛ばせ！の巻」

舞台は青森県五所川原。主人公の、七戸和也君は、「ウチにお茶でも飲みに来て下さい」とファンレターをくれた、めちゃイケを見たことがない17歳。ナインティナインは極秘で学校、教習所、自宅前、家の中等、様々な場所で「いい人度チェック」を実施。これらチェックを通して浮かび上がった七戸君の素顔は、雛形あきこのことが大好きな純朴な高校生だった。

❷「深野少年愚連隊　小樽の新しいお父さん！の巻」

知らぬうちに母親に再婚されていた加藤浩次が、まだ見ぬ義理の父、深野さんに会いに、生まれ故郷の小樽へ赴き、父子が初めての対面を果たすまでの感動作。

❸「河野少年愚連隊　片思いの彼に告白を！の巻」

シリーズ中にあって、一風変わった作風

が感じられる異色作。ここでの主人公は、タイトルにある河野さん、というよりは、彼に恋する光浦靖子であり、彼女の純な乙女心と、愛を告白する勇気を持つまでの葛藤とを描いた純愛作となった。

❹「ヨモギダ少年愚連隊」

少年愚連隊シリーズの原点がこれであり、シリーズ中、最も壮大な構想を持った大作。この「ヨモギダ少年愚連隊」シリーズは、めちゃモテからの企画であり、シリーズのpart1＆2は、めちゃモテ当時、超熱狂的雛形ファンの茨城在住ヨモギダ君（当時15歳）が、雛形に対して数々のセクハラギャグを繰り返す岡村にキレ、挑戦状を送りつけたことに始まる。柔道の直接対決によって、お互いの友情を確かめて来た岡村とヨモギダ君だったが、3年後、番組がめちゃイケに改まってからのPart3においては、今度は岡村が、ヨモギダ君に知られる事なく同じ筑波大学を受験して、ヨモギダ君の鼻をあかそうとするという展開を見せるのだった。

[SNGT,COOL]

「商売繁盛で笹持って来い」

（しょうばい・はんじょう・で・ささ・もって・こい）

大阪人にはお馴染みの商売繁盛の神様、「えべっさん」のキャッチフレーズであり、キャラクター・グッズ等を扱う周辺権利部に異動になったこにしプロデューサーが、それまでの「ゆくゆくトントン、おいおいトントン」とは打って変わり、まるで手の平を返したように、金にならないオカピーを見限って新しいスターを売り出す、という金もうけ第一の方針を打ち出した時に発したセリフ。

[KNPD,COOL]

小便小僧

（しょうべん・こぞう）《名詞》

アフリカマンに続く、濱口優の塗りキャラ。1998年8月15日O.A.の沖縄ロケで、総額98万円の花火とともに華々しく登場した。「バッチグーグー」というのがささやかなつかみである。沖縄ロケでは小さなシーサーの置物と対決。自らの指をシーサーの口にはさみ、負けたと宣言する小便小僧は、お笑いごっこの域を出ていなかった。案の定、次に登場した同年「竹村健一王」でも竹村氏のトレードマークであるパイプと対決し、やはりパイプに負けている。

[SBKZ,COOL]

「小便小僧、バッチグーグー!!」

昭和のいる・こいる

（しょうわ・のいる・こいる）《名詞》

東京漫才を代表するベテラン・コンビ。こいる師匠の「はいはいよかったねよかったね」「しょうがないしょうがない」という投げやりな合の手は、ほんとうに脱力モノの面白さ。第2回「笑わず嫌い王決定戦」に出演。岡村オファーが来ましたシリーズ「動物王国スペシャル」には、人馬一体で調子に乗る岡村隆史に矢部浩之が手配したオファー恒例の代役シリーズで出演、黒塗りの高級車に乗って登場した。いつも通りの漫才を始めた師匠たちだったが、どうやら何のために呼ばれたのか全然知らなかったようだ。

[WWGO,OMOS5]

し

SHOT×SHOT

（しょっと・しょっと）《名詞》

雑誌「ザテレビジョン」の人気コーナー。2000年8月9日（水）発売の「ザテレビジョン」（8月18日号）には、矢部浩之が取材・執筆したユースケ・サンタマリア主演の「花村大介」に関する記事が掲載されている。

[YHOS3,COOL]

「知らんがな!!」

（しらん・がな）

周囲の正論に対して加藤浩次が抵抗する時に使う言葉。岡村隆史がライオンキングに出演した際、初めて発せられた。北海道出身の加藤が、関西弁を使う時、そこには加藤の雑草魂がはからずも浮き彫りにされる。吉本興業所属の芸人でありながら大阪出身ではない、つまり芸人としての“王道”からはあらかじめはずれている加藤が、バックグラウンドに頼ることなく“あぜ道”を歩んでいるという意地を、端的に表現している。

[OMOS7,COOL]

新宿コマ劇場

（しんじゅく・こま・げきじょう）《名詞》

「土曜スペシャル　岡村隆史探検隊シリーズ」（1997年7月5日O.A.）において、ミニラが捕獲された現場の名称。所在地・新宿区歌舞伎町。

[OKMT2,COOL]

新春かくし芸大会

（しんしゅん・かくし・げい・たいかい）《名詞》

フジテレビ系列で毎年元日に放送する人気番組。1998年12月、岡村隆史はこの番組の王プロデューサー直々にかくし芸大会への出演の依頼受けた。「岡村オファーが来ましたシリーズ」にふさわしい文句なしの大舞台からのオファー。が、岡村はかつて、1995年1月1日O.A.のかくし芸大会で「竹馬ダンス」で出演。登場5秒後に山本圭壱が転倒し、150時間の練習が水の泡。満点はとれていないという、人生最大の恥をかいていた。

だが今回は中国系の演目、しかもプロデューサー直々のオファーということで、「4年前の汚点を晴らすためにも中国系かくし芸で満点をとる！」ことに決定した。

かくして「絶対満点で年を越すぞ！ いつか最高の自分にスペシャル!!」はスタート。当初演目を、中国系というだけで少林寺拳法と勘違いして、リーリンチェン改めジェット・リーばりのスキンヘッドにしてしまった岡村だったが、結局、演目は「中国ゴマ」。共演メンバーはネプチューン、安達祐実、知念里奈。

しかも岡村がオファーを請けたのは、すでに本番を5日後に控えたせっぱつまった時期で、他のメンバーは練習を始めてから10日が経過していた。なぜにそのような事態になったかというと、当初出演する予定だった広末涼子が、大学受験（もちろん早稲田大学である）のために練習の時間が取れず出演をキャンセル、岡村は広末の代打

気分はすっかりジェット・リーの岡村さん

として抜擢、つまり女子チームの一員として出演することになる。

ところがオファーを請けた以上はいつでも全力を尽くす岡村。マスターするのに普通なら1週間はかかるといわれる中国ゴマの操り方のコツを、持ち前の集中力でわずか1時間でつかんでしまった。しかも途中参加にもかかわらず、自らリーダー役を買って出る大胆不敵さ。しかし、7時間ぶっ通しで練習をしたり、仮眠室に泊りこんで特訓を受けるなど、彼の集中力と努力はなみなみならぬものがあり、ネプチューン堀内健は「オカタカリーダー」と呼び、同じく原田泰造は「リーダー、頑張れ」の手紙を渡した。

メンバーは次第にその結束を確かなものとし、そして遂に迎えた本番。岡村が広末型のカツラを取り、審査員にスキンヘッドをさらす発作を起こしたにもかかわらず、50点満点の奇跡を起こし、皆これ以上ない興奮の中に。

ちなみに、途中から参加し、独自のペースで共演者を引っ張っていく岡村に、ネプチューンのリーダー、名倉潤は終始冷たい態度を取り続けていたが、かくし芸の本番が終了した後の楽屋では「みんながんばったやん！」と大満足の表情。ずっと岡村に批判的だったことを矢部浩之に指摘されると、「どこにツッコむところがあんねん！」と最終的には最大のボケを演じた。「新しい波」の最終回以来、5年振りの共演であった。

[OMOS4,SKGT]

♪いつか最高の自分に～（矢部以外）

真性パクリ病

（しんせい・ぱくり・びょう）《名詞》

1998年10月10日O.A.の「二周年だよ！全員集合スペシャル!!」の中で、めちゃイケ病院研究チームにより診断された病名。患者名は岡村隆史。「他人の芸やネタを次々と盗用する」というのがその病気における主な症状で、とくに無意識でパクる発作が超危険だと指摘されている。この病気の兆候が初めて確認されたのは、1996年12月14日O.A.の「イケてるデート王　バレたら終わり！　岡村＆ヒナデート」のオープニングで、突然ビートたけし往年のコマネチポーズを見せた時である。また、岡村オファーシリーズのジャニーズJr. 企画の際にもSMAPのコンサートで発作を起こし「変なおじさん」「坂田師匠歩き」をやってしまった。初期症状としてビートたけしや西川きよし、志村けんなどの先輩芸人から、中期症状としてデンジャラスのノッチ、ネプチューンの原田泰造など若手芸人からのパクリが現れるのが特徴。現在のところ有効な治療法は発見されておらず、一般に不治の病といわれる難病の一種として認知されている。患者自身は「無意識にやってるんだから自分は悪いと思ってない」と病気を苦にしている様子はまったく見受けられない。

[ZISP2,COOL]

「腎臓売ってもクルマは売らない！」

（じんぞう・うって・も・くるま・は・うらない・！）

加藤浩次が「涙の借金返済ツアー」において、元恋人ミキへの借金50万円を返済するために、愛車アルファ・ロメオを中古車ディーラーに売却する計画を聞かされて、思わず発した言葉。クルマに対する深い愛がうかがえる発言ではあるが、「腎臓」が引き合いに出されるあたりが、何ともハードボイルド。

[KTOK1,COOL]

し

し

シンディー

（しんでぃー）《名詞》

武田真治扮する「シャンプー刑事」のキャラクター。シンディー刑事は先輩のコーディー刑事（加藤浩次）の指導の元、容疑者を洗う（シャンプーする）テクを身につけるべく日夜努力を続けている。当初彼はコーディーも真っ青の破壊的キャラだったが、現在は弱気でマジメな後輩キャラを確立。武田自身が馴れないお笑い番組、しかもロケという中で、悩みつつ組み立てていったキャラクターなのである。

[SPDK,COOL]

シンディー刑事のワイルドなキメポーズ！

シンバ

（しんば）《名詞》

劇団四季ミュージカル『ライオンキング』の主役、若きライオンの王の名。父の死を背負いながらそれに苦悩し、そしてやがて希望と共に乗り越えていく様は、多くの感動を観客に与えている。当然のことながらオファーを請けた岡村隆史の希望は、このシンバ役での舞台への参加だったが、これまた当然のことながら、あっさり拒絶された。

[OMOS7,COOL]

青ジャージの胸に輝く
シンババッヂ　©DISNEY

人馬一体

（じんば・いったい）《名詞》

岡村オファーが来ましたシリーズ「動物王国スペシャル」の競馬大会当日。「人馬一体」を目指す岡村隆史は、競馬場へと入る際、鞍馬天狗の衣装に、腰には馬のぬいぐるみ、自分の足が馬の足になっているという、ビートたけし伝説の鞍馬天狗からパクったとしか思えないいでたちで現れた。これぞ「人馬一体」！　得意満面の岡村と裏腹に、深い失望感に襲われる一同だった。

[OMOS5,COOL]

これぞ人馬一体！完璧ないでたちの岡村さん

す

スイス
（すいす）《名詞》

オカピーの性別を表す言葉。男でも女でもない中性的なオカピーをオカマと侮蔑(ぶべつ)する周囲に対して、こにしプロデューサーが「オカマじゃないの、スイスなの」とフォロー。「永世中立国であるスイスのような男の子」という意味である。永世中立国とは永久に中立の地位に立つ義務を持ち、他国から侵略されないことを保障されている国家のことであり、中性的であるということとは根本的に意味が違うものである。しかし、なぜだか不思議な説得力とやさしさに満ちているのはこにしＰの敏腕のなせる技。スイスという言葉はオカピーが両Ａ面のドーナツ盤「永遠より続くように」でデビューする時のキャッチフレーズにも使われており、そのレコードジャケットのバックにはスイスの雪山が映し出されている。
[KNPD,COOL]

スカート・バイ・ミー
（すかーと・ばい・みー）《名詞》

ヒロキ、タツヤ、カズキというほんとうのチビッコと、チビッコのコウジに扮した加藤浩次が映画『スタンド・バイ・ミー』のように大胆な冒険に挑む企画。その冒険の内容とはグラビアアイドルのスカートめくりという大胆極まりないもの。ターゲットとなったグラビアアイドルは大原かおり、坂木優子、桜井亜弓ら。1998年8月1日にO.A.されたが、この大胆な冒険は1回限りで終了した。
[SKBM,COOL]

あの純粋な少年たちは帰ってくるのか

スカイダイビング
（すかい・だいびんぐ）《名詞》

とかくテレビで罰ゲームとして使われやすい種目だが、めちゃイケでは「現代のお笑い番組において、もはやスカイダイビングは罰ゲームではない」というのが定義。よって若頭・加藤浩次にとっては涙を流すほど爽快なスポーツであり、「日本一周　お見合いの旅」での中居正広には単なる移動手段に過ぎなかった。という具合に、あくまで日常的な出来事として扱われているのである。
[POP!,NHIS3,COOL,PMET]

巣鴨のAD鈴木さん
（すがもの・えーでぃー・すずき・さん）《名詞》

「フジTV警察　密着24時!!　逮捕の瞬間100連発」の第１回（1997年12月13日O.A.）において、デスクで熟睡中のところを保護されたADさんのこと。巣鴨在住。保護の回数は早朝から夕方にかけて実に４度にものぼった。その２年後もやはり同じ状況で保護され、その時もADのまま。ちなみに現在もAD。フジTV警察は一刻も早く彼がディレクターになることを祈ってやまない。
[FTKS,COOL]

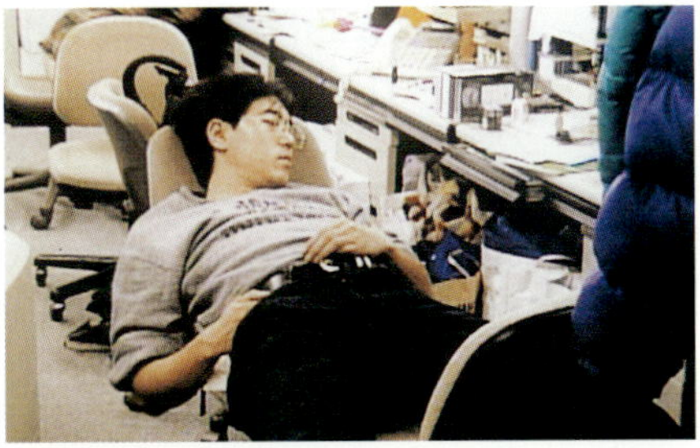
爆睡中の鈴木さん

す

スギウラッチ
（すぎうらっち）《名詞》

「ザ・カルチャータイム」にて、岡村隆史のアシスタントを務めるフジテレビ・杉浦広子アナウンサーの愛称。番組の途中、妊娠、出産という人生の転機も迎えている。妊娠中はMr.ヤベッチがスギウラッチに対して、いわれのないセクハラ発言を繰り返したため、視聴者から非難の声があがった。

[CTTM,COOL]

スギウラッチ。現在はお母さんに

すき焼き
（すきやき）《名詞》

「爆烈お父さん」における加藤辰夫一家の幸福の象徴。加藤家の夕食では必ずお父さんが大好きなすき焼きを囲み、一家団欒（だんらん）のひとときを過ごす。肉が大好きなお父さんは「野菜は食うな、肉だけ食え」と家族に言い聞かせている。それは世間の常識には反するものであるが、絶対的父権が存在している加藤家においては常識なのである。なお、家族の誕生日やお正月などハレの日にはお父さんがすき焼きにオプションをつける。これまでに登場したオプション付きすき焼きは「秋のスペシャル　マツタケ入り」「伊勢エビ入りすき焼き」「鯛のお頭付すき焼き」「モチ入り、タラバ丸のせすき焼き」「柏餅入りすき焼き」「ハンバーグのせすき焼き」など。想像を絶する豪華さに、お父さんの、家族のイベントを大切に思う気持ちが現れている。なお、実際に番組中で加藤一家が食べているすき焼きも最高級松阪牛を使った超豪華版。このすき焼きを作っているのが、めちゃイケ小道具担当のオカピーである。

[BROS,COOL]

スキヤキ万歳
（すきやき・ばんざい）《名詞》

歌。作詞作曲は加藤辰夫（48歳・電装業）。歌詞は、

スキヤキ！　スキヤキ！　スキヤキ！
スキヤキ！　スキヤキ！　スキヤキ！
スキヤキ食おうぜ！
煮ようぜ食おーぜ
肉だけ食おーぜ
野菜は残そう！
あんたがスキヤキ！
あんたは焼き鳥!!
スキヤキ！　スキヤキ！　スキヤキ！
スキヤキ！　スキヤキ！　スキヤキ！
スキヤキ食おうぜ！
煮ようぜ食おーぜ
生で食おーぜ
焼いても食おーぜ
あんたはスキヤキ
あんたはヤマザキ!!（お母さんの旧姓を初めて発表）

[BROS,COOL]

スキンシップ
（すきんしっぷ）《名詞》

取材陣やファンに囲まれた、前サッカー日本代表監督の岡ちゃんが度々受ける行為。スキンシップといえば聞こえはいいが、実は岡ちゃんの愛車であるベンツT320Eにボールをぶつけられたり（ボールスキンシップ）、岡ちゃんが胸ぐらをつかまれたり

する（胸ぐらスキンシップ）など、何をしても構わないという空気がそこには流れている。つまり、スキンシップとはマスコミがいじめを肯定する瞬間にすり替える言葉であるといえる。しかしめちゃ²イケてるッ！での岡ちゃんへのスキンシップは笑いとして昇華しており、このコントを見て本当に「いじめを肯定している」などと抗議してはならない。

[OKTN,COOL]

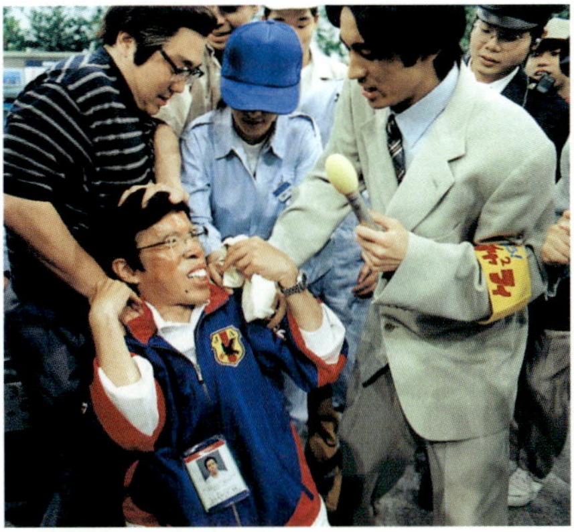

いじめ肯定どころか批判のメッセージ

鈴木紗理奈

（すずき・さりな）《名詞》

1977年7月13日、大阪府生まれ。A 型。身長162cm、B82cm、W56cm、H85cm。アーティストハウス・ピラミッド所属。めちゃイケでの主なキャラクターは瞳（キャッツアイ）、ユリエ（夫婦）、ヒロコ（SPEEED）、スズ島愛など。めちゃイケではいつも周囲を明るくさせてお茶の間からも親しまれているが、バラエティーはもちろん女優、歌手など幅広いジャンルで活躍していて、「シャレになんない」等のヒット曲も残している。1995年にスタートした「めちゃ²モテたいッ！」、現役女子高生アイドルとしてレギュラーに参加。めちゃモテのレギュラーを選ぶオーディション時からすでに大阪人的なズバ抜けたおもしろさを見せていた。江頭2:50に絡まれれば泣きだす、加藤浩次に怒鳴られればおびえる。そんなごく普通の女の子らしいリアクションが共感とともに笑いを呼んでいった。つまり、紗理奈のスタンスは「女濱口優」。素直で普通の感覚を決して失わないところが最大の魅力となっている。雛形あきこと同じキレイどころの一翼を担いながらも、どこか削らなくてもよいのに、つい自ら身を削る“浪花のタコ焼きガール”なのである。また、スッピンの紗理奈の目はジャコに例えられるほど小さいといわれ、2001年1月O.A.のpM8では整の形疑惑も浮上。紗理奈はその疑惑をファイナルアンサーできっぱりと否定した。メンバーを代表して濱口がスッピンの紗理奈の顔を見て確認しようとしたが、濱口はただ笑うばかりで正確なレポートはされなかった。ともあれ、紗理奈がこの6年間ですっかりキレイな大人の女性になったことだけは間違いない。

[POP!,COOL]

鈴木チーフ

（すずき・ちーふ）《名詞》

「矢部オファーしちゃいましたシリーズ1」で、AD矢部浩之が仕えた「めざましテレビ」先輩チーフAD。「先輩には絶対服従」「禁煙（ただし鈴木チーフはOK）」等、厳しい規律をもって矢部を指導した。

[YHOS1,COOL]

スター・ウォーズ・エピソードⅡ

（すたー・うぉーず・えぴそーど・とぅー）《名詞》

2002年公開予定の、巨匠ジョージ・ルーカス監督の大ヒット映画『スター・ウォーズ』シリーズ第5作の名称。

濱口だまし「史上最大の作戦　濱口をボウズに」のキーワードでもあり、この企画は、この映画『スター・ウォーズ・エピソードⅡ』の「日本人キャストを決めるオー

す

ディションを行う」という設定でだましが仕掛けられた。(2000年1月15日O.A.) そして、このだましは、それまでの「濱口一日中ドッキリ！抜き打ち司会テスト!!」「失恋の濱口に新しい彼女を！」と3部作をなす濱口だましの集大成と言える作品であり、この企画の成功が、続くさらなる大規模作「初生放送だよ　全員集合! 4月馬鹿スペシャル !! 濱口が生放送に合コンで遅刻中!!」へ向かう契機ともなった。

1999年8月7日O.A.「愛するコンビ、別れるコンビ」でコンパをやめる契約書にサインした濱口優。しかし、また悪い噂が。最近、また合コンをやっているらしい。次々と濱口の悪行を証言するメンバーたち。どうやら全く懲りていないようだ。

岡村　濱口をボウズにします！

絶対、「ツルツル」を上回る「トゥルトゥル」のスキンヘッド、「トッキン」にしてやる、と息巻く岡村。いや、それは無理だ、あのおしゃれ好きが髪を切るわけがない、とメンバーたちは口々に懸念を表明する。しかし、どうやら岡村には秘策があるらしい。岡村の秘策とは、ニセの映画オーディションを設定し様々なだましを仕掛け、その結果として自然にボウズ頭になってもらおうというもの。そしてその映画とは、『スター・ウォーズ・エピソードⅡ』! 信じるわけない、絶対収録の途中でだましだとバレてしまうというメンバーの声。

そう、濱口は1994年の「とぶくすりスペシャル4」ですでに確認できる様に、これまで様々なウソにだまされてきた、日本一だまされやすい男。とはいえ、今回はスケールが大きすぎるため、どこまでだましきれるか不安が募る。だが、そこはさすが濱口、どう考えても分かりそうな、ベタな仕掛けにことごとくハマっていく。

トントン拍子にだまされ、念願の「スター・ウォーズ」出演（大ウソ）を手中にした濱口。遂に記者会見まで漕ぎ着けた。ここに至って、舞台裏では岡村によって作戦の全貌が発表された。ポスターを取り出す岡村。ポスターの中にはスキンヘッドの濱口が描かれている。そう、この映画オファーを受けるのなら、濱口はこの通りの姿になるしかない。だが、最終的には断る道も残されている。そう、あくまでも全ては濱口の自由意思に任されているのだ。

会見控え室に入る濱口。無意識に髪を撫でている。ルーカス監督（もちろんニセモノ)、ポスター片手に登場。ポスターを出し、濱口の役柄を説明する監督。この格好で出て欲しい。返事を聞かず、監督退室。

濱口　つるっぱげですね…。えっ、剃るんすか？

マネージャー　ええ。

濱口　んー…

会見場。全ての結果は濱口が登場した時に明らかになる。報道陣に扮して会場で待ち受けるメンバーたち。そして遂に！　記者会見スタート。司会者、濱口を呼び込む。スター・ウォーズの壮大なテーマ曲。グッチョン・スカイウォーカー役の濱口登場。コスチュームに身を包んだ得意満面の濱口が出てくる。頭は青々。あ、トゥキンだ！　トゥキンになってる！！　大爆笑のメンバーには気がつかない濱口。

司会　何か質問がありましたら。

矢部　濱口さん！

濱口　はい。あっ…

メンバーにやっと気がつく濱口。真っ赤になってうなだれる。

矢部　濱口さん、ちょっといいですか？何してるんですか？

岡村　分かりますよね、めちゃイケです。

濱口　（絞り出すように）めちゃイケかぁ…（放心)。

矢部　いろいろ今整理してる。

岡村　もう一回言いますよ、「めちゃ^{2}イケてるッ!」です。

濱口　…舞い上がってたなぁ。

なお、「日本人をキャスティングする」事自体は当時本当にあったウワサで、後に、電撃ネットワークの南部虎弾氏の出演が決定した、と報じられたこともあった。仕掛けたスタッフ・サイドには、そういった状況がこのだましにリアリティを与える、という計算もあったようだが、濱口はそんなウワサの存在すらも知らず、日本一だまされやすい男の面目躍如で、コロリだまされてくれたようだ。

[HGDS3,COOL]

こうなるはずだった…もちろんニセのポスター

記者発表会場にて、グッチョン・スカイウォーカーと、そんなに似てないのに任務完了のルーカス監督

スターにしきの

（すたー・にしきの）《名詞》

にしきのあきら（現在は錦野旦と改名）氏の別名。「日本新記録」コーナーにおいて、その運動神経の高さと天然のボケっぷりによる名コメントで、準レギュラー的存在として人気を博した。ふつう運動神経がよければ競技もすんなりクリアするはずなのだが、予想もできない数々のミラクルを起こしてしまうのがスターの愛すべき、また偉大なところである。そして彼はメンバーの中でも特に岡村隆史を気に入っており、岡村の身軽さを称して「平成の孫悟空」と命名。しかし他メンバーは「今ごろになって岡村がサルに似ていると気づいた」彼の天然ぶりに再び驚かされたのであった。

このように、常にスターらしい輝きとチャームを見せつけた彼だが、競技の際「これ負けると娘が（学校で）いじめられるのよね」などと、ふと子煩悩な面をのぞかせたりして、意外に気さくなスターなのである。

[NHSK,COOL]

アルツで見せた歴史的なミラクル分解写真、とその直後の表情

STAMP

（すたんぷ）《名詞》

めちゃイケ初期に大人気だったコーナー。正式名称は「THE STAMP SHOW」。元ネタはニューヨークのブロードウェイで人気を博したミュージカル「STOMP」（ゴミ箱のフタ、モップ等の生活用品を使って、躍動感あふれるサウンドと踊りを披露）である。ルールはいたって簡単。ルーク（山本圭壱）、ザビエル（岡村隆史）、ポール（濱

口優)、カール（矢部浩之)、スティーブ(有野晋哉)、デビッド（加藤浩次）の6人が登場してサイコロを振り、数字の代わりに描かれた各人の似顔絵と合致した人が、みんなから巨大ハリセンで叩かれるだけである。ルークが巨大ハリセンを持っており、リズムに合わせてみんなが叩いたあと、しめの一発をおみまいすることができる。ルークの目が出た場合は、合議制で他のメンバーが巨大ハリセンを使う。ハリセンで殴られたときの痛さは、デビッドが思わず口にした「カラダ張るしかねえだろ！」という言葉から推察できる。

単純なゲームなのだが、ショーアップされた構成（タップのリズムのテーマ曲に合わせて、モップを持ったメンバーがダンス)、そして、メンバーそれぞれが疑似外国人に扮している点（基本的にゲーム中は英語でしゃべる、でもでたらめ）などが効果をあげるため異常なほどヒートアップし、見るものは誰も、サイコロの目の行方に釘付けになった。なお、このゲームでの岡村は「めちゃ²モテたいッ！」時代の「めちゃモテ偉人伝」で自身が演じていたフランシスコ・ザビエルというキャラクターをリメイクで演じている。

このコーナーではいろいろな事件が起こった。ルークの巨大ハリセンの威力はすさまじく、つけっ鼻を直撃されたカールやデビッドは、ほんとうに泣き出す寸前。いや、第1回O.A.のラウンド5でのデビッドは、「鼻が曲がった」と、冗談抜きで泣いた……。

またこのコーナーには、めちゃイケメンバー以外の乱入も2度あった。1回は1996年12月28日にO.A.された「ケチョンケチョンにしてやるスペシャル!!」でのシャ乱Q、そしてもう1回は、1997年4月19日にO.A.された「敵は巨人だ！　全員集合スペシャル」での太田プロ軍団。サイコロをふたつにすることで対戦形式にアレンジされ、2チームが芸人のメンツをかけて死闘を繰り広げたのであった。STAMPはのちにフリフリNO.6に発展し、さらに武田真治を加えた「七人のしりとり侍」へと進化した。なお、1997年9月1日にはSTAMPのテーマがCD発売され、全国の宴会などでSTAMPが再現されていたらしい。ちなみにこの曲をプロデュースしたのは、小西プロデューサー（本物）である。

[STMP,COOL]

サイコロを振る前のパフォーマンス

最終的な出目。じつは3回に1回はカール（矢部）だった

ストーカー・危険な女

（すとーかー・きけん・な・おんな）《名詞》

雛形あきこの主演ドラマ「ストーカー・誘う女」のパロディ・コント。1997年1月から放送された同番組（TBS系・毎週木曜22:00〜）で、雛形は上司の陣内孝則 につきまとうOL・ミチルを怪演。最高視聴率25.6%を記録するヒットとなった。

めちゃイケでは岡村隆史が陣内役を演じ、雛形はセルフパロディでミチル役に扮した。ここでの雛形は、岡村が言うことを聞かないと殴る、蹴る、張り手、頭突きを喰らわすなど強引な手段でねじ伏せる。「めちゃ²モテたいッ！」後期の頃から垣間見せていた2人のSM的構図が、ここで初めてコントの形となって実を結んだのだった。そして岡村は激しく抵抗しながらもけっきょく雛形の無理難題をやらされるはめになり、それは「向かってくる大トカゲのキャンディちゃんをどれだけ直前で避けられるか」や「ワニの小林君にくくりつけられた口紅を取ってくる」など常にカラダをはった内容であった。そしてこのコーナーがベースとなり、S女（雛形）とM男（岡村）という宿命的な関係は次なるコーナー「ポパイ＆オリーブ」に受け継がれ、さらなる発展を遂げていく。ちなみに雛形と岡村は本当にSとMの傾向を持ち合わせているため、激しいバトルも２人にとっては心地いいらしい。

[STRK,COOL]

いやいやながらも逆らえないMの宿命

SPEEED

（すぴ――ど）《名詞》

1997年8月16日O.A.に初登場した、頑張りやさんのアイドルグループのこと。ヒトエ（山本圭壱）、エリコ（濱口優）、タカコ（岡村隆史）、ヒロコ（鈴木紗理奈）の4人組。大阪出身の平均年齢14歳の女の子。毎回ヒット曲「BODY＆SOUL」に合わせて「バットに頭をつけてグルグル回る」「牛乳を一気飲みする」などいろいろなことを頑張るのだが、いつもヒロコの番だけ負担が大きいので、ヒロコがキレて他の3人に大阪弁で説教する、という構成。ヒロコはヒトエの腹毛とエリコのまゆ毛、タカコの鼻ほじりも気に入らないらしい。これは紗理奈の「ケンカ上等！」的キレぶりが毎回堪能(たんのう)できるコントであり、岡村、山本、濱口という芸人を相手に彼女が初めてツッコミを担当するという、大きなチャレンジでもあった。

[SPED,COOL]

（左下から時計回りに）ヒロコ（紗理奈）、タカコ（岡村）、ヒトエ（山本）、エリコ（濱口）

スポーツテスト

（すぽーつ・てすと）《名詞》

スポーツの秋に行われためちゃイケ男子メンバーによる体力測定のこと（2000年10月28日O.A.）。先生役は岡村隆史。女子メンバーは全員、お月様ということで見学。都内某小学校において、小学6年生男子の平均数値をもとに目標値を決定し、各人の記録を測定した。テスト内容は50m走、走り高跳び、けんすい、マット運動、跳び箱、そしてラストは鉄棒の逆上がり。メンバーは武田が日頃スポーツジムで鍛えた俊敏さを遺憾(いかん)なく発揮したり、濱口は体育の成績がイマイチだったことを物語る鈍(どん)くささだったり、スポーツ万能でめちゃイケ一のイイ男・矢部が走り高跳びで股間を強打するなど、それぞれ見せ場を作っていた。もちろん岡村が50m走で6秒台を叩き出した事も驚異だが、当企画の主役はやはり、圭ちゃんに他ならなかった。圭ちゃんは最初の50m走でこそ“平成の動けるデブ”をアピールしたものの、その後のけんすいや跳び箱、逆上がりではお腹の脂肪が邪魔して相次いで失格。とくに逆上がりでは、「太った人は鉄棒が腹に食い込んでとても痛い」（イラスト参照）ということを身をもって教えてくれたのだった。

それにしても、人がただ走ったり鉄棒したりしてるだけで、なぜこんなに面白いのだろうか。必死なため不細工な顔になりながら全力で挑戦しているメンバーたちの姿は、プロのアスリートたちに感動するのとは別の、なにか清々(すがすが)しい後味まで残してくれたのだった。

[MIST,COOL]

す

競技者	50m走	走り高跳び	けんすい	マット運動(三点倒立)	跳び箱(台上前転)	鉄棒(逆上がり)
矢部浩之	7.77秒	×（股間強打）	3回	○	○	○
加藤浩次	7.35秒	○	1回	○	○	○
山本圭壱	7.21秒	○	0回	○	×	○
濱口優	7.96秒	○	6回	×	○（腰強打）	○
有野晋哉	7.63秒	×	3回	○	○	○
武田真治	8.53秒（スタートで転倒）	○	10回	○	○（腰強打）	×→○（腹負傷）

圭ちゃん頑張って！

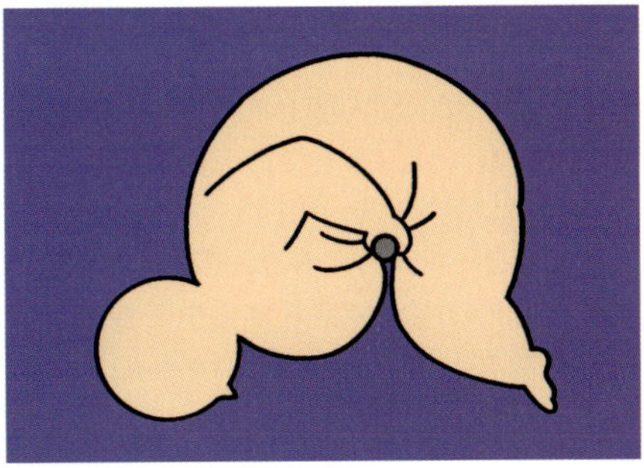
圭ちゃんかわいそう！

スマイル戦士

（すまいる・せんし）《名詞》

「日本一周 ええ仕事の旅!!」において、中居正広のマネージメントを担当することになったナインティナインの名刺に刷り込まれていたコピー。出典は、「夢がMORI MORI」から生まれた、SMAP扮するキャラクター、「音松くん」のテーマソング、「スマイル戦士　音レンジャー」より。なお、この名刺は、ナインティナインが自発的に社員となったジャニーズ事務所のモノ。

[NHIS4,COOL]

SMAP

（すまっぷ）《名詞》

ジャニーズ事務所を代表する国民的アイドル・グループ。中居正広、木村拓哉、稲垣吾郎、草彅剛、香取慎吾の5人組。

人気シリーズ「日本一周」では毎回、リーダー・中居が出演し、ナインティナインと珍道中を繰り広げている。また岡村隆史がジャニーズJr.に入団した「岡村オファーが来ましたシリーズ」では、岡村が大阪ドームのSMAPコンサートでバックダンサーとして参加。「河野少年愚連隊」では光浦靖子へ恋のアドバイスをする王子様として稲垣が登場し、「笑わず嫌い王」には草彅&香取がゲスト出演している。さらに「街角インタビュー」シリーズにおいて岡村が「オ村拓哉」に扮するなど、めちゃイケにおけるSMAPの登場率は高い。というのもめちゃイケメンバーとSMAPとの関わりは古く、とぶくすりスペシャル（1993年10月2日O.A.）に友の会有名人会員の香取、木村が出演し、同じくスペシャル第２弾では岡村が藤四郎として木村に会いに行っている。そしてめちゃイケ側も同時期に「夢がMORI MORI」のスーパーキックベースの試合やコントに出演しているのである。

[HIYK,HIYS,NHIS,OMOS1・4,TTKM,ITBT,WWGO,NKKK,COOL]

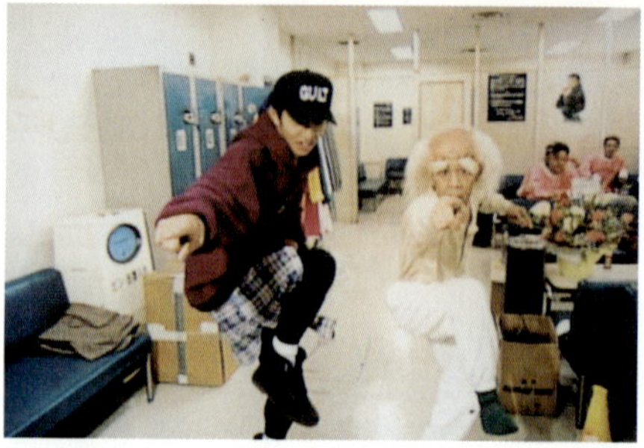

もうこのツーショットは見られないのだろうか？

相撲

（すもう）《名詞》

日本の国技。江頭2:50が得意でもないのにやりたがる競技のひとつ。江頭はレギュラーの座や芸能人生命をかけてこの競技で勝負をする場合が多い。特に1997年当時、大人気だったコーナー「こにしプロデューサー」のモデルとなった小西康弘プロデューサー本人との一番は後世に語り継がれる名勝負となった。

[EGHM,COOL]

江頭VS小西の歴史的名勝負

江頭、奇跡の勝利！

ズルい女

（ずるい・おんな）《名詞》

先頃活動を停止したシャ乱Qの代表曲にして大ヒット曲。この曲が初めてO.A.されたのが、シャ乱Qのブレイク前夜、「とぶくすりZ」の最終回で、番組が終わってしまう悲しみを象徴するかのように、つんくのアコギ演奏＆生歌でテレビ初公開された。

[HIYZ,PMET,COOL]

ズレてる

（ずれ・てる）

伊東部長に対して、絶対に言ってはいけない単語のひとつ。

同義語 浮いてる、バレてるなど。

[ITBT,COOL]

「すんまそん」

（すんまそん）《名詞》

濱口優のレギュラーの座を脅かす、おさるの十八番ネタ。「クイズ濱口優」が「クイズ濱口おさる」にリニューアルされるなど、目下めちゃイケ内でめきめき売り出し中のおさるが、さまざまなバリエーションで、このネタを聞かせてくれている。言葉の意味的には謝っているのだが、その言い方がちっとも謝っていないところが最大の魅力。

[QZHM,QZHO,COOL]

せ

せいおむ

（せい・おむ）《名詞》

せいちゃんが手のひらをベロベロ嘗（な）めながら作った、おむすびのこと。「矢部君26歳の誕生日　矢部♥素人のせいちゃんデート」で、矢部浩之のデート相手であるせいちゃんが愛情と唾液をたっぷり込めて作った。「青汁～♪」のメロディで「せいおむ～♪」とみんなで歌いながら食べる。

類似語 せい汁

[YHSD,COOL]

せい汁

（せい・じる）《名詞》

「矢部君26歳の誕生記念　矢部♥素人のせいちゃんデート」（1997年11月1日O.A.）で、矢部浩之のデート相手・せいちゃんがしぼったぶどうジュースのこと。甲府のぶどう園でのデートで、樽の中でブドウを踏んでジュースをしぼるパフォーマンスを見学。本来は衛生上、ビニールのカバーを履かなければいけないのに、せいちゃんはやおら靴下を脱いで樽に入り、素足でギュウギュウ踏み始めてしまった。しぼりたてのせい汁は「せい汁～♪」（「青汁～♪」）の大合唱とともに、矢部はもちろん岡村隆史、加藤浩次、鈴木紗理奈も飲むはめに。ちなみにせい汁は禁断の愛を描いた「失楽園」におけるワインを暗示しており、これを飲んだ矢部もまた、せいちゃんとの禁じられた愛に身を委（ゆだ）ねていくのだった。

類似語 せいおむ

[YHSD,COOL]

せいちゃんがナマ足でぶどうを踏むショッキングな映像

せいちゃん

（せい・ちゃん）《名詞》

現在は事務所に所属する芸人さん。芸名は、さかもとせいちゃん

「めちゃイケファン感謝デー」（1997年9月13日 O.A.）と、その2ヵ月後の「矢部浩之 のお誕生日デート企画」で、矢部のお相手として登場した素人の男の子のこと。分類的にはコカマ。矢部とキティちゃんが大好き、7歳のとき男の子が好きだと自覚。極楽とんぼの加藤浩次が大嫌い、な都内の高校生（当時）。

「めちゃイケファン感謝デー」は日頃の感謝のしるしとして、矢部がファン代表と一日デートする、というもの。可愛い女の子とデートできると思っていた矢部の期待を裏切って登場したのが、このせいちゃんだった。デートコースの遊園地では、絶叫マシンが苦手で顔色の冴えない矢部と、大

ヘタレ矢部と狂喜するせいちゃんのツーショット

好きな矢部っちと一緒で一人ゴキゲンのせいちゃん、そしてせいちゃんに召使い扱いされてキレる寸前の加藤と 鈴木紗理奈、司会進行役の岡村隆史というメンバーが一触即発の雰囲気に。このO.A.の反響は大きかったらしく、同年11月には「矢部のお誕生日デート企画」に再登場を果たしたのである。そこでせいちゃんは、矢部のために手作りのお弁当や手編みのセーターをプレゼントし、またせい汁やせいおむなどで矢部への一途な愛をさらにパワーアップさせていた。そしてラストでは矢部＆せいちゃんの失楽園風オールヌードまで披露。２人の禁断のお笑い情事は、幸せな心中（すなわちコーナーの終焉）という形で昇華されていった。

[YHDO,COOL]

古谷＆川島コンビに続き心中する2人

正論
（せい・ろん）《名詞》

非常識を正す常識の論法。俯瞰（ふかん）的に見ればツッコミのひとつだが、めちゃイケでは会話的なリズムの中でごく自然に発せられた場合にのみ、こう呼ばれる。ツッコミのいない「爆烈お父さん」の加藤家で、長男・優が「お父さん、やりすぎだよ」と言う時などが、その象徴的な例として挙げられる。

[BROS,COOL]

セイン・カミュ
（せいん・かみゅ）《名詞》

ニューヨーク出身のくせに、藤沢市の市立明治小学校を卒業したマルチタレント。めちゃモテCMで日本語が話せる外国人として登場したのをきっかけに、めちゃイケにも頻繁に登場。STAMPでのナレーターを務めている。また1998年8月22日O.A.の「世界初の人妻アクション寝起き♥沖縄寝起き上手」の本編にJAWSに食われる役として登場したほか、「新田恵利の家に遊びに行こう」でも元おニャン子クラブのファンとして参加。さらに「七人のしりとり侍」にも登場している。見た目はアングロサクソン全開なのにもかかわらず、めちゃイケでは大和魂を前面に出して闘っている。好物は麻布十番「浪花家総本家」の鯛焼き。

[POP!,STMP,ACNO3,NEII,COOL]

NEOKIⅢ JAWSで共演した時のセイン

関さん
（せき・さん）《名詞》

めちゃイケのスチールカメラマン。番組の歴史を写真という形で余すところなく撮り続けている男。

[HIYK,PHER,HIYS,HIYZ,POP!,COOL]

セクハラ
（せく・はら）《名詞》

sexual harassmentの略。性的嫌がらせの意。岡村隆史に多くみられる行為。この行為は「とぶくすり」時代に藤四郎で細川ふみえに出会ったことに端を発し、「めちゃ²モテたいッ!」での雛形あきことの共演で開花させ、果ては「少年愚連隊シリーズ」のきっかけを作った。しかしセクハラとはいえ、岡村の行為は例えば子どもが大きなカブトムシを見つけて思わずつかんでしまいたくなるのと同じく、目の前に大きなオッパイがあったから思わず触ってしまいたくなる事に過ぎない。その時の彼はあくまで子どものように無心なのである。そして、この行為は、今や岡村の健全な芸風の一つとして認知されている。

[HIYK,SNGI,MKIV,POP!,COOL]

Z組
（ぜっと・ぐみ）《名詞》

劇団四季は、研究生も含む総勢375名の俳優が、能力別にAからZまでのクラスに分かれてレッスンをする、完全実力主義の体制。このZ組は、一番下のクラスとなる。「岡村オファーが来ましたシリーズ」で『ライオンキング』に挑戦することになった岡村隆史は、当初浅利慶太氏から「A組と言われた」とウソをついて乗り込み、レッスンを受けようとしたのだが、すぐにバレ、Z組から始めさせられた。ただし一番下のクラスといっても、厳しいオーディションをくぐり抜けて来た団員のレヴェルは高く、基礎のない岡村は初めはついていく事さえできなかった。

[OMOS7,COOL]

Z-men's

（ぜっと・めんず）《名詞》

「とぶくすりZ」で、1994年に有野晋哉、加藤浩次、岡村隆史の3人で結成された男性ストリッパーグループ。Z-men's という名前は'1990年代に隆盛を極めた東京・西麻布の某有名男性ストリップバーに由来している。Z-men's の目的はお金のあるところでのチップの要求だが、チップをブリーフの中で受け止めるうえ、ブリーフ自体が小さいために、見えてはいけないものがはからずも見え隠れすることになる。無論、本人たちに見せるつもりはまったくなく、基本的にはハプニングなのだが、結果的に見せていることになってしまっているのだ。なお、Z-men's の一番人気は踊れない天才ダンサー有野だが、彼はまた1994年12月31日O.A.の「ゆく年くる年とぶくすりスペシャル」という年越し特番の生放送でチン毛をはみだしたまま踊るという歴史的大事件を起こした人物でもある。有野は1998年の「竹村健一王」で外国人ダンサーをしたがえてZ-men's を1回限り復活させた。そして2001年1月のpM8では有野、加藤、岡村によるオリジナルのZ-men'sが復活。今後は有野の天才ぶりがいかんなく発揮されるZ-men's の完全復活が期待される。

一番右だけ日本人（乙川君）

[HIYZ,PMET,COOL]

セリーヌ

（せりーぬ）《名詞》

本田みずほが勤務しているキャバクラの名前。現在バンド活動をしているみずほは、自分たちのバンドのCDを自主制作するにあたり、その資金を稼ぐためにキャバクラ嬢として働いている。めちゃイケADの久保田くんが潜入してみずほと接触をはかり、ポンコツ・スティンガーぶりを披露した場所でもある。

[PMET,COOL]

センター入試

（せんたー・にゅうし）《名詞》

国公立大学志望者が受験する共通一次試験。この点数が志望する大学の要求水準に満たない場合、二次試験まで進めない、いわゆる「足切り」に遭う可能性もある。「ヨモギダ少年愚連隊3」で筑波大学を狙う岡村隆史は、試験前夜、最強家庭教師軍団に集合をかけ、自ら考案したカンニング装置の数々を披露した。が、一同の怒りを買い、けっきょく不正をあきらめ正々堂々と試験にのぞむ事に。オカピー特製の手作り弁当を持ち、いざ試験に挑んだのだが…。自己採点で確認できた岡村のセンター入試の点数は以下の通り。

数学は予想の0点を大きく上回った。

[SNGT4,COOL]

科目（満点）	得点
英語（200）	61
国語（200）	87
数学（100）	4
日本史（100）	26
生物（100）	45
総合（700）	223

そ

「そこらのトマトで」

（そこら・の・とまと・で）

国民的名優、健さんが超高級イタリアン・レストランでミートソースを作る際にリクエストしたトマトの品種。本人的には「名も無きトマト」とすごく迷って決めたそうである。理由は「……不器用ですから」。

[KNSN,COOL]

最高級トマト。紀ノ国屋インターナショナル（青山）にて購入

そこらのトマト。南青山栄通り商店街、八百辰にて購入

そば八どんぶり

（そばはち・どんぶり）《名詞》

矢部浩之の「持ってけ100万円」大阪編で「運命を変える器」となったどんぶり。うどん好きな大阪の人々はそばには無関心という前提に基づいて、起用されることになった。30秒を超えて60秒間放置すれば元金が4倍になる新ルール「ラッキーチャンス」を、矢部が一番最初に使ったのがこのそば八どんぶり。見事、5万円が4倍の20万円になった。しかし大阪編の一番最後の最後、全額74万円を投入したそば八どんぶりは拾われてしまう。それまで順調に勝ち続けてきた矢部は一気に一文なしに。最終的にはギャンブラー矢部の息の根を止めたどんぶりとなった。もちろんこれは矢部にとっては悲劇だが、もし矢部が勝利していたらめちゃイケが矢部に296万円を支払わなくてはならないわけで、めちゃイケ的には逆に命拾いをした。そしてこの敗戦が、4年間続いたギャンブラー矢部の戦いに終止符を打つことになった。まさしく「運命を変える器」だったのだ。

[YHMH4,COOL]

まさかこの中に現金があろうとは

た

ダイアナ・キング

（だいあな・きんぐ）《名詞》

大ヒット曲「シャイ・ガイ」で知られる世界的シンガー。来日時、こにしプロデューサーの元恋人という設定で「こにしプロデューサー」コーナーに出演した。

[KNPD,COOL]

こにしPと昔話に花が咲くダイアナ・キングさん

ダイクさん

（だいく・さん）《名詞》

岡村隆史扮する、吉本系の大物構成作家。古きよきコテコテ関西ギャグにこだわる、実在の人物のパロディである。ほんもののダイクさんも、関西芸人のあいだでは伝説的な人物。誰もが若いころ、彼の洗礼を受けるのだそう。

このキャラクターは「とぶくすり」の「はばたけ！ 舞浜商科大学」が初出で、めちゃイケでは、まつたけのよゐこに厳しくダメ出し（ネタのアドバイス）をしてくれた。しかし、ベタなダイクさんの言うことを聞いてしまうと、おそらくよゐこは全国区のテレビでは通用しなくなってしまうと思われる。「なんやねん、シュールって？」「たとえば『おはようございます』言われたら、『おやすみ〜』とか言え。」「じゃ、もういくよ〜。……、こらっ、『いくよ』言われたら、くるよ、って言わんかい！！！」等、……。

[HIYK,HIYS,DIKS,COOL]

大輔君

（だいすけ・くん）《名詞》

松阪牛の大輔君（5歳）。「山本球団Part2」にて、「松坂を打ちに行く」という山本圭壱の威勢のいい宣言に対するオチとして用意された。「まさか、最後に出てくるのが（松坂投手じゃなくて）松阪牛ってことはないだろうなあ」と終盤球団メンバーが冗談半分に言ったのだが、恐ろしい事にそれは現実のモノとなった。

[YMKD,COOL]

タイタニック

（たいたにっく）《名詞》

①岡村隆史が考えた平凡なカップルの結婚式のテーマ。
②矢部浩之と大久保佳代子がデートで乗った芦ノ湖のスワン（タイタニック号）。
③矢部浩之と大久保佳代子がデートで乗った大阪のタクシー（タイタニック無線）。

[YBOK,COOL]

なぜか芦ノ湖にも巨大な氷岩が…

ダイナマイト・ウォーリアーズ

（だいなまいと・うぉーりあーず）《名詞》

第1回「格闘女神MECHA」に登場し、フレッシュ・ギャルズに対し「めちゃイケレギュラーの座をよこせ」とファイティングスピリットをむき出しにした、グラビアアイドル・大原かおり＆嘉門洋子からなる女子プロレスタッグ。チャーミー鈴木に対しては「売れないCDを出すな」、チャイナナイト光浦に対しては「ブス！」と敵愾心（てきがいしん）をむき出しにして好ファイトを見せたが、レフェリー・岡村四郎のダーティなジャッジもあり惜敗。その後大原はチャイナナイト光浦と新生フレッシュ・ギャルズを組み、嘉門はリングを降り、芸能ニュースをちょっと賑（にぎ）わせたりもした。

[KTJM,COOL]

岡村四郎のインチキぶりに、ついにキレた!?

ダイブツくん

（だいぶつ・くん）《名詞》

岡村隆史扮する東急ハンズ系キャラクターの代表作。見てくれは奈良や鎌倉の大仏そのものなのだが、エロ本を読んで興奮したり、たまごっちが死んで落ち込んだりと、ふつうの中学3年生の男子として、ごくありふれた日常生活を送っている。ただの大仏の無表情な面に岡村が喜怒哀楽という命を吹き込み、、非日常的な笑いを醸（かも）し出していた。また岡村はこのキャラクターをとても気に入っているらしく、「もし『ライオンキング』への出演がかなわなかったら、『ダイブツくん京都へいく』で2時間のスペシャルにしよう」と言ったとか。なおこのキャラクターは実際に2000年年末のpM8で突如復活。無言のまま京都の町で岩城滉一を探し回った。

[DBKN,PMET,COOL]

見かけ以外はごくふつうの中学生

代役

（だいやく）《名詞》

「岡村オファーが来ましたシリーズ」において、矢部浩之が密かに用意する仕事人の事。ともすれば横道にそれがちな「岡村さん」を見限った矢部は、岡村隆史の代わりにオファーを遂行させるべく、これら代役に出動を要請する事が多い。「岡村結婚式企画」での千手観音（せんじゅ）（加藤浩次）や「動物王国」での昭和のいる・こいる師匠などが有名。

実際岡村は、気がつくと当初の目標を忘

れてしまっている事が多く、その意味で矢部の抱く懸念は正しい。これら代役は岡村にとっては自らの主役の座を脅かす刺客のような存在であり、毎回岡村は代役の登場に危機感を抱き、初心を思い起こし、逸(そ)れかけていた軌道を修正する。従って、実際に代役がオファーを履行(りこう)した例はまだ無い。

矢部による代役の起用の本当の理由が、岡村を発奮させ、再び緊張感を持ってオファーに当たらせる事にあるとしたら、その効能は確かにある。が、のいる・こいる師匠のように自分たちが何のために呼ばれたのかを全く理解していないケースも散見され、人選に関しては若干(じゃっかん)の疑問も残る。

[OMOS,SKGT]

タカーシー神話

（たかーしー・しんわ）《名詞》

「寝起き早食い選手権」不敗神話を持つタカーシー（岡村隆史）の壮絶なトレーニングシーンを映したドキュメンタリーフィルム。父エリオの教えに従い、弟ホイラーとともに長野山中で特訓を重ねる姿が感動を呼んだ。エリオによると、勝ち続ける秘訣はタカーシーの好物であるハムへの欲求を極限まで高めること。試合に臨むタカーシーは、数ヵ月のノーハム、そしてノーセックスにより連戦連勝を続けている。

[NHSK,COOL]

竹馬ダンス

（たけうま・だんす）《名詞》

1995年1月1日O.A.の「新春かくし芸大会」に、ナインティナインや極楽とんぼらが出演した時の演目。2 mの竹馬に乗ってダンスを踊るというもの。ところが登場5秒後に山本圭壱が転倒し、それまでの150時間に及ぶ練習が水の泡になってしまった。もちろん満点もとれなかった。岡村隆史はこの時のことを「人生最大の恥!!」と呼んでいる。

[OMOS4,COOL]

この後、山本がステージに戻ってくることはなかった

武田真治

（たけだ・しんじ）《名詞》

1972年12月18日、北海道生まれ。AB型。身長165cm 、体重52kg。ホリプロ所属。第2 回JUNON スーパーボーイコンテストのグランプリを受賞したのをきっかけにデビュー。以来「NIGHT HEAD」(1992年10月～1993年3月、フジテレビ系）などを始めとする数多くのドラマや映画で活躍。サックスプレイヤーとしても高く評価されている。正式なレギュラーになったのは1995年の「めちゃ²モテたいッ！」からだが、武田は「とぶくすり」の頃からこのシリーズを一ファンとして愛していて、「とぶくすり友の会」有名人会員に登録されているのを始め、「とぶくすりスペシャル」や「とぶくすりZ」の第1回目のゲストとして登場。さらに「殿様のフェロモン」には半年間レギュラー出演するなど、めちゃモテ以降のレギュラー陣の中では他の誰よりもナインティナイン、よゐこ、極楽とんぼ、光浦靖子らとの交流は深い。現・めちゃイケ総監督の片岡飛鳥とはウッチャンナンチャンの「やるならやらねば」の頃からのつきあいである。めちゃイケでの主なキャラクターは勝四郎（七人のしりとり侍)、シンディー（シャンプー刑事)、やくしんじ（「ここがへんだよ～」シリーズ）など。武田はずっと、お笑い番組の中で役者としてどう仕

事をするべきかということに悩んできた。それでも思うようにいかない苛立ちから、突如としてキレる。そして、爆発することがある。そんな武田が何年にもわたって学んだことは「あかんで！」と言われた時こそ、思い切り「やれ！」という鉄則であった。しかしお笑いの場の空気をまだきちんと読み取ることができない武田は、本当にあかん時でも思い切りやってしまう傾向があり、その悩みは依然として深い。

[PHER,HIYS,HIYZ,POP!,COOL]

竹村健一

（たけむら・けんいち）《名詞》

「めったに笑顔を見せない」（報道スタッフ談）ことで知られる政治評論家。一連の○○王の番外編的存在である「竹村健一王」（1998年10月24日O.A.）に出演。有野晋哉のZ-men'sやこの時にテレビ復活したオアシズのネタなどにも終始冷やかだったが、最後に登場した加藤浩次の提灯アンコウに対してだけは声を出して笑った。隠岐島でダイビングをしていた自分の姿を海底で見守ってくれていたという提灯アンコウの話に、とりわけ心を動かされたものと思われる。

[TMKO,COOL]

脱税疑惑

（だつぜい・ぎわく）《名詞》

2000年3月18日にO.A.された「脱税タレント摘発！　めちゃイケマルサ！！」（映画『マルサの女』のパロディ）では、岡村隆史が国税査察官（通称マルサ）となり、納税義務を果たしていないめちゃイケメンバーの摘発に挑んだ。

1人目の容疑者は濱口優。松竹芸能マネージャーW氏の証言で、税務署から濱口に督促状が届いているとの情報を得ていた岡村は、すぐさま濱口を世田谷税務署へ駆け込ませた。2人目の容疑者は江頭秀晴。ア

正義のために捜査開始

パートを奇襲すると江頭秀晴は江頭2:50に変身中であった。大川興業に内緒でアルバイト営業している、との情報を得ていた岡村はさっそく家宅捜索を開始し、ファンレターや坂本龍一の「ウラBTTB」や人体ポーズの本に混じって、あやしいスーツケースを発見。だが江頭は突然ケースを抱え、逃走してしまった。そして、3人目の容疑者は加藤浩次。税理士が加藤の滞納額の概算を計算すると、あまりに巨額で、テレビでは発表できないほど！　前の２人とは、まさに桁ちがいの犯罪であることが判明した。岡村は自身の判断で、加藤が現在住んでいるマンションを契約解消。荷物を運び出し、家賃2万8,000円のアパートへの引っ越しを敢行した。また、相方の山本圭壱は、加藤の愛車アルファ・ロメオを売却するため、中古車販売会社で見積もりをとる。98万円という値がつき加藤に契約書へのサインを迫るが、その契約書が、かつて極楽とんぼがお世話になったカートレットのものじゃなかったことが原因で、加藤と山本のあいだにケンカが勃発。この後の展開は、まさに極楽とんぼミニシアターとしか言えないものになり、収拾のつかぬまま番組終了……。加藤の脱税疑獄の結末が視聴者に知らされることはなかった。

[MIMR,COOL]

たつひろ

（たつひろ）《名詞》

①矢部浩之の14歳年の離れた弟、矢部龍

弘。「とぶくすり」時代の矢部の発言によると、「通信簿に『がんばりましょう』が多い、ヘンな子」とか。「とぶくすりスペシャル」には7歳のころちらりとビデオ出演したことがあった。

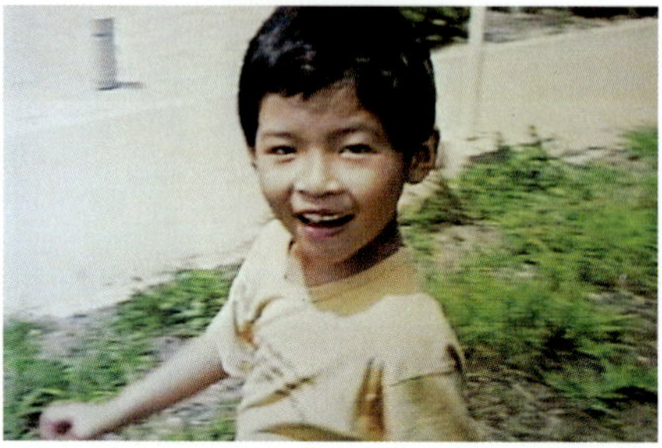
「とぶくすりSP」出演時の龍広君

2000年年末、pM8において中学生に成長した龍弘がめちゃイケに再登場。詰め襟学生服からYシャツの袖をだらりと出し、斜めに傾いて歩く姿はあいかわらず、なんかヘンであった。現在の龍弘は、中学の文化祭で桃太郎のおじいちゃんを演じ評判になるなど、それなりに学生生活をエンジョイしている様子。めちゃイケメンバーが自宅に押しかけると、「緊張するからやめて！」と言いつつも、その強力キャラを生かした独自の「たつひろワールド」を、カメラの前で披露。15歳に成長したおもしろ少年は、久々に生き返った藤四郎を喜ばせた。よって「めちゃイケ大百科事典」では、「たつひろ」の第1項を「将来有望なお笑いセンスを身につけた中学3年生。すっかりボーボー」と記す。
②「とぶくすり」の人気コント「たつひろのくすり」で岡村隆史が演じたキャラクター。矢部龍弘を岡村独自の解釈でデフォルメしたもので、藤四郎と並び人気があった。なおメークは岡村本人によるもの。めちゃイケでの岡村演じるたつひろは、番組初期に数回登場。「たつひろの社会見学」でフジテレビに行き、食堂で研ナオコを発見して「近くで見たら、かなり目が離れてるな」。廊下で西山アナと会って「実物きついな」。編成室では、佐藤義和演芸制作担当部長に「サトちゃん」と気軽に呼びかけたりもした。
[HIYK,HIYS,PMET,COOL]

この「兄弟」の会話は、シュールな空間

W井上
（だぶる・いのうえ）《名詞》

スタンガンの女豹（めひょう）・井上貴子＆女ターミネーター・井上京子からなる強力タッグ。第4回「格闘女神MECHA」に登場し、極楽同盟と男と女のガチンコ勝負を繰り広げた。女に手加減しないことが信条の極楽同盟に苦戦したが、最終的には井上貴子がスタンガンを使用しTKO勝ち。
[KTJM,COOL]

ダブルクリック
（だぶる・くりっく）《名詞》

正しくはパソコンのマウスを2回続けてすばやく押す操作のことだが、「ザ・カルチャータイム」のMr.ヤベッチは「よう小さい頃オカンに言われてましたわ、『ひろゆき、ちょっとクリックしといてーって』」。
[CTTM,COOL]

タマ
（たま）《名詞》

加藤家のペットである白いネコの名前。「爆烈お父さん」のオープニングにはテーブルの下やテーブルの前でチョロチョロしているが、お父さんのテンションが上がり出すと、おびえてセットの外に出てしまうことが多く、その姿をブラウン管越しに確認できることは極めて、まれ。磯野家を模倣する加藤家において、タマは日本家庭の伝統を象徴する存在である。

[BROS,COOL]

佐藤動物プロ所属

て、元恋人ミキに暴力を働き、カネをむしり取る加藤浩次役を熱演。ルックスはともかく、加藤の暴力的で快楽主義的な心性を迫真の演技で演じ切り、めちゃイケメンバーから絶賛された。

[KTOK1,COOL]

本当はイイ人なところも加藤と共通

タワーレコードの奇跡

（たわー・れこーど・の・きせき）《名詞》

1998年1月24日、31日の2週にわたってO.A.された矢部浩之の「持ってけ100万円」で、渋谷のタワーレコード前に現金30万円を放置したところ、一瞬女の子が持ち去ろうとするが、すぐにまた元の場所に戻してくれた。そして30万円は2倍の60万円に！これが世にいう「タワーレコードの奇跡」である。この奇跡が再び起こることを祈り、1999年2月6日、13日O.A.の大阪編でも、大阪・梅田のタワーレコード前に現金15万円を放置。矢部は60秒放置すれば現金が4倍になるというラッキーチャンスを用いて、見事60万円をゲット。タワーレコードは本当にツキを呼ぶスポットなのである。

[YHMH,COOL]

丹古母鬼馬二

（たんこぼ・きばじ）《名詞》

ワイルドな風貌で知られる個性派俳優。「涙の借金返済ツアー」の再現VTRにおい

た

ち

チェック

（ちぇっく）《名詞》

check(英)。調べる事。「少年愚連隊シリーズ」で頻出する人気コーナー。対象人物の属性を調査するために「小銭を落として困る」、「腹痛を起こして苦しむ」、「お色気で誘う」などの様々なシチュエーションを設定し、その人物の反応を確認、人となりを判断する重要な仕事で、主にADが担当する。

これまで行われたチェックとしては、「いい人度チェック」(「七戸少年愚連隊」)、「お父さん度チェック」（「深野少年愚連隊」)、「告白すべき度チェック」（「河野少年愚連隊」)、「気合入ってる度チェック」（「ヨモギダ少年愚連隊」）などが確認されている。

このチェックに起用されたADには、玄人はだしの芸を見せるものも多く、めちゃイケADの個性の豊かさを示す名物コーナーとなっている。

[SNGT,COOL]

チェリー・ボンバーズ

（ちぇりー・ぼんばーず）《名詞》

桜庭あつこ＆フランソワーズ・ヒロタからなる女子プロタッグ。第2回「格闘女神MECHA」に登場し、チャイナイト光浦とソノキニナッタラ大原が組んだ新生フレッシュ・ギャルズと対戦した。結果は13分41秒、レフェリー・岡村四郎限界と、謎の覆面OL（JR新大久保）乱入で無効試合。

[KTJM,COOL]

ちっさい社長

（ちっさい・しゃちょう）《名詞》

横須賀社長（身長176cm ）の影から突然顔を出すもうひとりの社長（身長156cm)。新入社員の濱口優だけがその存在を目撃していて、他の社員たちは気づいてさえいない。ちっさい社長はたとえ仕事中であっても欲望にブレーキをかけることができない。横須賀社長の頭にストローを差し、横須賀社長が気絶するまで甘い汁を吸い取ってしまう。学習能力もゼロで、体から空気がもれてしまう横須賀社長に一生懸命空気を送り込んでふくらませようとしたりする。基本的にセリフはないが、時に奇妙な鳴き声を出すかと思えば、「へい、らっしゃい！」と極めて明瞭に叫ぶこともある。ちっさい社長は横須賀社長とともに、現実を超越した極めて特異な存在であり、ベタで勝負することの多いめちゃイケでは珍しいシュールな世界を展開している。

[YSKS,COOL]

濱口にしか見えないのはもったいないぐらい、いろいろやってくれる

小っちゃい山さん

（ちっちゃい・やま・さん）《名詞》

2000年9月23日O.A.の「めちゃイケスクリーム」で、川口湖畔の地中から発掘された山本圭壱の人形。3分の1スケールであること以外は完璧な山本圭壱を実現。めちゃイケメンバーの中で一番体の大きい人が一番小さくなり、いつもはふてぶてしいのに、無抵抗でスヤスヤ寝ているというところに、本物の山本が本質的にもっている愛すべきキャラクターが見えてくる。小っちゃい山

さんは本人のいないところでその効力を発揮し、2000年年末のpM8では病欠の山本に代わって見事その代役を果たした。秘密基地で本田みずほと涙の再会をしたのも小っちゃい山さんのほうだった。また時には「爆烈お父さん」の加藤家の茶箪笥(ちゃだんす)にしまわれていたり、「格闘女神MECHA」で本人が休む時に小っちゃいダンプ山本として使われたりしている。見た目がそっくりなだけでなく、ずしりと重量感のあるこの人形は、近くで見るとあまりにリアルすぎて怖いというスタッフ談もある。

[YBOK3,PMET,BROS,KTJM,COOL]

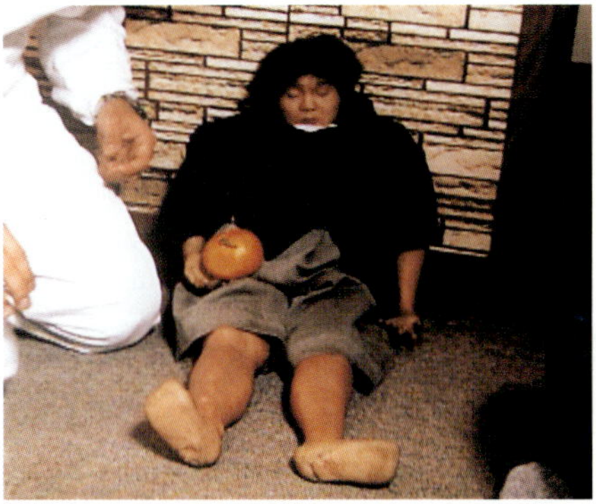

すやすや安らかに眠り続ける小っちゃい山さん

これが小っちゃい山さんの実物大の手形。
自分の手と大きさを比べてみよう！

ち

ちび太

（ちびた）《名詞》

「山本球団」発足時に、山本圭壱が岡村隆史につけた愛称。

[YMKD,COOL]

チビタイガーマスク

（ちび・たいがー・ますく）《名詞》

めちゃ日本女子プロレス所属のマスクマン。いつのまにか極楽同盟のセコンドを務めている。「格闘女神MECHA」のクライマックスに突然登場し、リング上で全裸で「ひよこかビワかのような物体」（実際に見たゲスト席のよゐこからの情報）を振り回すのだが、本人は闘争心が先に立ち、パンツが脱げたことには気づいていないらしく、ボコボコにされた後にようやく「事態」を悟り、物体を股にはさんでメスタイガーマスクに変身することもある。なおこのキャラクターのルーツは「とぶくすりZ」時代のショートコントにまでさかのぼることができる。おそらく同一であろう人物が、タイガーというキャラクターを演じていたのだ。タイガーとチビタイガーマスクのちがいは、タイガーは覆面がとれてしまうのに対して、チビタイガーは覆面以外がとれてしまうことである。

[HIYK,KTJM,COOL]

テレビ画面では覆面をふたつ着用！

チビッコ討論会

（ちびっこ・とうろん・かい）《名詞》

チビッコ代表6名（木村春香・12歳／河辺知恵子・11歳／北岡咲耶・12歳／駒場和也・10歳／山下彩子・12歳／宮崎智也・11歳）とめちゃイケメンバーが「めちゃイケのここがキライ！」をテーマに1998年5月30日のO.A.で討論会を行った。加藤浩次にはシャンプー刑事での暴れぶり、光浦靖子に対しては雛形あきこと鈴木紗理奈に対する態度などが、チビッコたちから指摘された。チビッコといえども皆立派な意見をもち、積極的に発言していたのに、有野晋哉に対してはチビッコからのコメントはいっさいなかった。その大きな理由は「有野で笑った記憶がない」ため。めちゃイケでの存在感の薄さが浮き彫りにされた有野は「僕はテレビ向きじゃない！」とチビッコたちに反論。そんな有野の姿に傍聴席の300 人のチビッコたちから感動的なガンバレコールが湧き上がった。

[CBTK,COOL]

チャイナナイト光浦

（ちゃいな・ないと・みつうら）《名詞》

アイドルの登竜門とも噂されるめちゃイケ内の女子プロレス中継番組「格闘女神MECHA」を代表する、薹の立っためちゃ日本女子プロレス所属レスラー。第1回「格闘女神MECHA」ではチャーミー鈴木とタッグを組んでフレッシュ・ギャルズを名乗り、ダイナマイト・ウォーリアーズ（大原かおり＆嘉門洋子）に辛勝。しかし、その後チャーミーはレスラーから本業のアイドル鈴木紗理奈に戻り、第2回「格闘女神MECHA」では対戦相手だった大原かおり（ソノキニナッタラ大原）とタッグを組み、新生フレッシュ・ギャルズを名乗ることに。しかし第3回では大原も本業が忙しくなりアイドルに戻ってしまい、今度は謎の新進若手女優・矢沢心と超新生フレッシュ・ギャルズを名乗ったものの、その矢沢も、あっというまに「オヤジぃ。」で大ブレイク。第4回ではかつて対戦した元アーミー・エンジェルスの堀越のり（リングネーム・堀越学園）とフレッシュ・ギャルズ2001を組むこととなった。若い女に次々と抜かれ、まるで牢名主のようにめちゃ日本女子プロレスの牙城を守り続ける30女のファイティングスピリッツは、どんどん人相が悪くなるパンダ人形が象徴しているのである。

[KTJM,COOL]

30女の哀感がにじむファイター

CHA-CHA

（ちゃ・ちゃ）《名詞》

欽ちゃんファミリーのアイドルグループ。勝俣州和らが在籍。映画オーデション企画「実録・伊豆の踊子」にて、クリストフ監督が男優ひとりひとりに経歴を訊ねた際に、スタジオ中を爆笑させた山本圭壱の答えが、「CHA-CHAの付き人やってました」だった。

[EGAD,COOL]

ちゃぶ台

（ちゃぶ・だい）《名詞》

「爆烈お父さん」の中で、なくてはならない小道具のひとつ。家族全員がちゃぶ台を囲み、お父さんの大好物のすき焼きをつつく。ときおりゲストの言動に激怒し、お父さんがジャイアントスイングをお見舞いするときは、彼がひっくり返す前に家族の手で部屋の隅に片づけられる。お父さんのボルテージが上がれば上がるほど、ちゃぶ台を守る家族は冷静になるのだ。ちゃぶ台はすなわち加藤家における、理性のメタファー（隠喩）と言えよう。

[BROS,COOL]

中国ゴマ

（ちゅうごく・ごま）《名詞》

『新春かくし芸大会』で岡村隆史がネプチューン、安達祐実、知念里奈らと一緒に行った演目。直径15cmぐらいの糸車状のコマを、棒についたヒモ1本でバランスをとりながら回し、そして飛ばすという曲芸。中国の雑技団でも超人気の演目で、難易度も高い。中国ゴマを上手に操るには、基本テクニックのオープン、クローズ（図参照）をマスターすることが第一の課題となる。かくし芸大会では6人が横一列に並び、ひとつのコマをヒモで渡していく「6人渡し」という高度な技が最大の見せ場として用意されていた。しかし出演者全員忙しいため、

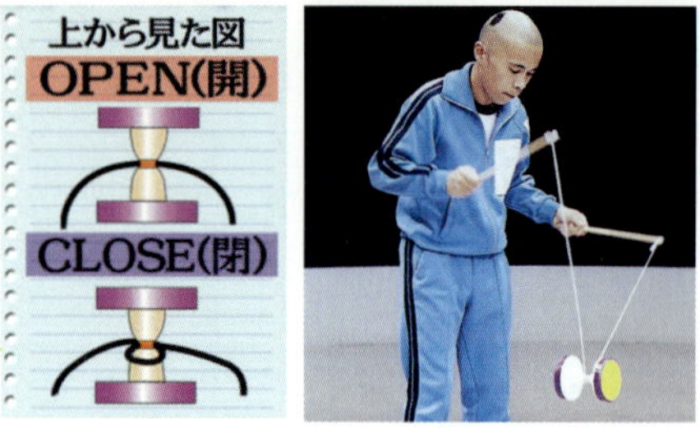

中国ゴマを回転させる原理。すべての基本がここにあり

そろって6人渡しを練習できたのは本番前の最後のリハーサルのみ。この一度きりのリハーサルでは失敗。そのまま本番に挑むことになったが、見事成功を収めた。

[OMOS4,COOL]

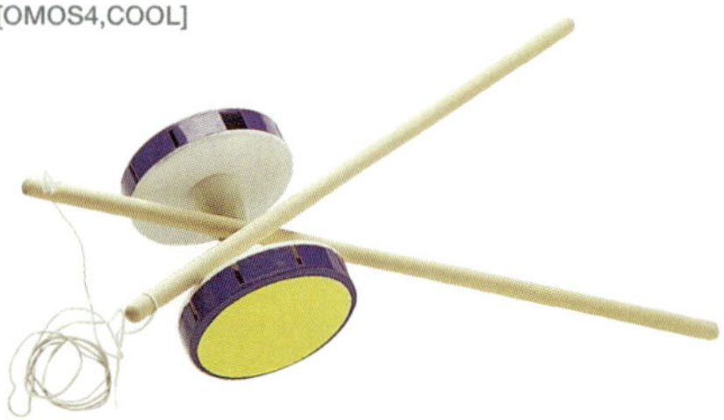

通常は習得するのに最低でも1週間はかかるという

チュンバ

（ちゅんば）《名詞》

①映画『岸和田少年愚連隊』（1995年）における、矢部浩之の役名。
②子ライオンの人形の名前。岡村オファーが来ましたシリーズ『ライオンキング』で岡村隆史が、ギャラとして得たこの人形に『ライオンキング』の主役シンバに対抗して名付けた。

[OMOS7,COOL]

提灯アンコウ

（ちょうちん・あんこう）《名詞》

1998年10月24日O.A.の「竹村健一王」で加藤浩次は提灯アンコウのかぶりもので登場。提灯のふたをあけ、正体不明の物体を竹村の額に押しつけると、竹村の額から電流が流れ、アンコウの体が発電してピカピカ光る仕組みになっている。この提灯アンコウは、ダイビングが好きな竹村健一のことを、隠岐島の海底で見守っていたらしい。そのエピソードで竹村の心をつかんだが、やがて持ち前の説教グセが出始め、説教の大家である竹村に説教をし始めることとなった。

[TMKO,COOL]

竹村健一を電源としてピカピカ光る提灯アンコウ

超能力満載バッグ

（ちょうのうりょく・まんさい・ばっぐ）《名詞》

エスパー伊東が超能力を見せる時に使うグッズがたくさんつまったボストンバッグ。しかし中がぐちゃぐちゃすぎて、使いたいものをすぐに取り出すことができない。必死でバッグの中をかきまわすエスパーの姿は矢部浩之が「手伝いましょうか？」と声をかけたほどである。

[EPIT,COOL]

ちょっぽり

（ちょっぽり）《名詞》

フジテレビの月9ドラマ「ブラザーズ」出演のオファーを受けた時の岡村隆史のヘアスタイルの名称。「ブラザーズ」の主人公の役柄が住職だったため、脇役としてオファーを受けた自分も住職役だと早合点し、役柄に合わせて坊主頭にした。しかし前髪の一部分を切り忘れていたため、何とか本当の配役である警官を演じられることになったのであった。
[OMOS2,COOL]

ギリギリで事なきを得た岡村さん

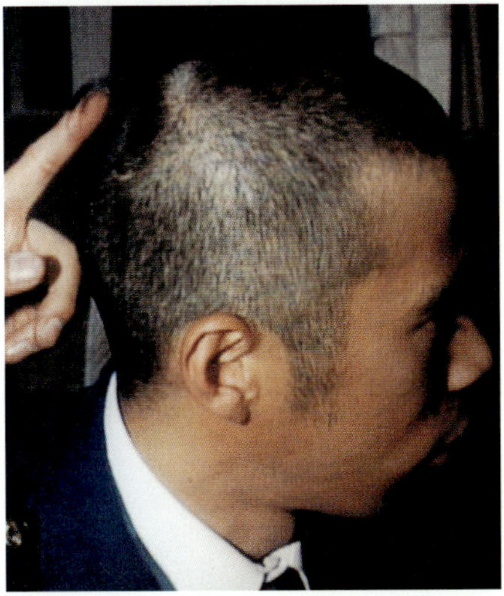

だが裏ちょっぽりも……。そのストーリーはブラザーズで

つ

つけっ鼻
（つけっ・ぱな）《名詞》

STAMPにおける公式プロテクターだが、巨大ハリセンの餌食になった場合、カツラとともに吹っ飛ばされることが多かった。とくにデビッドにとっては飾りもの程度にしか用をなさず、「（ほんものの）鼻が曲がった」と泣き出したこともあった。このつけっ鼻は東急ハンズ系の小道具であり、ニセ外人風のキャラづくりに一役買っていた。
[STMP,COOL]

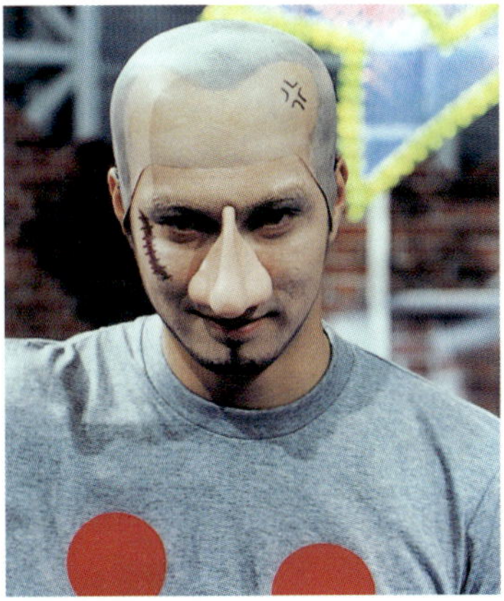

これも東急ハンズ系の小道具

辻ちゃん
（つじ・ちゃん）《名詞》

（株）スウィッシュ・ジャパンに所属するめちゃイケのロケ担当チーフカメラマンのこと。別名・辻キャメラマン。めちゃイケに格闘技を流行らせた張本人である。彼の3大好きな物は「おかき、コーラ、格闘技」。
[SINP,HIYK,HIYZ,POP!,COOL]

ツタンカーメン師匠
（つたんかーめん・ししょう）《名詞》

1998年10月24日O.A.から登場した、アフリカマン・小便小僧に続く濱口優の3代目塗りキャラ。ツタンカーメン師匠に扮した濱口が芸能人の悩み相談に応じる。ツタンカーメン師匠の芸歴はなんと3000年！　本来ならその豊富な人生経験に基づいて相談に乗ってくれるはずなのだが、なぜだかいつも頼りない。真剣に悩む芸能人の方々への解決策として一発芸やギャグを提案することが多く、最終的にはツタンカーメン師匠のほうがツッコミを入れられる。これまでツタンカーメンに悩み相談に訪れたのは草彅剛、榎本加奈子、チェキッ娘、稲垣吾郎、ビジュアルクイーン・オブ・ザ・イヤー'99、山口もえ、IZAM、はしのえみ。ツタンカーメン師匠の隣の部屋にはスフィンクスのOL（大久保佳代子）が住んでいて、ツタンカーメン師匠と芸能人とのやりとりに聞き耳を立てているうちに壁を突き破り、登場。ツタンカーメン師匠とスフィンクスとの関係及び展開がどうなっていくかということも今後の要注目事項である。

[TTKM,COOL]

3000年の命を表現するツタンカーメン師匠

ツッパリ系
（つっぱり・けい）《名詞》

SMAP・中居正広の好きな女の子のタイプの一つ。中居の彼女を見つける「日本一周　お見合いの旅!!」において、仲人役のナインティナインは高知でのお見合い相手に女子大生・築比地里絵ちゃん（当時20歳）を選んだが、しかし彼女は全国女子相撲で連続優勝を誇る正真正銘のツッパリ系（すなわち相撲取り系）だった。関西ではツッパリ（不良）は「ヤンキー」と表現され、ナインティナインはその違いに気づかなかったのである。言葉の壁が生んだ悲劇であった。

ちなみに築比地里絵ちゃんは2001年の全日本女子相撲選手権大会において、無差別級で5連覇の快挙を成し遂げた。

[NHIS3,COOL]

つばめ救助隊
（つばめ・きゅうじょ・たい）《名詞》

1998年3月21日にO.A.された、極楽とんぼによるショートコントの幻のキャラクター。だが、説明不可能。

[TBKT,COOL]

活躍中のつばめ兄弟。右が兄、左が弟

坪倉マネージャー

（つぼくら・まねーじゃー）《名詞》

ナインティナイン担当マネージャー。岡村オファーが来ましたシリーズ「動物王国」や、「ヨモギダ少年愚連隊」でもその姿を確認できるが、何と言っても1999年大晦日〜2000年新春にかけての生特番「めちゃ²あいしてるッ!」での、岡村隆史のマラソンに伴走し、エンディングで、思わず男泣きする姿が感動を呼んだ。

矢部　ずっと付き添ってた、ウチの若いマネージャーがちょっと泣いてしまっています。感動の余り。ずっと走ってた？付いて。

坪倉　（涙を拭きながら）ずっとじゃないすけど…

加藤　ずっとって言えよ、おまえ。

感動はもろくも崩れ去った。

[OMOS6,COOL]

て

鉄拳

（てっけん）《名詞》

誰もその素顔を知らないナゾの若手芸人。インパクトのあるルックスと、紙芝居が織り成すオリジナルな世界は、「笑わず嫌い王決定戦」で久本雅美も大絶賛した。

pM8企画においては、行方不明の加藤浩次の元彼女のクリスの消息について、関係ないけど詳細に調査を行い、いつものように紙芝居仕立てで結果を発表してくれた。

さらには、あくまでも噂だとしながらも、「昔加藤さんは超有名俳優（似顔絵付き）に彼女（ミキ）を寝とられたが」などという禁断のネタを次々と繰り出す鉄拳に加藤は激怒、スタジオ中を追い回す騒ぎに。

[WWGO,PMET,COOL]

加藤がミキを寝取られた超有名俳優（鉄拳画）

鉄人作家伊藤さん

（てつじん・さっか・いとう・さん）《名詞》

めちゃイケを仕切るチーフ構成作家、伊藤さん（実在）を岡村が演じたショートコント・シリーズ。色白で目の下には真っ黒なクマ、メガネに柄シャツという風貌。実在の伊藤正宏は「とぶくすり」時代からわずかなギャラでショートコントの名作を量産し、メンバーの成長を見つめ続ける番組の母親的存在である。当コントは1997年4月26日O.A.から4回登場。

『伊藤まさひろ、33歳。彼は24時間一睡もせずに働き続ける鉄人作家』というナレーションで始まり、テーブルに突っ伏して爆睡中の鉄人がフレームイン。突如ガバッと身体を起こして一言。「イノシシは暴れるよ」「ネジ1本ゆるめとく？」「ヘルメットは白っぽいやつ」……素人ではとうてい理解できそうもない、その予言めいた言葉たち。しかしスタッフらはそれがいかに的確な指示か思い知らされ、彼の仕事ぶりに恐れ入るのだ。これは睡眠中にも番組のことを考え続ける鉄人の、作家魂とタフネスぶりをリアルに表現したコントといえよう。ちなみに第4回目には本人が出演し、ディレクター役の加藤浩次とAD役の濱口優に「コントはちゃんと落として」と指示、見事にコントを落としている。

[TSIS,COOL]

テロップ

（てろっぷ）《名詞》

テレビ画面にスーパーインポーズ（表記）される文字のこと。片岡飛鳥曰く「化粧」。

[SINP,HIYK,HIYZ,POP!,COOL]

デロリアン

（でろりあん）《名詞》

DE LOREAN（英）。pM8にて、岡村隆史が8年間の歴史を遡るために製作。『バック・トゥ・ザ・フューチャー』とは違い、タイムマシン性能は定かではないが、多摩ナンバーを取得、一般道を普通に走行する事が可能。

このマシンの製作には巨費が投じられているものと思われ、JAWS同様、プロデューサーの人事異動が懸念される。

[PMET,COOL]

高速料金700円を払ったデロリアンの勇姿

転校生

（てんこう・せい）《名詞》

大林宣彦監督、尾美としのり、小林聡美主演の映画のタイトル。石段から転げ落ちたら外見はそのままで、中身だけ男女入れ替わっていたというストーリーである。沖縄でのドラコン大会終了後、ゴルフ場で大ゲンカになった極楽とんぼのふたりは、もつれあっているうちに急斜面から転げ落ちてしまった。起き上がった時には加藤浩次の中身が山本圭壱に、山本の中身が加藤に入れ替わっていて立場が逆転。そのふたりの様子は『転校生』の原作のタイトル「おれがあいつで、あいつがおれで」状態そのものだった。

[DKTK,COOL]

と

東急ハンズ系
（とうきゅう・はんず・けい）《名詞》

東急ハンズなどで購入し、めちゃイケに使用する小道具のこと。馬カップルやダイブツくんのお面、STAMPのつけっ鼻などが代表的なものである。番組スタッフがつくったものではないので、誰もが同じ扮装をすることができるのだが、「優秀な役者はパペット（人形／ぬいぐるみ）に魂を与える」と、かのジュリー・テイモアも言うように、同じ恰好をすれば同じレベルの笑いがとれるというものではない。

[DIBK,OHID,STMP,SNGT,COOL]

東京裁判
（とうきょう・さいばん）《名詞》

「期末テスト」社会の試験問題に出てきた用語。「マッカーサーのことを『ポツダム宣言』『GHQ』『東京裁判』の3語を使って説明せよ」という問いに対し、武田真治は「ポツダム宣言によって送り込まれたマッカーサーにとって、あのGHQと東京裁判は忘れられないだろう」と答え、周囲から「マッカーサーの日記か？」とツッコまれた。なお、模範解答は「ポツダム宣言を受け敗戦した日本に、GHQの最高司令官として来日したマッカーサーは、東京裁判などの軍事裁判で戦犯を裁いた」。

[MIKT,COOL]

東京ヴォードヴィルショー
（とうきょう・ヴぉーどヴぃる・しょー）《名詞》

吉本興業に入る前、極楽とんぼの2人、広島県出身の山本圭壱と北海道出身の加藤浩次が上京して出会い、コンビ結成のきっかけになった佐藤B作主宰の劇団。「涙の借金返済ツアー」で、それまで指摘された過去の借金に対しては、言い掛かりだと言わんばかりに強気の態度を崩さなかった加藤だが、この劇団がある高田馬場に近付くにつれて、落ち着きをなくし激しい動揺を見せた。実は大恩あるこの劇団の月謝を払うことができなくなり、ふたりで逃亡。コンビを結成して吉本興業のオーディションを受けたところ合格した、という言語道断の過去を持っていたことが発覚。

[KTOK1,COOL]

トゥキン
（とぅきん）《名詞》

岡村隆史曰（いわ）くの、「ツルツルのスキン（ヘッド）」、それを更に上回る「トゥルトゥルのスキン」、を略したもの。おしゃれでいいカッコしいの濱口優へのだまし企画「スター・ウォーズ・エピソードII」に引っ掛かった際の髪型だが、その後濱口は、pM8において、自らが本田みずほにした仕打ちを悔い、みずほが集合写真の撮影現場に現われない事を詫びる意味で、再び自発的にトゥキンになった。が、みずほはその後無事にその姿を現し、濱口のトゥキンは、ただ空しく光るのみだった。一芸人が1年間に2度のトゥキンという大記録は、しばらく破られないだろう。

[HGDS3,PMET,COOL]

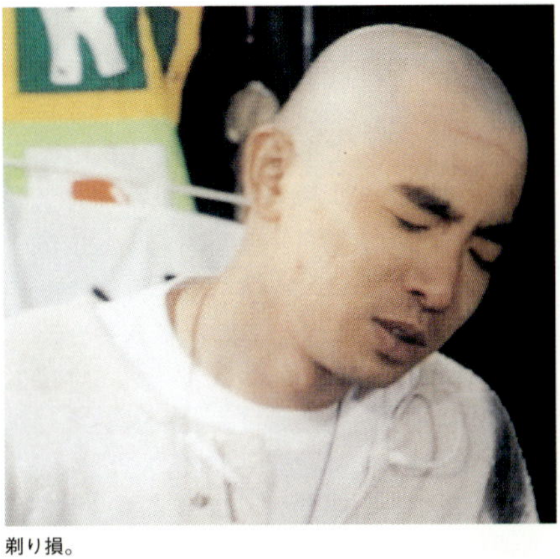

剃り損。

藤四郎

（とうしろう）《名詞》

①矢部浩之の祖父の名前。フルネームは矢部藤四郎。

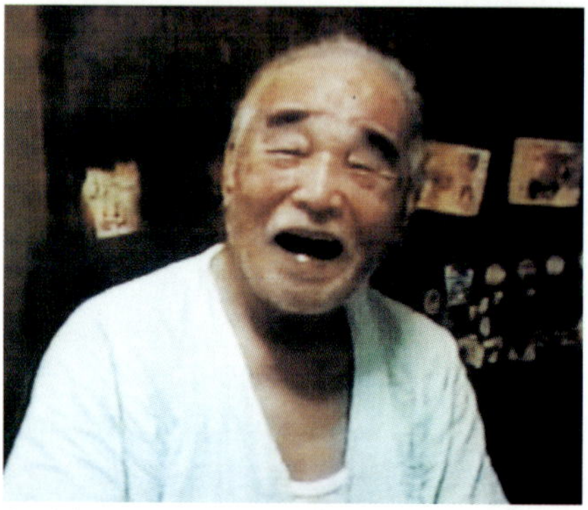

とぶくすりスペシャルに出演した藤四郎さん

本物の矢部藤四郎さん自身も幾度か番組に登場し、数々の伝説のボケを披露してくれた。pM8でも放映された藤四郎さんの有名なボケはアルファベット。「アルファベットを言ってみて」と矢部に言われて、「ABCDEFGHIじぇっけんえれべのP?」と藤四郎さん。再度言い直すと「ABCDEFGHIじぇっけん？LM～P」とO が抜けていた。また、藤四郎さんにJリーグのチーム名（当時10球団）を言わせると以下のようになる。

●ヴェルディ川崎→ヴェルジー川崎
●清水エスパルス→清水エスパレス
●横浜マリノス→横浜マイナス
●鹿島アントラーズ→キタシマアントラーズ
●横浜フリューゲルス→横浜フルーゲルス
●サンフレッチェ広島→サンフレッシュ広島
●名古屋グランパスエイト→名古屋グランパスセール
●ジェフ市原→ジェフいちはん
●浦和レッズ→浦和レッシュ

以上の矢部と藤四郎さんとのやりとりは「とぶビデオ2」に収録されている。ちなみにこの矢部と藤四郎さんの様子を8ミリのビデオカメラで撮影しているのは岡村隆史である。スタッフから藤四郎さんを撮影するようにとビデオカメラを渡された岡村は、自分にとっては一銭の得にもならないが一生懸命撮影し、欠かさず締切りまでに「納品」していたという。

なお本物の藤四郎さんは1997年6月15日に永眠された。

②岡村隆史が矢部浩之の祖父を真似たキャラクター。

手がふるえてなかなか煙草に火をつけられない藤四郎

その超おじいちゃんぶりにいち早く注目した岡村が「とぶくすり」の中で「藤四郎のくすり」というタイトルでコント化。もともとは「うのうのだん」のトークの中で話題にのぼったのがきっかけだった。その後、こたつをはさんで可愛い孫（矢部）と話す藤四郎（岡村）の姿はとぶくすりの初期キャラクターの中でも群を抜く人気に。当時のコント台本はほとんどが実話に基づいていて、普段はツッコミ役の矢部が、藤四郎（岡村であるのに）の前では孫の顔になってしまうのが印象的だった。1993年10月から1994年4月にかけて単発で放送されていた「とぶくすりスペシャル」では木村拓哉や細川ふみえに孫に代わってあいさつに出向いたりと当時は番組にとってなくてはならない存在だった。ちなみにpM8では突然生き返り、孫の龍弘（本物）の成長ぶりに目を細めた。

[HIYK,HIYS,HIYZ,PMET,COOL]

「どうですか？」
（どう・ですか？）

報道陣が全日本サッカー代表の名監督だった岡ちゃんを取り囲んでいる時に行う、スキンシップのきっかけとしてスイッチとなる言葉。矢部浩之が「どうですか？」と言いだすのを、取材陣ばかりかファンまでもが待っている。「どうですか？」という言い方には、「いいとも風」「谷村新司風」「稲川淳二風」「桂三枝風」「ジャイアント馬場風」「アントニオ猪木風」「ザ・ベストテン風」「ビートたけし風」「フランソワーズ・モレシャン風」などさまざまなバリエーションがある。

[OKTN,COOL]

どうですか？

東藤さん
（とうどう・さん）《名詞》

加藤浩次の小樽時代の親友。「涙の借金返済ツアー」と「加藤＆大久保」に実名で登場。前者で、加藤に10万円を貸したばかりに零落（れいらく）していった半生を涙ながらに訴えたわりには、後者には小樽で営む「カメラの東藤」の若き主人として登場。素人とは思えない、堂に入ったキャラ作りを見せた。

その後、本事典に彼の写真を載せる旨（むね）伝えたところ、喜び勇んで送って来たものがこれである。さすがカメラ屋さん。

[KTOK,COOL]

凛々しい「カメラの東藤」若主人の肖像

動物王国
（どうぶつ・おうこく）《名詞》

ムツゴロウこと作家畑正憲氏が国王として統治する、敷地面積150万坪（東京ドーム100コ分）を誇る一大動物パラダイス。岡村オファーが来ましたシリーズ「シャカリキに頑張るゾ、動物王国スペシャル!!」（1999年10月9日O.A.）で岡村隆史にオファーして来たのは、そのムツゴロウさん。

ここ半年間主役の無かった岡村隆史にとって、今回のオファーは依頼の手紙を読むまでもないモノだった。もちろん大乗り気。ムツゴロウさんの手紙、「王国に来て、動物たちの世話をして欲しい」。「絶対やりません、アホか！」と岡村。

実は2年前、番組の中でシェパードの横田君との骨取り競争の最中、お尻を噛（か）まれた岡村。2針縫う怪我を負い、以来動物恐怖症に。

しかしムツゴロウさんの手紙の続き、「競

岡村さんが頂いた名誉国王の帽子

乗馬にも非凡な才能を見せる、練習中の岡村さん

馬で勝負しましょう。僕の勝ちですね」。「何を！ なめとんな、わしを！」。ナインティナイン、早速王国入り。いつもの青ジャージ姿で、犬軍団を始めとする、個性豊かな王国の住人たちを紹介される岡村。今回のギャラは、岡村が勝ったら、岡村が新国王となる、事実上のクーデターだった。

ここで衝撃の事実が判明。岡村、何と乗馬経験なし。通常レースに出られるくらいになるまでに1年はかかるという。更に、彼が騎乗馬として選んだのは、スピードは王国一だが、気性の荒い女王馬マロン。コーチのアドバイスにあった、「馬と恋人関係を築く」が、なかなか上手く行かない岡村。それは思えば、岡村の人間の女性に対する不器用さ、扱いの下手さ、がそのままマロンとの関係性に現れているのだった。マロンにいいように翻弄（ほんろう）され、苦悩しつつも、頑張り抜く岡村。

やがて岡村は、異常とも思える勘の鋭さと運動神経のよさを発揮し、かのムツゴロウをして「天才だ」と言わしめるほどの上達ぶりを示した。競馬勝負を前に、子供っぽい言い合いや、サウナ勝負などで、とにかく張り合う岡村と負けず嫌いの象徴、ムツゴロウ。ちなみに、王国滞在中、就寝中の岡村の顔の上にムツゴロウが置いたハムを、岡村が起きがけに6.0秒で食べた事をきっかけに、後の「寝起き早食い選手権」は誕生している。

大会当日、さまざまなボケをかましながらも、最後はムツゴロウに競り勝ち、1着でゴールインする。

矢部　奇跡や！

しかし！

矢部　でもね、一つだけ引っ掛かる事、あるんですよ。発表していいすか。

せっかくの岡村の勝利と、感動に水を差す矢部の発言に怒る一同。それには構わず、

矢部　この馬ね、(岡村が乗るはずだった)マロンやないんですが。

岡村　あっ…、乗り間違えた!?

どうやら馬が別の人の乗るモノと入れ違っていたらしい。世紀の騎乗間違いが発覚！ この乗り間違いによって、岡村の野望と周囲の感動は同時に消えた。が、王国の人たちは岡村を高く評価、名誉国王の帽子を贈り、そして王国発祥の地、浜中では岡村の名誉国王を讃える看板が掲げられている。

なお、動物王国のフジテレビでのO.A.は20年にわたる歴史に幕を閉じたが、めちゃイケと王国の友情は永遠のものである。これからも頑張れ、動物王国!!

[OMOS5,COOL]

国王ムツゴロウさんと固い握手を交わす岡村さん

動燃

（どう・ねん）《名詞》

正しくは国内原発を管理する特殊法人のことだが、「ザ・カルチャータイム」のMr.ヤベッチは「はまったね〜若いとき。歴史上の人物でようのってたよ、教科書に。鑑真（がんじん）と共に仏教を支配していたね」。察するに法然（ほうねん）のことか？

[CTTM,COOL]

どさぐり

（どさぐり）《名詞》

詳しい意味は不明。加藤浩次の造語と推測される。動詞にすると「どさぐる」。北海道の方言との噂もあるが、とにかく、加藤の「どさぐり」の実態は2000年4月8日O.A.の「初生放送だよ全員集合！　4月馬鹿スペシャル!!」で紹介されている。有野晋哉の相撲まわしをずらしケツをぐりぐりするという、ひじょうに執拗（しつよう）かつ陰湿な行為であった。なお、この初生放送時にはムツゴロウ先生が出演。加藤の顔や尻を舐（な）めたり、口の中に指を入れて舐めさせたりと加藤が逆にどさぐられていた。

[HGDS4,COOL]

正しいどさぐりの仕方

トシちゃん

（とし・ちゃん）《名詞》

❶芸能界の大先輩アイドル・スター。正式名称：田原俊彦。1997年12月6日O.A.の「こにしプロデューサー」に登場し、そこでは「トシちゃんはこにしPが育てた！」ということになっていた。こにしPによるとトシちゃんのことは「デビューの頃から手取り足取り」で、「金八の時に年ををごまかさせた」らしく、さらに「ヒット曲も数々プロデュース！」したらしい。ちなみに彼のプロデュース曲は「ナッとして！GOOD」（♪ナッとして、グッときて、ゴワッと生えてる腕毛だから〜フッとした瞬間の、君はこにしさ〜♪／1980年）と「こにしDO」（♪こにしDO！　こにしDO！　スゴイ腕毛が欲しい〜こにしDO！　こにしDO！　もっと生やしていいね〜♪／1981年）。ポイントは歌も踊りも腕毛中心ということ。けっきょく自分の腕毛のことばかりアピールするこにしPなのだが、トシちゃん は振付つきで楽しそうに歌ってくれたのだった。このように当コーナーをここまで面白くできたのは、ナインティナインとトシちゃんが「笑っていいとも！」のレギュラー時代からのつき合いという信頼関係があったからに他ならない。

❷同じ日に出演した神田川俊郎（料理）

❸同じく福井敏雄（天気予報）

❹同じく島崎俊郎（アダモちゃん）

[KNPD,POP!,COOL]

トシとこにしはマブダチ

と

どぜう

（どぜう）《名詞》

「とぶくすり」で濱口優が演じていた大人気のキャラクター。原型は「みんなのうた」で濱口が罰としてわりばしをくわえたことにある。このことが当時番組のプリンスだった濱口に突如として方向性を転換させるきっかけを与えることとなった。不幸な事件や悲劇が起きた時など、救いようのない状況の時に鼻の穴から下唇へとわりばしを渡した濱口が「そんなことないでー」と言いながら登場。「しゅっくえる、しゅっくえる」とざるを使いながら不幸な人々を救おうとするが、残念ながら彼の意に反してすくうことができない。

[HIYK,HIYS,MICM,COOL]

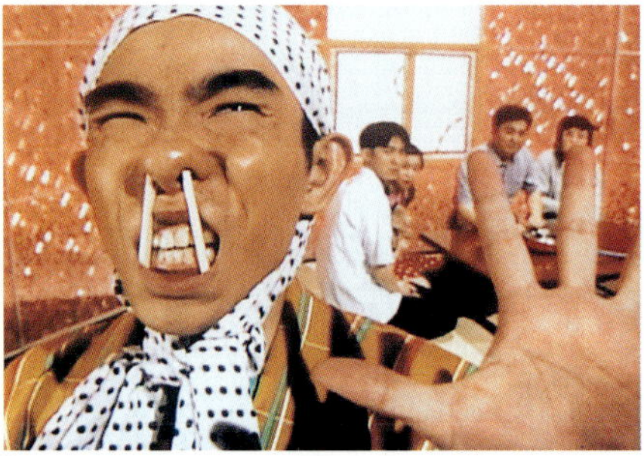

「しゅっくえる、しゅっくえる」

どっちのADショー

（どっち・の・えーでぃー・しょー）《名詞》

めちゃイケの新ディレクターの座をかけて闘う「どっちのADショー」企画（2000年10月21日O.A.）のこと。もちろんあの人気番組「どっちの料理ショー」（他局）のパロディ版であり、テレビ史上初の公開局員昇進試験である。司会は岡村隆史と 加藤浩次。

当企画の内容は、司会の2人がそれぞれADを推薦し、その人間性や仕事ぶりなどを通してどちらがディレクターにふさわしいかを競うというもの。ゲストはディレクターを見極める目に定評のある大竹まこと氏と、ご主人がディレクターという目の肥えた、松居直美氏。

さて、岡村が推薦するのは中嶋優一AD、対する加藤は明松（かがり）功AD。中嶋ADは新宿高校から慶応義塾大学経済学部に進学という超エリート。大学時代はラグビー部で活躍。片やかがりADは、お台場のヘラクレスの異名をとる日本AD史上最強の肉体派。国立神戸大学時代はフットボールチームに所属し、オールスター戦で活躍するほどのスタープレイヤーだった。

このように両者とも知力・体力共に恵まれたエリートなのだが、「最悪のNG！　AD見切れ集」のVTRが紹介された瞬間に状況は一変していく。このNG集において、中嶋ADは撮影中の加藤にウチワで風を送る際、何度やってもぱたぱた仰ぐ間抜けな姿が見切れる。そして、かがりADもロケ中の風景にぼんやりと立ちつくしたまま見切れ続ける（そのシルエットから「ペンギン見切れのかがり」と命名）という醜態を暴露されたのだった。実は、当企画が実現したのも、2人のADによるこのみごとな見切れの数々がきっかけと言われている。

そして最後は、両者が考えた企画の面白さで最終評価を決定。かがりAD案は「普段自分たちが対応している、視聴者からの苦情や励ましの電話をメンバーたちが受け、視聴者の声を直接聞いてもらう」（かがり談）というキャッチーなもの。しかし対する中嶋ADは、見切れだけでなく大事な会議をさぼって「サザンオールスターズ茅ヶ崎ライブ」に行ってしまったという信じがたい事実が発覚。信頼度ガタ落ちのうえ、企画はといえばズバリ「岡村王国」。「ムツゴロウ王国みたいなのを無人島か北海道に作るんです、3年がかりくらいで…」（中嶋談）。面白さはもちろん独創性、具体性、現実性、どれをとってもゼロ。これで全員の評価が決まった。結果はかがりADの圧勝。テレビ史上初の公開昇進試験は、中嶋ADのダメぶりのお陰で、かがりADがディレクターへと繰り上げ当選する結果に終わったのである。
[DCAD,COOL]

これからはかがりディレクター

これからも中嶋AD

殿様のフェロモン
（とのさま・の・ふぇろもん）《名詞》

1993年にスタートした、各界で注目されている若手が一堂に集まった伝説のお祭り番組。毎週土曜日の25：30〜27：00に生放送されていた。お笑いからお色気まで、さまざまな要素が詰まった番組で、ハケ水車や金粉などのヒット企画も生み、「オールナイトフジ」以来、離れていた土曜深夜のフジテレビに若者たちを呼び戻したといわれている。通称「殿フェロ」。常盤貴子、中山秀征、今田耕司、武田真治、千葉麗子、シャ乱Qなどらとともに、ナインティナイン、よゐこ、極楽とんぼ、光浦靖子、本田みずほら「とぶくすり」オリジナルメンバーもレギュラーとして参加。だが、「とぶくすり」のメンバーたちはいつも端のほうに座らせられ、目立った活躍はできずにいた。生放送で自分たちの個性をアピールする術（すべ）を当時はまだ身につけていなかったのである。ただし、この「殿様のフェロモン」が放送されていた半年の間に4回だけ、この放送枠を使って「とぶくすりスペシャル」が放送され、すでに終了していた「とぶくすり」で未消化になってしまった自分たちの笑いを追い求め、闘っていた。
[PHER]

とぶおんな
（とぶ・おんな）《名詞》

めちゃイケの前身「とぶくすり」は2:15amからの放送。こんな時間にテレビを見ている人がいるんだろうか？という心配もあり、最初は番組の冒頭に同タイトルの、ちょっとHなコーナーがあった。当時の超人気AV女優たちが、番組のタイトル通り「くすり」を飲んで「とぶ」というイメージの映像だった。しかし「とぶくすり」はスタッフの心配をよそにすぐに深夜の人気番組となり、やがて女性ファンから「すっごく面白い番組なのに冒頭のコーナーだけはまともに見れない！」という苦情の手紙が届くようになり、消えることに……。番組スタッフにとっては、ナインティナインらがアイドルとなっていたことに気づくきっかけとなった事件であった。
[HIYK]

とぶくすり
（とぶ・くすり）《名詞》

1993年4月8日深夜2:15amから半年間放送された、伝説の深夜番組。ナインティナイン、よゐこ、極楽とんぼ、光浦靖子、本田みずほという出演者からもわかるように、その後、めちゃイケまで続く長い歴史のスタートラインといっても過言ではない番組。出演者は「新しい波」出演者の中から、次世代のお笑いを背負うべきメンバーとして選ばれた。最初に、片岡飛鳥が発掘してきたナインティナインとよゐこの2組が決まり、さらにバランス等を考慮したうえで、極楽とんぼ、光浦、本田（彼女のみ新しい波には出ていない）が選ばれた。当時の社会的な認知度からすると、「まったく無名な8人の若者が作る深夜のお笑い番組」程度の認識から始まって、わずか半年の間に伝説的ともいえる発展を遂げていった番組だった。

と

「とぶくすり」というタイトルは、最初にメンバーとして決まっていたナインティナイン、よゐこと、片岡飛鳥、作家の伊藤正宏の6人で会議を開き決定。「危険な薬」と「クスリと笑う」のダブルミーニングで「○○くすり」にしようというところまでは決まっていたが、なかなか○○の部分が決まらない。それが濱口の一言で「とぶくすり」に決まったのだった。これは史上類を見ない、画期的な濱口のひらめきが発揮された瞬間であり、そのタイトルを口にした瞬間の濱口は輝きのオーラに満ちていた。が、濱口本人はこの時のことをいまではまったく覚えていないというが、その後「とぶくすり」は見事に飛び立ち、濱口が何気なく口にした「とぶ」が結果的にブレイクへの引き金となった。

この番組は基本的に、数々のショートコントと、ナインティナイン&よゐこが出ていた「うのうのだん」と呼ばれる準トークコーナー、「はばたけ！　舞浜商科大学」というタイトルの全員出演によるシチュエーションコント、全員で小学校レベルの楽器を演奏する音楽コーナーの「みんなのうた」、ちょっとHな「とぶおんな」などで構成されていたが、やがてメンバーの進化とともに番組スタイルも変化。「中学生コント」「タカシ君とマサル君」「こぶへい」「どぜう」「藤四郎」「かも川のくすり」「スーパー万太郎」「カケソバン」「たそがれ青年団」「油谷さん」などの人気ショートコントの本数が増えていき、また、「とぶくすり友の会」と呼ばれる全員出演のロケ企画などが番組の中心となっていった。最終回まで続いた「うのうのだん」からは、プライベート情報なども排出され、そこから生まれた企画やショートコントも多い。

この番組が放送されていた頃はナインティナインもよゐこもまだ大阪を拠点にしており、稽古や収録の度に上京していた。また、とにかくお金のない深夜番組だったため、ショートコントのセットで使われる背景画はメンバーが稽古の後で自ら模造紙に油性マジックで描いていたという。そのために徹夜になることも多かったが、岡村隆史やよゐこによる名作も数々生み出されていた。

また、めちゃイケメンバーのキャラクターもこの番組で確立されたといって間違いではない。例えばとぶくすり以前の濱口はシュールなよゐこのプリンス的な存在だったが、この番組で下ネタに初挑戦。どんどん汚れ系キャラとして新境地を開拓していくことに。加藤浩次もとぶくすり時代に、クリスネタや小樽ネタでキャラが明確になった。そんなとぶくすりだったが、同年9月に、その絶頂期において突然終了する。とぶくすり友の会という名前がファンクラブ的な意味を持ち、その数が爆発的に増えてきた真っ最中にである。最終回のうのうのだんでは、全メンバーが正装して初めて勢ぞろいしたが、その時のテーマは「悲しいこと、うの」だった。

こうした絶頂期における打ち切りはその後も何度か繰り返されるのだが、この時はまだ「とぶくすりスペシャル」という90分番組の放送が決まっていた分だけ、幸せだったかもしれない。

なお、「とぶくすり」でのコントはスカイパーフェクTVのpM8ですべて体験できる。
[HIYK]

とぶくすりスペシャル

（とぶ・くすり・すぺしゃる）《名詞》

人急上昇中に不幸にも打ち切られてしまった「とぶくすり」の夢を未来につなぐべく放送された90分番組。「とぶくすり」メンバーも出演していた土曜深夜放送の「殿様のフェロモン」の放送枠を細々と拝借して放送されていた。その第1弾は1993年10月2日O.A.の「とぶくすりスペシャル〜みんな必死なんだよ！」。その後、長いおつきあいになる武田真治他をゲストに、番組史上初めて客前（＝公開収録）での90分番組に挑戦した。この時には当時大ヒットしていた人気ショートコントの数々に加えて、伝説のVTR「矢部家の謎」や、かつてABCお笑い新人グランプリの授賞式で涙した岡村隆史の貴重な映像が放映されている。また、まだ一般には認知度の薄かった番組の知名度を高めるべく、番組の有名人ファンのコメントを紹介する「とぶくすり友の会有名人会員」のコーナーなども初登場した。第2弾「とぶくすりスペシャル2〜みんな必死なんだよ！」のO.A.は同年12月4日。初登場の新キャラであるヨシキ（濱口優）やシゲル・マツザキ（岡村）らのショートコントとともに、当時の最人気キャラクターだった藤四郎（岡村）がSMAPの木村拓哉に会いに行くロケ企画や、とぶくすりメンバーが当時人気沸騰だったJリーグ・読売ヴェルディの武田修宏選手らと対戦する企画などが放映されている。翌1994年1月29日には第3弾「とぶくすりスペシャル3〜みんな必死なんだよ！」がO.A.。加藤浩次が扮する人気キャラ結城みみずのコントに、本物の結城貢さんが乱入するなどのショートコントや番組史上初めての本格的ロケ企画「とぶくすり友の会〜絶叫マシーンでネタをしよう大会」の他、「うのうのだん」では本物の藤四郎さんの貴重なVTR紹介も放映。収録スタジオから電話をかけて、直接藤四郎さんと話をしたのもこの時である。また、この時の「うのうのだん」には再びゲストとして出演した武田も参加している。第4弾となった同年4月2日O.A.の「とぶくすりスペシャル4〜一周年記念〜春の必死まつり」は、「とぶくすり」最初のシリーズ放送開始からちょうど1年目にあたる記念すべき放送となった。ゲストとして、もはや準レギュラー的存在ともいえた武田の他、常盤貴子も出演。「とぶくすり」シリーズの人気は絶頂に達していた感があるにもかかわらず、スペシャルはこの回をもって終了となった。あまりにも突然の放送終了のお知らせに、番組の最後に流れたカーペンターズの「イエスタディ・ワンスモア」を聴きながら涙した視聴者も多かった。これっきりもう会えないかもしれないという思いに、メンバーたちの目にも熱いものがあふれた。その後、このメンバーが再び「とぶくすりZ」でそろうまでは、あと半年ほどの時間がかかる。が、このスペシャルが終了した時点では、再開のめどはいっさいなかった。
[HIYS]

とぶくすりZ

（とぶ・くすり・ぜっと）《名詞》

1994年10月から始まった、月曜から金曜までの毎深夜の10分番組。ナインティナイン、よゐこ、極楽とんぼ、光浦靖子、本田みずほという「とぶくすり」メンバーが、「とぶくすりスペシャル」放送終了から半年振りに集まった。とぶくすりスペシャルが終了した後も番組復活をあきらめきれないメンバーは、「ナインティナインのオールナイトニッポン」に勝手に集まり「もう一度やりたい！」と復活への思いを語り合った。一方、「とぶくすり友の会」と呼ばれる番組のファンからも大量のハガキがテレビ局宛に寄せられた。雑誌の人気投票でもすでに存在しない番組とぶくすりがゴールデンの人気番組とともに上位にランクイン。こうした背景を受けて、「とぶくすりZ」は始まったのである。

CMの時間を抜くと正味6分10秒ほどのとっても短い番組だったがその、内容は「藤四郎」「たつひろ」「タイガーマスク」「かも川」「ズーバ」「クマ刑事」「スーパー万太郎」「くわまん」「マスタニさん」などのショートコントや、毎週ゲストを招いての「うのうのだん」、そして秘密基地を作ったり、加藤浩次の車を壊したり、スキーをしたりといった遊び感覚のロケ企画「とぶくすり友の会」などが中心だった。ロケ企画では油谷さんも大活躍している。

なお、「とぶくすりZ」放送中の大晦日（1995年12月31日）には、フジテレビの年越し番組「ゆく年くる年とぶくすり　俺らにはまだ早いやろ！」を放送している。この番組で新人アナウンサーとして抜擢された佐野瑞樹（佐野アナ）は、その後、めちゃイケに至るまでのつきあいとなる。

同番組は大ヒットして深夜枠としては驚異の最高視聴率6.8％を記録。しかし常に高視聴率をキープしていたにもかかわらず、その実績は業界内で黙殺され、半年後にはまたも終了を迎えた。

[HIYZ]

とぶくすり友の会

（とぶ・くすり・とも・の・かい）《名詞》

「とぶくすり」メンバーを友の会として結束させ、みんなで楽しいことをしようと岡村隆史が1993年8月12日に発足。「とぶくすり」史上初のロケ企画として、メンバー8人全員が集まって秘密基地を作ったり、「夢がMORI MORI」のスーパーキックベースに出場したりした。この友の会はロケ企画にはとどまらず、番組のサポーターであるファンの人たちと一緒に集まって楽しもうというとぶくすりイベントへと発展。ちなみに「友の会」という言葉は当時テレビで人気だった本木雅弘主演の洋酒のCMのパロディである。とぶくすり友の会は会員証や会費、会報などはいっさいない精神的なファンクラブであり、番組にハガキをくれた人やイベントに来てくれた人、番組のファンの人などが自動的に友の会会員として承認された。1993年9月26日には「とぶくすり友の会大集合inよみうりランドイースト」を開催。番組終了を知った友の会会員4500人が集合した。番組は最終回を迎えても、「とぶくすりin早稲田祭」は前売り開始わずか15分で1000枚のチケットが完売、代々木公園野外ステージで行われた「とぶくすりinファイヤーフェスティバル」には1万人以上が集まるなど、友の会会員による熱狂的な支持はその後も続き、最終人数は39481人にも及んだ。何度も番組終了を余儀なくされたとぶくすり時代の出演者にとって、それらがどれほどの励みになり、またその後の復活のきっかけとなったことか計り知れない。なお、その輪は芸能界にも広がり、とぶくすり友の会有名人会員公式メンバーには、01森口博子、02香取慎吾、03森脇健児、04木村拓哉、05武田真治、06渡辺満里奈、07林家こぶ平、08内村光良、09大竹まこと、10常盤貴子、11今田耕司、12沖本美智代、13中山秀征、14武田修宏、15藤吉信次、16結城貢、17細川ふみえ、18本木雅弘、19矢部藤四郎（1人だけ素人だが番組では超有名人）、20松崎しげる、番外として当時ヴェルディの鍋柄昌宏、菊原志郎らが登録されている。

[HIYK,HIS,HIYZ]

とぶビデオ

（とぶ・びでお）《名詞》

1995年3月17日に発売されたビデオ。PART1には「とぶくすり」の、PART2には

「とぶくすりスペシャル」の永久保存版コントが完全収録されている。ともにビデオ版オリジナル「うのうのだん」や未公開VTRなども納められており、めちゃイケの歴史を知るうえでも貴重な内容になっている。pM8をきっかけに、「とぶくすりZ」以降の傑作コントを集めたPART3の発売も予定されているので、乞うご期待。

[HIYK,HIYS]

どぼどぼどん

（どぼ・どぼ・どん）

油谷さんが油をかける時に歌う「うたせ油のテーマ」のフレーズ。「どぼどぼどん、どぼどぼどん、どぼどぼどぼどぼどん、どぼどぼどん、どぼどぼどん、どぼどぼどぼどぼどん、どぼどぼどん、どぼどぼどぼどぼどん」。どぼどぼどんの数が増えるほど、油の量も多くなる。しかし本当におもしろいのは油をかけている時ではなく、油谷さんが油を浴びた後である。油のもつ粘性抵抗という性質によって重力が打ち消され、油が下へ落ちるスピードにはあまり加速がつかず、7 ～8 秒たってからゆっくりと落ちてくる。このため油谷さんは油を浴びてからなお、油におぼれてアップアップ状態になってしまうのである。

[ABTS,COOL]

土曜スペシャル

（どよう・すぺしゃる）《名詞》

岡村隆史 が隊長となって、幻の生物を追う探検隊シリーズのこと。1970年代末～1980年代に人気を博した「水曜スペシャル川口浩探検隊シリーズ」にインスパイアされ、敬意を込めて作成したパロディ企画である。20代後半以上の世代なら、驚異の人喰いワニやアマゾン奥地の石器原住民といった特集を懐かしく記憶していることだろう。

第1 回のサブタイトルは、「伝説の雪男ビッグフットを追え!! 」（1997年1月25日O.A.）。ビッグフットとは1967年10月、北アメリカで目撃されたゴリラを思わせる謎の生物で、推定身長2m50cm体重250kgと言われる。発見された45cmを越える大きな足跡が、この名の由来とされている。生息地は主に北米地方と伝えられていたが、ある信頼できる筋から東京都世田谷区用賀

での目撃情報を入手。岡村隊長以下、加藤浩次、濱口優、 矢部浩之はさっそく調査に乗り出す。目的は生け捕りだ。まず隊員達は近くの商店街で聞き込みを開始。頑（かたく）なに口を閉ざし、逃げ惑う住民たちは、確実に何かを隠している。次に隊員たちは、幾たびも目撃が確認されているというレコーディングスタジオの前で張り込みを遂行する。と、その時、ベンツから降り立つビッグフットを発見。ついに隊員たちはビッグフットの正体を見た！　そして3m の至近距離から、人類史上初の直立歩行の撮影に成功したのだった。さらに隊員たちは決死の覚悟で建物に潜入し、ビッグフット研究家・西尾さん（ホリプロ）に協力を要請。ビッグフットが身につけていたと思われる貴重な指輪を入手する。大きい…。確かに人間の指輪にしては大きすぎる。さらにビッグフットのものと思われる健康サンダルを岡村隊長のタバコと比べてみると、足の

大きさは確実に50cmを越えている。恐ろしい、捕獲は命がけになるかも知れない。隊員たちを突き刺すような緊張感が包むなか、ついに捕獲へ！　驚くビッグフットがついに吠えた。「おまえ、どうしても捕獲したいんなら1週間くらい私の酒につきあえよ！」。条件付きで生け捕りに成功したのだった。

第2回目のサブタイトルは「恐怖！幻の怪獣　ミニラを追え!!」（1997年7月5日O.A.）。探検隊たちは、ミニラが公演中である新宿コマ劇場への潜入に見事成功する。ミニラ専門家で歌手の小金沢昇司さん（愛弟子）の情報から、好物は「大福とおはぎ」という驚愕の事実が判明した。岡村隊長、ミニラがステージにいる隙に、大胆にも楽屋に侵入。超高級時計やサングラスを入手し、今回は携帯電話と合わせてみると、小さい…確かに小さい。それは俄には

信じがたい小ささであり、隊員達は恐怖の色をおさえられない。公演が終わり、ミニラは楽屋でくつろいでいる。いよいよ捕獲の時は来た。隊員たちは命をなげうって楽屋に突入する！　するとミニラは驚くべき事に自ら網をかぶり、さらに鳴き声を上げた。「昔“ゲルピンちん太ぽん太”っていうお笑いコンビ組んでたんだよー」。気さくなミニラの衝撃の真実だった。

さて、当企画の注目すべき点は、ビッグフットやミニラ本人が、何も知らない状態で勝手にロケを敢行しているところである。当然彼らが本気で怒ってしまうことも考えられるだろう。よって探検隊にとっての、捕獲時の決死感はコントの域を超えた並々ならないのものがあるのだ。彼らが緊張のため異様にテンションが高くなっている様子は、いわば「芸能界の大御所に網を被せ

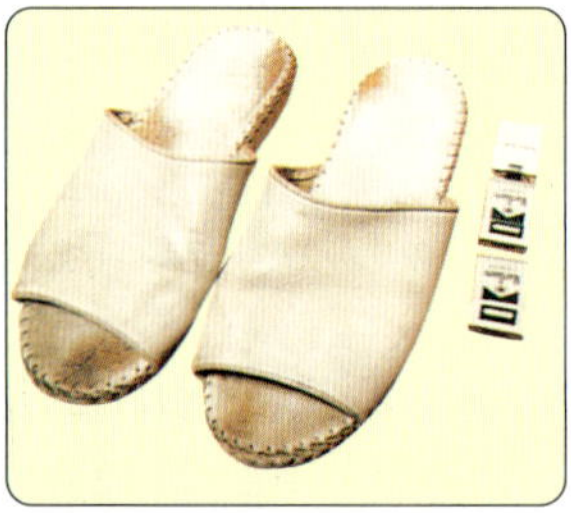

右が岡村隊長が使用したタバコ

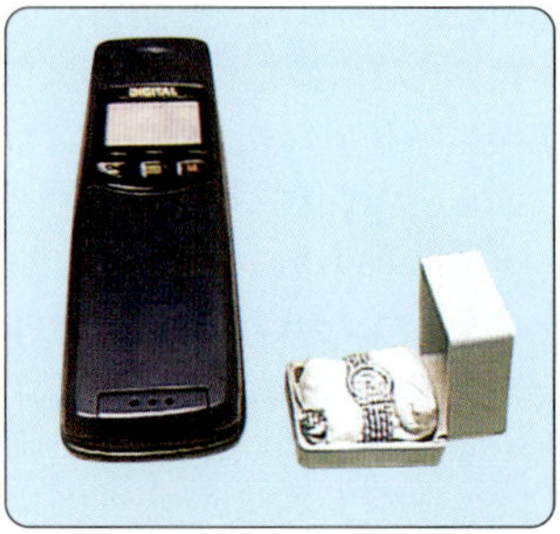

と

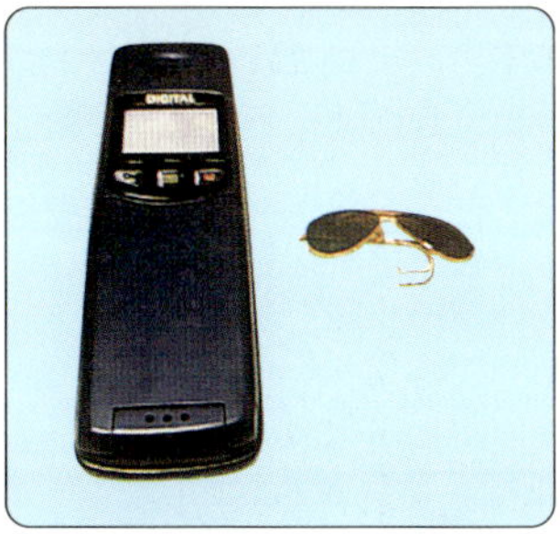

左が岡村隊長の使った携帯電話。後にpM8で大久保さんが自宅に持ち帰った

る」という命知らずなチャレンジに挑む、その瞬間を捉えたドキュメンタリーなのである。

なお、この岡村、加藤、濱口にツッコミの矢部を加えた4人組スタイルは、その後「めちゃイケ運輸」や「フジTV警察」としてステップアップしていく。

[OKMT,COOL]

豊田真奈美

（とよた・まなみ）《名詞》

ニックネームは「飛翔天女」。黒のチャイナドレスがトレードマークの全日本女子プロレス所属のレスラー。めちゃイケメンバーとのつきあいは「とぶくすり」以来である。第2回「格闘女神MECHA」において、ライバルであり盟友である堀田祐美子とドリームタッグを組み、極楽同盟とガチンコ勝負を繰り広げた勇姿が印象深い。ちなみに光浦靖子は豊田真奈美の大ファンであり、登場するときの衣装やキャッチフレーズの「眼鏡天女」は、彼女にあやかったもの。

[KTJM,COOL]

トラ

（とら）《名詞》

犬の名前。犬種はチワワ。よゐこ濱口優が、「愛するコンビ、別れるコンビ」にて、当時付き合っていたタレントの彼女にせがまれプレゼントし、挙げ句その世話まで押し付けられていたことが発覚した。

[ACWC,COOL]

これがうわさのトラ。今も元気だろうか？

ドラコン大会

（どらこん・たいかい）《名詞》

1998年8月15日O.A.の沖縄ロケで行われた、めちゃイケメンバー対抗のゴルフ大会。といってもめちゃイケメンバーは山本圭壱を除き、ほとんどがゴルフ初心者であった。そのため岡村隆史の0ヤードから矢部浩之の175ヤードまでその結果には大きな差がついたが、唯一の現役ゴルフ経験者である佐野アナが180ヤードという好結果を記録し、見事優勝した（スコア表参照）。佐野アナとタイ記録を出した山本圭壱が決着をつけるために再チャレンジし、マジ空振りをして大爆笑を巻き起こすというハプニングもあったが、ゴルフ終了後に笑い事ではすまない一同の失態が発覚。なんと加藤浩次の打席を忘れていたのである。激怒する加藤と、フォローしようとする山本はやがて大ゲンカになり、沖縄の夏空の下で極楽とんぼミニシアターが突如として展開された。そして最後には映画『転校生』のようにふたりの中身が入れ代わるという新しい

ストーリーも披露されたのである。
[DKTK,COOL]

打順	スコア
濱口優	125ヤード
矢部浩之	175ヤード
雛形あきこ	60ヤード
有野晋哉	7ヤード
鈴木紗理奈	10ヤード
光浦靖子	20ヤード
武田真治	40ヤード
佐野瑞樹	180ヤード
岡村隆史	0ヤード
山本圭壱	無効 ※1回目に180ヤードを記録したが再チャレンジして空振りしたため
加藤浩次	忘れられたため記録なし

トランプ手裏剣
（とらんぷ・しゅり・けん）《名詞》

エスパー伊東の超能力のひとつで、トランプを手裏剣のように扱い、立てている100円ライターを一発で倒すというもの。ライターは倒せなかったが、手裏剣のように飛ばしたトランプが、エスパーの前に座っていたイエローキャブの野田社長の額に的中するというミラクルを起こした。
[EPIT,COOL]

トランポリン
（とらんぽりん）《名詞》

「アクション寝起き」において、なくてはならない小道具の一つ。ロケで宿泊中の女性メンバー（この場合、光浦靖子は基本的に数に含まず）の寝室に忍び込み、雛形あきこ および鈴木紗理奈が目覚めたことを確かめた上でベッドの足元にトランポリンを設置、豪快なジャンプで彼女たちを改めて叩き起こすのである。この一見不必要な、トランポリン使用者は主に岡村隆史プロと山本圭壱プロ。彼らのトランポリン技には決められた儀式があり、それに従って実行しているらしい。
[ACNO,COOL]

な

ナイナイ欠席緊急会議

（ないない・けっせき・きんきゅう・かいぎ）《名詞》

矢部浩之 の映画『メッセンジャー』撮影と、「ASAYAN」のスタジオで岡村隆史が蝿を追い掛けて、転んで骨折したこととが重なり、めちゃイケの収録の欠席が余儀無くされたナインティナイン。この事態を受け、雛形あきこが残されたメンバーたちを招集、緊急で行った会議の名称。1999年6月12日O.A.。「ナイナイのいないめちゃイケをどうするか」というテーマのもと、残されたメンバーたちが、様々なアイディアをぶつけ、乗り切ろうとする。

取りあえずタイトルは「めさイケ!!　What a fool we are!?」…。

久しぶりの体をはったSTAMP再開、よゐこ VS極楽とんぼの「ガチンコ対決」、豪華ゲストSMAP・中居正広を起用しての「日本一周」、お色気狙いの「アクション寝起き」、勢いを買った江頭2:50の出演、知性を補完するための「ザ・カルチャータイム」。しかし、打つ手のことごとくが外れていく。

落ち込むメンバー。やはりナインティナイン抜きじゃダメってことか…

その時加藤が立ち上がり、突然に尾崎豊「15の夜」を歌い出す。いつしか全員で歌い、踊り出している。めちゃめちゃポジティヴなグルーヴが満ちていく。メンバー全員が、高揚感に包まれていく。しかし、この「15の夜」には、この回の視聴率の合格点が15%であるという命題が込められていたが、結果はなんとピッタリ15.0%。ずっとナインティナインに頼ってきた残りのメンバーが、8人だけで巨人戦を敵に回して闘った見事なゴールインだった。実は皆、「15の夜」を歌いながら番組を闘い抜いた満足感を味わっていたのだ。

サビが延々とリフレインする中、映画『メッセンジャー』の撮影現場で台本を読む矢部、病室の岡村、別々にカットイン。エンドロールが流れてくる。

[NKKK,COOL]

ナインティナイン

（ないんてぃ・ないん）《名詞》

1990年にコンビを結成。吉本興業所属。岡村隆史と矢部浩之が吉本の新人養成所NSCの9期生同士だったことから、ナインティナインという名前がつけられた。そもそも岡村と矢部は、茨木西高校サッカー部の先輩・後輩という関係で、ふたりがつきあいを始めるきっかけとなったのは、矢部が岡村に話しかけたこの一言だった。「『夕やけニャンニャン』って見てます？」。さらに矢部は「僕、あれを見てるとドキドキするんですよね」。先輩・岡村はそんな矢部を可愛いヤツだと思ったという。コンビ結成当初は吉本印天然素材に所属。ふたりの2年先輩の雨上がり決死隊も参加しており、岡村は宮迫博之に憧れを抱いていた。ちょうどその当時ナインティナインは片岡飛鳥に見いだされ、1992年12月に「新しい波」に出演。コンテストなどの漫才等ではコテコテの関西風だったが、「新しい波」でのコントのネタは関西出身なのにウッチャンナンチャンのようなシティー派だった。同じ年の第13回のABC お笑い新人グランプリで最優秀新人賞を受賞。感極まった岡村が涙したというエピソードが残されている。なお、「めちゃ²イケてるッ!」はナインティナインの名を冠した番組では決してない。ツッコミとボケの持ち場の明確なふたりがいわば笑いの最小単位であり、そこに他のメンバーやゲスト、企画性などが層を重ね、めちゃイケでしかありえない世界が生まれているのである。

[SINP,HIYK,PHER,HIYS,HIYZ,POP1,COOL]

ナインティナインの出世街道

（ないんてぃないん・の・しゅっせ・かいどう）《名詞》

正式名称は「ナインティナインの出世街道！　モテさせてくれてありがとうスペシャル!!」(1996年9月28日O.A.)。同日深夜に最終回を迎えた「めちゃ²モテたいッ！」の総集編的な意味合いに加え、ナインティナイン＆中居正広による「日本一周」シリーズの記念すべき第1弾が登場したという点で、番組史上ひじょうに意義深いスペシャル番組である。

[NHIS,POP!,COOL]

中居正広

（なかい・まさひろ）《名詞》

国民的アイドルグループ・SMAPのリーダー。そして今や日本を代表する司会者の一人でありながら、芸人の下に立つポジションを確立している希有(けう)な存在でもある。というのもナインティナインとは1996年の「笑っていいとも！」金曜レギュラー当時、３人でワンハンドレッド（100）という番組内トリオを結成しており、そのワンハンドレッドが旅に出たらどうだろう、という発想がきっかけになったのが「日本一周」シリーズなのである。特に岡村隆史とは他にも「岡村オファーが来ましたシリーズ」での「ブラザーズ」出演や、新春かくし芸大会で共演したりと非常にかかわりが深いのだが、それらはもちろん長年の信頼関係の上に成り立っているものであり、アイドルという異業種にいながら「お笑いの世界」を愛する事ができる、中居にしか成し得ない「めちゃイケとの異種格闘技戦」なのである。

[NHIS,OMOS2,OMOS4,NKKK,COOL]

中島キャメラマン

（なかじま・きゃめらまん）《名詞》

岡村隆史 の天敵と言われる、めちゃイケのカメラマン。三重県出身。実家は由緒ある網元。「新しい波」いらいの古いつきあいであり、1997年夏のグアムロケの際には、撮影中カメラを担ぎながらも岡村に鋭いケリをくらわせた。それはテレビ業界において長い間常識とされていた、タレントと裏方という上下の構図を一瞬にしてくつがえした歴史的偉業であった。

[SINP,HIYK,PHER,HIYS,HIYZ,POP!,COOL]

長瀬さん

（ながせ・さん）《名詞》

めちゃイケのスタジオ収録チーフカメラマン。(株)ニューテレス所属。「こにしプロデューサー」で加藤浩次が演じているカメラマンのモデルだが、その演技ポイントは「アゴがしゃくれていること」のみに集約されている。

[SINP,HIYK,PHER,HIYS,HIYZ,POP!,COOL]

しゃくれている

しゃくれている

中根広助

（なかね・ひろすけ）《名詞》

「爆烈お父さん」の加藤家の次男・隆史の、ほんとうの父親かも知れない人の名前。加藤家のお父さんである加藤辰夫から借金をしたまま失踪中であることがすでに判明しており、現在はロシアに潜伏中で妻ナターシャ、娘ジェシカとともに暮らしているという写真入りの便りが加藤家に届いたこともある。そんな中根広助の夢は「ロシアに行って大きいことしてやろう」。家父長制を踏襲している加藤家というフィルターを通して見ると、加藤辰夫とは対照的な勝手で無責任な父親像が浮かび上がってくる。しかし、加藤辰夫もまた「血のつながっている家族だけで暮らしたい」というエゴは捨てきれず、日本テレビの「嗚呼！バラ色の珍生」に中根氏を探させ、隆史との再会を自ら仕組んだりもする。そんなお父さんの姿に打ちひしがれる隆史。いったい隆史のほんとうの父親は誰なのか、いつか爆烈お父さんでその正体を見ることはできるのか？　今後も目が離せない。

[BROS,COOL]

中根広助のロシア人妻とその娘の写真。ロシアからの手紙に同封されていた

なかやまきんに君

（なかやま・きんにくん）《名詞》

吉本興業きっての若手芸人。デビューして1年にも満たない状況で、2000年秋の、第3回「笑わず嫌い王決定戦」で大トリを務める。その思い切りのいいボディビルネタは21世紀のブレイク目前との評価が高い。

その後もpM8に、ウソ番組「東京食べちゃうぞ！」で、元ADのお笑い芸人、大隈いちろうの芸人根性を試そうとする岡村が送り込んだ刺客として、その超ハイテンションのマッスル芸で大隈を大いに苦しめた。

2001年正月のpM8新年会でも、きんに君は再び大隈と遭遇。ここでも大隈を完全に喰ってしまい、大隈の最強の天敵として周囲に認知されることとなる。そればかりか、有野晋哉vsふかわりょうの「ビンタ対決」の最中には鼻血を出し、これも根こそぎ持っていく等、恐ろしいとしか言い様のないパワーを発揮している。

新人ながら吉本興業の裾野の広さと同時に、関西芸人のタフネスぶりをさわやかに見せつけるきんに君に、学ぶべきことは多い。

[WWGO,PMET,COOL]

ナ言葉

（な・ことば）《名詞》

「こにしプロデューサー」シリーズのこにし氏が、日常会話として使用している言語のこと。
使用方法は、基本的にすべての言葉のアタマを「な」に置き換えるというもの。主な使用例は表を参照のこと。

飛鳥ディレクター	→	ナスカ
タバコ	→	ナバコ
ジッポ	→	ナッポ
ボールペン	→	ナールペン
ハロ〜	→	ナロ〜
サンキュー	→	ナンキュー
アロエ	→	ナロエ
スコール	→	ナコール
サッカーとテニス	→	ナッカーとナニス
パンアップとパンダウン	→	ナンアップとナンダウン
ハッとしてGood	→	ナッとしてGood

[KNPD,COOL]

灘高〜慶応卒

（なだ・こう〜けいおう・そつ）《名詞》

こにしプロデューサーの学歴（本当）。「こにしプロデューサー」シリーズでも重要な事実としてたびたび紹介されている。こにし氏は全国でも有数の進学校で知られる灘高校から慶應義塾大学に進学、そしてフジテレビ入社という超エリート。しかも灘高から慶応へ進学したのは学年でたった5人だけであり、その他のほとんどは京大、東大へと落ちこぼれている。

[KNPD,COOL]

夏・純情

（なつ・じゅんじょう）《名詞》

山本圭壱が掲げた、極楽とんぼの1998年度のテーマ。アルツ磐梯ロケ（1998年2月28日O.A.において、加藤浩次と山本が夕食時にケンカを始めてしまい、極寒のスキー場で大乱闘に。しかし山本のこの言葉で、２人はコンビの絆を猛吹雪の中で再確認したのだった。
[MIIA,COOL]

七井君
（なない・くん）《名詞》

本名、七井貴行。関西テレビ「紳助の人間マンダラ」のコーナー「七井が行く」にレギュラー出演の、「史上最強のシロウト」。「日本一周　ええ仕事の旅!!」において、中居正広へのインタヴュアーとして登場。その怖いもの知らずのオカマ・キャラで、「ノーパンしゃぶしゃぶ、行ってますか？」「あそこデカい？」「セックスしてる？」等の難度の高い質問を連発、これら余りに失礼な質問の数々にキレまくった中居だったが、実は 七井君、中居の事が大嫌いであることが発覚、激怒した中居が七井君をプールに突き落としてしまう。後日O.A.を見た紳助氏、七井君に向かって「すごいわ、おまえ、日本一やわ。クリントンにも、あんた誰言うわ、きっと！」
[NHIS4,COOL]

7億円
（なな・おく・えん）《名詞》

フジテレビが旧社屋（河田町）から新社屋（お台場）に引っ越すためにかかった総費用。日本を代表するテレビ局の引っ越しとなると、かかる費用も膨大であり、めちゃイケ運輸はその後始末に追われた。
[MIUY,COOL]

7万円
（なな・まん・えん）《名詞》

「クイズ濱口優」で司会者の矢部口宏に、自分の値段を聞かれた時に雛形あきこが即答した金額。明らかな価格破壊だが、その次の回では６万5000円にさらに値下がり。そのまた次の回では「フィーリングがあえば」と、自らによる下げ値は続いた。人妻女優の出血大サービスの大安売りである。
[QZHM,COOL]

なべやかん
（なべ・やかん）《名詞》

たけし軍団に所属するお笑いタレント。父であるなべおさみが、ナゾの紳士の提案に乗り、息子やかんの代わりに別の人間に受験させ合格した、かつての明治大学替え玉事件（1991年）の当事者としての経歴に岡村隆史が注目、「ヨモギダ少年愚連隊3」において、岡村の代わりに早稲田大学を替え玉受験する秘密兵器として抜擢された。確かに身長やシルエットは申し分なかったが、替え玉を使うのなら、実際に受験をし合格した、学力のある方の人物を使わなければ意味がないという至極真っ当な指摘を受け、この作戦はあえなく頓挫した。計画を聞かされた東大生家庭教師、「よりによって、なべやかん、て……」。
[SNGT4,COOL]

涙の借金返済ツアー
（なみだ・の・しゃっきん・へんさい・つあー）《名詞》

めちゃイケ放送100回目の記念すべき日に誕生日を迎えた極楽とんぼ、加藤浩次をより親しみやすい「隣のお兄さん」キャラにするべく、それまで重ねて来た借金を全て返済して、身ぎれいになってもらおうと企画されたツアー。1999年4月17日O.A.。

今時の芸人には珍しく、多額の借金を抱える加藤。今や古典的とも言える、その破滅型の生きざまは、優等生タレントが多くなった今日、確かに魅力的であることは事実だが、やはりゴールデンのレギュラーを持ち、ブレイクを狙うモノとしてはネックといわざるを得ない。番組では再現VTRを交えながら、過去の想い出の人と場所とを訪ね、ひとつひとつ借金を返済していく。
番組中で加藤が返した借金は表の通り。
借金の所縁(ゆかり)の土地と人を訪ね、手持の現金、銀行預金、あるいはパソコンを入質する等して、いやいや返済していくのだが、最後のミキへの借金50万円を返すために愛車アルファ・ロメオを中古車ディーラーに売却するプランには激しく抵抗。加藤「腎臓売ってもクルマは売らない！」。
その時、突然後方に電飾の階段が現れ、上方に女性のシルエットが浮かぶ。加藤の窮状を聞き付け大久保さんが、OLをして貯めた50万円を手に駆け付けて来たのだ。「いいんです、また5年働けばいいんですから」と大久保さん。加藤は、その後の壮大なドラマが始まるとは思いもせずに、目先の金に判断力を失い、思わず金を借りてミキの代理人である弁護士に返してしまう。こうして晴れて「隣のお兄さん」になれた彼は、半ばやけ気味に、「付き合うわ、おれ」という呟(つぶや)きを残し、大久保さんと2人クルマに乗って帰っていくのだった。
[KTOK1,COOL]

〈涙の借金返済一覧〉

借りた人	金額	エピソード	返済方法
岡村隆史	10,000円	父との想い出が詰まったかけがえのないお金を、むしり取るように…	所持金の中から
東藤さん	100,000円	小樽時代の親友のお金をクルマの修理代と称して。その後居留守を使い返済せず、その間に東藤さんは零落。	預金をおろして
久本雅美	6,000円	飲み代を払ってもらえず、タクシーで帰れなくなった久本は、帰宅中暴漢に襲われ…	購入直後のパソコン(¥300,000)を入質した¥130,000の中から
佐藤B作	90,000円	劇団員時代、3ヵ月分の月謝を払わず逃亡。心配して夜の街を捜しまわる途中、B作は暴漢に襲われ…	同上
ミキ	500,000円	クルマが欲しいばっかりに、元恋人のミキの薬代を暴力で奪い…	大久保さんに借りて
合計	706,000円	-	-

岡村に1万円を返済

nander one

（なんだーわん）

「期末テスト」の英語試験問題において、濱口優は「『これが日本で一番長い川です』を英訳せよ」という問題の答えとして、「The is a Japanes nander one library.」と意味不明のアルファベットを並べてみせた。なお、正解は「This is the longest river in Japan.」。みんなからバカにされた濱口は、机に突っ伏して「だから、オレには、お笑いに進むしか道がなかったんや……みんな、わかるやろ？」と泣き、周囲の理解を求めた。なお濱口のこのフレーズはあまりにもすばらしいので、番組スタッフ用Tシャツの図案として採用された。

[MIKT,COOL]

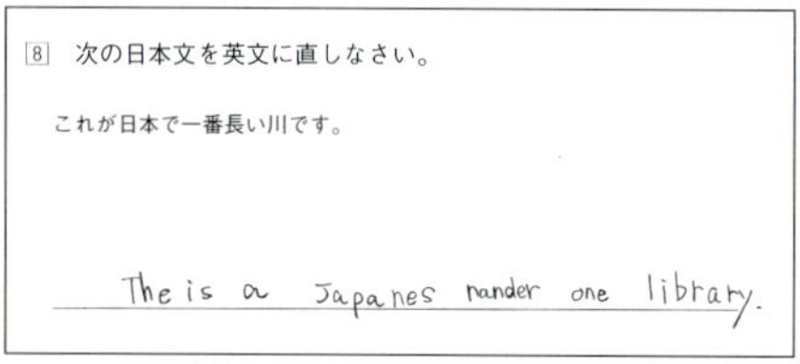
8 次の日本文を英文に直しなさい。

これが日本で一番長い川です。

The is a Japanes nander one library.

hamagucheの直筆！

に

ニキビ

（にきび）《名詞》

「山本球団」発足時に、山本圭壱が矢部浩之につけたあだ名。

[YMKD,COOL]

西川きよし

（にしかわ・きよし）《名詞》

吉本興業の大御所。参議院議員。かつて、故横山やすしと漫才コンビ、やすし・きよしを組み、上方漫才の最高峰として君臨した。

第2回「寝起き早食い選手権」に参加、チャンピオン岡村を前に、「エラなったなあ」と大師匠ならではの重みのある言葉で応戦、愛妻ヘレンの作った肉じゃがを「朝から油臭いもの」と切り捨て健闘したが、最後は敗れ去った。

[PMET,COOL]

西川のりお

（にしかわ・のりお）《名詞》

吉本興業所属のベテラン芸人。漫才ブーム華やかなりし頃は、上方よしおとの漫才コンビのりお・よしおとして活躍。めちゃイケにおいては、その破壊力抜群の芸風にて、エンディングが予定調和に堕す直前に出現、一瞬にしてスタジオを混乱のただ中に叩き込み、出演者を恐怖に陥れた。

時にぽんちおさむを従えて暴れまくるその光景は、思えば「オレたちひょうきん族」の頃、私たちが日常的に目にしていたものであり、それは変に行儀がよくなってしまった今時の若手芸人たちに対するアンチテーゼでもある。20年の時を経てなおも変わらぬその立ち居振る舞いは、相変わらずめちゃめちゃ男前であり、そのカッコよさには感動さえ覚える。

[KNPD,WWGO,COOL]

ぽんちおさむ師匠と共に暴れまくるのりお師匠

西田

（にしだ）《名詞》

矢部＆大久保大阪編「ふぞろいのイケてるメンバーたち」で話題にのぼった、矢部浩之と岡村隆史が学生時代によく通った、おいしいお好み焼き屋さん。大阪府茨木市下穂積町1丁目にあったが、現在は店じまいしている。
[YBOK2,COOL]

西山アナ
（にしやま・あな）《名詞》

フジテレビのアナウンサー。フルネームは西山喜久恵。新人時代に「新しい波」担当となり、「とぶくすり」以降もイベントや特番の司会として、めちゃイケメンバーと多く共演している。2000年8月より岡村隆史の依頼を受け、佐野アナとともに、スカイパーフェクTVのpM8を担当、めちゃイケで会得した独自の笑いのセンスを披露している。ちなみに1990年度ミス上智大学で、広島県尾道市の老舗旅館のお嬢さん。
[SINP,HIYK,HIYS,HIYZ,POP!,COOL]

新田恵利
（にった・えり）《名詞》

岡村隆史と濱口優の憧れの人。20世紀最大のアイドルムーブメントを起こした伝説のテレビ番組「夕やけニャンニャン」（1985年）から生まれた、元おニャン子クラブの会員番号4番。おニャン子クラブの中でも新田恵利の人気はとくに高く、当時は「（おニャン子ファンは）新田恵利に始まり、新田恵利に終わる」とまでいわれていた。「とぶくすり」では、新田恵利が「みんなのうた」というコーナーの歌のお姉さん役としてレギュラー出演。岡村と濱口が本気で舞い上がりまくったというエピソードも残されている。そんな岡村と濱口が1998年12月12日に「新田恵利さんの家に遊びに行く」という約束を成立させ、1999年2月27日のO.A.で実現。芸能界のおニャンこファンたちも誘ってあげなければならないという義務から、あさりど、神田利則、デンジャラス、U･turn、スマイリーキクチ、セイン・カミュらに加え、「夕やけニャンニャン」の司会者だった吉田照美までも無理やり誘い、新田家訪問ツアーに参加してもらった。移動中のバスの中ではおニャン子クラブのビデオコンサートを行ったり、全員でヒット曲を大合唱したりの見事なアホっぷりを披露。そうしてついに新田の家に到着。新田は彼らの勝手なファン感謝デーを快く歓迎。彼らのリクエストに応えて、デビュー曲「冬のオペラグラス」（1986年）もオケなしで披露してくれた。また、おニ

レコードジャケットとまったく同じシチュエーションに一同大感激。この頃岡村はひとり、新田家のマッサージ機の下に身を隠していた

に

ャン子クラブのファーストアルバム「キックオフ」のジャケットと同じポーズで記念撮影をしたいという全員の願いも聞き入れてくれた。よって、レコードジャケットと同じオープンカーの前で、全員おそろいのラガーシャツを着て、記念撮影がとりおこなわれたのである。満面の笑みで写真に写る面々を見ていると、自分たちが芸能人になっても憧れの芸能人がいるというごく普通の感覚のバランスのよさが、同時代を生きる多くの視聴者の心をつかむお笑いを生み出す源になっているようにも思える。

[HIYK,NEII,COOL]

2番

（に・ばん）《名詞》

1991年、度重なる交通違反の出頭拒否をし続けていた頃、ついに警察に連行された加藤浩次の、留置所での呼ばれ方。「とぶくすりZ」の頃の「うのうのだん」でこの話が披露され、後に「爆烈お父さん」でも手錠芸人という異名とともに確認されている。

[HIYZ,BROS,COOL]

日本一周

（にほん・いっしゅう）《名詞》

ナインティナインとSMAPのリーダー・中居正広による恒例企画のこと。国民的アイドルの中居君と、彼に容赦のないナインティナインとの珍道中ぶりが話題を呼び、人気シリーズとなった。現在全4回がO.A.されているが、ナインティナインが徹底したボケで中居がツッコミというのが定番ポジション。ときには2人だけでなくスタッフ一同もボケ役となり、やがて唯1人正常であるはずの中居が次第にボケに見えてくる不思議さが、シリーズに深みを与えている。これまでに放送されたのは以下の4作である。

❶日本一周が登場したのは、「めちゃ²モテたいッ！」の最終回と同日にO.A.された「ナインティナインの出世街道！モテさせてくれてありがとうスペシャル」でのこと。「多忙なため日頃ゆっくり遊べない中居君に、豪華な日本一周の旅をプレゼント」するという企画だった。ただし当日の22:00から始まる生放送に中居が出演するため、番組に間に合うよう16時間で日本を一周し東京に帰って来なければならない。とにかく「時間がない」ことが旅の全てを支配していた。

❷「日本一周　フルコースの旅!!」。フルコースの一品一品を全て違う場所に移動しながら楽しむという贅沢な企画であり、充分に時間もあったのだが、あまりに鮮度にこだわりすぎたため、やはり時間的制約が生まれてしまったのだった。

❸「日本一周　お見合いの旅!!」。彼女のいない国民的アイドルの中居に全国の美女を納得いくまで紹介するという企画。こんどこそ綿密に練られたスケジュールだったのだが、中居が生放送「笑っていいとも！」のスケジュールを2人に伝えていなかったため、計画がくずれ、結局時間不足に陥った。

❹「日本一周　エエ仕事の旅!!」サブタイトル「YOUがCANできるならDOしちゃいなッスペシャル!!」では、ついに2時間半の超大作となり一行は日本一周なのにアメリカ合衆国にまで飛び出し、マネージャーのナインティナインの有能ぶりによって、中居はギャラ100万円を夢見て休む間もなく働き続けるはめになったのだった。

このように、現在4回を数える当シリーズに共通することは、時間がないことによるナインティナインの強引な進行と、イライラしながらも目的地に着き、食事や女、金といったエサを前に機嫌が直る中居という点である。つまりこの「ナインティナインの無礼な行動→憮然とする中居→仲直り→時間的制限による強制移動」のパターンをエンドレスで繰り返しながら、旅は進行するのだ。

また「日本一周」は、第1弾で「遊び」を、第2弾で「食欲」を、第3弾では「性欲」を、そして第4弾では「金銭欲」をテーマにしていることから分かるとおり、一貫して中居の煩悩(ぼんのう)を刺激し続ける「欲望のロードムービー」となっている。

[NHIS,COOL]

日本新記録

（にほん・しん・きろく）《名詞》

記念すべきめちゃイケの第1回O.A.から登場し、番組の代表的コーナーとして長く君臨した人気コーナー。あの往年の名番組「日本新記録」をストレートに再現した、パロディ企画の王道ともいうべきコーナーである。実況を担当するのは、本家「日本新記録」での名解説で知られる志生野温夫アナ（本物）。さらにタイトルバックには富士山という、細部にわたってリスペクトが感じられる手の込んだ作りであった。さて、日本一を競うのはめちゃイケメンバー、岡村隆史、矢部浩之、加藤浩次、山本圭壱、濱口優、有野晋哉、雛形あきこ、鈴木紗理奈、光浦靖子の面々と、競技と解説を兼ねるゲストが1名。当初はその度ごとに「師匠」としてゲストを呼び、実際に競技に参加してそのご意見を伺う形をとっていたのだが、第6回でにしきのあきら（錦野旦）氏が参加してから、その存在感の大きさでコーナーレギュラーの地位を確立した。

このコーナーでは、役者もアイドルもコメディアンも、全て同じ立場にたつことが要求された。カラダをはった競技に挑戦することは、アイドルである雛形や紗理奈にとって苦労の連続だったにちがいない。さらに、ただ競技をこなせばいいのではなく、メンバー及びゲストは、前の競技者と同じ事をして終わらせてはいけないのである。つまり、これはカラダをはった大喜利なのだ。だからトリを務める「師匠」の存在が、がぜん大きな意味を持ってくる。そして当コーナーでは、のちのメンバーたちのキャラクターを形作るきっかけも多く生まれており、岡村はメンバーいち身軽でアクロバティックな動きを得意とし、加藤はトップバッターで玉砕しては「スゲェぞ今日は！」とメンバーに伝える若頭の原型を作ったのだった。また、池あるいはプールに落ちた場合すぐカラダを温めるための湯舟「命の湯」、さらに身軽な岡村を見てにしきのが命名した「平成の孫悟空」など、数々の名ルール＆名フレーズが登場した。日本新記録の全競技は以下の通り。

第1回「**イケてるジャングル綱渡り**」 師匠／勝俣州和 (1996年10月19日O.A.)
第2回「**イケてるスペース急斜面**」 師匠／出川哲朗 (1996年11月2日O.A.)
第3回「**イケてるアメフトダッシュ**」 師匠／ダチョウ倶楽部 (1996年11月16日O.A.)
第4回「**イケてるユーラシア大陸横断ボウリング**」師匠／猿岩石 (1996年11月30日O.A.)
第5回「**イケてる急斜面チューブジャンプINルスツ**」 ゲストなし(1997年1月11 日O.A.)
第6回「**イケてる南極ペンギンジャンプ**」師匠／スターにしきの (1997年2月22日O.A.)
第7回「**イケてる氷上障害チャリンコレースIN長野**」 ゲスト／スターにしきの(1997年4月26日O.A.)
第8回「**イケてるとりもちレスキュー**」 ゲスト／スターにしきの(1997年5月31日O.A.)
第9回「**イケてるベジタブルチャリンコダッシュ**」 ゲスト／スターにしきの (1997年7月19日 O.A.)
第10回「**イケてる太平洋ターザンジャンプ**」ゲスト／スターにしきの (1997年8月2日

O.A.）
第11回「**イケてるラビットトランポリン大相撲**」ゲスト／スターにしきの、長嶋一茂（1997年11月22日O.A.）
第12回「**オリジナルソリ・タイムトライアル**」（1998年2月7日O.A.）
第13回「**イケてる受験生合格ジャンプ**」（1998年2月21日O.A.）
第14回「**イケてるフレッシュマン荒波ボートバトル**」ゲスト／TIM（1998年4月18日O.A.）
第15回「**イケてるゴールキーパーぐらぐらPK**」ゲスト／TIM（1998年6月6日O.A.）
第16回「**イケてる水兵太平洋横断ダッシュ**」（1998年8月8日O.A.）
[NHSK,COOL]

第1回「イケてるジャングル綱渡り」を競技中のメンバー

ね

姐さん
（ねえ・さん）《名詞》

山本圭壱の元彼女のこと。当時山本は年下の加藤に対し、自分の彼女であるストリッパー嬢のことを「姐さんと呼べ」と強要していたことが、pM8によって明らかにされた。
[PMET,COOL]

寝起き早食い選手権
（ねおき・はや・ぐい・せんしゅ・けん）《名詞》

寝起き直後の好物に対するリアクション＋状況判断能力を試される戦いのこと。1999年10月9日にO.A.された「シャカリキに頑張るゾ、動物王国スペシャル!!」において、岡村隆史はムツゴロウさんの差し出した大好物のハムを、寝起き6秒後に猛然と食った。この岡村の動物的反射神経を超える芸能人を捜せ、ということで、各界の食いしん坊ファイターを、矢部浩之と岡村が早朝に奇襲攻撃、それは現在ブレイク中の異種格闘技「PRIDE」のスタイルを借りた、まさにガチンコの勝負なのである。なにも知らずに前夜から眠っている芸能人の部屋に入り、本人の大好物を、最もおいしい状態で口元に差し出す。芸能人が、目覚め果敢に食らいつくまでの時間を計測し、勝敗が決まる。なお、タイムを計るのは、公式記録時計「ひとみちゃん」である。

●第1回の挑戦者およびタイム

挑戦者	ニックネーム	好物	タイム
内山信二	下町の若きブタ	ステーキ	42.9秒
香田晋	演歌会の救世主	唐揚げ	26.1秒
アンディ・フグ	K-1からの贈り物	寿司	37.9秒
城島茂	ジャニーズの大番頭	麻婆ナス	32.0秒
岡田真澄	ファンファン大佐	豆大福	1分07秒

記録を見れば明らかなように、第1回寝

起き早食い選手権（2000年2月7日O.A.）での挑戦者は岡村隆史にまったく歯が立たないメンツばかり。芸能界にもっと強者（つわもの）はいないのか!? ということで第2回（2000年6月17日O.A.）では、さらにバラエティに富んだ人選で各界の食いしん坊ファイターを募り岡村の記録に挑んだのだが。

●第2回の挑戦者およびタイム

挑戦者	ニックネーム	好物	タイム
松村邦洋	東のモノマネ兵器	とんこつラーメン	14.4秒
辰巳琢郎	IQファイター	白米	12.6秒
大仁田厚	邪道	肉屋のコロッケ	37.9秒
チューヤン	電波イズム最後の継承者	おでん	1分23秒
西川きよし	ザ・岡村ハンター	ヘレンがつくった肉じゃが	30分14秒（TKO）

やはり岡村隆史、強し！ 自信を深めた岡村は2000年末、かつて「とぶくすり」のトークで失礼な対応をして以来頭の上がらない岩城滉一にも、この企画で挑もうとした。岩城の好きなハウスのジャワカレーをみずから煮込み、さて、明日早朝に奇襲して「参りました」と言わせてみせる！ と意気込んだのだが、逆に岡村が岩城の奇襲攻撃を受けるはめに陥る。結果、岡村はいままで見たことのない顔を画面に映し出すことになってしまった。

なおこの「寝起き早食い選手権」は、近年の「おいしいものをおいしそうに映せば、おもしろくなくても視聴率が稼げる」というテレビ界の風潮に対する、めちゃイケなりのこだわりである。実際に使われた食材は、どこのグルメ番組にも負けない最高級品であった。

[HIYK,NHSK,COOL]

猫水

（ねこみず）《名詞》

猫よけのために道ばたに置かれた、水を入れたペットボトル。猫が嫌うため、庭への侵入を防ぐとされている。めちゃイケにおいては、最近2回の「岡村オファーが来ましたシリーズ」で、重要なアイテムとなっている。まずは「めちゃ^{2}あいしてるッ!」でフルマラソンの走破を余儀無くされた岡村隆史の、重要な水分補給源として登場。本来道ばたに放置されたペットボトルの水を飲むこと等、人間としての尊厳さえ問われかねない行為ではあるが、生死に関わる重要な局面であったことを考えると、それはまさに「命の水」であった。

一度は人の命を救った猫水ではあったが、『ライオンキング』では一転凶器に転じている。演技に悩む岡村の迷いを断つために現れた岡村の心の師、池乃めだか師匠だったが、十八番の猫芸によって動物の心を岡村に教えている最中、矢部が不用意に置いた猫水によって、その貴い命を散らしたのだった。

[OMOS6,OMOS7,COOL]

熱血サラリーマン宣言

（ねっけつ・さらりーまん・せんげん）《名詞》

「NG大将」でグランプリを受賞した、岡村隆史が主演、全編にわたって大活躍するドラマ。スポーツメーカーを舞台に、サラリーマンの熱血ぶりを熱い筆致（ひっち）で描く青春ドラマで、主人公の岡村は甲子園の経験もある元高校球児。だがレギュラーにはなれず、その悔しさをバネに、少年たちに野球の素晴らしさを少しでも知ってもらいたいという熱い思いを抱いている、らしいのだが、登場人物は岡村のみで、放送されている部分もNGが中心であり、本編のO.A.が待ち望まれている。

[NGTS,COOL]

岡村の熱血ぶりが偲ばれるドラマのひとコマ

ネプチューン

（ねぷちゅーん）《名詞》

名倉潤、原田泰造、堀内健の人気お笑いトリオ。名倉はジュンカッツ時代、「新しい波」でナインティナインと共演したことがある。1998年12月26日に放送された「新春かくし芸大会」で久々の共演を果たした。メンバーの堀内健（通称ホリケン）は自称めちゃイケファンで、岡村隆史のことを「オカタカリーダー」と呼び慕っている。また、「岡村オファーが来ました」シリーズで『ライオンキング』に出演することになった岡村のことをホリケンは熱烈に褒めたたえ、それを聞いた岡村が「今日はホリケンのために頑張る！」と宣言（未放送）。岡村とホリケンの精神的な結びつきを象徴するエピソードである。

[SINP,OMOS4,COOL]

練馬区上石神井

（ねりま・く・かみしゃくじい）《名詞》

「爆烈お父さん」の加藤辰夫一家が住んでいる場所の地名。

[BROS,COOL]

年齢詐称

（ねんれい・さしょう）《名詞》

1996年11月9日にO.A.された「岡田一少年の事件簿」で暴露された、光浦靖子の犯罪。「週刊TVガイド」の「イケてるやつらが大集合」という記事が証拠となった。光浦は矢部浩之や有野晋哉と同じ1971年生まれのくせに、プロフィール欄ではなぜか、年齢が2歳若くなっている……。問い詰められた光浦は、「若いほうがもてそうだと思って」と白状。「最低」「お笑いに歳は関係ない」とみんなから罵倒され、イケてるスーツを着させられた。

[OISJ,COOL]

の

＿＿の＿＿

（　の　）《助詞》

面と向かって口にするのがためらわれるような、強い意味合いをもつ単語をやわらげて使いたい時の会話の手法。例えば整形なら整の形、二股ならふたの股、淫行なら淫の行というように使用する。

[PMET,COOL]

「NO EAT！」

（のー・いーと・！）

濱口だましで「スター・ウォーズ・エピソードⅡ」への出演が決まった後、ルーカス監督（もちろんニセもの）にベッド・ルームに誘われた濱口優。マユゲに異常な執着を示す監督に、当初は「これがハリウッドなんや……」と従順に従っていたが、遂には濱口のマユゲを食べ始めた監督に向かって、たまらず発した一言。その後の確認によれば、濱口は「食べられません」の気持ちで言ったとのこと。案の定濱口は、後の「期末テスト」で壊滅的な英語の実力を示すこととなる。

[HGDS3,COOL]

ノーリアクションドラマ

（のー・りあくしょん・どらま）《名詞》

流れとは全く無関係に起こる出来事に一切リアクションせず、自分に与えられた役を演じきる、役者としての適性を測る企画。高度な演技力と底知れぬ忍耐力が問われる。ドラマのタイトルは連続タライ小説「春よ来い」。何の予告もなしにタライが天井から落ちてくるが、リアクションしないで芝居を続けなくてはならない。誰かがリアクションした時点でゲームオーバーとなる。同ドラマは1998年4月25日O.A.の第一話「父の退職」から、同年9月12日O.A.の

第二話「父の入院」、2000年9月9日O.A.の第三話「父の笑顔」と三部作になっている。出演者の数も第一話は5人、第二話は7人と増え、同時にスタジオに降り注ぐタライの数も第一話では81個、第二話では195個へと倍以上に増えていった。披露宴のエキストラまで含めて出演者が100余名を超えた第三話では、クライマックスで披露宴出席者合計100余名の頭の上に3回連続でタライが落ちるという荒業まで見せている。第三話で使われたタライの数だけでも合計628個！　出演者はゲストまで含めて氷嚢（ひょうのう）で頭を冷やしながら撮影を続けるというすさまじいものだった。3話を合計すると904個ものタライが降り注いだことになる。

[NRDM,COOL]

次々と落下してくるタライ。かなりの衝撃にも無反応で通すプロの役者、岡村

野田社長

（のだ・しゃちょう）《名詞》

雛形あきこが所属するイエローキャブの社長。

[OHID,KHMJ,COOL]

野武士

（の・ぶし）《名詞》

「七人のしりとり侍」において、戦（いくさ）でしくじった侍をボコボコにするのが仕事だった、戦闘武装集団。悪役商会の若手がその実体で、どこで仕入れているのか、侍たちのパーソナルプロフィールについては異常なほど詳しく、5敗目を喫した侍には情け容赦ない称号を貼った。しかし、同コーナーが「学校でのいじめを助長する」と社会問題化されて打ち切り、野武士は失業し路頭に迷うことに。失業保険ももらえず、この仕事での収入を見込んでローンを組んだり結婚した者は、現在縁日のテキ屋などで生計を立てている。さて、「七人のしりとり侍」の打ち切りで、一番いじめに遭ったのは、はたして……。

[SNSZ,COOL]

この勇姿を見ることはもうない…

野良猫

（のら・ねこ）《名詞》

1998年11月21日にO.A.された刑事コントのタイトル。黒澤明監督作品『野良犬』のパロディーである。めちゃ²イケてるッ！で

はあまり見ることのできない直球型のコントとして、1回限りの企画であったが歴史に残る名作となった。出演者は小型拳銃による連続殺人犯を追う警視庁捜査第一課の新任刑事（矢部浩之）と、ベテラン刑事・佐藤（加藤浩次）、犯人役の遊佐（岡村隆史）、遊佐の女（鈴木紗理奈）。コントは「第1話・暴れまくる奴」、「第2話・執念のある奴」、「第3話・こだわる奴」、「第4話・集中する奴」、「最終話・一心不乱な奴」という5話で構成される。設定はいずれも遊佐の部屋で、登場人物は追う刑事と追われる犯人、そして犯人の"女"だけ。そのごくシンプルな設定の中で岡村がやるのはただ逃げることだけである。しかしただそれだけのことを岡村は、コントに対する強い執念やお笑いに対する純粋なパワーによって、奥行きのある笑いへと世界を広げていく。また、このコントにおける紗理奈の優れたポジションも特記事項のひとつである。ところで、同コントで警察にギリギリまで追いつめられた遊佐であったが、その後また逃亡。逃げついた先はめちゃイケリングで、現在は岡村四郎に姿を変えて活躍している。

[NRNK,COOL]

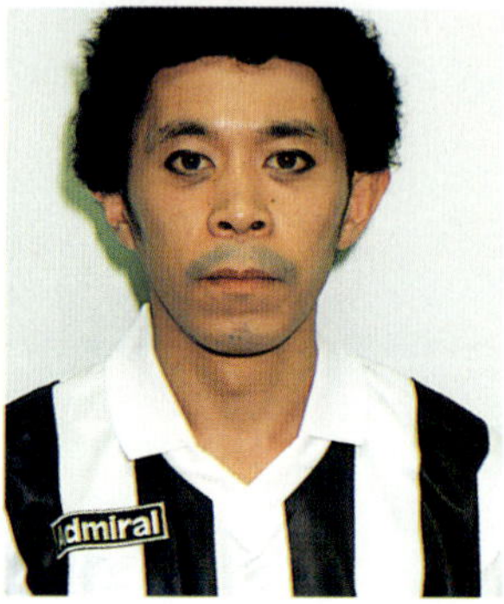

遊佐と岡村四郎は同一人物なのである。顔を見れば明らかだが警察はまだ気づいていない

ノンストップママ

（のんすとっぷ・まま）《名詞》

雛形あきこ演じる、一度何かをし始めると、何かにとり憑かれたように二度と止まらないお母さんの事。このノンストップママと、何とかそれを止めようとするまわりの困惑を描いたドラマの配役は、ママ（雛形あきこ）、パパ（矢部浩之）、息子マサル（濱口優）、娘ヤスコ（光浦靖子）。

ママのノンストップぶりは、時に生死に関わるほど過激なものであり、特に、刃物を手にした際は要注意。制止するのに決死の覚悟を要する。

特筆すべきは雛形の熱演ぶり。何かに取り憑かれたように一点を凝視し、単一の動作を延々と続ける様は、「ストーカー・危険な女」以来の、ある種の狂気さえ漂い、本来両立し得ない「笑い」と「恐怖」を同時に存在させるという異常な空間がブラウン管に出現している。「おもこわファミリー劇場」という副題は、まさしく絶妙のネーミングである。

[NSMM,COOL]

雛形の瞳に狂気の光が宿る！

は

バーキン

（ばーきん）《名詞》

正しくは一流ブランド、エルメスの代表的なバッグの名前だが、「ザ・カルチャータイム」のMr.ヤベッチは映画『JAWS』のテーマで「バーキン……バーキン……バーキンバーキンバーキンバーキン……」。

[CTTM,COOL]

バース

（ばーす）《名詞》

ランディ・バースは元阪神タイガースの助っ人外国人選手。1985年、タイガースに21年ぶりの優勝をもたらした立役者で、「神様、仏様、バース様」とまで言われた強打者。1997年4月19日O.A.におけるSTAMPスペシャルでは、太田プロ軍団の「助っ人」として登場。濱口優が彼の巨大ハリセンの餌食（えじき）となった。そのあまりに強烈なスイングは、スタジオ内の空気が一気に引いてしまったほどだった。

[STMP,COOL]

ガイジン初のつけっ鼻

ハイエナダンス

（はいえな・だんす）《名詞》

劇団四季『ライオンキング』の、ダンスアンサンブルの最高の見せ場で、左右3回転ターンは、最高の難易度を誇る。四季のトップダンサーの栄光であるこの技を、岡村隆史は本番で見事決めてみせた。

[OMOS7,SKGT]

人気キャラクター、ハイエナ君

「ばかぁー」

（ばかぁー）

岡村隆史の真性パクリ病の症例のひとつ。1998年8月29日O.A.の街角三部作のひとつ「実録ちょっと怖い話」の中で発症した。「オレたちひょうきん族」における西川のりおのオバQのギャクをパクったものである。

[JRKH,COOL]

のりお師匠をあまりにも彷彿とさせる。

バカルディ

（ばかるでぃ）《名詞》

現さまぁ～ず。「笑わず嫌い王決定戦」最多出場（2回）を誇る、三村マサカズ＆大竹一樹の実力派コンビ。完成度の高いコントで毎回スタジオを爆笑の渦に。特に関東イチとの定評のある三村のツッコミは必見。

必ず「めちゃイケ大百科事典」に載せておくべき重要人物として2001年正月のpM8に招かれたが、その用件とは、事典に「さまぁ～ず」で載せるべきか、「バカルディ」で載せるべきか、を確認することだった。「そんなの電話で訊けよ」と明らかに拍子抜けした感じの2人だったが、結局、大竹の「じゃ、バカルディで」の一言で、この項目の見出し語はバカルディになっている。

用が済むなり、さっさと帰ろうとする岡村隆史に対して、なんとか居残ろうとする2人だったが、それが祟ったか、その後現れた西川きよし師匠のたっての願いでネタを披露するハメになった。

[PHER,WWGO,PMET,COOL]

ハクナ・マタタ

（はくな・またた）

スワヒリ語で、心配ないさ、の意。『ライオンキング』において、シンバが困難に直面した時、周りの友達が歌い励ましてくれるナンバー。岡村隆史もこのスピリッツをもって、数々の困難に打ち勝っていった。

[OMOS7,COOL]

爆烈お父さん

（ばくれつ・おとうさん）《名詞》

加藤辰夫一家が織りなす人気コーナーのタイトル。1996年11月23日O.A.からスタートした長寿企画のひとつである。加藤辰夫による家訓やジャイアントスイング、次男・隆史の出生の秘密に関わる中根広助などいろいろな要素が盛り込まれているコーナーだが、それについては各項目を参照していただくとして、ここでは加藤辰夫一家のプロフィールと加藤家の存在がもたらす意義について触れておく。

お父さん・加藤辰雄。48歳、電装業勤務。北海道から集団就職で上京した加藤辰夫は、東京のあまりの暑さにクーラーを扱う仕事につきたくなった。それが電装業に勤務するようになったいきさつである。家族は妻・靖子（46歳、旧姓・山崎）、長男・優（20歳）、長女・紗理奈（18歳・高3）、次男・隆史（16歳・高1）、三男・意地晴（現7歳・小1）、ペットの猫・タマの6人と1匹。長男の優はデザイナー志望だったが、夢が破れて現在は東京都練馬区光が丘のコンビニエンスストアでアルバイト中。長女の紗理奈は「ASAYAN」の悪影響で歌手になりたいと言いながら都立高校に通っている。次男の隆史は家族の中で唯一勉強のできる秀才だったが、意地晴が誕生してからはそのポジションをあっさり奪われた。

なお、加藤辰夫という名前は、あの梅宮辰夫氏に由来する。梅宮氏が1996年11月23日にO.A.された船上トークにゲスト出演した際、トークの中で娘のアンナに対して厳しいことを発言。娘の門限を夜8時半に定めていた梅宮氏に、日本の正しいお父さん像を見たことが爆烈お父さんスタートの発端となった。

かつては「地震・雷・火事・親父」といわれたほど、お父さんといえば怖くてなおかつ尊敬すべき存在だったが、時代とともにそういう父親は少なくなってきた。そう

家族全員でちゃぶ台を囲む和やかなひととき

強烈すぎる父権を演じることで、父親のいない
加藤浩次は自らの欠落した部分を埋めている

した状況の中で加藤辰夫は昔ながらの父親像を貫いている。それはまさしく父権の象徴であり、21世紀の日本においては極めて貴重だといえる。お父さんが白といえば、たとえ黒いものでも家族にとっては白になる。お父さんの基準が一家の基準なのだ。お父さんが「すき焼きは野菜より肉を食え」と言えば、健康上はよくなくても家族は従う。それは決して横暴なのではない。一家の象徴であるお父さんが主導権を握るからこそ、家族は安心して委ねることができるのだ。また、加藤辰夫は口は悪いが気持ちはやさしいという人の典型でもあり、どんなに理不尽な説教をされても家族もゲストもそこから愛を感じ取ることができる。

加藤辰夫のようなお父さん自体がすでに希少価値だが、爆烈お父さんで見られるお茶の間の風景も、昨今の日本ではすでに古きよき時代のものになりつつある。ちゃぶ台を囲んで、家族みんなですき焼きをつつく。家族の中で一番偉いお父さんを中心に会話が進み、家族は互いのことを理解しあう。そんな加藤家のほのぼのとしたひとときは、めちゃイケ的小津安二郎の世界とも表現できる。爆烈お父さんの目玉といえばジャイアントスイングだが、実はこうした伝統的な家庭の風景が見る者に安らぎを与えている部分は大きい。そんな加藤家の精神を映し出す小道具となっているのが、すき焼き、ちゃぶ台、そしてめったにTVには映らないペットのタマである。すき焼きは加藤家の「幸福」の象徴であり、ジャイアントスイングに突入する前に家族が団結して運ぶ「ちゃぶ台」は加藤家の「理性」の象徴である。また、タマは「サザエさん」の磯野家のタマにも通じる「伝統」の象徴といえる。このすき焼き、ちゃぶ台、タマは加藤家の「平和３点セット」と呼ばれる(イラスト参照)。

核家族化や少子化が進む昨今の日本の状況では、もはや加藤家のような家庭を築くのは困難であると思われる。しかし爆烈お父さんのお茶の間の風景には平凡で平和な家庭の姿が象徴的に映し出されていて、観る者の心を安らかにさせる。ホームドラマの古典的存在である「サザエさん」や「寺内貫太郎一家」のように、爆烈お父さんも昔ながらの父親像やあるべき家庭像を後世に伝える役割を担っていくはずである。その度にジャイアントスイングで息切れしながらも。

[BROS,COOL]

『加藤家の平和3点セット』

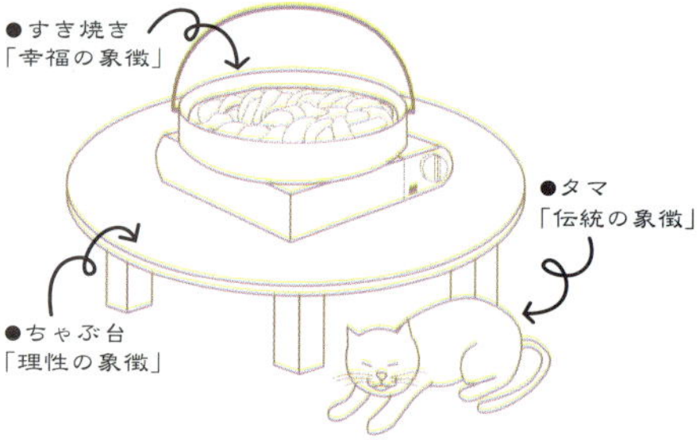

ハケ水車

(はけ・すいしゃ)《名詞》

「殿様のフェロモン」で生まれた史上初の水車。水車につけられたハケが、水車が回るたびに女性の股間に触れるという作りになっている。ハケが4本のもの、8本のものと改良が加えられ、一時期は「殿様のフェロモン」の大人気コーナーとなった。なおこのハケ水車はさらに発水機能が付加さ

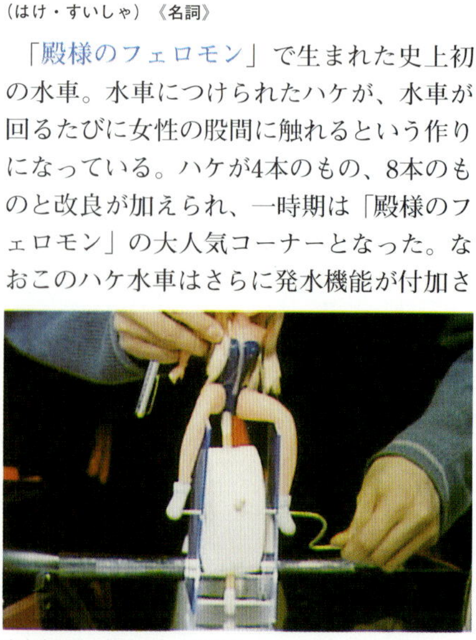

大人向けのお笑いマシーンです

れた改良が施され、「スーパーハケ水車ウエッティー」として1998年7月18日にO.A.されたフジテレビ「27時間テレビ夢列島てれずにいいこと、てれずに楽しく」内の深夜番組「流出！ 裏めちゃイケ♥てれずにええこと」に再登場。生放送を騒然とさせた。

[URMI,COOL]

バスローブ

（ばすろーぶ）《名詞》

「日本一周」シリーズですっかりお馴染みになった、中居正広の定番ファッションの一つ。「フルコースの旅」企画では中居の失言がもとで急遽（きゅうきょ）大阪に泊まることになり、その翌朝は安眠中のところをナインティナインに叩き起こされ、ホテルの浴衣のまま朝イチの新幹線に乗車した。また「お見合いの旅」企画ではドラマのロケで宿泊していたホテルで、またもナインティナインに朝5:30に叩き起こされ、今度はホテルのバスローブ姿のまま北海道に飛ぶことに。しかもこの時は足元もホテルのスリッパ。さらに「エエ仕事の旅」でもバスローブ姿で「笑っていいとも！」のスタジオ入りをするはめになっている。もちろん国民的アイドルの中居がこのような姿で街をうろつき新宿アルタにスタジオ入りするというのは通常考えられぬ光景のため、この「日本一周」ならではの貴重なお宝映像と言っていいだろう。ちなみに中居は備品をドロボーしたまま現在も国民的アイドルを続けている。

[NHIS,COOL]

罰ゲーム

（ばつ・げーむ）《名詞》

勝負事をより盛り上げるためのひとつの要素として、広く世間一般で古くから受け継がれてきたお遊びのようなものであるが、現在のテレビ界では規制されつつある貴重な風習になっている。めちゃイケの企画でも罰ゲームが行われることは数多くあるが、いずれの場合も芸人としての精神性を突いているのが特徴である。罰するほうも罰せられるほうも笑いがとれなくては意味がない。しかし歴史上の例外として、ナイナイVSよゐこの「ガチンコ対決」の相撲対決（1999年2 月20日O.A.）では、勝者のよゐこが敗者の矢部浩之に、矢部の苦手なものまねを罰ゲームとして要求。しかも「ペリー提督のものまね」なるまったく笑いにつながらないお題を出して、矢部を窮地に追いつめた。

[GTNK,COOL]

バッチグーグー

（ばっち・ぐー・ぐー）

小便小僧が登場する時のお決まりのフレーズ。あまり力まず、抑揚もつけず、ごく普通にサラッと言うのが小便小僧流。

[SBKZ,COOL]

初生放送

（はつ・なま・ほうそう）《名詞》

めちゃイケ史上、初の生放送となったスペシャル「初生放送だよ　全員集合!!」（2000年4月8日O.A.）のこと。と同時に、この番組は濱口に黙って生放送を行い、何も知らないで合コン中の濱口を遅刻させ、慌てさせようという「4月馬鹿スペシャル!!」と銘打たれた壮大な濱口だましとなった。

この日、生放送があるというのに、濱口がスタジオにやってこない。そのまま本番はスタート。本番が始まっても、やっぱり濱口はやってこない。本人は生放送が行わ

は

れていることをまったく知らず、あろうことかコンパで楽しく盛り上がっていた。しかも、そのコンパ会場であるカラオケボックスには隠しカメラが仕掛けられ、全ての濱口の状況が、実際のめちゃイケスペシャル生放送でのメイン企画として日本中のお茶の間にリアルタイムで実況中継されていたのである。客席が、ゲストの和田アキ子が、そしてお茶の間がその濱口の醜態（しゅうたい）に唖然とし、当の濱口よりも当惑した。そして遂には濱口が、佐野アナに合コン会場から連れ出され、本番終了間際に無事フジテレビに到着した、ようにO.A.上は見えていた。が、実はあれは遅刻ではなく、めちゃイケならではの濱口だましだったのだ。

このだましは、ほんとう に内輪の限られたスタッフとメンバーの間だけで進行しており、超秘密裏に水面下で計画されていた。壮大なスケールで仕掛けられた、濱口生放送欠席企画。この生放送でのだまし企画は、やらせだの演出だのという様々な疑惑を呼びまくり、生放送から1ヵ月後、「MECHAIKE IMPOSSIBLE」（不可能なめちゃイケ）と称して生放送の裏側がドキュメンタリー形式でO.A.（2000年5月6日）された。

そこで明かされた、内緒で生放送し欠席させるという、通常ではありえないだまし大作戦とは…

①「ウソ生放送」を収録し、これでスペシャルは終了したと思わせる。

濱口を生放送に来させないために、「ウソ生放送」用のVTRを生放送形式で事前に収録し、濱口にだけはスペシャルの生放送が「生放送のように見えるけど、実は収録されたものがO.A.される」という、「架空の生放送」として視聴者をだまし、最後に視聴者にバラすものであると説明。これによって濱口が新聞のテレビ欄を見て「初生放送」となっていても、不信感を抱かせずに欠席させられる。この「ウソ生放送」上では、だます側は濱口で、ダマされたフリをして生放送に遅刻した（フリをした）加藤浩次。この収録では、加藤がいないばっかりに、「爆烈お父さん」では長男役の濱口が父親の代わりをつとめ、「クイズ濱口優」では乱入してきた野武士に濱口は丸裸にされている。

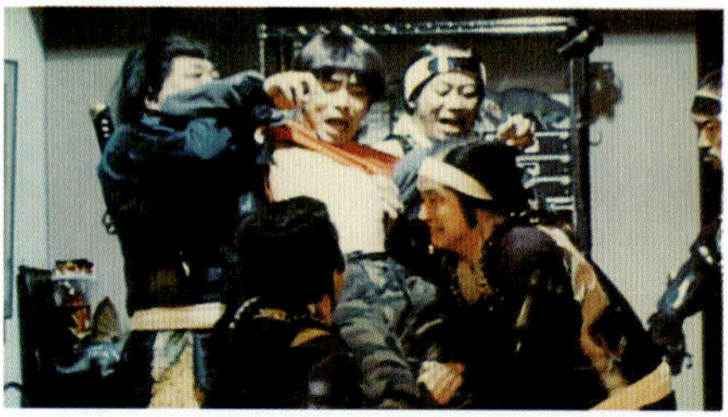

今回のスペシャル、「おいしいなぁ」と思っていた濱口

②「初生放送だよ 全員集合！」放送当日は、濱口のためウソ番組「よゐこ・釈のためにならないTV」なる新番組の企画を立てて、打ち合わせに出席させる。

TMCスタジオでウソ番組の打ち合わせ。同スタジオは、ナインティナインの「ジャングルTV」の収録も行っている。1本を収録した後、すぐに本物の生放送のリハーサルのためにお台場のフジテレビに向かわなければならないナインティナインだったが、この日、通常の２本撮りでないことが発覚すると、濱口にだましを感づかれてしまう可能性がある。そこで、極秘に工作員がスタジオ内のスケジュール表を全てニセモノに差し換え、事なきを得た。

また、有野晋哉が打ち合わせに遅刻し、それとなく濱口の使命感をあおる、矢部浩之が「ジャングルTV」の休憩を装い、よゐこを表敬訪問しアリバイを作る、などの細かな配慮もなされた。中でも矢部のアリバイ工作は、矢部の根っからのツッコミ体質が災いし、フジテレビに急行するため5分で切り上げる約束が、大幅に遅延、車中で待機する岡村隆史を大いにやきもきさせている。また、濱口がウソ新番組に意欲満々だったため、打ち合わせが長引き、有野の脱出も大きく遅れた。

「何してんの？」「おれはジャングルや」

③生放送中はテレビのない場所にいさせるため、ウソ合コンを設定。

マネージャーが「よゐこの新番組が決定したから、土曜日の昼に打ち合わせね。その後、みんなで飲み行くから！」という一言で濱口の土曜日のスケジュールを押さえてしまう。仕掛人となる女の子は、総勢200名のオーディションから4人を選んだ。ウソ合コン参加の工作員は、放送作家S＆有力業界人N。カラオケボックスも貸し切りで、誰もいない他の部屋からウソの音を流していた。そして濱口がカラオケボックスに入ったのと同時に、彼の周囲から生放送だましを邪魔する情報が入らないようにと、マネージャーが携帯電話を解約。濱口は何の疑いもせず、夜6時30分からの魔のウソ合コンに参加した。ちなみに、カラオケ会場に向かう濱口のタクシーの車番も「(ウソ）800」だった。

美術部、技術部、オートバイのライダーとの綿密な打ち合わせも重ね、カラオケボックスから電波を飛ばし、東京タワーに反射、お台場のフジテレビに届ける設備の設営も完了。実に構想1ヵ月、スタッフ300人、予算6000万円、カメラ20数台、ヘリによる空撮もアリ。あり得ないだまし大作戦のスタンバイは、こうして完成したのだった。

そしてメンバーは予定通り6時30分から生放送開始。みんなが濱口をだましてあの歌、「15の夜」を歌うのを楽しみにしていたのだった。

となりの娘のセクシービームにヤラれた濱口

仕掛人の女の子のリクエストに応え、計画通り「15の夜」を嬉しそうに歌いだす濱口。そしてカラオケの画面に突然映し出される生放送中のメンバーの姿に驚愕(きょうがく)し、訳も分からないままに佐野アナに導かれ、バイクに乗せられる。「15の夜」の歌詞「♪盗んだバイクで走り出す　行き先も解らないまま　暗い夜の帳(とばり)の中へ」と見事にシンクロしながら、フジテレビへと連行される濱口。ただし、それに続く「誰にも縛られたくないと　逃げ込んだこの夜に　自由になれた気がした　15の夜」とは、正反対の展開となってしまったが。

♪盗んだバイクで走り出す　行き先も解からないまま…

それにしても、カラオケボックスに矢部が電話をかけた時点で分かりそうなものなのだが、気づかないところが、「日本一だまされやすい男・濱口優」の面目躍如(めんもくやくじょ)たるところか。

JASRAC 出0104062-101

後に濱口は語る。「映像がめちゃイケに切り替わった瞬間はねぇ、夢？　理解でけへん……。こんなん信じたらアカン！　この楽しいひとときを壊したらアカン！ってカンジやった……。バイクに乗ってる時はねぇ、涙がツツーッて流れてきたんですよ。オレまたダマされたんか？今まで楽しかったのに、仕事行かなアカンのか……！って」。

これはもはやお笑い版「トゥルーマンショー」である。

[HGDS,COOL]

「仕事か…」「当り前や!!」

パナソニック

（ぱなそにっく）《名詞》

家電メーカー最大手、松下電器産業（株）の世界的ブランド名。かつて「めちゃ²モテたいッ！」のスポンサーであった。後にめちゃモテ打ち切りの真相が、矢部浩之がスポンサー・サイドに嫌われていたせいである事が岡村隆史によって暴露され、矢部は真剣に落ち込んでいた。ちなみに嫌われた理由は「人をすぐブツから」。

[POP!]

花電車の忍さん

（はな・でんしゃ・の・しのぶ・さん）《名詞》

日本の裏伝統芸能を守り続けている女性。1998年7月18日にO.A.されたフジテレビ「27時間テレビ夢列島　てれずにいいこと、てれずに楽しく」内の深夜番組「流出！　裏めちゃイケ♥てれずにええこと」に登場し、リンゴ切り、吹き矢といった技を、テレビの放送コードに触れない範囲で披露した。

[URMI,COOL]

ハブ兄弟

（はぶ・きょうだい）《名詞》

沖縄の裏社会から東京進出した南国の刺客。所属組織は邪道我烈血組。組長・ゴリと若衆頭・川田広樹（つまりガレッジセールの2人）は坂下千里子が女王様のとき（2000年6月10日O.A.）、Mの三兄弟に「振り上げたブランコを『弁慶の泣き所』で受け止める距離比べ」で戦いを挑み、数々の笑いをとったが惜敗した。

[MKDI,COOL]

hamaguche

（はまぐちぇ）《名詞》

2000年7月15日にO.A.された「めちゃイケ期末テスト」の英語試験問題において、濱口優は自分の名前を「masaru hamaguche」と綴り、以後みんなからアホ扱いされるときは「hamaguche（ハマグチェ）」と呼ばれることに。なお、「七人のしりとり侍」で平蔵が5敗を喫した後のレッテルや、pM8でアホさ加減をさらけ出したさいにも「hamaguche」が連呼された。

[MIKT,COOL]

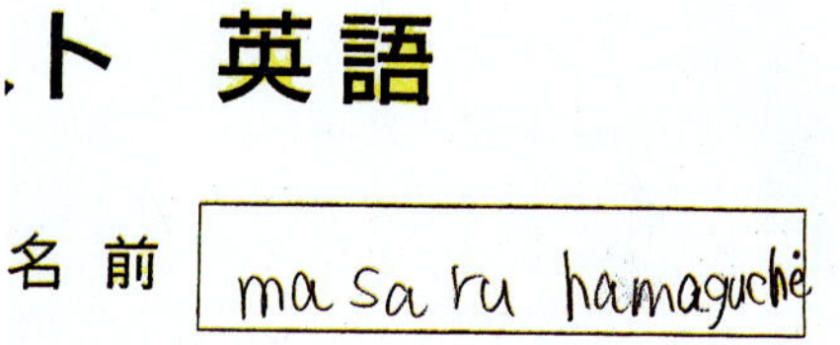

無理せず日本語で書いてもよかったのに……

濱口だまし

（はまぐち・だまし）《名詞》

めちゃイケ一、いや芸能界一、ことによ

ると日本一だまされやすい男、濱口優さんをハメるための企画の数々。明確に「濱口だまし」と銘打たれていないものでも、例えば「愛するコンビ、別れるコンビ」や「クイズ濱口優」、あるいはpM8における「本田みずほ」なども含めると、濱口に関するネタはおおよそだましが入っている、といっても過言では無いくらい頻出する。1994年の「とぶくすりスペシャル4」で彼のだまされキャラが認知されて以来、その数は、確認されているだけでも約40回にのぼる。

だましの仕掛けは、回を重ねるごとに巧妙かつ大掛かりなものになっていく。が、実は仕掛け自体にスキがあっても、彼に限っては問題なくだまされてくれるのではないか、とも思えるフシも。実際、いくら何でもこれは気がつくだろう、という局面でも彼は絶対気がつかないのであり、終始安心してだまされ続ける、安定感抜群の先発完投型超エース級のだまされキャラなのだ。

だが、回を経るに連れ、仕掛けが大掛かりになり、巧妙になっていくのには実は明確な必然がある。当初は濱口という無垢で純粋な人間をだます、その事自体を面白がっていたこの企画が、次第に濱口だましという枠組みを借りた、スタッフの「テレビはどこまで人をだませるか？」という、自己鍛練の場として機能し始めたのである。特に、スタッフサイドには3部作として認知されている「抜き打ち司会テスト！」「失恋の濱口に新しい彼女を！」「史上最大の作戦　濱口をボウズに！」の3作には、スタッフの英知と技術力、集中力が飛躍的に向上し、等比級数的に高くなっていくハードルをクリアしていく様がありありと見て取れる。つまりは企画はいつしか一人歩きを始め、もはやだまし云々ではなく、スタッフが濱口という素材を使って自分たちを追い詰め、自分たちの腕を磨くチャレンジへと変質しているのである。

濱口が過去、数限り無くだまされて来た中での、代表3部作は以下の通り。

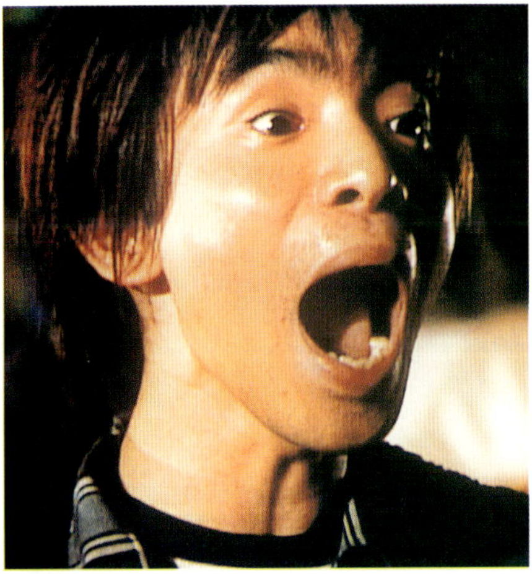

濱口だまされ顔4態。まずは「抜き打ち司会テスト」

❶濱口抜き打ち司会テスト

矢部浩之がウソの緊急入院。ピンチヒッターとして急遽、濱口が初司会を務めることに。かねてから「もう一人司会ができる人間がほしい！」と言っていた矢部による大抜擢。そこで濱口が司会に向いているかどうか抜き打ちテストをすることに。実は全員が仕掛け人で、仕切りにくい、様々な困難が濱口に襲いかかる。本日のロケ担当は新人ディレクター（実は仕掛け人）。このDが次々に変な指示を出すので、濱口はまじで不信感を募らせる。途中からDと話す時も目を合わせなくなる。最後はDの指示で極楽とんぼがケンカを始める。車に乗り込み、爆走、爆発。呆然とする濱口。駆けつけた救急車から矢部たちが出てくる。

❷失恋の濱口に新しい彼女を！

1998年の忘年会で「3年つきあっていた彼女と12月の前半を持ちまして別れました」と告白した濱口優。傷心の濱口のために、めちゃイケからのお年玉として行われた合

そして「新しい彼女を！」

コン企画。結局、合コンの様子の一部始終をロケバスから見ていてぶち切れた岡村の妨害によって、濱口は希望の新彼女との悦楽の行為には至ることはできなかったが、やっぱりタレント好きという「めちゃめちゃわかりやすい」性格を思いっきり露呈したのであった。

続いて「濱口をボウズに！」

❸史上最大の作戦　濱口をボウズに！

「愛するコンビ、別れるコンビ」（1999年8月7日O.A.）でコンパをやめる契約書にサインした濱口。しかし最近、また合コンをやっているらしい。そこで罰として、ニセの「スター・ウォーズ・エピソードⅡ」オーディションを設定し、様々なだましを仕掛け、その結果として自然に坊主頭になってもらおうという企画。……なってしまった。

当面の大目標であった、おしゃれ好きの濱口を「トゥキン」にすることも無事達成し、更には初生放送に遅刻させることまでも成し遂げてしまった今、スタッフはさらなる大きな目標と、それに向かう大いなるチャレンジ精神を持って濱口をだましにかかるに違いない。

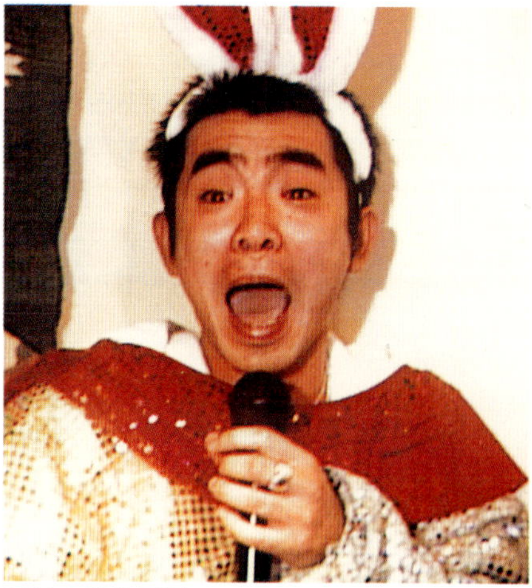

とどめの「初生放送」

それは恐らく、いずれも通常では考えられない「だまし」の数々だが、濱口はものの見事にだまされるだろう。極上の素材と意思あるスタッフとの最高の邂逅（かいこう）。そんな感慨を抱かせる濱口だまし、である。

[HGDS,COOL]

濱口優

（はまぐち・まさる）《名詞》

1972年1月29日、大阪府生まれ。A型。身長168cm 、体重60kg。松竹芸能所属。趣味はガチャガチャとファミコン。苦手なものはアルコール。めちゃイケでの主なキャラクターはアフリカマン、エリコ（SPEEED）、会長（伊東部長）、小便小僧、ツタンカーメン師匠、どぜう、ハマディーン、浜田五郎、平八（七人のしりとり侍）、ポール（STAMP）、笑う男。その純粋な人間性で、お笑いの歴史に史上初めて「普通」というジャンルを築いた日本初の芸人である。しかし、純粋ということは裏を返せばだまされやすいということでもあり、そうした濱口の特性は一連の「濱口だまし企画」などで存分に生かされている。また、その純粋さは同時に濱口のほれっぽさにもつながるところであり、本田みずほとの一大恋愛叙事詩はpM8の歴史にも深く刻み込まれている。濱口はデビューしたての頃は可愛らしいルックスでよゐこのプリンス的存在として女の子にキャーキャーいわれていた。が、「とぶくすり」で下ネタがはまるようになってから、汚れ街道を一気に走り始めるように。そうして8年の歳月を経て王子様だった濱口はついにトゥキンになってしまったのであった。

[SINP,HIYK,PHER,HIYS,HIYZ,POP!,COOL]

浜田五郎

（はまだ・ごろう）《名詞》

めちゃイケ内のトーク番組「ここがヘンだよ～」シリーズに出演した論客。どことなく山田五郎を思わせる風貌で、ウィットに富んだ鋭い発言が期待されたのだが、持ち前の自慰理論を繰り広げてしまい、結果として、殺伐（さつばつ）とした会場を和ませる、一服の清涼剤のような存在感を示していた。

[KHKA,KHAD,KHMJ,COOL]

なごみ系の発言がウケた論客

ハマディーン

（はまでぃーん）《名詞》

濱口優が演じた「イケてる物欲戦士・ハマディーン」のこと。1998年3月7日O.A.に1度だけ登場した。悪者（加藤浩次）が街に出没し、正義の味方ハマディーンがやっつけてくれるはずなのだが、何しろ物欲戦士ゆえ、助けを求めている雛形あきこの「G-SHOCK・ラバーズコレクション」が気になって気になって悪者退治に身が入らない、という設定。まさに、当時ファッションのことばかり話していた濱口の等身大キャラクターだった。このハマディーンも幻キャラの殿堂入りを果たしている。

[HMDN,COOL]

趣味はファッションの物欲戦士

林家ペー・パー子

（はやしや・ぺー・ぱー・こ）《名詞》

1998年6月13日O.A.の第1回「笑わず嫌い王決定戦」に香取慎吾の好きな芸人として登場。この時、芸能人の誕生日マニアのペーさんは「矢部くんとジャニーさん（喜多川氏）の誕生日が同じ」という仰天情報を公開した。

[WWGO,FJKS,OMOS6,COOL]

春一番

（はる・いちばん）《名詞》

アントニオ猪木のものまねのみで有名な芸人。その唯一の持ちネタである猪木のものまねを、真性パクリ病に侵されている岡村隆史は我が物顔でパクり続けている。「岡村オファーが来ましたシリーズ」の「ジャニーズJr. 企画」の時には、岡村がジャニーズJr.の前で春一番からパクった猪木のものまねを披露。春一番の存在を知らなかったジャニーズJr. のメンバーはすっかり岡村本人のネタだと信じて大絶賛。自分のネタが盗難にあってしまった春一番はとんだ被害者である。

[WWGO,ACNO3,COOL]

バレンタイン・デー

（ばれんたいん・でー）《名詞》

めちゃイケでは「光浦プロデュース・バレンタインデー記念ドラマ／光浦家の3姉妹」がO.A.される日のこと。そもそもは光浦靖子が男子めちゃイケメンバーの楽屋を訪ね、チョコレートを配る日であったが、やがて光浦を中心に男運のない女性芸能人が集結し、芸能人の男からキスを奪おうとする恐怖の企画に発展。過去2回のO.A.が記録されている。第1回（1999年2月20日O.A.）の3姉妹は光浦靖子、岡本夏生、磯野貴理子。それぞれ順に河合我聞、伊藤高史（元・パンヤオ）、的場浩司の唇をゲットした。なおこの回に大久保佳代子が乱入し、加藤浩次との壮大な恋愛物語（加藤＆大久保3部作）の発火点となった。また第2回（2000年2月12日O.A.）の3姉妹は光浦靖子、島崎和歌子、宍戸江利花。唇提供者は順にいしだ壱成、高橋克典、小堺一機であった。もちろん（!?）この回にも大久保佳代子が乱入し、「矢部浩之が好き」と告白。視聴者からの圧倒的なブーイングにもめげず、新たな恋物語（矢部＆大久保）へと発展した。

[MUSS,COOL]

パンダ人形

（ぱんだ・にんぎょう）《名詞》

「格闘女神MECHA」における、チャイナナイト光浦の秘められたファイティングスピリットを象徴する人形。

[KTJM,COOL]

試合前のパフォーマンスに登場する

は

ひ

B&B

（びー・あんど・びー）《名詞》

かつての漫才ブームを支えた人気漫才コンビ。余りの過密スケジュールのために、ヘリで移動したという伝説の大忙し芸人。「日本一周 ええ仕事の旅!!」において、中居正広のマネージメントを買って出たナインティナインが、年末の忙しい時期に、たった一日の休みだからとくつろぐ中居を憂いて、このB&Bを目標として掲げた。ただし、この伝説にこだわる余り、歩いて1歩の広島と岡山（B&Bの2人の出身地である）の県境をヘリで無理矢理に移動する等の勇み足も。

[NHIS4,COOL]

このトレーナーをワンハンドレッドが再現

pM8

（ぴー・えむ・えいと）《名詞》

①Project Mechaike 8yearsの略。映画『バック・トゥ・ザ・フューチャー』を思わせるオープニングから始まる、2000年末～2001年正月O.A.のスペシャル企画のタイトル。

当初「平成のひょうきん族」を目指してスタートしためちゃイケも、その前身番組から数えると、1992年の「新しい波」に始まり、「とぶくすり」「殿様のフェロモン」「めちゃ²モテたいッ！」、そしてめちゃイケまで、8年間というお笑いとしては異例の長さに達している。岡村隆史は、20世紀が終わりかけたこのタイミングで、めちゃイケの歴史を集約し、スター・ウォーズの「スター・ウォーズ大百科事典」にならって、「めちゃイケ大百科事典で日本中をめちゃイケ・マニアに！」の掛け声も勇ましく、本事典の製作を思い立った。

「めちゃイケのエピソード１の初まりだぜ！」と、夏頃から作り始めたはいいが、物件の余りの多さに20世紀中の集約が危ぶまれる展開となり、そこで岡村は、pM8の名のもと、力を借りるべくメンバーを招集、そろいのつなぎを着て（何故か濱口優だけ犬の着グルミ）、この企画のために巨費を投じて作った『バック・トゥ・ザ・フューチャー』でも活躍のタイム・マシン、デロリアンを駆り、事典編纂（へんさん）のために収集しためちゃイケ用語を検証する旅に出かけたのだった。

番組中で検証された主な項目は以下の通り。

若頭／横須賀社長／矢部家／矢部藤四郎／たつひろ／めちゃイケAD／大隈いちろう／ウソ番組／ヨコヤマ弁護士／カケソバン／油谷さん／岩城滉一／本田みずほ／秘密基地／集合写真／深野さん／なかやまきんに君／クリス／鉄拳／バカルディ／

マリー・オリギン／西川きよし／寝起き早食い選手権／ABCお笑い新人グランプリ／江頭2：50／悪性のウイルス（笑）／アルファ・ロメオ／お月様etc.
②キャプテン岡村が地上波に先駆け依頼した、めちゃイケに至る8年間の全てを再放送で勉強するスカパーの超人気番組の名前。司会の西山先生（保健の先生姿の西山アナ）は、1992年「新しい波」から、佐野君（学生服姿の佐野アナ）は、1995年めちゃモテからと、局アナきっての歴史通である。
[PMET,COOL]

BEAMS渋谷店
（びーむす・しぶや・てん）《名詞》

矢部浩之の「持ってけ100万円」で、ロケバス運転手の八武崎ドライバーが矢部の所持金を黙って持ち出しお買い物しちゃった、オシャレな若者が集う有名セレクトショップのこと。八武崎ドライバーはここで、いかすボーダーシャツ（6,090円）を購入してしまっていた。
[YHMH3,COOL]

日枝社長
（ひえだ・しゃちょう）《名詞》

フジテレビの社長の名。お台場の新社屋への引っ越しをお手伝いした「めちゃイケ運輸」（1997年5月10日O.A.）で、メンバーは社長の忘れ物であるうがい薬のイソジンをお届け。社長を前に超緊張のメンバーだったが、その中から加藤浩次が飛び出し「吉本興業所属、極楽とんぼの加藤浩次です！ めちゃイケでは主にケンカを担当してます！」と決死の自己アピールを披露。しかし日枝社長は岡村隆史がいたくお気に入りらしく、「岡村君、社長のイスに座ってみるかい？」など終始岡村への発言が目立ったのだった。そして最後には運送費として5万0,050円（社長価格）も快く支払ってくれた。とても気さくな社長である。
[MIUY,COOL]

加藤は社長室を出るとき「火かしてもらえます？」と再度アピール

久本雅美
（ひさもと・まさみ）《名詞》

ワハハ本舗所属の役者、お笑いタレント。「涙の借金返済ツアー」において、気が弱いばっかりに、一緒に飲みに行った加藤浩次にお金の持ち合わせがないことを言えず、タクシー代もないままにひとり帰る夜道、3人組の暴漢に襲われ人生を狂わされた過去を告白。日頃のそんな陰を微塵（みじん）も感じさせない芸風と相まって、メンバーの涙を誘った。また、釈由美子と第3回「笑わず嫌い王決定戦」で戦ったこともある。
[KTOK1,WWGO,COOL]

ビッグフット
（びっぐ・ふっと）《名詞》

和田アキ子氏（本名・飯塚現子）。岡村

ビッグフット。芸名・和田アキ子

隆史探検隊に捕獲された。
[OKMT1,COOL]

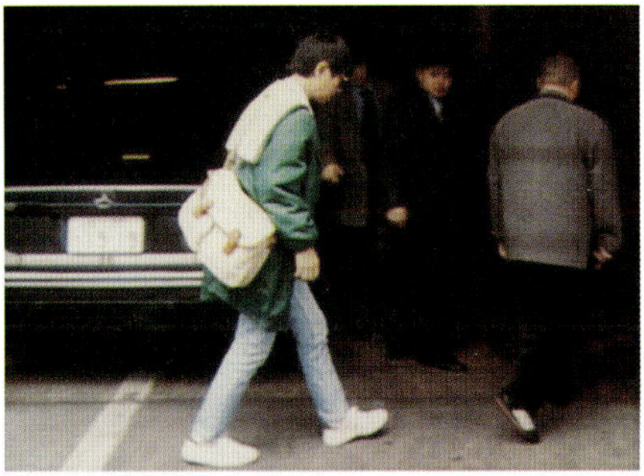

直立歩行するビッグフットの姿！

ビッグフット、決死の捕獲！

必死
（ひっ・し）《名詞》《形容動詞》

「とぶくすり」の頃から、メンバー及びスタッフを支えてきた言葉。突然の最終回を迎えた「とぶくすり」の後に4回放送された「とぶくすりスペシャル」には「みんな必死なんだよ！」「春の必死まつり」というサブタイトルがつけられている。ただ単に一生懸命で頑張るということではなく、このまま「とぶくすり」を終わらせないという強い意志がこの言葉にはこめられている。
[HIYK,PHER,HIYS,HIYZ,POP!,COOL]

日出郎さん
（ひでろう・さん）《名詞》

通称、オカマ界のヒデ。サッカー界のヒデ（中田英寿）に会えると思い込んでいた矢部浩之とペルージャのスタジアムで対面し、矢部をキス攻めにした。
[MKIVI,COOL]

人質
（ひとじち）《名詞》

将棋の名人戦対局会場や柔道場破りに、何故か目隠しでさるぐつわ、全裸で全身を緊縛され、体中に傷を負った状態で投げ込まれる、岡村隆史扮する男の事。本来対戦すべき相手（濱口優）は、毎回岡村の勝負どころではない惨状に当惑し、どう扱っていいものやら悩む。なお、第1回目の収録中、岡村は事故で本当に怪我を負った。
[HJMJ,COOL]

人妻アクション寝起き
（ひとづま・あくしょん・ねおき）《名詞》

人妻になった雛形あきこをターゲットにしたアクション寝起き。1998年8月22日に「世界初の人妻アクション寝起き♥沖縄寝起き上手」と題して放送された。熟睡している人妻・雛形のそばで、人妻Tシャツチェック、人妻ヘアバンドチェック、人妻かゆみ止めチェック、人妻歯ブラシチェック、人妻スポンジチェック、人妻ブラチェック、人妻トランポリン起こしなどが行われた。
[ACNO3,COOL]

ひとみちゃん
（ひとみ・ちゃん）《名詞》

①写真週刊誌「FRIDAY」にもとりあげられた矢部浩之の彼女の名前。
②「寝起き早食い選手権」に使用された公式記録時計の名前。
[NOHS,YBOK,COOL]

雛形あきこ
（ひながた・あきこ）《名詞》

1978年1月27日、東京都生まれ。A型。身

ひ

長163cm 、B83cm、W57cm、H85cm。イエローキャブ所属。特技は絵、ピアノ、日本舞踊。1998年に結婚し、2000年5月11日に長女の伊吹ちゃんを出産。日本唯一のママさん兼レギュラーである。トップアイドルとして活躍していた1995年、「めちゃ^{2}モテたいッ!」のレギュラーとして初参加。めちゃモテのオーディションでは鈴木紗理奈とともに「ぶっちぎりのおもしろさ」を見せていた(片岡飛鳥・談)。めちゃイケでの主なキャラクターは泪(キャッツ・アイ)、ミチル(ストーカー)、オリーブ、ノンストップママ、ヒナ館牧子など。テーマを与えられた時に自分が何をするべきかを的確に判断できる能力と、それを期待された以上に表現できる演技力は女優としての天分であり、めちゃイケでもそれをあますところなく発揮している。そして忘れてはならないのは雛形のSキャラ。雛形の本質を人間関係におけるSとMに分類するなら紛れもなくSであり、その可愛い瞳に狂気が宿る瞬間の雛形は場の空気を全部奪い去るほどの迫力に満ちている。雛形が本気を出した時の底力ははかりしれないものがあるのだ。

[POP!,COOL]

「雛形が好きだ!!」

(ひながた・が・すき・だ・!!)《名詞》

1996年12月14日、12月28日にO.A.された「バレたら終わり! 岡村&ヒナデート」のクライマックスで、岡村隆史が思わず口にしたセリフ。それまで馬カップルとしてなごやかなデートを装ってきた2人だったが、夜になると岡村は「2人きりになって、なにも知らない雛形を口説いてキスしてみせる」と言い出した。しかし、じつはこの時点で雛形は「岡村に好意のあるふりをしてキスを受け入れろ」と矢部浩之から指令を受けていた。つまり、この1日デートの実体は「女性の扱いに不慣れな岡村のだまし企画」だったのだ。

さて、密室であるマイクロバスで、実際に2人きりになった岡村の心境は、雛形の名演技により「雛形を口説いてキスしてみせる」というより「本気で雛形とキスしたくなっちゃった」であり、もはやブルッチョで遠隔操作している矢部にも制御不能となった。「オレ、もてへんかったから、女の子の気持ちわからんのや。ヒナちゃんは僕のこと、どう思ってます? 率直に言うと、僕は雛形あきこを好きやね。雛形さんはどうですか? 言葉でもあれですから、キスしようか?」と、たどたどしく迫る岡村。雛形が目を閉じようとする。心臓が飛び出そうな岡村、ついにキス、の瞬間…………、矢部がバスのドアを開けて、本日の岡村だまし、終了!

すべての事情を知った岡村、なんとか笑顔に戻ったが、そのときには、すでに雛形あきこが心に住みついてしまっていたのであった。

[OHID,COOL]

推定心拍数180(雛形は56)

ビビンバ!

(びびんば!)《名詞》

「オレたちひょうきん族」(1981年〜1989年)に登場していた謎の原住民キャラクター。普段は極めて無口だが、突然「ビビンバ!」と叫ぶ。その正体は当時のひょうきん族のディレクターの一員で、現在映像企画部長の荻野繁。1998年12月12日O.A.の

「フジTV警察　密着24時!!　逮捕の瞬間100連発」で、フジTV警察に不法滞在の罪で逮捕された。18年の時効寸前の出来事であった。

[FTKS,COOL]

ビブ

（びぶ）《名詞》

中目黒・駒沢通り沿いにあるスナック。加藤浩次が苦労時代にアルバイトしていた、いわば加藤の第2の心の故郷ともいえる店。加藤は現在も常連客であり「シャンプー刑事」の打ち上げもこの店でおこなわれるらしい。なお「ビブ」のママはとても美人との評判。「めちゃイケ大百科事典」では、日頃お世話になっているお礼の意味も込めて、人気漫画家・安彦麻理絵さんにオリジナルイラストを発注し、ここに掲載させていただきました。

[SPDK,SNSZ,PMET,COOL]

秘密基地

（ひみつ・きち）《名詞》

「とぶくすりZ秘密基地」。1994年、廃材を集め、当時のメンバー8人が作った小さなシンボル。6年後、「めちゃイケ大百科事典」を飾る集合写真の背景として、当時を偲(しの)び、メンバーの手で新宿区戸山公園に再現された。

[HIYZ,PMET,COOL]

ヒロシ

（ひろし）《名詞》

大久保佳代子のお腹にいる子どもの名前。大久保曰(いわ)く「父親は矢部浩之」。大久保は妊娠していなかったが「ふぞろいのイケてるメンバーたち」では、矢部が大阪のプールからひとみちゃんに「子どもができた」と伝えるシーンもあった。

[YBOK2,COOL]

敏腕

（びんわん）《名詞》

岡村演じる「こにしプロデューサー」を語る上で忘れてはならない枕詞のこと。

[KNPD,COOL]

ふ

ファイナルアンサー

（ふぁいなる・あんさー）《名詞》

フジテレビ系「クイズ＄ミリオネア」でみのもんたがクイズの解答者に最終的な答えを確認する時に用いる言葉だが、めちゃイケではpM8以来、各メンバーの発言に最終的な責任をもたせる時に用いる。下に一例を挙げる。

岡村　整の形はしてないね？
紗理奈　してません。
岡村　ファイナルアンサー？
紗理奈　ファイナルアンサー!!（大声で）

[PMET,COOL]

ファンキーモンキーベイビー

（ふぁんきー・もんきー・べいびー）《名詞》

キャロルのロックンロールの名曲。「少年愚連隊シリーズ」では、テーマソングのように効果的に使われており、観るものに強い印象を残している。

[SNGT,COOL]

ファンラン

（ふぁんらん）《名詞》

全長5キロを走る全世界の市民ランナーの祭典のこと。「ファンラン日本大会」は2000年元旦（午前0時スタート）に、約2,000人が参加しお台場でおこなわれた。ミレニアムを記念しての特別番組、「めちゃめちゃあいしてる」（「めちゃ^{2}イケてるッ！」と「LOVE LOVEあいしてる」のジョイント）において、岡村隆史はきくちプロデューサーのオファーを受け、「必ずトップでゴールします」とこれに参加を表明。しかしながら岡村はきくちPから走行距離を聞いておらず、ファンランをフルマラソンと勘違いして、けっきょく42.195キロを完走することに。なおこのとき岡村が着ていたのは、マラソンの瀬古選手が早稲田大学時代のユニフォーム。

[OMOK6,COOL]

受験不合格の挫折をはね返すべく、早稲田大学駅伝部のユニフォームで参加

フェイク・ファー

（ふぇいく・ふぁー）《名詞》

正しくは人工的な毛皮のことだが、「ザ・カルチャータイム」のMr.ヤベッチは「持ってるけど種類が違う。8×4（エイト・フォー）のほうや」。

[CTTM,COOL]

フェロモン先生

（ふぇろもん・せんせい）《名詞》

「ヨモギダ少年愚連隊3　第三夜 '99初恋」で、岡村隆史の筑波大学合格のために招集された最強家庭教師軍団の紅一点、日本史担当の19歳の東大生。矢部浩之の付けた渾名（あだな）「フェロモン先生」の通り、肉感的でファニーフェイス、とても現役東大生には見えない。

この先生、なかなかに勝ち気なS体質だったこともあり、根っからのMである岡村は、案の定、というか、お約束通り一目で恋に落ち、勉強にかこつけて果敢にアタックを繰り返す。が、彼女、とてもガードが堅く、ことごとくはねのけられてしまう。ちなみに副題となった「初恋」は、岡村のフェロモン先生に対する恋心に由来している。

[SGTS,COOL]

フェロモン先生。岡村が惚れるのも無理はない

深野さん

（ふかの・さん）《名詞》

加藤浩次の義父、深野正一さん。メンバーの親族の中では最多出演を誇る、めちゃイケの名バイプレイヤー。金星ハイヤーに勤務するタクシーの運転手であり、れっきとした素人さんにもかかわらず、めちゃイケにとっては準レギュラーといってもよいくらいの、欠くべかざるキャラクターであり、これまでも幾度となく重要な役回りを演じている。

発端は1994年「とぶくすりZ」時代、「うのうのだん」で加藤が、母子家庭だったのに知らぬ間に母親が知らない男と再婚したと発言した事による。この時の発言が、後の「深野少年愚連隊　小樽の新しいお父さん！」へと発展し、以来加藤を巡る企画の随所に、深野さんが関わるようになっていく。

「親子であり、他人」。そんな微妙な言い回しが、加藤と深野さんの関係性を端的に言い表わしている。母親に黙って再婚され、再婚の事実さえすぐに教えてもらえなかったことに深く傷ついた過去を持つ加藤にとって、深野さんの存在は、まさにその再婚相手であり、それ故、加藤は明らかに深野さんとの関わりを避けていたのである。実際「深野少年愚連隊」で、めちゃイケに出会いの場を無理矢理セッティングされなければ、今に至るも接触を持たなかった可能性は極めて高い。

一方で深野さんの屈託(くったく)の無さは、まさに天然のモノである。その天性の明るいキャラは、テレビを見ている視聴者にも存分に伝わっていることと思う。深野さんは、そのいくぶん強引な言動をもって、加藤との間合いを、グイと詰めて来ているのだ。もとより、そこには一切の悪意も計算も無く、ただただ義理の息子、浩次を愛おしく思う気持ちに満ちているのだが。

2001年正月のpM8においては、深野さんの「演歌歌手になりたかった」「そろそろ孫が欲しい」という夢を叶えるために、加藤が、本人も内容を知らされないままに、CG合成で深野さん主演の「孫」のプロモーションビデオに孫役で出演した。胸に加藤を抱き、喜色満面の深野さんと、そのビデオを後から見せられた加藤の困惑の表情との対比が、深野＆加藤の今の微妙な距離感を象徴しているような気がする。

田舎に住む人らしい大らかな感性で、遠慮無しに懐に踏み込んでくる深野さんに、東京での暮らしが長くなった加藤はやはり当惑している。ただ当惑しながらも、加藤は精一杯心を開こうと努めている。「浩次」と呼び捨てにされる事にはまだまだ違和感はあるけれども、そして飽くまでも他人であるとは分かっているけれども、いつしか本当の親子に近付くことを目標に。

[HIYK,SNGT,KTOK,ODAN,MIOO,PMET,COOL]

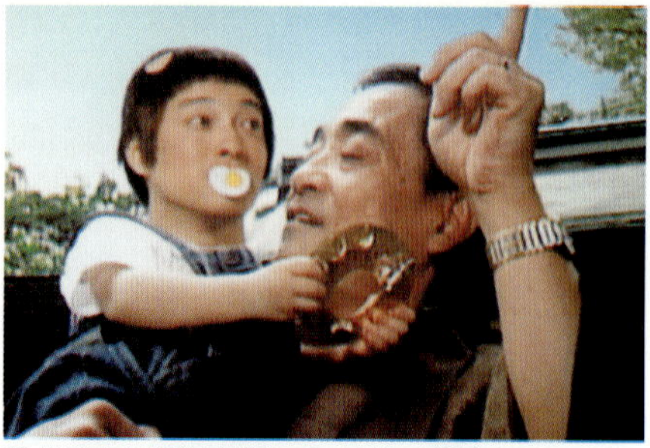

孫（に扮した加藤）を抱き、幸せ一杯の深野さん

深野少年愚連隊

（ふかの・しょうねん・ぐれんたい）《名詞》

1997年6月14日O.A.。少年愚連隊シリーズ。「深野少年愚連隊　小樽の新しいお父さん！」と題された感動の逸品。母親に、だまって再婚されていた（94.10.12「とぶくすりZ」より）加藤浩次が今回の主役。

この企画のきっかけは、ゲストの梅宮辰夫とのトークで、話題が「門限」になったとき、加藤が「門限ないよ？うち母子家庭だし」と発言。なんと母親の再婚相手“深野さん”に一度も会ったことない、小樽に帰っても“深野さん”には３年間会えずにいた！、ということで、朝5時、札幌。「めちゃイケ運輸」のロケだと言われ、前ノリしていた加藤を叩き起こし、本日の企画「父の日スペシャル」を発表。「お父さんに会いに行きましょう！」。

事前に得ている深野さん情報は、深野正一（49歳）、タクシー会社勤務、毛ガニが大好物、石原裕次郎の大ファン。

まずは恒例のチェックを。「深野さんお父さん度チェック：腹痛編」。ＡＤ田中君がタクシーに乗り込み、お腹の痛い演技をする。深野さんは助けてくれるか？

結果、深野さんは病院へ直行。診療時間前だったのにもかかわらず、病院の人にわざわざ田中君の事を頼んでくれる。

続いて、岡村アタック。タモリさんのかぶり物をかぶって深野さんに接近するが目立ちすぎて断念。お次はロシア人と縁が深い小樽ということで、エリツィンのかぶり物で自転車で接近。またもや失敗に終る。

更に「深野さんお父さん度チェック：愛情編」。ＡＤが夫婦を演じ、子供の事でケンカを始める。深野さんは子供嫌いの父親をどう思うのか？

深野さんは車を降り、そして折角小樽まで来たのだからと、夫婦の仲直りを促すように「ロープウェーの割引券」を渡してくれた。ＡＤの質問、「運転手さんはお子さんいらっしゃいますか」に、深野さん「いますよ(笑顔)、もう大きいから。今は東京に行ってる」。加藤、対面を果たす前の父の言葉にマジで感動。これまで、3年間ずっと不義理を重ねている自分を、息子だと思っていてくれたのだ！

更に更に、「深野さんお父さん度チェック：仕事編」。ＡＤマイコー君(本名・富岡)が車内にわざとケイタイを忘れ、持ってきて欲しいと電話する。現れた深野さんの前に加藤が出ていき、「お父さん」と呼び、抱きしめるという筋書きだが…。

加藤　お父さん！

深野さん　（笑顔で）おおー、どうしてわかった？

ナインティナイン、マジ感動!!　加藤、深野さん抱擁！　深野さんはとってもイイ人だった！

そして、ナイショで来ていた相方の山本圭壱登場！　さらに梅宮辰兄イも！　毛ガニを深野さんのために調理してくれた！

しかし最後、石原裕次郎の「ブランデーグラス」を調子にのって歌う深野さんの頭をドつく加藤。冷静になった後のふたりの、微妙な距離感はここから始まった。

[SNGT2,COOL]

深野さんの右肩に置かれた手は、加藤ではなく、辰兄ィのもの

ふかわりょう

（ふかわ・りょう）《名詞》

めちゃイケのレギュラー候補として頭角を現し始めているお笑い芸人。「クイズ濱口優」のゲスト解答者で登場、本来よゐこの芸風であるシュールな解答で笑いをとり、有野晋哉を脅かし続けている。なお「七人のしりとり侍」で五郎兵衛（有野）が5敗目を喫したさいには、「ふかわと交代」との称号が授けられた。

[QZHM,COOL]

フジTV警察

（ふじ・てれび・けいさつ）《名詞》

フジTV内の治安を守るため、日夜（というか、主に年末）活躍する、岡村隆史巡査部長とそのお仲間（矢部浩之、加藤浩次、濱口優）からなる「警察」。

実は、岡村以下、加藤、濱口の3人は、普段は都内某所での長期の入院加療を余儀無くされており、毎年年末の、フジTV警察が大活躍するこの日は、一年に一日だけ許された、彼らにとって待ちに待った外出許可日なのである。こうしてみると、毎年の彼らの無軌道なはしゃぎっぷりも、よく理解できるのではないか。そして、3人から少し距離をおいて、ハラハラしながら見守っているのが看護人である矢部浩之であり、結果、従順に逮捕されてくれているフジTVの皆さんもどこか優しい気持ちに満ちている。途中参加してくる柳沢慎吾、藤井隆もきっと岡村たちのお仲間だ。

それではここで、これまで逮捕、もしくは保護、あるいは尋問された人々の全攻防をチェックしてみよう。

❶フジTV警察　密着24時!! 逮捕の瞬間100連発！（1997年12月13日O.A.）

・仮眠中の巣鴨のAD鈴木さんを厳重注意。
・悪人顔ADを職質の上逮捕。
・菊間アナ、飲酒の疑いで逮捕。
・桑野信義をスピード違反で赤キップ。
・寺門ジモン、スピード違反で現行犯逮捕。
・林家ペー・パー子、ギャグの暴走行為で即検挙。
・「HEY! HEY! HEY!」のきくちプロデューサー、18才未満のSPEEDにテレカをあげた援助交際で逮捕。
・「お料理 BAN！BAN！」榊原郁恵、銃刀法違反で逮捕。
・「どぅ〜なってるのっ!?」の大道具さん、武器集合罪で職質中1人逃走。追跡中の岡村巡査部長を加藤巡査が誤射。
・「笑っていいとも！」担当櫟本Dは年明けからTBSへ。TBSに情報を漏らしていた？スパイ容疑で現行犯逮捕。
・笑福亭鶴光のラジオ番組「鶴光の噂のゴールデンアワー」。「ええか、ええのんか？」「乳頭の色は？」「スイスのレマン湖」などのワイセツ言語陳列罪容疑で現行犯逮捕。
★ここで本庁からの助っ人で岡村巡査部長の警察学校時代の先輩だという、柳沢慎吾捜査員合流。
・一般見学者。不審な所持品発見、スピード検挙。
・週刊TVガイド、山田大介記者。警察無線（タバコ）所持。スピード逮捕。
・営業局CM部、稲葉恵子、意味不明でスピード逮捕。
・最後、かくし芸大会リハーサル中の堺正章。かくし芸＝何か隠してるよね。つまり隠蔽（いんぺい）罪の疑いで職質。

❷フジTV警察'98　密着24時!!　逮捕の瞬間100連発（1998年12月12日O.A.）

・「笑っていいとも！」のプリティ金子さん、ソファで仮眠中のところを保護。
・「サタ☆スマ？」のAD熊澤美麗、会議室で仮眠中のところを保護。
・ユースケ・サンタマリア、タレント控え室で発見。「ハイテンションのしゃべりは酒が原因か？」飲酒で逮捕。
★ここで今年も柳沢慎吾捜査員合流。
・段ボールを運んでいるディノス営業担当小林千登世さんを窃盗罪で逮捕。
・ヒロコ・グレースのマネージャーを一度泳がせてから公務執行妨害で逮捕。
・東名バイク便、清水浩二さん、AV「広末涼子の合格発表」を宅配。わいせつ図画（とが）

吉田照美を逮捕

爆チュー問題を「ネズミ捕り」、が何故か楽しそう

フジTV警察の岡村巡査部長とそのお仲間たち

販売で逮捕。
・東名バイク便、矢崎雄介さんを書類送検。バイクによる犯罪組織をたった2分で壊滅。
・元巨人軍投手宮本知和の運転手、濱口をクルマではねる。道路交通法違反で逮捕「行っちゃえ」と言った宮本元投手も強要罪で逮捕。
・「球体展望室に国際テロリストが潜入」との情報。テロリスト＝たまたま窓の外を見ていた長野勇也君（5歳）。自由の女神が見たかったと泣き出す勇也君を必死で遊ばせる。
・CM部長荻野繁を、不法滞在で逮捕。丼を差し出し「これ何？」。本人「ビビンバ！」と自白。
・営業管理部、長山雅之。大ファンだった岡村と濱口をさしおいて元おニャン子クラブの新田恵利と結婚、件名、おニャン子泥棒。
・「DAIBAッテキ!!」きくちP。デスクから押収したモーニング娘。安倍なつみ（17）の写真。安倍なつみから押収した携帯電話のストラップ。援助交際で昨年に続き再逮捕。
・「TOKIOのなりゆき」国際犯罪組織のTOKIO。「なりゆき」とは「海外に男女8人が旅行に行って、そこで繰り広げる恋愛ドラマ」。組織のボス、城島をニャンニャンあっせんで逮捕。
・「格闘女神 Athena」史上最悪の着手!!容疑者は凶行の怪覆面、全日本女子プロレス所属のZAP。が、逆に身柄確保されてしまう。容疑は彼女たちが振り回す竹刀などの銃刀法違反だったが、反撃されて、けっきょく逮捕できず撤収。

❸フジTV警察'99　密着24時!!　逮捕の瞬間100連発（1999年12月11日O.A.）
・巣鴨のAD鈴木さん。一昨年に続いて今年も保護。
・「SMAP×SMAP」AD熊澤を去年に続き今年も保護。

・吉田照美。顔が長過ぎて「馬が逃げ出した」と通報され、騒動に。余りの顔の長さにメートル法違反で逮捕。

★ここで本庁からの助っ人だという、藤井隆巡査合流。

・「あるある大事典」あるある会員オーディション会場。コギャルたちから凶器、薬物、大人の風船（コンドーム）などを押収。

・異臭騒ぎ。検査器で調査。原因は、「笑っていいとも！」ディレクター、プリティ金子さん（風呂嫌い）。器械は頭に大きく反応。消臭剤を頭に振り掛け、ナイトキャップでふたを。無事解決。

・深田恭子、優香ら少女グループ5人。白昼堂々、武器を持っている。かくし芸大会の和太鼓の練習中。武器集合罪摘発。

・ネズミ捕り。爆チュー問題（たなチュー＋おおたぴかり）がひっかかる。でたらめ、という言葉に反応し踊り出す爆チューとフジTV警察。楽し過ぎて捜査中断。

・プッチモニの楽屋へ「ウリ過ぎ」だと強制捜査。めちゃめちゃ（CDを）売っているらしい。大人たちの欲望が生んだ巨大産業の手に染まった彼女たちを保護する寸前、矢部巡査もプッチモニのCDを持っていた不祥事が発覚。加藤、体当たりで揉み消し。続いて岡村巡査部長もCDをもらっていた事が発覚。加藤、再び揉み消し。

・「LOVE LOVEあいしてる」連続3年登場のきくちP。過去2年の逮捕を振り返り、さて今年は？ネックピースを嵐にあげた事で、少年法違反、再々逮捕。きくちP、3年連続の失脚。

・おまけで、これは本物の身内の不祥事！めちゃイケディレクターK氏、モザイク処理。Kとだんごのお姉さんの交際を伝える、疑惑のスキャンダル！ Kディレクターの机を捜査したところ「とぶくすり」のビデオの中から、大量のだんごCDが。加藤の突きが炸裂。続けてキック。頭にニー。だんご3兄弟を歌いながら、机の上からのとび蹴り。これで不祥事は揉み消された。

さて、2000年末はpM8のため、フジTV警察の面々が活動する事はかなわなかった。さぞかし、フジTV内には犯罪がはびこり、岡村巡査部長たちの「院内」でのフラストレーションは溜まっている事だろう。一日も早い彼らの外出日の実現を願って止まない。

[FTKS,COOL]

フジテレビ地下駐車場

（ふじ・てれび・ちか・ちゅうしゃじょう）《名詞》

めちゃイケではこの場所でさまざまなロケをおこなっているが、特記すべき事件といえば、矢部浩之と大久保佳代子が箱根温泉に旅行することになった発端のできごと、交通事故であろう（2000年4月15日「矢部＆大久保温泉ツアー」にてO.A.）。轢いたのは矢部、轢かれたのは大久保。毎週2,000通を越える抗議ハガキが寄せられるほど不人気な大久保が、矢部をゲットするため、当たり屋を演じたとしか考えられないのだが……。なおこの事故による、大久保の怪我の診断結果は、左前頭部裂傷および左前腕骨複雑骨折。

[YBOKI,COOL]

防犯カメラが捉えた衝撃の瞬間！

ふぞろいのイケてるメンバーたち

（ふぞろい・の・いけて・る・めんばー・たち）《名詞》

2000年7月1日にO.A.された「矢部＆大久保」第2弾に添えられたタイトル。2000年のバレンタインデーにO.A.された「光浦家の三姉妹」2でのハプニングに端を発し、箱根温泉での湯治（とうじ）のさいに一夜をともにした矢部浩之と大久保佳代子の、その後の愛を描いた名作ドラマ（一部ノンフィクション）である。思い詰めた大久保が大阪に失踪したことを発端に、ドラマの舞台は矢部と岡村隆史の生まれ故郷に。妊娠3ヵ月の大久保、ひとみちゃん、武町千恵さん、そして矢部の初恋の人Mさんと、多彩な女性が絡む青春群像劇が繰り広げられた。

[YBOK2,COOL]

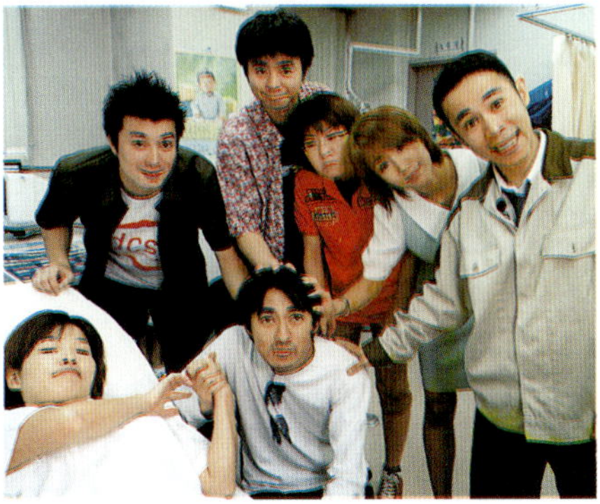

岡村の笑顔が、なんとなく中井貴一風!?

普通

（ふつう）《名詞》《形容動詞》

濱口優の、およそ芸人らしからぬ一般人のような芸風のこと。プリンスと呼ばれていた初期の時代から現在の「トゥキン」に到るまでの濱口の長い歴史の中で、過渡期の芸風として位置づけられる。そして当時は「濱口優の普通劇場」（1997 年7月19日O.A.）なるコーナーも登場したのだった。ただし芸人世界では普通ほど異質なことはなく、その偉業、いや異形（いぎょう）ぶりは彼の才能として評価されるべきだろう。

[AFMN,COOL]

プッチバカ

（ぷっち・ばか）《名詞》

「矢部オファーしちゃいましたシリーズ」第3弾で、「ザテレビジョン」編集部に働きにいくさい、岡村隆史が矢部浩之につけたあだ名。矢部は2000年7月15日にO.A.された「期末テスト」で、めちゃイケメンバー中、下から3番目の成績をとったのだが、その中途半端な頭の悪さ加減を引き合いに出され揶揄（やゆ）された。なお「期末テスト」で矢部より頭が悪かったのは、山本圭壱、hamagucheの2人である。

[MIKT,YOSK3,COOL]

「プッチプチ、プッチプチ」

（ぷっちぷち、ぷっちぷち）《名詞》

「日本一周　ええ仕事の旅」で遠路はるばる福岡まで来たものの、出演させてくれる番組がないと断られたタレントの中居正広とマネージャーのナインティナイン。ナインティナインの頑張りで広報番組にねじ込み、何とか出演を勝ち取る事に。結局、ナインティナインから脅迫されて、北海道で素人のママと赤ちゃんのやった「プッチプチ、プッチプチ……」のパクりを無理矢理やらされ、不幸にもO.A.されてしまい、九州地方での中居のタレント生命は大きく傷ついた。

[NHIS4,COOL]

プライドロック

（ぷらいどろっく）《名詞》

ミュージカル『ライオンキング』の舞台に高々と聳（そび）える岩の頂き。岡村隆史の目標は、主役シンバとして、このプライドロックの頂上で高らかな雄叫（おたけ）びを上げる事だった。主役シンバになることはかなわなかったものの、カーテンコール後に岡村は発作

ふ

を起こし、主役のシンバしか登れない、聖地であるプライドロックにハイエナの格好のまま駆け上がり、子ライオンを両手に高々と掲げ、天に差し出したのだった。
[OMOS7,COOL]

プライドロックの頂上で雄叫びを上げる岡村さん

ブラザーズ

（ぶらざーず）《名詞》

1998年にO.A.されたフジテレビの中居正広主演の月9ドラマのタイトル。同ドラマの栗原美和子プロデューサーからのオファーで、大親友の中居くんを助けるため、岡村隆史が一度だけゲスト出演をした（1998年5月2日O.A.）。クライアントからのオファーを岡村が請けて、様々な仕事にチャレンジするという「岡村オファーが来ましたシリーズ」のスタイルは、ここからカタチになった。多くの定番（ギャラ交渉、代役の用意等）も、この回から始まっている。

岡村の役は、警官役。カメリハからその警官のキャラクターを「熱血漢」「礼儀正しい人」「東北出身者」という3つのポイントに絞って役作りを行い、悩みつつも本番は前ちょっぽりを断髪し、きちんと役をこなし、見事に俳優としてドラマ出演をなし遂げた。だが残念なことに、裏ちょっぽりは残したままになっており、しっかりO.A.されてしまった。
[OMOS2,COOL]

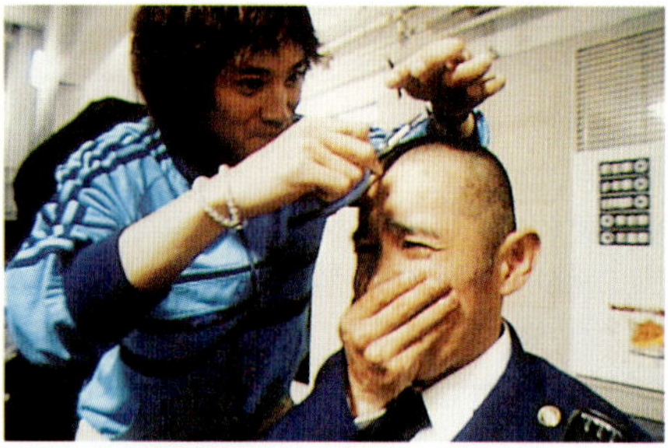
涙のちょっぽり断髪式

ブラピ

（ぶらぴ）《名詞》

正しくはアメリカの超人気俳優ブラッド・ピットの略だが、「ザ・カルチャータイム」のMr.ヤベッチは「ブラピはねー、あれはすごい。ちょっと世の中を変えてしまった感じのもんやね、女性に人気があるブランド」。プラダの可能性も大。
[CTTM,COOL]

フリフリNO.6

（ふりふり・なんばー・しっくす）《名詞》

STAMP時代のメンバーはそのままに、新たなルールで再登場したコーナー。6文字を頭文字にして順番に作文していくという、いわば大喜利における「あいうえお作文」である。

明石家さんま氏が司会としてお待ち娘の扮装で登場し、ダメ出しキャラが炸裂した春のスペシャル（1998年4月4日O.A.）での出題を例として以下に掲載する。

フリフリテーマ『シャベリスギ』
シ：舌はいつでも濡れてます（山本）
ヤ：やっぱり天才この男！（岡村）
ベ：勉強になりますその話術！（有野）
リ：リクエストには応えてくれる！（加藤）
ス：スター杉本その正体は!?（濱口）
ギ：偽装結婚してました！（矢部が落とせず有野）

さんま師匠からめちゃイケメンバーに初めて合格点の出た瞬間だった。

[FRFR,STMP,COOL]

背後のルーレットで順番を決定

ブリブリ

（ぶりぶり）《名詞》

バリバリの最上級。「矢部オファーしちゃいましたシリーズ2」において岡村隆史は、矢部浩之に対して課した、およそ達成不可能に思える旅館の売り上げ目標100万円を、「矢部はブリブリ働くから大丈夫」と励ました。

[YHOS2,COOL]

ブルーリボン新人賞

（ぶるーりぼん・しんじん・しょう）《名詞》

映画『岸和田少年愚連隊』（1996年・井筒和幸監督）において、ナインティナインの２人が受賞した賞のこと（正式名称／第39回ブルーリボン新人賞）。映画初出演の作品でいきなり新人賞ダブル受賞とは、やはり快挙といえるだろう。歴代の名優たちが受賞している栄誉ある賞に輝いた岡村隆史は、受賞記念にベテラン俳優・中尾彬氏と「知ってるいたずらウォッチング」（1997年5月24日O.A.）で演技対決をしたのだった。余談だが『岸和田少年愚連隊』はファンならずとも一見の価値アリの快作である。

[OKNO,COOL]

フルコースの旅

（ふるこーす・の・たび）《名詞》

ナインティナインとSMAP・中居正広による「日本一周」シリーズ第2弾（1997年3月29日 O.A.）のテーマのこと。全国を股に掛けて最高に贅沢なフルコースが用意された。

北海道で食前酒のワインを口にしてから（AM9:00）、最後の日本茶を静岡で味わうまで（翌AM8:30）実に23時間30分の時間を要した、ほんとうに贅沢な食事の旅であった。

[NHIS2,COOL]

～北海道～
【食前酒】
ワイン各種
【オードブル】
スモークサーモン
キャビアなど新鮮魚介類
【スープ】
極上コーンスープ
～新潟～
【メインディッシュ】
「吉源」で村上牛の炭火焼きステーキ
【ごはん】
横山さん宅の炊き立てコシヒカリ
～山形～
【デザート】
早摘みさくらんぼ
～大阪～
【おしぼり】
六甲山の源泉水
～静岡～
【お茶】
静岡産最高級日本茶

古田チック

（ふるた・ちっく）《名詞》

ショートコント「イケてる昭和55年製」において、加藤浩次が扮したキャラクターの名前。古田チックは、今どき時代遅れな旧式の目覚まし時計。しかしご主人様の矢部浩之を子供の頃から毎朝起こし続けている。就職して大人になったご主人様だが、相変わらず寝起きが悪いので起こし方は格闘技ばりの荒々しさが必要だ……、というような内容で、朝の爽やかなひとときを描いたコントだったのだが、O.A.は1997年7月19日の一回きり。これも幻のキャラの殿堂入りとなっている。

[FRCK,COOL]

ご主人様をけなげに起こす古田チック（加藤）と、ぜんぜん起きないご主人様（矢部）

ブルッチョ

（ぶるっちょ）《名詞》

バイブレーション機能が遠隔操作できる、リモコンメカ。1996年12月14日、12月28日にO.A.された「バレたら終わり！　岡村＆ヒナデート」において、馬カップルの岡村隆史と雛形あきこがデートしたさい、矢部浩之が2人の懐に受信機を持たせた、番組スタッフ特製の秘密兵器。岡村は、まさか雛形も受信機を持たされているとは知るよしもなく、矢部の指示に従って雛形の唇を奪おうとしていた。だが、作戦の成功を目指す矢部は、真の仕掛け人である雛形の受信機にも指令を送る。密室にいる密着した2人に別々のメッセージを送ることのできるのがブルッチョの特長であり、この秘密兵器導入はまんまと成功。岡村一人を暴走させ、「雛形が好きだ!!」というセリフを引き出すこととなった。

[OHID,COOL]

プレッシャー星人

（ぷれっしゃー・せいじん）《名詞》

岡村隆史扮する天才怪獣。プレッシャー星人は、ふだんはできる子なのであるが、とにかくプレッシャーに弱く、ここ一番の重要な場面になると異常なほど緊張してしまう。巨人のスカウトマンの前で素振りを見せ、「ぜひ入団してくれ」と言われると、とたんに緊張。全国ドミノ甲子園の、最後の一個を置くことになって緊張……。他人事だと思い笑って見ていると、実はプレッシャー星人とは自分のことのような気もして、最後には笑いがこわばるコーナーであった。

[PRSJ,COOL]

ドミノで緊張するプレッシャー星人

フレッシュ・ギャルズ

（ふれっしゅ・ぎゃるず）《名詞》

第1回「格闘女神MECHA」に登場した、チャイナナイト光浦＆チャーミー鈴木からなる、めちゃ日本女子プロレス所属女子タッグ。名前はクラッシュ・ギャルズをもじったものらしく、1980年代初期のアイドルをイメージしたベイビーフェイスでリングに登場するさいのテーマ曲は、早見優の「夏色のナンシー」。ダイナマイト・ウォーリアーズとめちゃイケレギュラーの座をかけて対戦したが、レフェリー・岡村四郎のダーティジャッジにも助けられ、辛くも勝利した。試合は途中からセコンドの加藤浩子と山本圭子が乱入し、しっちゃかめっちゃかな展開に。禍根を残したまま「格闘女神MECHA」は第2弾、第3弾、第4弾へと流れ込んだ。なお第2回「格闘女神MECHA」では、鈴木紗理奈はリタイア。光浦は大原かおりと新生フレッシュ・ギャルズを組んでリングにあがった。続く第3回では、光浦&矢沢心のタッグが超新生フレッシュ・ギャルズを名乗り、さらに第4回では元アーミー・エンジェルスの堀越学園を引き入れ、フレッシュ・ギャルズ2001が誕生している。
[KTJM,COOL]

チャーミーはなぜか1回でリタイア

プロレス技ネヴァーギヴアップ
（ぷろれす・わざ・ねゔぁー・ぎゔ・あっぷ）《名詞》

エスパー伊東の超能力。プロレスラーの技にもギヴアップしない、というエスパーだったが、本物のレスラーの前に、俳優武田真治の技を受けギヴアップ寸前に。
[EPIT,COOL]

へ

ペイ
（ぺい）《名詞》

①ホテルの有料テレビのこと。
アダルト用のチャンネルに代表される有料テレビ代は番組の予算では支払えないので、ロケ先などで見た場合は自腹を切らなくてはならない。
②自慰行為そのもののこと。
「今日はペイなしです!!」と朝っぱらから宣言するのは、昨夜は自慰しなかったという意味である。
[AJKK,COOL]

平成の孫悟空
（へいせい・の・そんごくう）《名詞》

「日本新記録」（1997年2月22日O.A.）において、スターにしきの氏が岡村隆史につけたニックネームのこと。岡村の身軽さと、運動神経のよさを評して名付けたのだが、そのネーミングのセンスうんぬんより、着目すべきは氏がそれまで岡村がサルに似ていることに全く気づいていなかった、という点である。しかしこの今さら感あふれるネーミングが、その後「新春かくし芸大会」で昭和の孫悟空こと堺正章氏とまさかの“孫悟空対決”につながっていこうとは誰も想像しなかった。
[NHSK,COOL]

平成のひょうきん族
（へいせい・の・ひょうきん・ぞく）《名詞》

めちゃイケメンバー全員の目標であり、合言葉。1980年代を代表する伝説的お笑い番組「オレたちひょうきん族」を超えることを目標に団結して頑張って来たメンバーだが、岡村隆史は、1992年の「新しい波」に始まり、「とぶくすり」「殿様のフェロモン」「めちゃ^{2}モテたいッ！」を経て続いた8年間をまとめる事が、この目標を21世紀で達成することにつながるとの認識のもと、pM8で提唱された「めちゃイケ大百科事典」の製作という名案を出した。

[PMET,COOL]

ベタ

（べた）《形容動詞》

ダイクさんが言うような、わかりやすい笑いのこと。たとえば「バナナの皮ですべって転ぶこと」は第一級のベタである。

反義語 シュール

[DIKS,COOL]

ヘタクソ女

（へたくそ・おんな）《名詞》

フリフリNO.6に登場するSまる出しの女性キャラクター。オチを担当した者がウマイことを言えなかったとき、ベッドに横たわった当キャラクターが登場し、一言「ヘタクソ！」と言いながら強烈な張り手をお見舞いする。張られた頬も痛いが、「ヘタクソ！」という言葉も男性メンバーにとって精神的ダメージが大きいようである。

[FRFR,COOL]

部屋とYシャツと私

（へや・と・わいしゃつ・と・わたし）《名詞》

平松愛理が1992年に100万枚の大ヒットさせた曲。はじめは有線放送の隠れた人気曲だったが、当時のOLの圧倒的共感を呼び、口コミで噂が広がり、シングルカットされ、チャートを急上昇。1993年、「とぶくすり」のレギュラーの座を得られずOLとなった大久保佳代子の心の歌だそうで、「矢部＆大久保」の第１弾の主題歌になった。なおこのときは、ほんものの平松愛理が温泉旅館の玄関に登場。ふたりのために生演奏で「部屋とYシャツと私」を演奏し、それが番組のエンディングテーマともなった。

[YBOK1,COOL]

元祖OLのカリスマも、大久保さんを祝福!?

ペリー提督

（ぺりー・ていとく）《名詞》

ナインティナインVSよゐこのガチンコ対決で敗れた矢部浩之に罰ゲームとしてものまねされた人物。ペリー提督のまねをしろとよゐこに指示された矢部、「船で来たよ」と一言。撃沈。

[GNKT,COOL]

「船で来たよ」

ペルージャ

（ぺるーじゃ）《名詞》

オカ田英寿が本物の中田英寿に会うためにはるばる出かけたイタリアの都市。しかし中田本人には無許可だったため目立つ行動は慎むようにとスタッフはオカ田に警告を出していたが、オカ田は単独でペルージャの練習場に乗り込んだ。中田そっくりのオカ田の姿に中田のチームメートらは大爆笑だったが、本物の中田は大激怒。その後、めちゃイケメンバーとも交流のある木村拓哉のもとに、中田から直々に「迷惑してます」というメールが入ったらしい。
[MKIVI,COOL]

ヘル中
（へる・ちゅう）《名詞》

「通学用のヘルメットを被った中学生」の略。「ヨモギダ少年愚連隊」において、岡村隆史が、通学途中のヨモギダ君を見て命名した。岡村の、この時のヨモギダ君に対する捨て身の調査が、後の「岡村アタック」の原型となる「ヘル中アタック」である。
[POP!,COOL]

ヘレン
（へれん）《名詞》

吉本興業の大御所＆参議院議員である西川きよし師匠の愛妻・西川ヘレンさんのこと。第2回「寝起き早食い選手権」に参加したきよし師匠の好物は、肉じゃがであった。ダーリンの健闘を祈るヘレンさんは、心を込めて肉じゃがをつくり、「選手生命をかけて、岡村君に勝って。もしあなたが負けたら離婚ということも考えています」と言ってスタッフに渡した。しかし、ヘレンさんの心は通じず、きよし師匠はぶざまにTKO負け。「朝から油臭いもの」との暴言が全国ネットでO.A.されてしまったのだが、その後きよし師匠がどうやって離婚の危機をまぬがれたのかは、詳(つまび)らかにされていない。
[NHSK,COOL]

ベンツT320 E
（べんつ・てぃー・さんびゃく・にじゅう・いー）《名詞》

前サッカー日本代表監督・岡ちゃんの愛車。ベンツスキンシップが行われ悲しい結末に。
[OKTN,COOL]

ほ

ボーボー
（ぼー・ぼー）《形容動詞》

「少年はもう大人になった」の意味。pM8において7年振りに番組に登場した矢部家の3男龍弘（たつひろ）の、パンツの中を想像されたし。
[HIYK,TTHR,PMET,COOL]

法則
（ほうそく）《名詞》

「七人のしりとり侍」において、九蔵（加藤浩次）だけが知っているとされた、戦(いくさ)に負けない秘策のこと。法則には1と2があり、「1は6万円、2は8万円で教えてやる」と九蔵が売り出したが、買い手がつかないうちに中身がばれた。1は「落ち着くこと」、2は「さらに落ち着くこと」……。
[SNSZ,COOL]

「僕は死にまっしぇーんっっ」
（ぼくは・しに・まっ・しぇーんっっ）

ご存じ、武田鉄矢＆浅野温子主演の大ヒットドラマ「101回目のプロポーズ」で、話題を呼んだ名セリフのこと。浅野への思いを伝えるため、武田がダンプカーの前に飛び出して叫ぶ、あのクライマックス・シーンを覚えている人は多いだろう。岡村隆史は1998年1月17日O.A.の「感動をあなたに～街角ちょっとイイ話」企画で、この超有名シーンを完全再現。武田の扮装とベッタベタのモノマネで「僕は死にまっしぇーんっっ、あなたがっ、あなたが好きだからぁ～っ」と絶叫したのである。そしてダンプカーの前に立ちはだかるシーンを自らノースタントで演じており、その経験はほんとうに恐ろしかったらしい。そういった危険に身をさらして発したセリフには、異常ともいえるほど感情が入っており、その熱い演技は審査員の中尾彬氏を思わず涙ぐませるほどだった。なお、中尾氏が「101回目のプロポーズ」のパロディだと気づかず本気で感動していたことは、後から知ることとなるのである。

[MKCI,COOL]

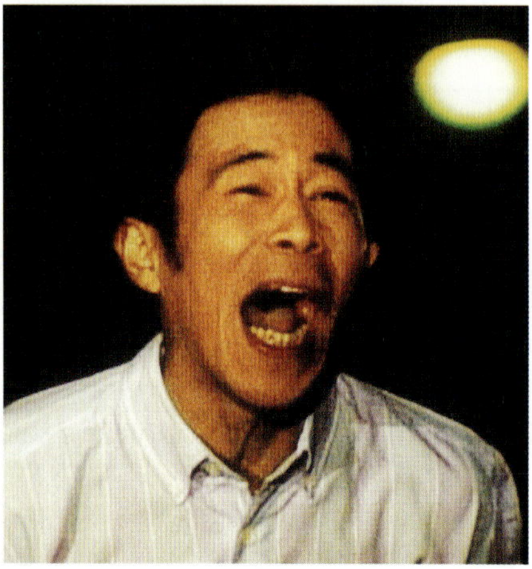

「あなたが、好きだからぁ～っっ」

ほ

ポケットミュージカル

（ぽけっと・みゅーじかる）《名詞》

ミュージカルを知らなかった岡村隆史がブロードウェイの超人気ミュージカル『ライオンキング』と比較した、吉本新喜劇と漫才の間に入る音楽のミニコーナー。

[OMOS7,COOL]

ボケ肉番付お笑いストラックアウト

（ぼけ・にく・ばんづけ・おわらい・すとらっく・あうと）《名詞》

TBS系の人気番組「筋肉番付」でおなじみのストラックアウトのお笑い版。1999年1月30日にO.A.された。9人のお客様で構成された的を射抜くというのがルール（写真参照）。チャンスは9球で、何枚抜きでも可能である。無邪気なチビッコやクールな女子高生、主婦の方やご年配の方など、お客様の年齢や職業は的によって異なる。ひとつでも多くの的を射抜くためには、狙った的を確実に射抜く芸風のコントロールと、芸人としての持ち手の多さが決め手になるのである。非常に難易度の高いゲームのため、9人全員の的を射抜く（笑わせる）ことができた場合の賞金として200万円が設定された。お客様を笑わせるためなら基本的に何をしてもいいが、小道具やメイクは一切禁止。あくまでも自分の体ひとつで勝負しなくてはならない。丸裸にされた状態でどれだけおもしろいことができるかということがメンバーが問われた企画だった。その中で、とりわけ光っていたのがラストに登場した岡村隆史のエースぶりである。最初のうちは狙った的を確実に射抜くという快進撃を遂げたが、最終的にまったく岡村の芸に動じないお父さんと女子高生の的だけが残ってしまった。残り球をお父さんの的に絞り、渾身（こんしん）の芸で挑む岡村。それでもお父さんはついに微動だにしなかったが、岡村も最後の最後まで執念を捨てなかっ

名前	キャッチフレーズ	記録	トピック
山本圭壱	踊れる野豚	7枚	「始球式」「一人相撲」「宇宙飛行士さんの食事シーン」など動きで攻めるコントで勝負。
濱口優	笑う若武者	4枚	その日の朝歯磨きをしている時にとれた差し歯をはずした芸を3連発行う。 小道具を使うのは反則だが自分の歯なのでギリギリセーフ。
加藤浩次	道産子の核弾頭	5枚	「夫婦」というコントを披露しようと加藤がタイトルを口にしたところ、 9番の的に座っていたお母さんのツボに入り、加藤が「夫婦」と言うだけで大爆笑。
有野晋哉	めちゃイケに必要な男	0枚	あまりにシュールすぎるコントはお客様に理解してもらうことができず、 その様子を見ていた岡村は「久しぶりですよ“シラけてる”って言葉!!」
岡村隆史	日本の若きエース	7枚	カップめんのCMの故・アンディ・フグの「タマタマカツタマ」のものまねで一気に4枚抜き。 出足は好調だったがお父さんと女子高生を笑わせることができなかった。

た。その執念のパフォーマンスこそが、お笑いにとっての筋肉であり、筋肉がついているほどかっこいいということを岡村はこの企画で身をもって証明した。目標の9枚達成とはならなかったが、名勝負を終えた岡村の表情はすっかり日の暮れた球場でこうこうと輝いていた。

[SROT,COOL]

的によって笑わせる難易度は異なる

最後の一球「ええじゃないか」

ホタテマン

(ほたて・まん)《名詞》

「オレたちひょうきん族」で安岡力也が扮していたキャラクター。めちゃイケでは1997年11月15日にO.A.されたこにしプロデューサーのコーナーで久々に登場。その後も1999年2月13日O.A.の「クイズ濱口優」に出演し、濱口優に「ギブ」と言わせるなど、相変わらず強いホタテマンをアピールした。

[KNPD,QZHM,COOL]

北海道

(ほっかいどう)《名詞》

めちゃイケにおいて登場頻度がダントツに高いロケ地のこと。

まず「日本一周」シリーズで中居正広が最初に後悔する地が北海道であり、1997年の新春スペシャルでのルスツ・ロケ、「岡村オファーが来ましたシリーズ」での結婚式の司会及びムツゴロウ王国、「シャンプー刑事」における札幌の「雪まつり」。さらにメンバーの加藤浩次、武田真治が北海道出身であり、当番組がきっかけで大ブレイクしたホワイトベリーのほか、北島三郎、松山千春、加藤の義父・深野さんなど、北海道出身及び在住のゲストも数多い。が､特に意味はない。

[NHIS,OMOS3.5,SPDK,WTBR,MIIH,COOL]

発作

(ほっさ)《名詞》

芸人の血が押さえきれず、禁じられても衝動的にやってしまう行動のこと。岡村隆史の真性パクリ病もこれによって発症し、特に「岡村オファーが来ましたシリーズ」で顕著に見られる。めちゃイケメンバーなど身内に囲まれている小空間(=病院内)なら被害も少ないのだが、大舞台(=外出先)で起こると取り返しのつかないことになってしまうので注意が必要である。

[OMOS,COOL]

堀田祐美子

(ほった・ゆみこ)《名詞》

全日本女子プロレス、いや日本を代表する女子プロレスラー。第2回「格闘女神MECHA」において、ライバルであり盟友である豊田真奈美とドリームタッグを組み、極楽同盟とガチンコ勝負を繰り広げ、ダンプ山本のあばら骨をローキックでへし折った。

[KTJM,COOL]

ポパイ&オリーブ

(ぽぱい・あんど・おりーぶ)《名詞》

雛形あきこ &岡村隆史コンビによる人気コーナーの名。オリーブ=雛形、ポパイ=岡村、ブルート=山本圭壱。サブタイトルは「めちゃイケアニメ劇場」。雛形が出演したドラマ「ストーカー・誘う女」のセルフパロディで始まったコーナーがベースとなり、このときできあがったS女(雛形)とM男(岡村)という図式をさらに発展させるべく、新コーナーとして再生した。ポパイとオリーブの扮装でより子供向けになってはいるものの、根底にあるSとMの関係性は変わっていない。当コーナーで岡村は、実写でどれだけアニメのように動けるかを追求しており、彼のアニメっぷりは見どころの一つである。ポパイが身体を張って挑戦したゲームは右記のとおり。

1997年5月24日 O.A.

「お弁当を口でキャッチ」の巻

3階の高さから落としたカラアゲ、梅干し、イチゴ、オニギリ、ゆで卵、完熟トマトを口でキャッチする。

1997年6月21日 O.A.

「スプーンを洗わなきゃ」の巻

口にくわえたスプーンを、強い水圧(消火用ホース)に負けないよう洗う。

スプーンを身体のどの部分にでもくっつけられる超便利グッズ、「密着ちゃん」が登場。

1997年7月12日 O.A.

「アクセサリーはどこだワン!?」の巻

アクセサリーを犬と奪い合う。

横田君(シェパード・横浜在住)が、アクセサリーのついた骨に興奮し、ポパイ、尻を噛まれ負傷。

ホウレン草で元気モリモリ!

1997年8月9日 O.A.（めちゃイケINグアム）
「ボールを探して！三千里」の巻
グアムの海で超高速「バナナボード」に乗りながらボールをキャッチする。
巨大人食いザメがいる海に何度も落ちるポパイ。
1997年9月13日 O.A.
「残暑には冷蔵庫ざんしょ！」の巻
ペットボトルやスイカなど、冷蔵庫の中身が滝に落ちる前に（頭で）キャッチする。
1998年1月10日 O.A.
「鍋パーティで初潜り！」の巻
鍋を豪華にするため氷の張った水に潜って魚介類をとってくる。
1998年3月21日 O.A.（めちゃイケinアルツ磐梯（ばんだい））
「星の王子リゾートへ行く！」の巻
急斜面を転がる惑星がガケから落ちる前に全身キャッチする（惑星の重量1.0kg〜50kg）。
岡村、順調にキャッチしたが、カメラマンの辻ちゃんが本番なのに空ばかり撮っていたのでNG。音声さんはBGMにGLAYの曲をかけてしまい、最後はスタッフ全員が本番中にビールを飲んでしまう。

このコーナーは、本来ボケ役である岡村が唯一人のツッコミを担っており、特に最終回ではスタッフまでがボケ役に回っている。そして同じく最終回に岡村が発言した「ドラマからオファーがあれば岡村も出ます。月9なら喜んで」のセリフが後の「岡村オファーが来ましたシリーズ」の「ブラザーズ出演」につながっていくのである。また警察犬の横田君に噛まれて数針縫うケガを負った岡村はそれいらい犬恐怖症に陥ってしまい、この犬嫌いのエピソードは同じくオファーシリーズの「動物王国」に続いている。このように当コーナーはオファーシリーズとの不思議な繋（つな）がりを示しており、関係性を考えていくと大変興味深いのである。

[PYOV,OMOS,COOL]

ホモ疑惑

（ほも・ぎわく）《名詞》

めちゃイケの若頭、加藤浩次にかねてから囁（ささや）かれていた疑惑。1994年「とぶくすりZ」でホモのホストクラブでの超恐怖体験を初めて披露。1999年年初の「爆烈お父さん」でもホスト時代の苦労話を熱く語っている。また、2000年末、本田みずほの大親友、オカマのミドリちゃんから情報を聞き出すために接近、酔った上での行為とはいえ、ミドリちゃんとキスまで交わし、ホモ疑惑は決定的になった。2001年初頭のpM8でも、水商売疑惑を指摘された山本圭壱が反撃のために、加藤が「ホモのバイトをやっていたはず」「絶対体まで売ったはず!!」「チョビヒゲに体を売り5万円もらったはず!!!」と証言、窮地に追い込まれている。

[HIYZ,BROS,PMET,ODAN,COOL]

ホモのホストクラブ

（ほも・の・ほすと・くらぶ）《名詞》

加藤浩次が苦労時代に働いたことがある職場。しかし本人は体は売っていないと断固否定（係争中）。

[BROS,PMET,COOL]

Whiteberry

（ほわいと・べりー）《名詞》

北海道北見市出身、5人の現役女子中学生バンド。メンバーは前田由紀（ヴォーカル）、稲月彩（ギター）、長谷川ゆかり（ベース）、川村恵里加（ドラムス）、水沢里美（キーボード）。彼女たちのオリジナルソング「YUKI」が、ふとしたきっかけでめちゃイケのエンディングテーマとして採用された。

1999年の春、番組スタッフが有名アーチストのデモテープやCDになぜか混じっていたWhiteberryの真っ白なカセットテープのデモ曲「YUKI」を聞いてみたところ素晴らしく、すぐに採用することにした。だが、本人たちには知らせず、いきなり番組のエンディングテーマとして流したため、彼女たちがテレビの前で腰を抜かすほど驚いた。この模様は隠しカメラで収録し、番組内でも放送した。

その後、2000年3月4日O.A.の「Whiteberryスペシャル　凍死覚悟で美少女バンドを追え」で彼女たちのことをいまどきのギャル系女子中学生だと思い込んだ中学生（岡村隆史）が、ホワイトデーのキャンディを渡すために、仲間（矢部浩之、加藤浩次、濱口優）を連れて北見まで出かけていくことに。彼女たちの生態を探ってみると、いまどきのギャル系どころか正真正銘、北海道の純朴な少女たち！　そのことに感動した岡村たちは、直接会ってキャンディを渡すとともに、彼女たちの夢だった「CDじゃなくて、生声でエンディングを歌いたい」という希望をかなえてあげることに……。エンディングで、降りしきる雪の中、突然ステージに呼び出されたWhiteberryのメンバーが、岡村らをバックに「YUKI」を熱唱したのだ。

その後、Whiteberryはジッタリン・ジンの「夏祭り」をカヴァーして大ブレイク！スターとして「爆烈お父さん」に出演したが、小っちゃい山さんに大喜びするような純朴な心は失っていなかった。2000年秋からは新エンディングテーマとして彼女たちの「太陽をぶっとばせ！」が採用された。

[WTBR,BROS,COOL]

めちゃイケメンバーのかわいい妹たち！

ポンコツ・スティンガー

（ぽんこつ・すてぃんがー）《名詞》

めちゃイケAD久保田君のこと。pM8の本田みずほ検証企画の際、芸人をやめ、キャバクラ「セリーヌ」に勤めるみずほをチェックするため、スティンガーとして店内に潜入した久保田君（初体験は21歳）だったが、上手くいかず、有野晋哉が思わず呟いた称号がこの「ポンコツ・スティンガー」である。実際、彼がみずほに嫌がられ、適当にあしらわれていた事が後にみずほ自身により明らかにされた。なお、こんな久保田君ではあるけれども、本事典の製作にあたっては八面六臂（はちめんろっぴ）の活躍を見せ、彼の努力なくして「めちゃイケ大百科事典」の完成はなかったと言っても過言では無い。

[PMET,COOL]

香港返還讃歌

（ほんこん・へんかん・さんか）《名詞》

1998年8月1日O.A.で、お笑い芸人130Rの蔵野孝洋（通称ホンコンさん）が登場した時に、油谷さんが作った歌のタイトル。ホンコンさんの名前と、その1年前の香港返還とをかけた曲である。「ホンコーン、ヘンカン、ホンコン、ヘンカン、ホンコーン、ヘンカン、ホンコン、ヘンカン、ホンコーン、ヘンカン、香港返還、去年の話、ふ・る・す・ぎ・る！」

[ABTS,COOL]

本田みずほ

（ほんだ・みずほ）《名詞》

もう何年も前にかけてしまった心の鍵を、思いもかけず開けられてしまった。みずほはそんな気持ちにかられながら、呆然と店の入り口に立っていた。

たった今、見送った若い男の客がつけていた腕時計。それはみずほがかつて一緒に暮らしていた男に、クリスマスプレゼントとして贈ったものと同じ物だった。ある時雑誌を見ていて「この腕時計いいな」と何気なく口にしたその男のために、何軒も探し回ってようやく見つけた時計だった。

ただその腕時計を久しぶりに目にしただけなのに、もうすっかり忘れたつもりだった男の表情が脳裏に浮かんでくる。さらに心の扉に手をかけて、もっとはっきりと思い出そうかどうかためらっていると、「りょうちゃん！」と呼ぶマスターの声がして、みずほは我に返った。みずほは今、ここ東京・町田にあるパブハウス・セリーヌで、りょうという源氏名で働いている。俗にいうところのキャバクラ嬢であるが、人と話すのが好きなみずほはこの仕事が嫌いじゃない。そして話すこと以上に、人を笑わせることが好きなのである。そんなサービス精神旺盛なみずほは客からも人気が高い。その夜もいつものように楽しく接客をしようとしたが、どうしても気持ちのすきまに男の面影が入り込んできてしまう。と同時に数年前に自分が芸人として活躍していた頃のこともよみがえってきてしまうのだ。

そう、かつてみずほは吉本興業に所属する女性お笑い芸人だった。関西では何本ものテレビCMに出演するほどの人気で、「西のキョンキョン」とも呼ばれていた。愛らしいアイドル風のルックスをしたみずほの活躍はお笑いという領域だけにはとどまらず、「朝日グラフ」や「ＳＰＡ！」などの雑誌グラビアを飾ったこともあった。

そんなみずほが1993年からレギュラーとして抜擢されたのが伝説の深夜番組「とぶくすり」である。まだ駆け出しの若手お笑い芸人たちが集まってスタートしたこの番組の中で、みずほは一番知名度が高い存在だった。すでに他の仕事でも多忙なみずほではあったが、同世代のエネルギッシュな芸人たちとの出会いは刺激的だった。そしてそのメンバーの中に、みずほにとっての運命の男、濱口優がいたのである。

濱口はみずほに出会った瞬間にひとめぼれをしていたが、みずほはその気持ちには気づいていなかった。ただ、濱口のファッションセンスのよさにはかねがね注目していた。ある時、収録の合間に「その服、いいね」とみずほは濱口に話しかけてみた。そしてその一言がきっかけとなって、ふたりはファッションの話題で意気投合するようになる。休日には互いの友人も交えながら一緒にショッピングに出かけるなど、プライベートでのつきあいも次第に増えていった。

メンバーの中でも一番仲のいいふたりの心の交流をさらに強いものにしたのは深夜のタクシーである。たまたま帰る方向が一緒だったふたりは、仕事が遅くまでかかった時は、タクシーを相乗りして帰る。同じ番組の仕事を終えて帰るふたりは心地いい充実感と疲労感に包まれながら車のシートに身を沈め、将来の夢や悩みを語り合った。自分の心の内を飾らず素直に語ることのできる濱口に、みずほは次第にひかれていく。しかしタクシーを降りた濱口が向かう先は下北沢にある、濱口が当時つきあっていた彼女の家だった。みずほはやるせない思いを感じていたが、さらに目の前には「共演者同士は絶対につきあってはならない」という番組のルールまでもが立ちはだかっていて、みずほは自分の淡い恋心を胸にしまいこむしかなかった。

そんなふたりの関係の一方で、「とぶくすり」は人気を高めていき、番組のファンも爆発的に増えていく。みずほも濱口も仕事が楽しくてたまらない時期だった。毎日が充実していた。しかしそんな人気絶頂時に番組は突然の終了を迎える。その知らせはメンバー全員に衝撃を与えた。大好きな番組がなくなってしまうことに、みずほも無論大きなショックを受けた。そしてさらに、もう濱口に会えなくなるかもしれないという悲しい想像に胸を痛めた。たとえ番組が終わっても、この人にはこれからも会い続けたい。そう切望する気持ちは、濱口もまた同じであった。

「とぶくすりスペシャル」4により番組の収録がすべて終了したその夜、別れがたいみずほと濱口は公園へ行く。番組の思い出や今後の話などをしているうちに、抑えきれない思いがこみ上げてくる。いままで閉じ込めていた思いをやっと解き放つ時がきた。ふたりはひっそりと静かな夜の公園で初めてのキスを交わした。ふたりの恋人としての交際は、その時から始まった。

その後、「とぶくすりZ」へとシリーズは復活。再びとぶくすりのメンバーが集まったが、みずほと濱口は交際していることは秘密にしていた。番組内恋愛がご法度だということもあったが、メンバーに余計な気をつかわせたくないというみずほの配慮もそこにはあった。

そして「とぶくすりZ」が終了した1995年からみずほと濱口は一緒に暮らし始めるようになる。その頃がふたりの長い交際期間の中でも一番甘い、蜜月の日々だったのかもしれない。幸福なふたりは互いが芸能人だということもあまり意識せず、無防備に過ごしていた。そんな折、ツーショットを写真週刊誌に撮られるという事件が起きて世間にふたりの交際が発覚。とぶくすりメンバーもこの一件でふたりの交際を知ったのだった。

その後「めちゃ^{2}モテてるッ！」がスタートするが、もうみずほはレギュラーとして参加はしなかった。この時すでにみずほはお笑いの道は捨て、音楽へと方向転換することを決意し、バンド活動を始めていた。一方の濱口はバラエティーやドラマなど活動の場を広げ、ブレイクしている時期だった。好きな人が仕事で成功してくれるのはうれしい。でも濱口の仕事の量が増えるのに比例するように、ふたりの気持ちはすれ違っていった。相手を思う気持ちは変わらなくても、続けていくことのできない関係もある。ふたりは話し合った末に別れという結論を出す。そうして一緒に暮らしていたアパートを出て行ったのはみずほのほうだった。

――もうあれから５年もたつのね……。セリーヌでの仕事を終えたみずほは、家へと帰る途中、当時のことを振り返って深いため息をついた。別にふたりで過ごした日々を後悔しているわけではないし、濱口のことを恨んでいるわけでもない。お笑い芸人をやめたのは、これから芸人としてステップアップしていく濱口と自分が同じ道を進むべきでないという、ただその一心からだったが、その選択も自分では間違いではなかったと思っている。ただ、もう遠くにおいてきたつもりでいた青春の日々がよみがえってきて、せつなくてたまらない気持ちに包まれる。

さまざまな思いにふけりながら家に着くと、ドアに手紙がはさまっていた。誰からだろう？と不審に思いながら手紙を開くと、そこには見覚えのある文字がつづられていた。ヘタくそだけど、一生懸命書いたことが伝わってくる、懐かしい濱口の字だ。手紙には「めちゃイケ大百科事典」の集合写真を撮るために、とぶくすりの頃にみんなで作った秘密基地に来てほしいと書いてあった。そして、もし来てくれるなら次の日に黄色いハンカチを家の窓に出してほしいと。みずほの心は揺れた。気まずい思いで別れたきりの濱口にもう一度会いたい。でももう互いに別の世界があるのだからこのまま二度と会わないほうがいいのではないか。とぶくすりメンバーにも会いたい。でももうお笑いの世界から身を引いた自分が、秘密基地に行ってもいいのだろうか。

悩んだみずほは結局、手紙で指定された時間までに黄色いハンカチは窓に出さなかった。行かないと決めて出さなかったのではなく、悩んでいて出せなかったのである。結論はなかなか出なかった。でもやっぱりもう一度、あの思い出の秘密基地でみんなに会いたい。最後の最後にその思いに至ったみずほは新宿区箱根山にある秘密基地へと向かう。相模原市の自宅を出た時はすでにもう日は暮れていた。

箱根山に着く。秘密基地を探す。みんなの声がする。気持ちが先走るみずほは、思わず山道で足をすべらせてしまったが、その転んだ先に秘密基地はあった。犬の着ぐるみ姿の濱口と目が合う。5年ぶりの再会に、ちゃんとあいさつしようと思っても涙で声がつまってしまう。濱口も泣いている。胸が熱くなる。

こうしてみずほは濱口と、そしてとぶくすりメンバー（現めちゃイケメンバー）たちと涙の再会を果たした。みんなで昔を懐かしむうちに、5年間のわだかまりも次第にほぐれていく。そして別れてからずっと濱口に言いたかったことをみずほは口にする。それは濱口と別れてから1週間後のこと。みずほが濱口との部屋に置いてきた荷物を取りに戻ると、濱口の部屋はある美人タレントのポスターですでにいっぱいになっていたのである。「その子が好きになったからみずほと別れたんじゃない」と濱口は言うが、理由は何であれ、別れてから1週間しかたっていないのに仕事で1回だけ会ったきりのタレントのポスター貼っていた濱口自身のアホさが問題である。気持ちの切り替えが早すぎるアホさ、自分も芸能人なのにタレントのポスターを貼ってしまうアホさ、みずほが荷物を取りに行くとあらかじめ連絡しているのに貼りっぱなしにしているアホさ、しかもそれらのポスターをわざわざお金を出して買っているアホさ……。別れて5年たって、みずほはしみじみとhamaguacheのアホさに気づいたのであった。

[HIYK,PHER,HIYS,PMET,COOL]

濱口のことをアホだと気づく前のみずほ

ぼんちおさむ

（ぼんち・おさむ）《名詞》

伝説のお笑い番組「オレたちひょうきん族」の主要メンバー。吉本興業所属。漫才コンビ、ザ・ぼんちで活躍。現在は俳優としても活動中。こにしプロデューサー「胎教」企画に、西川のりおの先導で登場、最強タッグを組み、破壊の限りを尽くした。めちゃイケ スタッフやメンバーの中にも「オレたちひょうきん族」ファンは多く、往時（おうじ）を偲（しの）ばせるその暴れっぷりは、ある種の感動をもって受け入れられていた。

[KNPD,COOL]

「本番に弱いんですよ、あたしゃ」

（ほんばん・に・よわいんです・よ・あたしゃ）

エスパー伊東が、度重なる超能力の披露に失敗して呟（つぶや）いた一言。

[EPIT,COOL]

ま

負けず嫌い

（まけず・ぎらい）《名詞》

ムツゴロウこと、畑正憲氏の性格。岡村オファーが来ましたシリーズ「動物王国スペシャル」で、国王ムツゴロウに豪華な夕食へ招かれた岡村隆史。だがその前に、ムツゴロウは競馬の前哨戦（ぜんしょうせん）として、「どっちが長く入っていられるか」のサウナ勝負を提案した。負けず嫌いのムツゴロウは「サウナは2日くらい平気。徹夜なら40日」と豪語、2人を呆（あき）れさせた。

サウナ対決で圧勝し、続く息止め勝負でも、10秒、20秒、30秒、40秒、50秒、1分で岡村、あっさり負け。なかなか顔を上げないムツゴロウに、矢部「逝（い）ってへんかな…」。

[OMOS5,COOL]

孫

（まご）《名詞》

加藤の義父、深野さんの愛唱歌である、大泉逸郎の1999年の大ヒット曲。2001年正月のpM8において、深野さんの「演歌歌手になりたかった」「そろそろ孫が欲しい」という夢をかなえるために、CG合成で深野さん主演の「孫」のプロモーションビデオに孫役で出演させられた加藤だった。が、実はそれは2000年の秋に、本人も内容を知らされないままに、全身タイツとおしゃぶりといういでたちをさせられて行われた謎の収録の結果と知り、本番中にもかかわらず愕然（がくぜん）とする加藤だった。

[PMET,COOL]

Mの三兄弟

（まぞ・の・さん・きょうだい）《名詞》

Mは「前田」のMとマゾヒズム（masochism）のMの頭文字で、ダブルネーミング。最近は映画『バトル・ロワイアル』で話題になった深作欣二監督の代表作『仁義なき戦い』をパロった、壮絶なガマン比べである。

一見恐そうだが、いじめられ好き

「港区台場では、泣く子も黙る三兄弟がその名を馳せていた。極道の前田三兄弟。長男隆史、次男浩次、三男優。今日も血に飢えた狼たちが、獲物を求めて街に出る。が、たった一つ、普通のヤクザと違うところ、実は彼ら、人を痛めつけるより、痛めつけられるのが大好きな、M（マゾ）の三兄弟……」との前口上からスタートするこのコーナー、岡村隆史、加藤浩次、濱口優の3人がゲストの女王様（アイドル系）にいたぶられ、喜びに震えるさまを鑑賞するというもの。三兄弟の痛めつけられ快感度数は「M度」と呼ばれ、並、中、上、特上とランクがある。兄弟はビビりながらも、Mの極道として至福の表情で昇天していく。たとえば安達祐実がゲストの回では、まず三兄弟が安達のクルマにワザとぶつかり、いちゃもんをつける。そして「許して欲しければ、言う事を聞け。やんのか、やらへんのか、どっちやねん⁉」と難癖をつけ、「頬に蚊がとまった。平手打ちをして欲しい（優／M度は並）」「布団タタキで尻を叩いて欲しい（浩次／M度は中）」「『家なき子』の愛犬リュウのように、犬扱いしろ。ドッグフードを食わせろ（隆史／M度は上)」等と要求を突きつけた。安達祐実の他には、大神いずみ、タンポポ、優香、仲間由紀恵、坂下千里子等が女王様を演じ、三兄弟からの無理難題に応えたが、最初のうちは「え～、いいんですか？」と躊躇している女王様たちも、めちゃイケがその本質を見抜いてキャスティングした強者ゆえS度がじょじょに鎌首をもたげ、次第にヒートアップしていくのであった。

参照項目 SとM

[MNSK,COOL]

「またきちゃいました、ごめんなさい」

(また・きちゃい・ました・ごめん・なさい)

「加藤＆大久保」における大久保佳代子のつかみのセリフ。あくまでも低姿勢で、いかにも慇懃な調子で発せられる。一見、控えめな、謙虚で慎み深いセリフ、とも取れるが、ともあれ「彼女は実際、もうここにきている」のであり、しかも「絶対に帰らない」のであって、この発言を耳にしたという事は、それだけで彼女の呪縛に絡め取られたという事と同義である。

[KTOK,COOL]

街角インタビュー

(まちかど・いんたびゅー)《名詞》

岡村隆史が反町隆史、中田英寿、木村拓哉という日本屈指のモテモテ男たちに扮して街に出没するシリーズ。その第1回目(1997年11月29日O.A.)に登場したのが、反町隆史ならぬオリ町隆史。続いて中田英寿ならぬオカ田英寿が1998年9月12日O.A.で登場。そして2000年5月27日O.A.では木村拓哉ならぬオ村拓哉が登場した。いずれの場合も街で出会った反町、中田、木村のファンの女性は、本物に会えると信じて目を閉じて待つ。その隙にオリ町、オカ田、オ村を演じる岡村が強引にキスをしようとするのだ。この企画はいわばお笑い芸人という人種の「仕事」の形を借りた、番組内の公然セクハラなのである。

オリ町の時は初回のため同企画の内容は世間にまだ知られていなかったこともあっ

超キザなオリ町隆史

超クールなオカ田英寿

超さわやかなオ村拓哉

てか、無防備な女の子たちへのキスは次々に成功。オリ町のセクハラ一人勝ちとなった。

だが、2回目のオカ田の時は勝手が違った。日本国内での街角インタビューを経て、1998年12月5日O.A.では本物の中田が活躍するイタリア・ペルージャへと遠征。イタリアの女の子たちにも持ち前のセクハラぶりを発揮するが、イタリアの女の子たちは日本の女の子のように曖昧に笑って許すなどということは決してしない。本気で大激怒され、ひるむオカ田。これはまた、日本人女性と欧米女性とのセクハラへの対応の仕方の違いが浮き彫りになった例としても印象深い。

そしてオリ町、オカ田を超える大物として登場したオ村（通称オムタク）。キスにはとどまらず会社受付嬢のお尻を噛むなど、そのセクハラぶりも超大物級にエスカレート。しかし同行のヤベディレクターにメガホンで殴られてから壊れ始め、単なるセクハラ男ではない新しい一面ものぞかせた。

なおオ村拓哉は、「めちゃ^{2}モテたいッ！」時代の「日本一モテる男に学ぶ」というコーナーにも登場していた伝説のキャラクター。岡村と木村拓哉本人の関係は古く、「とぶくすりスペシャル」において、藤四郎に扮した岡村と、若き木村のツーショットが記録されている。また木村はとぶくすり友の会の有名人会員にも登録されている。

[POP!,MKIV,COOL]

大ヒットドラマ「ビーチボーイズ」のワンシーンを演じるオリ町

日本国内ではこのようなセクハラぶりも何とか容認されていたオカ田だったが…

種子島でフォーカスされた時のファッションを再現！

街角三部作

（まちかど・さんぶ・さく）《名詞》

「○○王は誰だ!?」のシリーズで方向付けられたメンバーたちの芸風の、さらに発展の場となった企画として記憶されるのがこの「街角」シリーズ。タイトル通り今回は屋外でのロケが多く、いかに街に溶け込みながら、テーマに沿ったネタを披露するかが勝負のツボとなった。

❶まず1998年1月17日O.A.された「感動をあなたに〜街角ちょっといい話」は、熱き情熱を秘めたベテラン俳優・中尾彬氏を審査員に迎えて、メンバーは心に訴える感動のドラマを演じた。ここでは特に、派手に火薬を使って大がかりなハードボイルド・アクションを披露した加藤浩次や、トリをつとめた岡村隆史が「僕は死にまっしぇ〜

んっっ」と絶叫し、確信的なパクリ方で「101回目のプロポーズ」を完全再現したことなどが印象的だった。さらにダンスにこだわり続けた山本圭壱が懐かしのドラマ「まいどお騒がせします」のテーマソング「Romanticが止まらない」（by C-C-B）にのって気恥ずかしくも見事なミュージカルを展開し、この事は、山本劇団の歴史の出発点として現在に語り継がれている。

「Romanticが止まらない」を踊る山本劇団

❷第２弾のテーマは「オレの女のオトしかた」。1998年のホワイトデー記念としてO.A.された。ここで濱口優は打ち合わせ先に急ぐ木佐アナを捕まえて勝手にドラマを演じ、加藤は持ち前の雑草ぶりを発揮して憧れのタレント・大石恵にいきなり説教、相手を泣かせてしまう大失態を犯した。有野晋哉は必殺仕事人をテーマにミステリアスな自分をアピールし、山本は今回は「スクールウォーズ」をモチーフに、ラグビー場でのミュージカルを成功させる。このときからかつて「スクールウォーズ」に実際に出演していた伊藤かずえが山本劇団の専属女優になった。そしてラストは岡村。満員の観客（オールエキストラ）に囲まれたリングに立つロッキー（岡村）が、渾身（こんしん）の力を込めて叫ぶ「エイドリア〜ン！」。いわずもがな、名作「ロッキー」の再現だ。最大のスケールと予算を要したこのVTRで、岡村の名シーン再現は一つの完成を見たのだった。

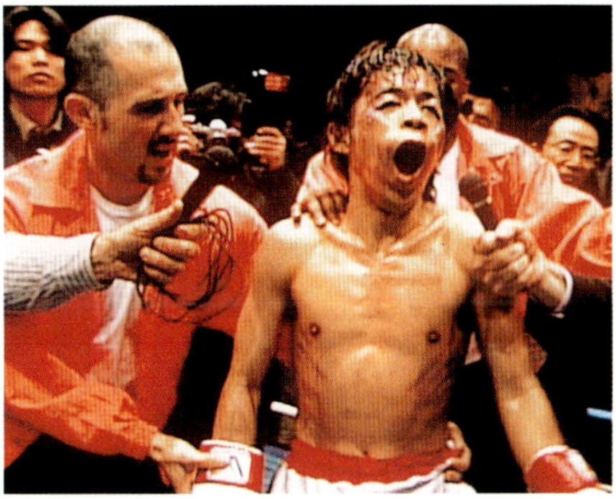
エイドリア〜ン！「ロッキー」迫真の再現

❸そして1998年8月29日O.A.の岡村持ち込み企画「めちゃイケの残暑お見舞い　実録ちょっと怖い話」では、心霊マニアの桜金造氏を審査員に迎えてメンバーそれぞれが怖い話を披露。企画持ち込みの張本人（岡村）が「ばかぁー」と西川のりおの「オバQ」を再現したのは、志の高さの問題として疑問が持たれるところだが、文句なくチャンピオンと言えるのは加藤浩次であっただろう。彼が勝負に出た「十面鬼」は、わざわざ軽トラックを改造してつくった大作だったのだが、山本が映画『ゴースト』をアレンジしたミュージカルでセッティングに時間がかかりすぎたため夜が明けてしまい、朝日の中で走る十面鬼はちっとも怖くないどころか一抹（いちまつ）の哀愁すら漂わせていたのだった。

このように「〇〇王は誰だ!?」をルーツに、さらに成長を見せた当３部作は、より大がかりになった山本のミュージカルや岡村の肝のすわったパクリ表現、そして無計画に膨らんでいく加藤の予算など全てがスケールアップしていく過程であった。そしてまだまだ未知数の力を隠し持つ有野や濱口、女性メンバーや武田真治がいるかぎり、新たなるシリーズが誕生する可能性は否定できないのである。
[JRKH,MKCI,OOOK,COOL]

ま

信号できっちり止まる十面鬼

松たか子

（まつ・たかこ）《名詞》

松本幸四郎を父に、市川染五郎を兄に持つ梨園の名家。「江頭の一言物申す」に「お見合い結婚」共演中のユースケ・サンタマリアと共に出演。名門出身のイメージに似ず、江頭2:50の繰り出すギャグにテンポよく応じ、果てはヒゲダンスも披露する等のお茶目な面も見せていた。

[EGHM,COOL]

まつたけ

（まつ・たけ）《名詞》

よゐこが所属する松竹芸能の蔑称。正しい読み方は「しょうちく」。

[GTNK,ACWC,PMET,COOL]

松山千春

（まつやま・ちはる）《名詞》

めちゃイケメンバーと交流の深いミュージシャン。「とぶくすり」の頃からこのシリーズのファンで、まだ深夜番組だった「めちゃ²モテたいッ！」の頃にゲスト出演を快諾。ややこわもての外見によらず、いい人であることを証明した。また、小樽を舞台にした「深野少年愚連隊」では、同氏による名曲「大空と大地の中で」がBGMに起用された。

[POP!,COOL]

めちゃイケでの再会が待ち遠しい！

マナブ

（まなぶ）《名詞》

「イケてるキャバクラスカウト」に登場の、山本圭壱 扮するキャバクラ「ギャッツビー」のNo.1スカウトマン（自称）。若者言葉を駆使しているつもりなのだが、言葉の使い方がおかしい。また、自分ではものすごくカッコイイと思ってるのだが、デブった体に日焼け、ピチピチの服ではしょせん…。スカウト仲間（有野晋哉 & 濱口優）に、いつもバカにされている。

「とぶくすりZ」時代のコント「Feみおのくすり」のタモツにまで遡ることができるキャラクター。

[HIYZ,IKCS,COOL]

イケてる？　マナブの勇姿

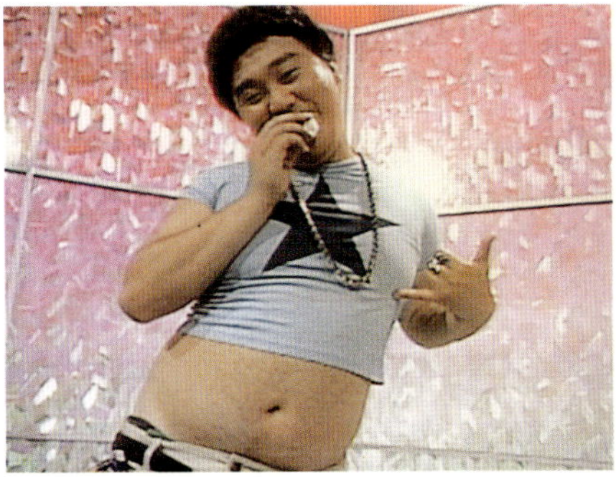
これがマナブの原型、「タモツ」（1995年）

まめちくびの歌

（まめ・ちくび・の・うた）《名詞》

油谷さんのアドリブソングの代表曲であり、もっともクラシックな一曲である。「とぶくすり」シリーズからすでに歌われており、そのリミックスバージョンの豊富さは浜崎あゆみにもひけをとらない。この歌が油谷さんから最初に捧げられたのは、小ぶりで可愛らしい乳首を持つ濱口優だった。濱口22歳の誕生日の時のことである。ちなみに油谷さんが歌の合間に「そーれそれそれそれ〜」と口ずさんでいる時は次のフレーズを考えている時だが、わずか約5秒間で必ず名フレーズを生み出す。

[HIYK,ABTS,COOL]

マライア・キャリー

（まらいあ・きゃりー）《名詞》

日本でも大人気の超ビッグな女性シンガー。矢部浩之の「持ってけ100万円」（1998年1月24日O.A.）では、最後に現金を放置する場所、すなわち超盛り上がるファイナル・デンジャラスゾーンをマライアの来日公演終了直後の超危険な東京ドーム前に設定。超大金57万円の放置現場には観客約5万人が押し寄せたのである。超激コミの中、現金は無情にも超ムカツク女子高生の手に……。マライアの威力恐るべし。

[YHMH,COOL]

マリー・オリギン

（まりー・おりぎん）《名詞》

八星占術の大御所。pM8で「めちゃイケ大百科事典」に載せるべき人物として招かれた。彼女は1997年元旦の「めちゃイケ新年会」にて、メンバーの運勢を占っており、極楽とんぼのブレイクや岡村隆史の怪我を予言し、見事的中させた。

ナインティナインとさまぁ〜ず（当時バカルディ）は7年前の「殿様のフェロモン」の時も占ってもらっており、バカルディは「別々の活動が増える」、ナインティナインは「1994年4月期に、（外国人か動物を加え）ナインティナインはトリオになる」との予言をもらった。一見ナインティナインに関しては的中していないように見えるが、実はこの時期、4ヵ国語マージャンやイグアナのモノマネで知られるタモリとの共演番組「ジャングルTV　タモリの法則」が始まっており、岡村は「当たった」と看做(みな)しているようだ。

またpM8中で、メンバーの2001年の動向として、矢部浩之は「結婚確率70%。2月の浮気に注意」、有野晋哉「実力、能力が試されてばかり。毎日がオーディション」、岡村「不特定多数の遊びをやめる。業界内に本命出現」、雛形あきこ「3月と9月にイメージアップにつながる役どころがまわってくる。9月に2人目が授かる」、鈴木紗理奈「3月にフォーカス。秘密の恋が発覚」との予言も行っている。

[PMET,COOL]

○○王は誰だ!?

（まるまる・おう・は・だれだ？）

ゴールデンタイムで愛される番組となるには、幅広い層の視聴者に喜んでもらわなくてはならない。そんな発想のもと登場したのが「○○王は誰だ!?」。さまざまな客層に合わせてメンバーたちがネタを準備し、最もお客さんの心をつかんだ者が王者として認められるのだ。その対象となったのは「子ども」「お年寄り」「外国人」の３タイプ。いずれ劣らぬ難物ぞろいである（さらに番外編で「竹村健一」も登場）。

共通するルールは、決してお互いのネタを事前に知ってはいけないこと。メンバーは客層と自分の得意分野をどうリンクさせるかに苦労しながらネタを決定する。ほかの者が一体何を用意してくるか全く分からないことも思いのほか恐怖心を募らせるようだ。なぜなら最悪の場合、ネタがかぶってしまうことも充分考えられるからである。そして当日は、壁で仕切られた横一列に並ぶ個室の楽屋で待機し、各人は司会の矢部浩之と他メンバーのやりとりを聞いて、互いの出し物を推測するしかない。これはシリーズ恒例の楽屋チェックと呼ばれ、お互いにカマを掛け合うシーンは開演前のスリリングな見せ場となっている。

さて記念すべき第1回は、幼稚園児を対象にした「子ども王」（1997年3月1日O.A.）。岡村隆史はバカ殿、濱口優はアフリカマン、有野晋哉は手描きの紙芝居、山本圭壱は体操のお兄さん、そして光浦靖子がマドンナに扮し、ラストの加藤浩次が半身半馬のケンタウルス、という内容。なにぶん幼稚園児ゆえ、食いつきはいいものの異常に飽きっぽい、といった年少児ならではの特徴にメンバー全員大苦戦。結局、大がかりなぬいぐるみでも事態を突破できないと追いつめられた加藤が、なんと単なるおならネタで子どもたちの心を一気に魅了し、栄えある「子ども王」に輝いた。しかしこの時点で彼は、高額な予算と笑いの成果は決して比例しないということにまだ気づいていない。

次なる「お年寄り王」（1997年5月17日O.A.）では、岡村がパーデンネン、山本が梅沢富三郎の女形、有野が寅さん、学習能力のない加藤浩次が千手観音、雛形あきこが愛らしい振り袖姿による小咄、鈴木紗理奈がバカ殿、濱口が再びアフリカマン、そしてラストの光浦がオーロラ輝子に扮した。結果は、光浦の渾身の熱唱に涙するお年寄りも現れ、みごと彼女が「お年寄り王」の座を獲得したのだった。

第３回の「外国人王」（1997年10月25日O.A.）では、世界各国からお客様が集められた。文化が違えば笑いのツボも変わってくるのだから、かなりの読みと技量が要求される。このとき岡村はヒゲダンス、加藤は案の定多額の予算を投入したスフィンクス、光浦が再びマドンナ、濱口がまたまたアフリカマン、有野はキダタローに扮して

ま

子供たちに「アイ〜ン」のウケはよかった「バカ殿」

その神々しさに、思わず手を合わせたお年寄りもいた「千手観音」

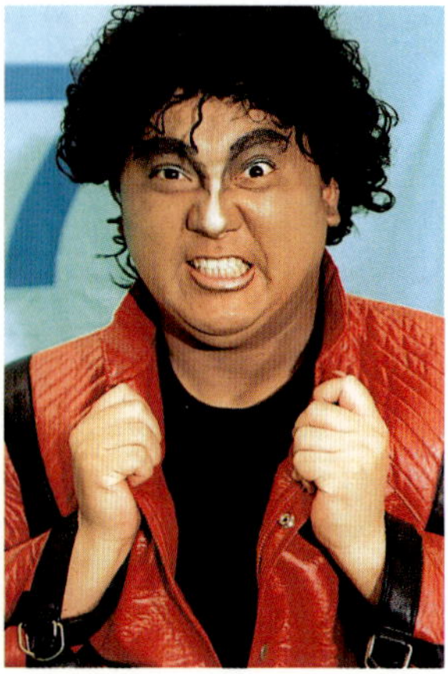

「スリラー」は山本のダンステクを世に知らしめるきっかけでもあった

アメリカンジョークを披露し、江頭2:50はいつものまま自滅。そしてラストを飾った山本が、大量のダンサーを配し完璧な振付でマイケル・ジャクソンの「スリラー」を踊ってみせ、客席のスタンディングオベーションとともに王者となった。

この企画で興味深い点は、3回のシリーズを通して徐々に各人の芸の方向性が定められていったことだ。特に顕著だったのが、岡村、山本、加藤の3人。岡村は全てパクリ芸で統一し、本来他人の芸を失敬しているにもかかわらず、いつしかパクること自体が岡村の芸となるまでに高めていった。そして山本は得意のダンスで己を表現することに目覚め、加藤はとにかく毎回手の込んだ着ぐるみやハリボテを作っては予算を使いすぎる浪費家として認知されたのだった。また濱口が頑なにアフリカマン一本で通し、彼の「塗りキャラ」の足場を固めた場ともなっている。こうして培われた各人の芸風は、その後の「街角三部作」にみごとに受け継がれていくのである。

[GKJO,KDMO,OTYO,TMKO,COOL]

まるむし作戦

（まるむし・さくせん）《名詞》

勝四郎（武田真治）が考案した、「七人のしりとり侍」における野武士の防御策。役者にとって顔は命。なので、ボコボコにされるさいは抵抗せず、ただ体を丸め、被害を最小限にとどめるのだ。

[SNSZ,COOL]

マロン

（まろん）《名詞》

岡村オファーが来ましたシリーズ「動物王国スペシャル」の、ムツゴロウとの競馬対決に備え、岡村隆史が選んだ動物王国の女王馬。足は早いが性格は荒く、乗りこなすのには相当の技量が要求される。案の定、練習中マロンは突然不機嫌になり、岡村を振り落とそうとする。岡村はなかなか主導権を握れず、大変な辛酸をなめながら練習に明け暮れた。

そのかいあって、競馬の本番で、遂に王国最強馬マンデーを駆るムツゴロウに競り勝ち、感動的な勝利を遂げた。が、喜びもつかの間、後に岡村は従順で大人しいジュリと間違えて騎乗していた事が判明、惜しくも優勝は取り消され、感動は台無しに。

[OMOS5,COOL]

まわるコマの生活

（まわる・こま・の・せいかつ）《名詞》

1998年12月に「新春かくし芸大会」のオファーを受けてからの岡村隆史の生活。岡村がスタジオの仮眠室に泊り込んで中国ゴマの特訓を続けている傍らで、共演のネプチューンはまだ深夜帯だった「笑う犬の生活」の収録へと出かけていく。その様子を横目で見ながら必死でコマを回している自分を揶揄するように岡村がつぶやいた言葉である。

[OMOS4,COOL]

満点の極意

（まんてん・の・ごくい）《名詞》

「新春かくし芸大会」で、満点をとるために堺正章が岡村隆史に伝授した7ヵ条。1.練習は十分に　2.先生とはケンカするぐらい真剣に、尊敬は忘れない　3.ケガをアピール　4.ハイテンションでムードを作る　5.司会者は味方に　6.他のチームも応援　7.審査員に気配り

以上のことを勝手に解釈した岡村は、審査員への気配りとして、大御所の植木等氏や大魔人・佐々木主浩投手に賄賂としてお菓子のホームラン王、ナボナを配った。

[OMOS4,COOL]

み

ミキ

（みき）《名詞》

女優で加藤浩次の元彼女。過去付き合った女性たちの中で、加藤が唯一結婚を考えた相手。「殿様のフェロモン」後に付き合い始め、「とぶくすりZ」の頃にはすでに話題に。以来、番組中で極めて数多く聞かれる名前ではあるが、視聴者の前では未だにその姿を明らかにはしていない。もう、ずいぶん前に別れたはずなのに、未だ未練たっぷりらしい加藤は、何回も彼女を思う言葉を口にし、そのことが加藤のトラウマの大きさを物語る。

これまで番組中でのミキに関する発言は、「めちゃイケ向上委員会」でプリクラを加工したのを皮切りに、「加藤＆大久保小樽編」「実録・伊豆の踊り子」「恋愛の加藤教師2」「涙の借金返済ツアー」「ナイナイ欠席緊急会議」「フジTV警察NG集」などなど、数多くの場面で確認でき、しかも飽くまでフルネームが明かされないため、芸能界の他の多くのミキさんに迷惑をかけている。

[HIYK,PHER,HIYS,HIYZ,POP!,NKKK,KTOK,EGAD,FTKS,RAKK,PMET,COOL]

見切れる

（み・きれ・る）《動詞》

本来テレビに出るべきではない裏方の人間が、テレビの画面内に誤って映り込んでしまうことを意味する業界用語。あまりにも頻繁にマジ見切れをするうちにキャラクターとして成立してしまった極楽とんぼの元マネージャー、モリグチくんのような人を見切れキャラと呼ぶ。

[MRGK,DCAD,COOL]

水商売

（みず・しょうばい）《名詞》

客の人気で成り立つ浮き沈みの激しい商売の事。2000年10月のめちゃイケ『ライオンキング』で、ショーパブ出身である事を指摘された山本圭壱は、それを完全否定する過敏な反応を見せた。しかし、それに先立つ7年前にも山本は「とぶくすり」にて、いかにも「客のカラオケを盛り上げてました」かのような卓越したタンバリン・テクニックを披露している。その後2001年初頭のpM8では、1987年当時の山本のショーパブっぽい衣装の写真の公開と共に、加藤浩次が「広島の『ブロードウェイ』という店にいた」「その次は『がむしゃら』」「最後はストリッパーと付き合っていた」と次々と暴露、山本の水商売疑惑は一層濃厚となっている。なお、山本が何故ここに来て突然、これほどまでに自分の出自（しゅつじ）から水商売の気配を消そうとしているのかは定かでは無い。

[HIYK,OMOS7,PMET,COOL]

ハロウィンか文化祭（本人談）

Mr.カトッチ

（みすたー・かとっち）《名詞》

「ナイナイ欠席緊急会議」で、矢部浩之不在の穴を埋めるべく加藤浩次が扮したカルチャーマン。が、用語が「○○ミキ（フルネーム）」であったことから、いきなりキレ、超有名俳優とミキがコンビニにいるのを見かけて逃げた、などのマジ話をし始めたため、司会の山本圭壱と光浦靖子が慌てて画面をクローズした。
[NNKK,COOL]

暴走カルチャーマン、Mr.カトッチ

Mr.ヤベッチ

（みすたー・やべっち）《名詞》

長寿コーナー「ザ・カルチャータイム」の専属解説者。別名カルチャーマン。年齢不詳、ニューヨーク在住。真ん中分けのヘアスタイルと真っ赤な頬、蝶ネクタイという見るからに低偏差値キャラのヤベッチが、最新のカルチャー用語を視聴者に解説してくれる。彼はかなりの資産家であるらしく、中継先もN.Y.から休暇中のロサンゼルス、留学先のロンドン、修行中のインド、合宿中のハワイ、視察中の中国とワールドワイドに展開している。

普段ツッコミである矢部にとって唯一のボケキャラであるこのヤベッチは、非常にチャレンジングなものであり、矢部本人を芸人として成長させた重要なキャラクターとなったのである。ちなみに初めてカルチャー用語の意味を正解したのは、コーナー始まってから実に3年後、シリーズ27回目（1999年10月30日O.A.）のことであった。
[CTTM,COOL]

正解率は0.029%

み

店屋

（みせ・や）《名詞》

正式には「オレ、お客様だろ！　オマエら、店屋だろ！」。「日本一周　フルコースの旅!!」において、極上の料理を目の前にしながらなかなか味わうことができない中居正広が不満を訴えたところ、逆ギレした岡村隆史に張り手され、そのあまりの理不尽さに思わず叫んだセリフ。「お前ら接待役なんだから客のオレをもっと大切にしろ！」の意。

[NHIS2,COOL]

見たことのない顔

（みた・こと・の・ない・かお）《名詞》

[PMET,COOL]

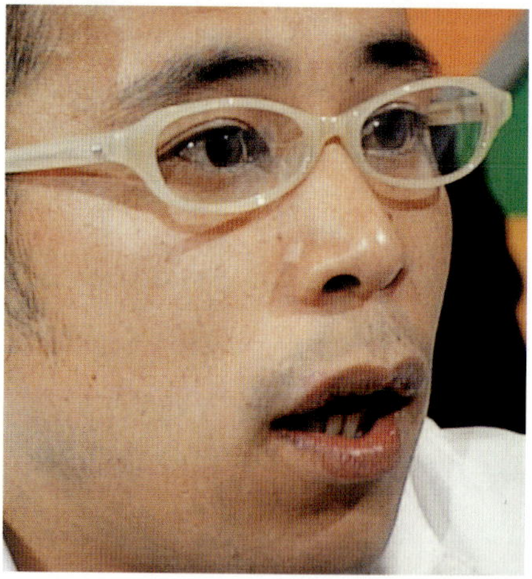

何で岩城さんが!????????????????????????????????????…

光浦オトせたら100万円

（みつうら・おとせたら・ひゃくまんえん）《名詞》

高知東生による悪夢の色じかけダマシから2年半。2000年冬、かつては純粋無垢だった光浦靖子が、今や合コンに明け暮れる日々らしい。彼女の身を案じ、岡村隆史が考え出したのが「光浦をレズビアンにします」計画。男漁りのすえ悪い男にボロボロにされるくらいなら、同性愛者にしてしまえ、という作戦らしい。みごと光浦をくどき落とすことができたオナベさん（性別は女でありながらどこまでも男性の生き方を追求する人々。オカマの反義語）とその推薦者には100万円の賞金アリ。作戦当日、各メンバーは全国から選りすぐりのオナベさんを用意していた。その名も「オナベがチャレンジャー　光浦オトせたら100万円!!」企画である（2000年11月25日O.A.）。

6	5	4	3	2	1	枠番
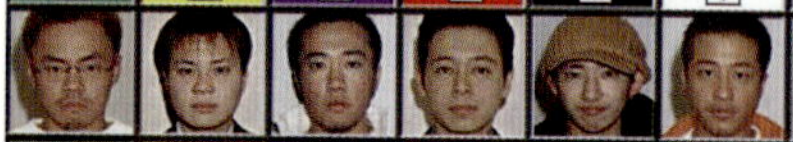						写真
しょう太（23）	タクヤ（26）	大（だい）（24）	みらい（31）	猿丸（24）	しゅんぺい（24）	オナベ名（年齢）
×	△	△	○	◎	○	予想
東京	大阪	大阪	広島	北海道	東京	出身
中西美智子	林野美和	船橋敦子	鈴木恵美	田中紀子	山本リカ	本名
矢部	有野	濱口	山本	加藤	雛形	馬主

皆、100％女には見えない男っぷり。さらに今回は、合コンメンバーだけでなく、居酒屋のウェイター、移動中のタクシー運転手、２次会のカラオケで流れたビデオクリップの男性にいたるまで、すべて仕込みのオナベさん。光浦の目に入る男は徹底してオナベで固める、というムダとも言える岡村のこだわりがあった。

さて、１次会から２次会のカラオケボックスに移動するまでに、みらいさん、タクヤくん、しょう太さんが早くも失格。深夜のカラオケボックスでは、しゅんぺいは優しい気配りの男前トークでくどき、だいちゃんは光浦の好きなエレカシの歌で盛り上げ、そして猿丸はコケティッシュな魅力でさりげなくボディタッチ。帰りぎわ、駐車場で３人が「お願いします！」と差し伸べた手から光浦が選んだのは、しゅんぺいさんだった。しゅんぺいさん、そして雛形、100万円獲得だ。

そして駐車場は突然、宝塚もどきダンサーズの華麗なダンスが始まる。やっと騙さ

み

れたことに気づいた光浦。男狂いの彼女をメンバーの中で一番怒っているのは、誰であろう、宝塚もどきダンサーズで踊っていた大久保さんだった。

大久保 私たちブスで飯食ってきたわけでしょ？もっと誇り高いブスになれ！

光浦 ブスの頂点に立つのはもう疲れたの（涙声）

本日のコンパのお相手は全員オナベさんだったという事実を聞かされ、光浦はもはや立ち上がる気力もない。「もうイイ歳だし、そろそろ落ち着きたいの」という光浦の言葉が切なく響く。それにしてもオナベさんたちのカッコよさは、新鮮な驚きとある種の感動をもたらしてくれた。ジェンダーの境界線で生きる彼女、いや彼らの男気を知ることができた企画でもあったと言えるだろう。

[MUOK,COOL]

宝塚もどきダンサーズの大久保さん。めっちゃ男前

光浦靖子

（みつうら・やすこ）《名詞》

1971年5月20日、愛知県生まれ。血液型A。身長158cm、B 82cm、W 61cm、H 83cm。人力舎所属。好きなものは格闘技。好きな男のタイプはエレファントカシマシの宮本浩次。東京外国語大学卒業で、文学少女の光浦はめちゃイケ唯一の活字系芸人。番組中で「(鈴木紗理奈の）スッピンの顔はおそまつである」と発言するなど、的確かつユーモアに満ちた表現力及び語彙の豊富さはめちゃイケ随一といえる。オアシズとしてコンビを組んでいる大久保佳代子とは小学校から高校まで共に過ごした仲よし。学生時代の光浦は頭のいい学級委員というポジションに常についていたが、同級生の大久保さんのことを光浦はずっとおもしろい人だと思っていたという。めちゃイケでの主なキャラクターは愛（キャッツアイ）、ミッツィー（シャンプー刑事）、チャイナナイト光浦、三ツ川昌子、MIKACO、黒柳靖子など。笑えるブスでしかもインテリの光浦の個性は貴重なものであるが、ただ一点欠落しているのが男がいないということである。それは世の中全てを斜めに見る光浦が唯一残す純粋さとなっており、女芸人としてはムダな部分となっている。光浦の彼氏いない歴はすでに8年目に突入した。

[SINP,HIYK,PHER,HIYS,HIYZ,POP!,COOL]

ミッツィー

（みっつぃー）《名詞》

「シャンプー刑事」第4回（1997年11月22日 O.A.）で初登場した紅一点。ミッツィー婦警、36歳独身。加藤浩次扮するコーディー刑事、武田真治扮するシンディー刑事に続き、光浦靖子 が扮した女性キャラである。彼女は警察という男社会における潤滑油的働きを担っており、その功績は大きい。が、容疑者が美人OLであったりすると、ひと知れず私情が入ってしまい、シャンプーが多少ヒステリックになってしまう傾向にある。若い子に厳しいお局的態度がつい捜査に出てしまう彼女なのである。

[SPDK,COOL]

ミドリちゃん

（みどり・ちゃん）《名詞》

本田みずほの大親友の身長180cmのオカマちゃん。「めちゃイケ大百科事典」作成のため、みずほの情報を得ようとオカマバー「コンドルモモエ」に潜入した加藤浩次に本気で惚れてしまったらしい。酔っていたとはいえ、加藤も本気でミドリちゃんを口説き、キスまでし、加藤について従前から囁かれていたホモ疑惑を一層深めることとなった。その後「男だらけのあいのり」にも登場している。

[PMET,OTAN,COOL]

ミニラの捕獲に成功し、思わず表情が緩む探検隊一行

ミニバー

（みに・ばー）《名詞》

ホテルの部屋に設置してある冷蔵庫。北国育ちで暑いのが苦手な加藤浩次は、1998年の沖縄ロケの際、3泊の間にミニバーの飲料水28本、計9,240円を飲用。最終日に至ってはたった1日で14本も飲んでいた。この件については「MNN報道特集　超緊急赤字解消企画」で追及されている。

[AJKK,COOL]

ミニラ

（みにら）《名詞》

北島三郎氏。「ビッグフット」に続き、「土曜スペシャル　岡村隆史探検シリーズ」で捕獲された。

[OKMT2,COOL]

とりまき衆と歌舞伎町で発見されたミニラ

ミヤマクワガタ

（みやま・くわがた）《名詞》

「クイズ濱口優」（1998年11月14日O.A.）で使用されたクワガタの品種名。クワガタムシ科の一種この時出題されたクイズはキャンプ場にやってきた濱口優が何をするでしょうか？というもの。加藤浩次が「木に止まっているクワガタを頭突きで落として口に入れブルブルッとゆすってニッコリ笑う！」と正解を出し、その通りにしなければならない濱口優はこのクワガタに舌を挟まれてしまったのである。史上初のミラクルであった。

[QZHM,COOL]

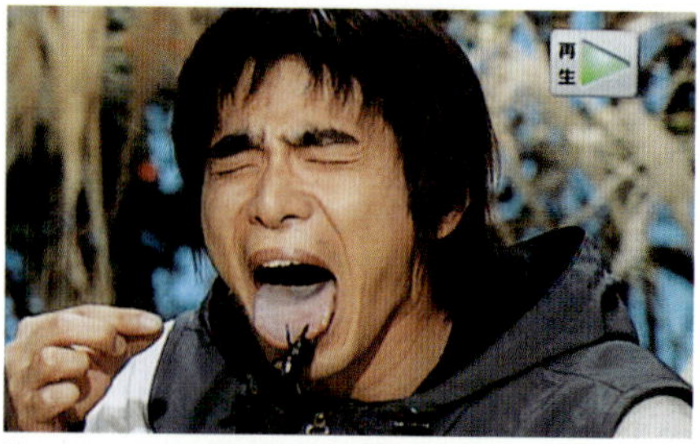

濱口がクワガタに舌を挟まれた瞬間！

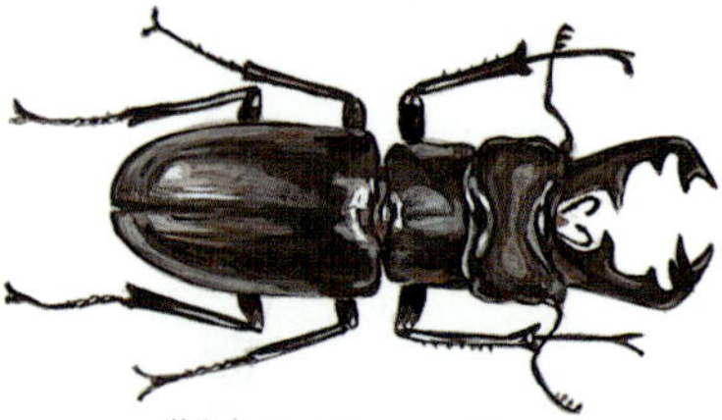

学術名：Lucanus maculifemoratus
体長5〜8センチ。ミズナラ、ブナ、クヌギ林に生息、発生時期は7月から9月。幼虫の期間は1年から2年、成虫の寿命は3ヵ月もしくは4ヵ月で冬越できない。

ミラクル

（みらくる）《名詞》

めちゃイケにおいては、広く「エクセレント（素晴らしい）！」の意で用いられる。特に、想像のつかない笑い、笑いの神様が降りて来たとしか思えない爆笑を指して使われることが多い。

類義語 奇跡との用法の違いに留意の事。

[COOL]

む

麦汁

（むぎ・じる）《名詞》

正式名称は麦酒（ビール）。よゐこ の濱口優が最も苦手とするアルコールの種類で、これを飲んで泥酔状態になった濱口は、シラフの状態では出せないバツグンの面白さを発揮する。実は濱口の酔っぱらいっぷりの面白さは「とぶくすり」初期から注目されており、8年前から「苦手なくすり」として麦汁を使ったコントが作られていた。

1997年3月8日O.A.の「恐怖の麦汁ボカン!!」では、まず舞台は「笑っていいとも！」のパロディ。濱口が罰ゲームで苦手な青汁ならぬ麦汁を飲む羽目になる。続いてクイズ。答えられず、またも麦汁を飲まされる濱口。次々にクイズを出され、その度に飲めない麦汁を飲み干す。3杯目以降は本気で酔っぱらっている。4杯目は大ジョッキの麦汁を自ら選択し、芸人魂を見せつけ、最後には「なんかついてるー」とヤモリ（矢部）のつけぼくろを取ってしまった。この時の濱口は究極に面白かった。

2000年4月8日の「初生放送」でも、麦汁であおられた挙げ句、開宴1時間で、プッチモニにのって「シェーッ」を決めるなど、麦汁は濱口の芸人としてのポテンシャルを最大限に引き出す、マジカルドリンクなのである。

[HIYK,HGDS,COOL]

麦汁〜、飲め、飲め！

ムツゴロウ

（むつごろう）《名詞》

作家畑正憲氏のニックネーム。動物王国の国王にして負けず嫌いのシンボル。岡村オファーが来ましたシリーズ「動物王国スペシャル」で、かねてより、岡村隆史に「動物としての」興味を抱き王国に招待、国王の座を賭して競馬での勝負を持ちかける。

肝心の競馬勝負もさる事ながら、とにかく勝負事が大好きで、あらゆる事に負けず嫌いなムツさんは、サウナ勝負、息止め勝負など、果敢に岡村を挑発、そのことごとくで勝利を飾り、至極御満悦（ごまんえつ）だった。

なお、実はオファーシリーズ『ライオンキング』は、その直前にライオンとの交流中に思わぬ事故に遭った（だけど全然めげていない）ムツゴロウさんにも捧げられている。

[OMOS5,HGDS4,MSTP,COOL]

む

め

夫婦
（めおと）《名詞》

鈴木紗理奈 ＆加藤浩次が演じたヤンキー夫婦コントのことで、通称「めおと」コントとしてスタッフの間で認知されている。ちなみに2人は中学時代からの大田区羽田の同級生で、当時から隣の中学までモテまくっていた美人の妻を、何年もかけて口説き落とした夫は、彼女に他の男が近づくことを何より恐れているらしい。まず1997年5月17日O.A.では、公園でとなりのヤンママ（紗理奈）にうっかり「赤ちゃん、可愛いですね」などと話しかけてしまった濱口優 が、ほ乳瓶を持ってきたパンチパーマの加藤に因縁（いんねん）をつけられる。また1998年4月18日O.A.では、教習所に通う紗理奈の先生である矢部浩之に、赤ちゃんを背負ってきた加藤が「お前ら不倫やってんだろっ！」と因縁、矢部を車から引きずり出し殴るわ蹴るわ大暴れする。しかしラストは暴走し過ぎた加藤に紗理奈が強烈なビンタをくらわし、加藤は泣きながら平謝り、さらに「別れないでくれ〜」と懇願するパターンが定番となっている。これもキャッツアイやSPEEDと同様、紗理奈の「ケンカ上等！」キャラを生かしたコントと言えよう。
[MEOT,COOL]

2人の名はヒロミ（加藤）とユリエ（紗理奈）

メガネ
（めがね）《名詞》

「キャッツアイ」シリーズにおける、愛（光浦靖子）の最も大切な物のこと。光浦にとってメガネは目そのもの、カラダの一部であり、従ってリーダー決定戦での壮絶な闘いの最中も、泪（雛形あきこ）と瞳（鈴木紗理奈）は決してメガネを攻撃してはいけないのである。いわば光浦のメガネは無法地帯と化した女の闘いの唯一の良心なのだが、闘いが白熱するとその良心は失われがちだったことは言うまでもない。
[CTEY,COOL]

めさイケ!!
（めさいけ!!）《名詞》

めちゃイケ の収録の欠席が余儀無くされたナインティナインの穴を埋めるべく、残されたメンバーたちが行った「ナイナイ欠席緊急会議」で、取りあえず決定していた穴埋め番組のタイトル。発案は濱口優。英語タイトルは「What a fool we are!（オレらどれだけアホやねん！）」。これだけで、全然イケていないのがよく分かる。
[NNKK,COOL]

めちゃイケ運輸
（めちゃいけ・うんゆ）《名詞》

め

1997年５月10日O.A.、当時開局から38年にわたり業務の続いた河田町旧社屋から、現在の港区台場の新社屋へ7億円の費用をかけて引っ越したフジテレビであったが、その巨額の予算を投じた割には穴だらけだった大事業の尻拭いをするはめになった運送会社のこと。社員はこの道16年の岡村隆史主任以下、濱口優、加藤浩次、新入社員の矢部浩之の4人という超零細企業だが、業界最大手のヤマト運輸にも負けない質の高いサービスを誇っている。セールスポイントは「迅速第一」であり、その創業精神は社のロゴマークであるランボルギーニカウンタック（イタリアの誇るスーパーカー。最高速度295km/h）に象徴されており、「カウンタックの宅急便～♪」（クロネコヤマトの宅急便～♪）というテーマ曲は、お客様に1/100秒でも速く荷物をお届けするという真心のメッセージなのである。

取り壊しがすでに始まっている旧社屋に足を踏み入れた一行は、驚くべきスピードで次々と忘れ物を発見していく。素人目には捨て去られたゴミにしか見えないものも、岡村主任のプロの目は決して見逃さないのだ。

発見	お届け
旧社屋B1F 元・共同テレビジョンで急須、スパイク、ワックス、ユニフォームを発見	**新社屋2F** 共同テレビジョンにお届け。藤川部長から運賃100万円を受け取る
旧社屋3F　元・制作室 「よっ大将みっけ」のホワイトボード下でバターを発見。ナマモノなのでクールパックで梱包	**新社屋2F　リハーサル室** 「ごきげんよう」楽屋へお届け。感謝の印に小堺一機さんから大将のものまねでダメ出しのプレゼント
旧社屋3F　元・制作室 「さんまのスポーツするぞ!!」のデスク脇冷蔵庫で醤油を発見。梱包は習得に最低3年はかかる「チェリッシュ」で（運送業界用語）	**新社屋12F　番組制作室** 水口プロデューサーにお届け。「すっごい欲しかったんですよー」と喜んでもらう
旧社屋3F　元・制作室 「笑っていいとも！」デスク付近で櫟本ディレクターあての手紙を発見	**新社屋12F　番組制作室** 櫟本ディレクターをお届け。覚えてないようなので読み上げてあげる
旧社屋3F　元・制作室奥の倉庫 ㊙写真と書かれたトビラの奥から、「オレたちひょうきん族」の貴重な資料の山を発見。新人矢部が梱包法「トーマス」に挑戦	**新社屋12F　番組制作室** 「オレたちひょうきん族」でお馴染みだった佐藤義和演芸制作担当部長へお届け。別梱包でワニの小林君が「ひょうきんパラダイス」のテープを届けてくれた
旧社屋最上階　元・社長室 社長専用トイレで、社長のものと思われるイソジン（うがい薬）を発見。ワレモノなので「ミッチェル」で梱包	**新社屋社長室** 日枝社長にイソジンをお届けする。大変喜んでいただき、運賃5万0,050円を明瞭会計してくれた
「オレたちひょうきん族」の資料の中にあった「全日本当選音頭」（1983年）のレコードを発見。	**都内某所の芸能事務所** ビートきよし師匠へ、特別梱包「ムーンリバー」でお届け。運送費が32万円にハネ上がる

届けられた方々にとっては、もういらないと思っていたものをわざわざ持ってこられて、しかも運賃まで請求されるとは、きっとありがた迷惑な宅配便屋さんだったに違いない。しかし彼らは、大手運送会社が数社連合で実に半年の歳月をかけて行った一大引っ越しプロジェクトの後始末をみごと、たった1日でやってのけたのだ。超零細企業・めちゃイケ運輸の鶏口牛後（けいこうぎゅうご）を貫くプライドは、その目にも留まらぬ迅速さでもって、他の追随を許さない輝かしい功績を残したのだった。彼らの誇り高き仕事ぶりは、その後も「フジTV警察24時」などに継承されていくのである。

[MIUY,COOL]

お届けものに皆さんニコニコ顔

トラックに積んでいざ、新社屋へ

めちゃイケAD

（めちゃ・いけ・えーでぃー）《名詞》

めちゃイケを面白くするために命をかけて働く美しき若者たち。20世紀最後のチーフAD中嶋君を始め、さかのぼるとテレビに出る事も彼らにとっては大切な仕事であり、お笑い能力が常に重視されてきた。時にはタレントを食ってしまうこともあるところが、他の番組のADとは大きく違う点である。そんな顔出しADの先駆者となったのが大隈いちろう。数々のリアクションの面白さがメンバーやスタッフから高く評価されていた。1994年の「とぶくすりZ」から「めちゃ^{2}モテたいッ!」初期まで在籍し、その後お笑い芸人に転身。現在の彼の姿はpM8でも放映されており、記憶に新しいところである。もちろん現在でもめちゃイケにおける重要な局面に絶妙なタイミングで登場する名物ADは数多い。例えば暴れる江頭2:50やケンカをしている濱口優とおさるを取り押さえるために登場するADかがり君（現ディレクター）。体重110kgの巨漢でアメリカンフットボール好きのスポーツマン。江頭のような手ごわい相手であっても、体を鍛えているかがり君が押さえつければまったく抵抗はできなくなる。岡田一少年の事件簿でいつも殺されていたAD波田野君、岡村隆史のオファーシリーズの時などに楽屋で昼寝をしたりしている矢部浩之を「おまえ仕切りだろ！」とどなり飛ばす年下のAD岡村恭子（当時）もここぞという時に出演し手腕を発揮。2000年10月にはついにADが主役となった「どっちのADショー」がO.A.され、AD中嶋君とADかがり君（当時）がディレクター昇格への道をかけて対決した。2000年12月30日O.A.のpM8「さよなら大好きな人　涙の完結編スペシャル」では、本田みずほからかつての恋人・濱口優への思いを聞き出すポンコツ・スティンガーとしてAD久保田君も活躍。今世紀もめちゃイケADたちが見せてくれる、フレッシュな仕事ぶりに注目したい。

[HIY2,POP!,PMET,COOL]

めちゃイケ親子大喜利

（めちゃいけ・おやこ・おおぎり）《名詞》

日本PTA紙によると、子供に見せたくない番組第1位に選ばれためちゃイケ。この事態に衝撃を受けためちゃイケは、親子の交流を促進すべく、1999年6月19日「めちゃイケ親子大喜利」を企画した。これは、出されたお題に親が解答、その子供たちが発表するという形式で行われる大喜利である。

司会／矢部浩之　解答者／加藤浩次、濱口優、有野晋哉、山本圭壱、岡村隆史。今回は親の考えた答えが全てであり、本人のアイディア等が一切反映されないばかりか、メンバーはこの企画の本質が、❶子供が親のせいで恥をかく、❷親と子が実はよく似ていることが衆目のもとにさらされる、にあることを本能的に悟り、一同物凄く不安気。

まずは司会矢部より、各人の親のプロフィールが紹介される。解答はすでにfaxにて回収済み。事前の企画主旨説明の反応より、加藤の父親（義父の深野さん）は自信満々。濱口の母は弟の方をむしろ買っている。有野の母は理解度抜群、センスもいい。山本の母はお笑いに興味がなく、複数の解答を求めたのにおおよそ1つしか考えて来ない。岡村の父はとにかく真面目で、解答数も断然多い、等等。

深野さんのナイスな答えにヘコむ加藤

例えば、

矢部　あいうえお作文。お、や、こ、（親子）を頭文字に作文。

濱口　(お)親に
(や)やりたい
(こ)小遣いを

一同　うまいな。

有野　(お)おもろない
(や)やつや思たら私の
(こ)子

一同　うまい!!　お見事!!

加藤　(お)俺の夢は
(や)役者になる事だ
(こ)こんなことでくじけるな

矢部　アホやな、このおっさん。

加藤　(お)男だったら
(や)やくざになりたい
(こ)この俺さ

全員、深野さんの自己中心ぶりに大爆笑。恥をかく加藤。

1999年10月16日の第2弾、加藤の座る場所がひとりだけ離れている。不審がる加藤。

岡村　（血の繫（つな）がった）親子じゃ無いからな…。

加藤　……………………。

[MIOO,COOL]

「……………………………………………………」

めちゃイケ号

（めちゃいけ・ごう）《名詞》

めちゃイケ初期に東京湾でトークを展開した船の名前。「めちゃ^{2}モテたいッ！」での「めちゃモテトーク」の流れをくんでおり、毎回豪華なゲストを迎え、めちゃイケメンバー全員が参加していた。主なゲストは笑福亭鶴瓶、江角マキコ、小林幸子、江口洋介、梅宮辰夫。トークの後半になると、小さなモーターボートに乗って江頭2:50が登場。海を泳いでデッキによじ登り、ゲストに一言物申していた。ロケがおこなわれたのは晩秋〜初冬。さすがのエガちゃんも限界がきてトークの場所はフジテレビの球体内に移る。そこでおこなわれた第1回「球体トーク」のゲストが西城秀樹だった。

[SJTK,COOL]

ゴールデン進出でトークもゴージャスに！

めちゃイケCM

（めちゃいけ・しー・えむ）《名詞》

めちゃイケの番組内で、めちゃイケのPRをするために放映されたCM。そのコピーは「めちゃイケはバラエティ番組ではありません。めちゃイケはれっきとした『お笑い』番組です」。そこにはバラエティーとお笑いの境界線が曖昧(あいまい)になってきた昨今のテレビ番組の風潮とめちゃイケとは一線を画すものであるというメッセージが込められている。1998年には当時のマツモトキヨシのCMのパロディーが、1999年8 月にはSMAPの木村拓哉が出演したメンズTBCのCMのパロディーがそれぞれO.A.された。コンビではなく、自分ひとりで笑いをとらなくてはならないため、撮影現場はいつも、互いに相手に負けまいというメンバーたちの緊張感にあふれていた。濱口の「笑う男」はそうした苦境の中から生まれ、以後彼の強力な武器となった。

[MICM,COOL]

濱口「好きだ」　優香「ダメなの」

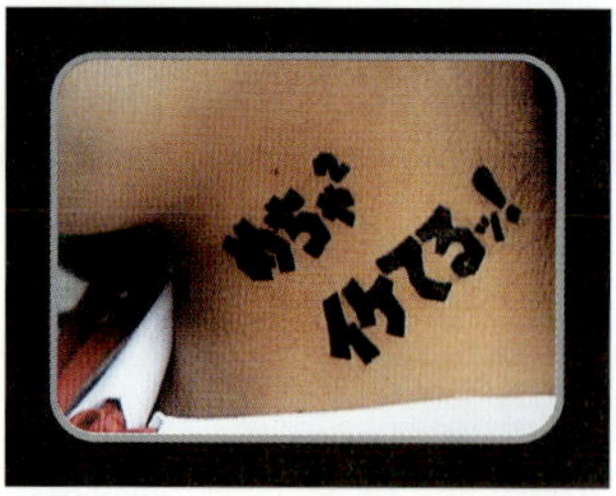

優香「ダメ！」

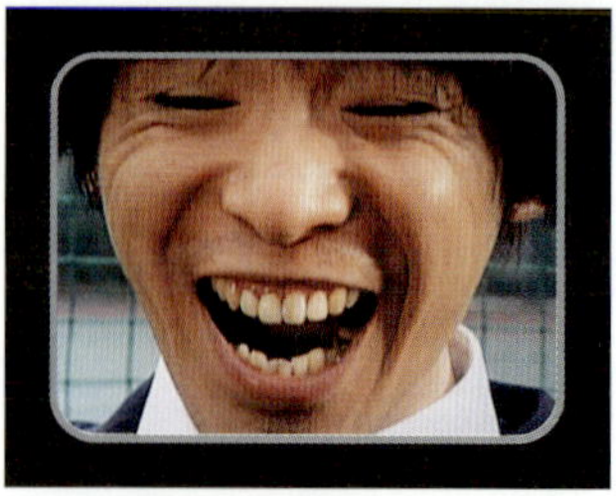

「はははははは、めちゃ^{2}イケてるッ!?　はははははははははは」

「はははははははは、そんなに面白いのかー！はははははははははははははははははは」

めちゃイケスクリーム

（めちゃいけ・すくりーむ）《名詞》

メンバーがキャンプ場のロッジで次々と襲われるホラー仕立ての企画（2000年9月23日O.A.）のこと。キャンプといわれて河口湖のロッジに集められたメンバーたちだったが、部屋に投げ込まれた一本の謎のビデオで状況は一変する。ビデオにはスクリームの扮装をした正体不明の人物が…。

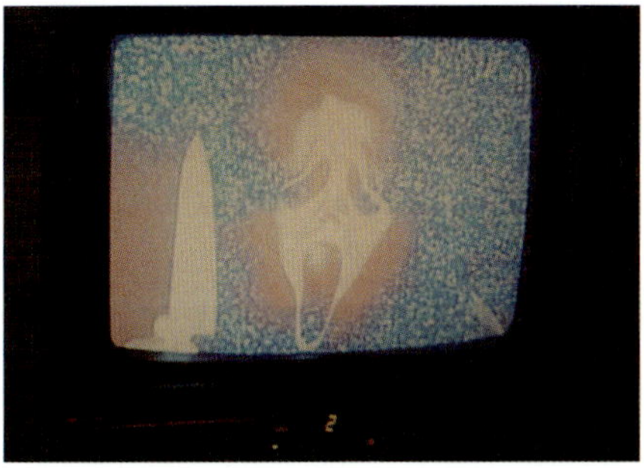

恐怖の一夜を予感させる。一体誰…？

そして突然の停電、灯りがついた時には有野晋哉が消えていた。探しに行くと暗闇に黒ペンキまみれにされた有野の姿。「黒ペンキ地獄」だ。こうして恐怖の一夜が始まった。第２の犠牲者は加藤浩次。突如、加藤のベッドの下からスクリームのキャラが現れ、股間を攻撃する「電気あんま地獄」に。裏山に薪（まき）ひろいに行った鈴木紗理奈と雛形あきこはパンストをかぶせられ「パンストブス地獄」。さらに光浦靖子はバーベキュー会場で緊縛（きんばく）され「恥ずかし固め地獄」に。すでに深夜をまわり、メンバーがふと気づくとスイカを取りに行った濱口優が行方不明だ。投げ捨てられたビデオカメラには、濱口が襲われ絶叫する断末魔の映像が残されていた。まるで『ブレア・ウィッチ・プロジェクト』だ。捜索すると、濱口は縄で縛り上げられ、足元には英語の問題集が散らばっている。「hamaguche地獄」である。

今度は山本圭壱と矢部浩之が疾走した。森を探すと２つの棺桶（かんおけ）が埋められている。もしや、「生き埋め地獄」？　しかし一つはやけに小さいぞ…開けてみると赤ちゃんサイズの「小っちゃい山さん」が。大きい棺桶には本物の山本。そして矢部は全裸でヨットのマストに張り付けられていた。股間は錨（いかり）でカモフラージュされており、これはひょっとして彼が吉本のディカプリオと呼ばれていることを知っての「タイタニック地獄」なのか。ついに全員で犯人をとりおさえ、スクリームのマスクを取ると、それはなんと…大久保さんだった。

実はこの企画、「矢部＆大久保」シリーズ第2弾「ふぞろいのイケてるメンバーたち」に続く、第3弾だったのである。「新しい波」に出演したものの、「とぶくすり」から切り離されて7年半、矢部に近付くことをきっかけにしてレギュラーになりたかったという大久保さんの気持ちは、次第にねじ曲がり、やがてメンバーへの屈折した復讐心へと変化していったのだ。しかし大久保自身の吐露によってメンバーたちにもやっと真意を理解してもらうことができ、彼女は長い充電期間を経てレギュラーに昇格したのだった。現在はめちゃイケメンバーの中にすっかり溶け込み、毎週元気な姿を見せているのは周知の通りである。

[YBOK3,COOL]

めちゃイケ大百科事典

（めちゃ・いけ・だい・ひゃっか・じてん）《名詞》

本書。

[PMET,COOL]

めちゃイケに必要な男

（めちゃいけ・に・ひつよう・な・おとこ）《名詞》

ずばり、有野晋哉のことである。1999年1月23日O.A.で、ある一通のハガキが紹介された。そこには「(あまり目立たない）有野はめちゃイケに不必要なのでは？」と書かれていた。そこで、有野の存在感をチェックするために、めちゃイケメンバーはある実験を試みた。山手線の駅前に立ち、有野を除くメンバー全員が通行人の前で「ボクら、めちゃイケメンバーです!!」と言う。その後制限時間10秒の間に、素人さんが有野がいないことに気づくかどうかを確認するというものだ。最初は楽勝宣言をしていた有野だったが、現実は厳しく、山手線を一周しても有野がいないことには気づかれない。結局、総16時間をかけた末にJR中野駅前でようやく結論が出た。有野は不必要だと思われることで逆に必要とされる極めて稀なキャラクターであることがこの時証明されたのである。

[ARSC,COOL]

存在感のない天才の苦悩と喜び

めちゃSTEPS

（めちゃ・すてっぷす）《名詞》

楽しい歌と軽快なダンスでみんなの気持ちを明るくさせる、イギリスで大ブレイク中のグループ。流れる音楽は「5.6.7.8.」。何故か決まって矢部浩之が平成不況の現場をレポートしている時に限って現れ、その場に居た人々を踊らせ幸せにして去っていく。メンバーは、オカリー、ヤマピー、ヒナリー、サリー、ヤスリーで、途中産休のヒナリーに代わって、元ピンク・レディーの未唯が参加している。めちゃSTEPSがこれまで盛り上げて来た不況の現場は以下の通り。

1. 六本木のディスコ。
2. 北千住宿場町商店街。
3. 神田大明神、秋祭り会場。
4. 成城、東宝成城住宅公園。
5. 東京湾、アクアライン・海ほたる。
6. 北海道中標津、ムツゴロウ王国。
7. 長野県高速城跡公園。（山田花子姉さんが参加）
8. お台場、フジテレビ新入社員研修室。
9. 千葉県鴨川市、鴨川第一高等学校。
10. 江東区有明、DIFFER有明。プロレスNOAH。

[MSTP,COOL]

めちゃSTEPS@北千住宿場町商店街。左からヤマピー、サリー、ヤスリー、ヒナリー、オカリー

めちゃ^{2}あいしてるッ!

（めちゃめちゃ・あいしてるっ！）《名詞》

1999年暮れから2000年元旦にかけての、めちゃイケと「LOVE LOVEあいしてる」のフジテレビ年越し合体生特番。

この「めちゃ^{2}あいしてるッ!」の目玉企画は、「岡村オファーが来ましたシリーズ」、奇跡の男、岡村隆史に依頼された6度目のオファーだった。

岡村、青ジャージ姿で登場。きくちプロデューサーが現れ、今日は生でオファー。

きくちP　今回、番組が目指すのは、笑いと音楽の融合!!　その象徴として、岡村さんに、ファンランを走って欲しい。

岡村　オファー受けます。必ずトップでゴールします。

しかし結果は2000人中600位前後と超平凡な記録に。岡村初めてのオファー失敗に、一同肩を落としていると、何故か予定の5kmのコースを走り終えても、一向に止まる気配のない岡村。よくよく考えるてみると、きくちPは走る距離を伝えていなかった。もしかすると、オファーをマラソンだと勘違い?　ええーっ、と動揺するメンバー。マジで?　42.195kmを走るつもり?!　まさか…

❶「岡村さん、もう5km過ぎてます！」と必死に止めようとする佐野アナ

現在10km地点。20kmまでに給水しないと危険、死にます、と先にゴールしていた谷川真理のアドバイス。

❷10km地点。自販機に見入る岡村さん

非難の鉾先が、きくちPに向けられる。加藤浩次には「なんで（距離を）言わないんだよ。サングラス、取れやおまえ」と言われ放題。

しかしメンバーはこの展開を見守るしかなかった。黙々と走り続ける岡村。いよいよ足の調子が思わしくない。誰もが彼のゴールを祈り始めていた。

様々な助っ人が、間違いに気づかせようと、岡村を追いかける

❸11km地点。藤井隆、懸命に給水を呼び掛ける

走り続ける岡村。もう、給水の限界点に来ている。ふと、道ばたに気を取られる岡村。猫水を前に、迷う。遂に手に取り、飲んだ岡村。元気回復。快調に走り出す。

❹19km地点。猫水で、九死に一生を

いよいよ日本橋で折り返し。

❺23km地点。恐らく前日から置いてあった手作りの折り返し地点

スタジオでは岡村への応援歌の数々が。ウルフルズ「ガッツだぜ!!」、Something Else「ラスト・チャンス」、女性陣による「負けないで」、さらに全員で歌う「サライ」。みんなが岡村のゴールを待っていると、26km地点で何故か立ち止まり、ガッツポーズをとる岡村。

岡村　やった！

目の前には何と日本武道館。「負けないで」〜「サライ」の日本テレビ24時間TV「愛は地球を救う」風のメドレーに勘違いし、マラソンの途中で地球を救ってしまった岡村さん。

❻26km付近。日本武道館前でいったん走りを止める岡村さん

ゴールは台場のフジテレビだと気がつかせる曲を歌う事にしたメンバーたち、早速「全部抱きしめて」。何かを考えはじめる岡村。

矢部　気づいてくれ！

再び走り始める岡村。日テレでない事には気づいたようだが、走りを止めていたおかげで、足の痛みはよりひどく。

その間も、hitomi「GO TO THE TOP」、MAX「一緒に…」、Super Slump「Runner」が熱唱され、岡村も、これら応援歌に支えられ、30km突破。

そこに、尾崎豊「15の夜」のイントロ。いきなり加藤が朗々と歌い出す。ひとりひとりの目を見つめ、歌い上げていく加藤。次第にメンバー一人ひとりが、歌に参加していく。なんて不思議な力。とにかく「尾崎＝融合」なのだ！ステージ上で、メンバー一丸となって歌い上げる。遂にはKinki Kidsまで歌い出し、矢部以外の全員が熱唱。

遂に最大のテーマ、笑いと音楽の融合を成し遂げた！　最後まで非融合だった矢部に、メンバーは口々に非難の言葉を浴びせる。

❼岡村さんの無事を祈るスタジオ

33km過ぎ。いよいよ足の調子が思わしくない岡村。誰もが彼のゴールを祈り始めていた。いよいよ残り5km。信号待ちで、つらそうな表情を見せる岡村。スタジオでは、再び「全部抱きしめて」が流れる。ここまで、すでに5時間が経過。岡村の視線が、右手前方に。レインボーブリッジが見える！

矢部　ゴールしたら、岡村さん、テレビで初めて泣いてしまうかもしれませんね。

残り4km。残された放送時間は30分。4kmの予想時間は32分。1km8分のペース。放送時間内のゴールが絶望視されかけた頃、何とその状況すら知らない岡村のペースが上がり始めた。

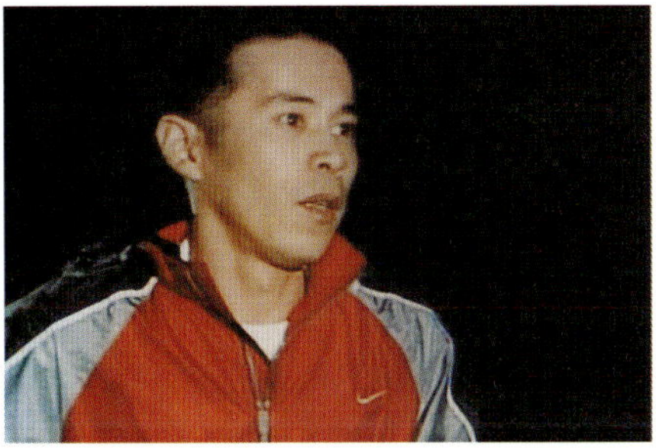

❽残り4km。すっかりかっこよくなってる岡村さん。でも、泣いてしまうかも

残り2km。早い早い。果たして6度目の奇跡はなるのか？　観衆の大歓声の中、力走を続ける岡村。

❾ギャラリーの見守る中、不思議なペースアップが

そして、遂にスタジオ内へ。大歓声の中、テープを切り、倒れ込む。この時点で放送時間は残り5分を切っていた。

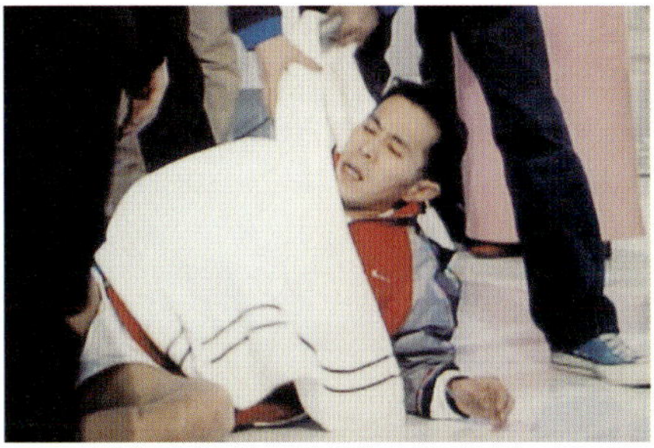

❿ゴールに倒れ込む岡村さん

岡村　もう時間ないから言うぞ、オレは何位やった？。

矢部　えー、トップです!!（スタジオ大拍手）

岡村　みんな根こそぎ5km位でリタイアして、おにぎり食ってもうたからなあ。

矢部　5kmでよかったんですよ。

岡村　えーっ!!!（スタジオ大爆笑）

フルマラソン42.195km走って、結果として、ひと笑いをとっただけの岡村さんだった。

[OMOS6,COOL]

⓫おにぎりを頬張り、「泣かへんで！」

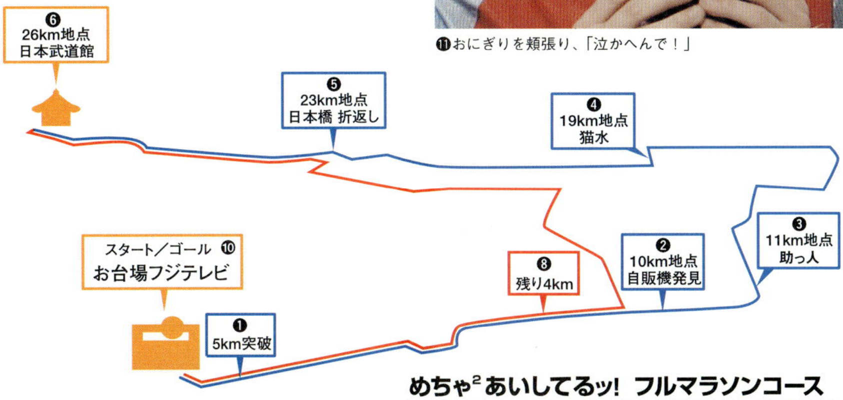

めちゃ²あいしてるッ! フルマラソンコース

めちゃ²モテたいッ！

（めちゃ・めちゃ・もて・たい・っ！）《名詞》

毎週土曜の23:30からの30分枠で、1995年10月21日より放送開始。この枠はかつて、ダウンタウン、ウッチャンナンチャン、野沢直子、清水ミチコ出演の「夢で逢えたら」が放送されており、別名「パナソニック枠」とも呼ばれる。お笑い番組にとってはゴールデンタイム進出につながる出世枠だった。「とぶくすりZ」の放送打ち切りからちょうど半年、番組を再開することはできたが、大きなスポンサーがついた枠だけに、以前と同じスタイルで始めるわけにはいかなかった。そのため放送開始時のメンバーはナインティナインと武田真治、新参加の雛形あきこ、鈴木紗理奈。基本的なレギュラーはここまで。山本圭壱はダイナー「I WaNNa Be POP!」を舞台にしたトークセットのウェイター役という明らかな端役で出演。「とぶくすりZ」の解散時のメンバーである加藤浩次や光浦靖子、よゐこはスタート当初は出演さえしていない。

大きなスポンサーがつくといろいろな制約も増えるが、同時に番組の予算も大幅に拡大する。オープニングは全編バハマロケのビデオクリップ。よゐこの自筆のイラストをオープニングに使っていた「とぶくすり」時代とは雲泥の差である。めちゃモテは、その後めちゃイケへと続く、予算をかけたスケールの大きい番組作りへの幕開けとなった。

また、めちゃモテスタートにあたっては、局上層部から「とぶくすり禁止令」が出された。とぶくすりでやっていたようなショートコントとは違うスタイルを作り上げなくてはならないため、とりあえず始めたのが「モテたいッ！TALK」というゲストコーナーだったが、そこからpM8でも放送された岡村隆史と岩城滉一さんのストーリーが生まれている。さらにナインティナインがスポーツ競技に挑戦する「モテたいッ！SPORTS」がスタート。同コーナーのスノボ企画では、岡村が早くも、その後に奔出する奇跡の片鱗を見せている。この“スノボの奇跡”と岡村がコシノジュンコのファッションショーのモデルとして出演した「岡村隆史のファッションショー挑戦」などの企画が、めちゃ²イケてるッ！での岡村オファーが来ましたシリーズの原型となっている。

このようにめちゃモテ時代には、現在のめちゃ²イケてるッ！にまで通じる企画が数多くスタートしている。「持ってけ100万円」や才村拓哉、ヨコヤマ弁護士などのコント、長い歴史となる「ヨモギダ少年愚連隊」の初期シリーズはその代表的な存在である。さらにメンバー全員によるロケ企画「めちゃスキ！」は、めちゃイケのロケの気風を作ったシリーズとして位置づけられる。「かとうれいこさんに謝りたい！」は今やバラエティーでは日常の光景となったロケバスからの実況による、いわゆる“いきあたりばったりロケ”の始まりとなった。

また、この「めちゃスキ！」シリーズの大阪篇にそれまで参加していなかった光浦が登場し、以後めちゃモテへの出演が増えていく。ちなみに博多篇では江頭2:50も過激な初登場をし、鮮烈な印象を一同に与えている。

光浦とともにスタート当初出演していなかった加藤は、トークコーナーに突然乱入。加藤ならではの狂犬ぶりを発揮し、初対面の紗理奈を泣かせたことが印象深い。加藤もその後出演する機会が増えていき、めちゃイケでも語りつがれている水恐怖症、高所恐怖症などをサイパンロケで露呈している。

そして最後まで合流が遅れたよゐこは最終回を目前に控えたところでゲスト出演。こうしてついに「とぶくすり」時代のメンバーはほぼ全員がそろった。めちゃモテに出演しなかった唯一のメンバー、本田みずほについては、別項「本田みずほ」を参照のこと。

以上のようなめちゃモテの歴史をたどっていくと、めちゃモテはさまざまな意味でめちゃイケへの布石となった番組であったといえる。「とぶくすり」禁止令が出されてショートコントを封じられたことが、結果的には新たな世界観を広げ、ゴールデンへの地盤作りとなっていったのだ。例えるならめちゃモテはインターチェンジのような存在であり、その後のめちゃイケという本線へとスムーズに入っていけるターニングポイントとなったのである。さらにめちゃモテは、ナインティナインが初めてメインで仕切るようになり、本当の意味で彼らの責任が生まれた番組としても重要な意味を持っている。

しかし、めちゃモテは1996年9月28日、番組スタートからわずか1年で最終回を迎える。パナソニック枠の歴史の中でもこのような異例の早さで終了したのは後にも先にもめちゃモテだけである。最終回では、岡村が以前放送された「モテたいッ！SPORTS」のフリースローの疑惑（ゴールした瞬間、自分の姿がかぶって画面に映らなかったこと）を晴らすため、再度ロングスローにチャレンジ。しかしあまりの強風のために投げても投げても成功しない。結果、岡村のシュートの数は374投にも及んだ。収録は限界を超え常軌を逸した追いつめられ方をした岡村だが、彼はこのシュートが入らなければ次の番組がスタートしてもヒットしないと思って、必死で挑んでいたのだ。そうした岡村を始めとするメンバーやスタッフ全員の思いが実り、めちゃモテ終了後の1996年秋から、土曜8:00というお笑い番組にとって、もっとも誇り高き放送枠が用意された。こうして始まったのが「めちゃ²イケてるッ！」である。

[POP!]

スノーボードで初めての奇跡！

ファッションショーのモデルとして大成功

「ごめんなさい」「岡村君っていいヤツですね」

史上初めて矢部の現金を拾った早大生

め

めちゃスキ！札幌篇

初めてよゐこがめちゃモテにゲスト出演した時の記念すべきショット

メッセンジャー

（めっせんじゃー）《名詞》

1999年公開の矢部浩之出演映画。共演は飯島直子、草彅剛他。矢部オファーしちゃいましたシリーズ第1弾「めざましTV」に、この映画のコスチュームに身を包んでパロディにした岡村隆史が登場し、矢部は表情を曇らせている。

[YHOS1,COOL]

メディア事業本部総合開発局メディア推進センターメディア企画副部長

（めでぃあ・じぎょう・ほんぶ・そうごう・かいはつ・きょく めでぃあ・すいしん・せんたー めでぃあ・きかく・ふく・ぶちょう）《名詞》

1998年8月にめちゃイケプロデューサーから出世したこにしプロデューサーの肩書。本人によれば「早口言葉みたいなもの」であり、「ゴルバチョフ書記長みたいなもの」でもある。その後は周辺権利部副部長へとさらに出世した。

[KNPD,COOL]

MEMO

（めも）《名詞》

「爆烈お父さん」の加藤家家訓を補足する役割を果たすテロップのこと。加藤家の本質を次々と明らかにしていくミニ情報でもある。

[BROS,COOL]

メンチョ

（めんちょ）《名詞》

めちゃイケ初期の人気コーナーだっためちゃイケ号での船上トーク。ゲストに江角マキコを迎えて話は盛り上がった。だが話が鈴木紗理奈の鼻にできたメンチョ（おでき）のことになると、江角はふいに黙り、笑いをこらえたような顔に。じつは、メンチョとは江角の出身地島根県で、第1級テレビ放送禁止用語「関東で4文字、関西で3文字」のこと。知らなかったとはいえ、ゴールデンタイム進出直後の大事な時期だったのでめちゃイケメンバー一同、島根県の視聴者に向かってまじめに謝った。

[SJTK,COOL]

も

モーニング娘。

（もーにんぐ・むすめ。）《名詞》

今や押しも押されもせぬ大スターに成長した、つんくプロデュースの国民的アイドル・グループ。実は彼女たちの初のバラエティ出演はめちゃイケだった。まだ「LOVEマシーン」も出ておらず後藤真希も参加していなかった大ブレイク前夜の1998年3月7日O.A.、「爆烈お父さん」コーナーにゲスト出演していた。福田明日香が在籍していた頃であり、彼女はお父さんの質問にことごとくひっかかる解答を連発し、さらには説教に口をとがらせ、結果ジャイアントスイングをかけられグルングルン回っていた。

も

そのとき福田はスカートの下にジャージを着用していたが、そのジャージがスポッと脱げるというミラクルが起こった。彼女たちが豪快にスイングされる姿は、モー娘。ファンにとってかなり貴重な映像となっている。
[BROS,FTKS,EPIT,AFKM,OMOS4,COOL]

超貴重な福田明日香出演時の映像をここに再録！

持ってけ100万円

（もって・け・ひゃく・まん・えん）《名詞》

正式名称は「さすらいのギャンブラー矢部浩之の持ってけ100万円」。「めちゃ²モテたいッ！」時代から続く、矢部浩之の主役企画である。番組開始当時「貧乏芸人のイメージのある矢部に主役を」ということで始まった。当時の矢部にとっては5万円でも大金であったが、芸人＝ギャンブラーの心意気で理不尽なゲームに挑戦しているうちに、岡村隆史の悪魔のようなささやきに乗り、どんどん壊れていくさまがリアル。「カネは人間をいかに狂わすか？」が垣間（かいま）見られる、超刺激的プロジェクトであった。

ルールはいたって簡単。DANGEROUS（デンジャラス） ZONE（ゾーン）、つまり人がウヨウヨ歩いている場所の路上に、現金放置人の佐野アナが、矢部の所持金（本人が額を決める）を置く。30秒間誰にも拾われなければ倍額（×2）、拾われてしまえば0になる、というだけのもの。めちゃモテを含め過去4回O.A.されており、結果は以下の表のとおり。なお佐野アナは2回目以降、「雑踏にまぎれるため」という表向きの理由からさまざまな変装を披露するようになり、この企画にコスプレファッション的楽しさを加味した。

第1回（「めちゃ²モテたいッ！」1996年1月20日、27日にO.A.）

●所持金3万4,000円からスタート

DANGEROUS ZONE	BET	WIN(○)or LOSE(×)	GET MONEY	MR.SANO'S FASHION	NOTES
フジテレビ 正門前	3万4,000円 6万8,000円	○ ○	6万8,000円 13万6,000円	スーツ （アナウンサー）	
早稲田大学 正門前	13万6,000円	×	0円	スーツ （アナウンサー）	※あさひ銀行早稲田支店から貯金30万円を引き出す。
表参道	30万円	○	60万円	スーツ （アナウンサー）	デニーズでスタッフに昼食をおごり3万3,116円支出。
原宿デプレ前	50万円	×	0円	スーツ （アナウンサー）	※MCATのコンサート後の渋谷公会堂前。わずか数秒でOLに拾われる。
今回の損金／−26万7,116円					

第2回（「めちゃ²イケてるッ！」1997年2月1日、8日にO.A.）

●所持金1万8,000円からスタート

DANGEROUS ZONE	BET	WIN(○)or LOSE(X)	GET MONEY	MR.SANO'S FASHION	NOTES
フジテレビ 駐車場	1万8,000円 3万6,000円 7万2,000円	○ ○ ○	3万6,000円 7万2,000円 14万4,000円	テレビディレクター 出前持ち スケートボーダー	
早稲田大学 正門前	14万4,000円	×	0円	バンカラ学生	※26秒で3人組の学生が拾う。あさひ銀行早稲田支店で50万円引き出し。
東京タワー	20万円	○	40万円	コギャル	
有楽町マリオン	30万円	○	60万円	銀座のホステス	
六本木 アマンド前	99万円	×	0円	黒人のブラザー	※5秒で若い男が拾う!「ちょっと待って」と追いすがる矢部。「拾ってどう思いました?」と岡村が男に訊くと、「ラッキー」との返事。矢部、立ってるのがやっと……。

今回の損金／−50万8,000円
損金累積／−77万5,116円

第3回（「めちゃ²イケてるッ！」1998年1月24日、31日にO.A.）

●所持金11万3,000円からスタート

DANGEROUS ZONE	BET	WIN(○)or LOSE(X)	GET MONEY	MR.SANO'S FASHION	NOTES
フジテレビ 駐車場	1万3,000円 2万6,000円 5万2,000円	○ ○ ○	2万6,000円 5万2,000円 10万4,000円	警備員 清掃員 受付嬢	
早稲田大学 正門前	10万4,000円	×	0円	早大駅伝部	※「この企画を待っていた」という早大生にあと5秒で拾われ、3年連続あさひ銀行早稲田支店へ。今回は100万円を引き出す！
銀座歌舞伎座前	20万円	○	40万円	黒子	
渋谷 タワーレコード	30万円	○	60万円	丸山(旧姓安室) 奈美恵	※タワーレコードの奇跡で女性に1万円のお礼。協力してくれた鈴木紗理奈にCD購入代で5万円。また八武崎ドライバーのBEAMS渋谷店での買い物6,090円を損金扱い。

も

後楽園 ゆうえんち	57万円	×	0円	ダフ屋	※マライア・キャリーのコンサート終了直後。女子高校生に拾われ、矢部は「旅に出たい……」。
今回の損金／−14万9,090円 損金累積／−92万4,206円					

第4回（「めちゃ²イケてるッ！」1999年2月6日、13日にO.A.）
●所持金11万3,000円からスタート

DANGEROUS ZONE	BET	WIN(○)or LOSE(X)	GET MONEY	MR.SANO'S FASHION	NOTES
関西テレビ前	1万1,000円 2万2,000円 4万4,000円	○ ○ ×	2万2,000円 4万4,000円 0円	関西テレビAD コーヒーショップ店員 女性スタイリスト	※所持金からホテルのペイテレビ代2000円払う。
法善寺横町	5万円	○	20万円 (W)	虚無僧	※ラッキーチャンス(60秒放置でW=4倍)ルール採用。そば八どんぶりにお金を入れる。
くいだおれ前	25万円	○	50万円	トラの着ぐるみ	※くいだおれ人形に25万円放置。現金放置人の活躍で成功したため20パーセント分の5万円を謝礼。さらにスタッフ食事&謝礼で10万円!
大阪 タワーレコード	15万円	○	60万円 (W)	吉田芳美 (芸名天童よしみ)	※ラッキーチャンスに成功したが前回に続き協力してくれた鈴木紗理奈のCD代で5万円、八武崎ドライバーのミキハウス使い込みで5万1,844円の損金。
大阪 ビジネスパーク	74万円	×	0円	警察官	※大阪城ホールではジャネット・ジャクソンのコンサート。そば八どんぶりを使いラッキーチャンスを狙うが、60秒寸前で大学生が拾う。
今回の損金／−14万9,090円 損金累積／−102万8,850円					

　ということで、矢部の４年間での負け総額（累積損金）は100万円を越え、さすらいのギャンブラーは名実ともに「持ってけ100万円」となり、矢部の魂にできた傷のカサブタが乾くまで、しばし休戦となっている。

[YHMH,COOL]

元AD田中君

（もと・えーでぃー・たなか・くん）《名詞》

「少年愚連隊シリーズ」でのチェックの際に登場。めちゃイケADの職を辞した後も、その実力が高く評価され「河野少年愚連隊」で客演した。芸達者が多い歴代ADの中でも、その本格的な演技（ただし、「お腹が痛い」演技に限定される）は特筆すべきであろう。現在は放送作家修行中。青いニット帽がトレードマーク。

[SNGT3,COOL]

ものまね兆治

（ものまね・ちょうじ）《名詞》

収録されたにもかかわらず全編カットされ、お蔵入りの運命をたどっていた幻のコーナー。岡村隆史 が扮した「兆治さん」がものまねを延々やり続けるという岡村ひとり勝ちのコーナーである。1997年4月19日O.A.の「敵は巨人だ！全員集合スペシャル」で初めてその全貌が公開された。居酒屋の板前である兆治さんが、亡くした妻について言葉少なに語りだす……、というしみじみしたシチュエーション。そこで岡村、突如前に飛び出し、メモ書きを見ながら「続きまして～」の声とともにものまねを始める。そしてひと芸終わると再び「続きまして～」。まるっきり「ものまね王座決定戦」のパクリである。しかも進行だけでなく田中角栄、猪木、馬場などどれをとっても誰かがやったものまねのものまねなのだった。

さらに半年後の1周年スペシャル（1997年10月11日O.A.）で「病院編ものまね兆治」が放送された。ここでもやはりお馴染みの「続きまして～！」で始まり、高見山、F・モレシャン、鳳啓助、細川たかしで M・ジャクソン（栗カンのパクリ）といった内容にとどまらず、ついには「ものまね王者決定戦」に出演していた超有名素人のネタという、禁断の果実にまで手を出すようになっていった。そして1998年10月31日O.A.の「葬式編ものまね兆治」でついにコーナーの全てが手厚く葬られたのだった。

[MMTJ,COOL]

モリグチくん

（もりぐち・くん）《名詞》

吉本興業の社員で、極楽とんぼの元マネージャーをモデルに、岡村隆史が扮しているキャラクター。仕事熱心なあまり本番収録中にもかかわらず、カメラのフレームの中に突然見切れる。スタッフやメンバーに注意されると、謝りながらも加藤浩次に煙草、山本圭壱にミニドーナツを差し入れようとする。そのほかにも「グッドニュースです、CM が入りそうです」とか「ロケ先でトイレを確保しました」など、極楽とんぼに対して点数を上げたい一心で、本番中なのに逐一報告しにくる。怒られてセットの外に出るものの、またまた見切れてしまうような場所に立っているため再三怒られることになる。ちなみにモリグチくんの自慢は、彼女の実家が黒真珠の養殖をやっていて裕福なこと。また、極楽とんぼやナインティナインには従順だが、よゐこのことだけは芸人として認めておらず「まつたけコラー！」と怒鳴りつける。その一方では事務所の先輩であるナインティナインの河内マネージャーが怖くて仕方ない。河内マネージャーの姿が見える時には物陰に隠れておびえている。

[MRGK,COOL]

収録中大胆に見切れるモリグチくん

や

野球様

（やきゅう・さま）《名詞》

野球の神様。「山本球団」Part2にて、井手らっきょによってその存在が明らかにされた、野球を愛するものの守護神。実際、この神様のおかげで通常なら絶対間に合わないはずの行程を時間内で到着できる等の、数々の神がかりを目の当たりにすることになった。

[YMKD,COOL]

想像図

やくしんじ

（やく・しんじ）《名詞》

めちゃイケ内のトーク番組「ここがヘンだよ〜」シリーズの論客。どことなく武田真治に似た風貌だったが、極めて寡黙。ピントのはずれたマンガを1枚描いて、みんなの失笑を買っていた。

[KHAD,KHMJ,COOL]

みつるはコメント上手なのに……

ヤシ本真也

（やしもと・しんや）《名詞》

破壊王・橋本真也に酷似のデブ。当初の企画意図自体は「街角インタヴュー」だったが、街行くOLに全く人気がなく、かわりにサラリーマンには圧倒的な人気振りだった。だが、酔っていた彼らは、本物の橋本真也と間違えて喜んでいたらしい。

[YMSY,COOL]

「最初にねぇ、いいの一発もらっちゃったから、わからなくなっちゃった」

柳沢慎吾

（やなぎさわ・しんご）《名詞》

「フジTV警察　密着24時!!　逮捕の瞬間100連発！」にゲスト出演した。そもそものきっかけはめちゃ^{2}モテたいッ！時代のめちゃモテトークにおいて、彼が「昔からテレビっ子だったんだけど、何よりも警視庁24時ものが大好きだった」と発言。マニアぶりが伝わる細部のディティールにまで描写するトークが発端となって、このシリーズが生まれたのである。彼は岡村隆史巡査部長の先輩捜査官を名乗り、フジTV警察の捜査に参加。持ちまえの「密着24時芸」

を積極的に披露し、番組をぐいぐいと引っぱっていった。自前のサイレンとともに登場し、タバコのセロファンを使った無線をベースにスピード捜査を展開。芝居はもちろん効果音に始まり、BGMからナレーションまで1人でこなし、スタッフの手間をも省いた。

[POP!,FTKS,COOL]

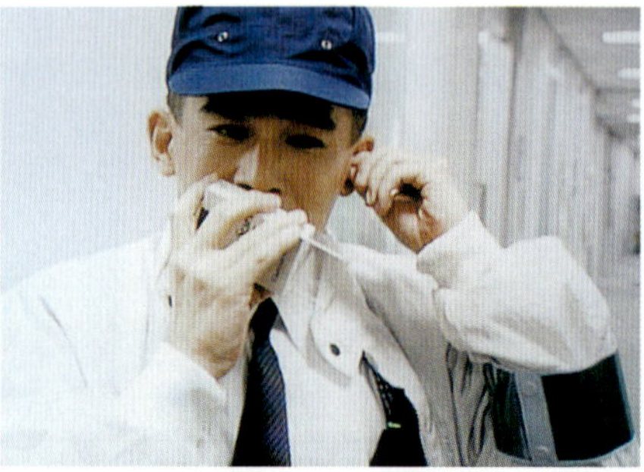

タバコ無線で的確な陣頭指揮をとる柳沢捜査官

八武崎ドライバー

（やぶさき・どらいばー）《名詞》

めちゃイケの専属ドライバー。通称ヤブさん。ロケの際メンバーやスタッフを乗せロケバスで目的地に移送する役割を担う。しかし「日本一周」シリーズでは中居正広を送り届ける場所を繰り返し間違え（例：テレビ朝日なのにテレビ東京に、TMCスタジオなのに英会話のECCに等）、また「持ってけ100万円」では矢部浩之の所持金を使い込んで買い物をするなどその泥棒ぶりで勤務態度に疑問の声があがっていた。が、ついにはヨモギダ少年愚連隊3において、自らヨモギダ宅に侵入をトライした際、巡回中のパトカーが通りかかり、危機を感じためちゃイケ一同は彼を残して走り去った。本来ロケバスに置いて行かれるのはタレントである岡村隆史の定番なのに、ドライバー自らが置いていかれるというドライバー史上初の大失態を犯した。

[NHIS,YHMH,SNGT,COOL]

窃盗2回、不法侵入1回の前科3犯

ヤベアグラ

（やべあぐら）《名詞》

「ザ・カルチャータイム」のMr. ヤベッチが「バイアグラ」の意味を解説するにあたって行ったこと。「スゴイヤツやない……………」と考えながら椅子の上であぐらをかき、「これはヤベアグラ」。

[CTTM,COOL]

まさしく見てのとおりである

矢部＆大久保

（やべ・あんど・おおくぼ）《名詞》

「加藤＆大久保」において、その仁義なき売名行為が明るみに出、世間の顰蹙（ひんしゅく）を買った大久保佳代子だが、またぞろ新しい恋を見つけたらしい。「今回は矢部浩之さん」と大久保さん。しかし矢部には恋人ひとみちゃんがいる。今までの偲（しの）ぶ恋とうって代わって、激愛に転じた大久保さんと、それに翻弄（ほんろう）される矢部を描いた感動巨編がこの「矢部＆大久保」である。大久保さんの愛の行方は一体、どうなるのだろうか？

❶「愛の温泉旅行」

2000年4月15日O.A.。フジテレビ地下駐車場。防犯カメラが捉えた決定的瞬間。轢（ひ）いたのは矢部、轢かれたのは大久保さん。

矢部のクルマにはねられ出血がひどい。怪我は左前頭部裂傷及び左前腕骨複雑骨折。息も絶え絶えに「温泉に連れてって下さい」と湯治の旅を願い出る大久保さん。

ロマンスカーで慌てて箱根温泉へ。矢部は、休暇をひとみちゃんと箱根で過ごすのが恒例。「加藤＆大久保」の小樽旅行の時と同様、大切な想い出が、強引に汚されていくのを感じる矢部。「偶然て、怖いねえ」と大久保さん。

「温泉に行く前に、湖が見たい」と、芦ノ湖へ。実はここも矢部の思い出の場所。ひとみちゃんとも乗ったスワン。タイタニックという名前のスワンに乗って、矢部が「ひとみと結婚すると思う」と話すと、大久保さん、がむしゃらにスワンを漕ぎだし、突然現れた氷のかたまりに悲劇の激突。ああ、タイタニックだから…。湖に投げ出され、何とか岸にたどり着いたふたり。「もう生きる意味がないんです」と泣き叫ぶ大久保さんをメンバーが励ます。気を取り直した大久保さん、湖に向かって「私は浩之が好き！　本日よりひとみさんに宣戦布告します!」。

冷えた体を暖めるため、ひとみとの思い出の箱根堂ヶ島温泉大和屋ホテルへ。卓球勝負で、大久保さんが勝ったら混浴。包帯を脱ぎ捨てた驚異の回復力と、審判＆ルールを味方につけ、大久保さんの圧勝。さあ、露天風呂へ。バスタオルと水着をつけてはいるものの…自身のテーマソング「部屋とYシャツと私」を歌う大久保さん。矢部の悲鳴が響き渡る。「バスタオル、とった!」。垣根から覗くと。豹柄のTバックでした。

「混浴…」。あからさまに嫌な顔の矢部

その後2人で食事。矢部に悩みを打ち明ける大久保さん。矢部がトイレに立つ間にコップを舐めて交換する。何も知らず、ビールを口にした矢部。初キッス（間接）、おめでとう！

最後はスナックでみんなで飲み会。今度は矢部、岡村隆史にさえ打ち明けた事のない悩みを大久保さんに話す。ふたりの間の壁が無くなっていく。矢部、飲み過ぎで泥酔。大久保さん、「部屋とYシャツと私」を歌いながら（「♪毒入りスープで一緒に行こう」）矢部に特製毒（精力剤）入りスープを飲ませ、残りは自分で飲む。遂に酔いつぶれる矢部。

翌朝、寝ている矢部の顔にキスマークが。全裸で、身体にもキスマーク。隣には大久保さん、顔がテッカテカ。矢部「オレはなんにもしてへんで」。大久保「どうかな？」。大久保さん、矢部のYシャツを着ている。何処からか聴こえてくるメロディ。玄関で本物の平松愛理が「部屋とYシャツと私」を生で歌っている。歌詞の「私」の所を「佳代子」、「あなた」を「浩之」に代えて。

矢部　こりゃ、逃げ道ないよな…

加藤　もっと恐ろしいのはね、（めちゃイケの恋物語は）世間も本気にするからね。

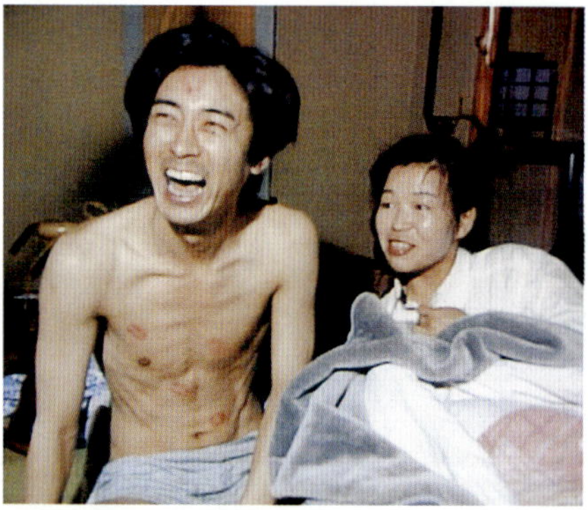

一体、昨晩ふたりに何があったのか…

❷「ふぞろいのイケてるメンバーたち」

2000年7月1日O.A.。「矢部＆大久保」大阪編は、その後の2人の、せつない愛の結末を描いた名作ドラマである。キャストは主演が大久保佳代子、主人公の相方に光浦靖子、元恋人に加藤浩次、友人Aに有野晋哉、友人Bに鈴木紗理奈、なぜか仲手川良雄（原作「ふぞろいの林檎たち」での中井貴一の役名）に岡村隆史、そして、現在の恋人には矢部浩之が配された。

ある日、大久保から光浦に留守番電話のメッセージが残されていた。矢部浩之との恋愛について、世間は猛反対。番組には抗議が殺到し、傷ついた大久保さん。

メンバーは矢部をつかまえ、「言えない悩みがある」という大久保さんの留守電メッセージを聞かせる。さらに新聞広告に「疲れちゃった　佳代子」、そしてビルの看板には「旅に出ます　大久保」。矢部「出たらええがな」。

大阪に向かった大久保さんを追う、メンバーたち。早朝、雨の中、大阪市の淀川に浮く大久保さん。病院に運ばれた大久保さんは、妊娠している事が判明。3ヵ月前の箱根温泉…妊娠3ヵ月だ！

淀川に浮かんだ大久保さん。いっそ、沈んでくれれば…

とにかく、ゆっくりと話し合う時間が必要と、ふたりタクシーへ。気まずい沈黙の後、すれ違う言葉をぶつけあうふたり。タクシーには、タイタニック無線の文字が！突然暴走し始めたタクシーの前に、陸上なのに氷山が出現する。タクシーはまるでスタントカーのように横転する。陸で沈んだタイタニック無線だった。

「死んだほうがよかった」ととり乱す大久保さん。「大久保さんひとりの身体じゃないんだよ」となぐさめる光浦。「ごめんね、ヒロシ」と自分のおなかに語りかける大久保さん。「彼女のおなかの中には、おまえの分身、ヒロシがいるんだ」と仲手川。矢部「なんでやねん」。

一同は、矢部が高校時代通っていた「西田」というお好み焼き屋におじゃまして、昔懐かしいお好み焼きをごちそうになる。そこで「昔みたいに、アイツに相談するか？」と仲手川が提案した。現れた、矢部と仲手川の茨木西高時代の大親友、武町千恵さん。武町さんと矢部の仲を疑った大久保さんは、彼女の手をきつく握手して、牽制（けんせい）する。「矢部は趣味が変わった、大久保は不細工」とはっきり言った武町さん。

大久保さん、コテを持ってつかみかかって抗争勃発。

お好み焼きのコテで、武町さんに襲いかかる大久保さん

「ひとみちゃんにほんとうのこと言え。電話しろ」と仲手川がまた提案した。水泳対決で、大久保さんが勝ったらひとみにいますぐ電話、ということに決定。50m自由形だったが、矢部は35mでスタミナ切れ。「子どもができた」と携帯電話でひとみちゃんに告白させられる。大久保さん、電話を代わり、ひとみちゃんに「ある意味、9回裏の逆転満塁ホームランって感じ？」と、とどめを刺す。

夕方、「今日は全部、きれいにしよう」と仲手川がまたまた提案した。20年ぶり、初恋の人Mさんと再会する矢部。「いい思い出をありがとうございました。そして僕の青春、さようなら」とけじめをつける矢部。そして、なぜか大久保さんも消える。「バイバイヒロユキ」と書いた白いハンカチを残し、まるで「東京ラブストーリー」の最終回のように。

さらに場面は転じ、矢部の母校、茨木西高校のグラウンド。サッカーゴールの前に立っているのは大久保さん。「幸せにしてください」と大久保さんがさしのべた手を、矢部が握ろうとすると、「ちょっと待った」の声が。青いユニフォームを着た西高サッカー部の同級生が勢揃いして、矢部と大久保さんを見つめている。「14年間、おまえを思っていた人が西高にいたんや」と、かつてのイレヴンが切り出した。後ろに立っていたのは、なんと、武町さん！　卒業式に渡し忘れたマフラーを持って「14年間好きでした」と告白する。かつての恩師、福田先生まで応援に来ている！　仲手川を残して、めちゃイケメンバーも武町さんのもとへ。矢部……まさに、人生の岐路。手を差し出すふたり。矢部、大久保さんをスルーして、武町さんの手を取る。すると、大久保さん唯一の味方だった仲手川も、運送会社の制服を脱ぐと、そこには茨木西高サッカー部のユニフォームが。四面楚歌の大久保さん。

ずらり勢ぞろいした西高サッカー部の皆さん

「おまえみたいな、ぶつぶつの差し歯が、なにが吉本のディカプリオだ！」と本性を現して矢部を罵る、平成の魔女・大久保。「なあヒロシ、おかあさんは、絶対こいつらを許さないからな。おぼえておけよ、このやろう！」。ハート形に赤く光るお腹に語りかけ、大久保、走り去って行く。

岡村　ただ、次、大久保さんがどう出てくるかだな、怖いのは。

岡村が最後に残した意味深な言葉通り、このドラマ、さらには第3弾となる続編「めちゃイケスクリーム」へ、という壮絶な展開を見せた。

[YBOK,COOL]

や

矢部オファーしちゃいましたシリーズ

（やべ・おふぁー・しちゃいました・しりーず）《名詞》

すっかりめちゃイケの名物企画となった「岡村オファーが来ましたシリーズ」だが、相方の矢部浩之にも同種の企画がある。惜しくも終了してしまった「持ってけ100万円」に続く矢部主役企画、新たな「矢部ちゃん祭り」、それがこの「矢部オファーしちゃいましたシリーズ」である。このシリーズの妙味は、「さくらんぼテレビジョン」でも確認された「普段仕切っているヤツが仕切られる」事にあり、当然の事ながら岡村隆史の「オファーシリーズ」とは、大きな相違点が存在している。

2つのオファーシリーズの違いを分りやすく表にまとめてみると、以下のようになる。

〈岡村＆矢部オファー対照表〉

	岡村オファー	矢部オファー
ジャージの色	青	赤
スタイル	来ました	しちゃいました
ギャラ	もらう	支払う
内容	華やか	地味
期間	長期	短期
モチベーション	一貫して高	終盤上昇
姿勢	ポジティヴ	ネガティヴ
本質	挑戦	体験
結末	栄光	岡村の栄光

矢部のこれまでの「オファーしちゃいました」状況は以下の通り。

❶フジテレビ「めざましテレビ」のAD（555円支払い）

❷温泉旅館の手伝い（2,000円支払い）

❸ザテレビジョンで32時間記者（2,500円支払い）

いずれも、苦労を買ってまでしている。

❶「矢部オファーしちゃいましたシリーズ1」

1999年8月28日O.A.。「矢部オファーシリーズ」の記念すべき第1回。

早朝。嘘の「めちゃSTEPS」収録中の矢部。突然現れた岡村にマイクを奪われ、以前の企画会議での発言を確認される。矢部の「ツッコミはあきた、やりがいのある企画をやりたい」を受け、岡村「オファーしました！その、夢中になれる事は、ADであります！」。

「めざましテレビ」(月〜金　朝5:55〜8:00)の明朝8:00までAD、決定！　抵抗を示す矢部を全く無視して、早速赤ジャージに着替えさせ、報道局へと連れて行く岡村。

9:00am	鈴木克明プロデューサーへ挨拶。今回のギャラ、5並びで。しぶしぶ￥555を支払う。
10:15am	雑用・問い合わせの対応の電話受け。 ・素材返却。 ・タクシーチケットの作成、延々と300枚にハンコを押し続ける。
2:30pm	先輩AD志賀君と2人で、「めざまし調査隊」ロケ。
3:15pm	蒲田で街頭インタヴュー。
4:00pm	ロケ失敗で帰社。
4:30pm	雑用・コピー機に苦戦
5:15pm	17F開発局に届けもの。ただ届けただけ。その後も延々と雑用
10:00pm	ひたすら雑用。超新米AD矢部、自分がタレントである事を遂に忘れる。
4:00am	生放送の進行を確認。コピー機も完璧に使いこなしている。放送用の新聞の切り抜き、赤ペンチェック。
5:30am	新聞をボードに貼り付け。
5:50am	O.A.目前に緊急事態発生か？　急遽新聞記事の内容変更及び部分撮影。

5:55am	O.A.スタート。まだ記事と格闘。急ぎ、全ての新聞を貼り代える。CM中、キャスターに新聞のコピーを渡す。
6:30am	再びアクシデント。緊急カメラリハーサル。カメラマンに怒鳴られる矢部。「カンペ＆秒出し」を。カメラが気になり、カンペが上手く出せない。

放送終盤、隠しゲストとして、自転車に乗って映画『メッセンジャー』の格好で現れる岡村。矢部、愕然。岡村に促され、自転車を片付ける。映画について、デタラメの説明をする岡村を、呆れた表情で見守る。主役横取り野郎だ！

8:00am. 放送終了。矢部の24時間AD修行もやっと終わった。

岡村　夢中になれたかい？

矢部　なれたんちゃう？

岡村　でもね、すっかりADさんの顔になってますよ。

矢部　あかんで、それ。

AD修行中の矢部

「夢中になれたかい？」

❷「矢部オファーしちゃいましたシリーズ2」

2000年1月29日O.A.。

4:00am、収録を終え、フジテレビから帰ろうとする矢部に、突然カメラが直撃。

岡村　矢部浩之の、オファーしちゃいました!!　シリーズ第2弾!

矢部　オファーした…オファーした？　何したん。

岡村　あなたの大好きな温泉旅館で一日働いてもらいます。

毎年お正月にひとみちゃんと行っていた温泉旅行に、今年は彼女が扁桃腺を腫らしたため行けなかった。今回は、その代わりとなる、愛情溢れる企画?!

オファーシリーズなので、矢部にも岡村同様奇跡を期待。岡村「その奇跡とは、この旅館の一日の売り上げを100万円にします！」。通常この時期の売り上げ（宿泊費は含まず）は30万円程度。宴会の飲み物、売店の売り上げ、旅館内のお店の飲食代。実現すれば確かに奇跡だ。

9:30am	福島県会津若松市東山温泉の御宿東鳳に到着。収容人数1000人の超大型旅館。まずは女将に挨拶。恒例のギャランティ、2000年ということで、2,000円。
10:00am	接客の研修。
11:00am	館内の説明と宴会の作法を学習、細かな注意を受けつつ、仕事開始。部屋の掃除、食後の食器の片づけ、布団上げ。
2:00pm	仕込みで殺気立つ調理場へ。怒声が飛び交う。スタッフを紹介。
2:30pm	酢の物を盛り付ける。
3:50pm	騒然としてくる調理場。怒鳴られながらも矢部の作業も佳境へ。
4:00pm	酢の物完成。スーツに着替え、接客に。
6:00pm	3つの宴会場を駆け回る。チップ2,000円もゲット。 女将がお願い、芸者さんの到着まで場つなぎを。しかし芸者は到着してた。その中に芸者姿の岡村が。矢部に連れ出される。
8:00pm	味噌饅頭で売り上げアップを。だが、全くお客さんは来ない。
9:00pm	カラオケスナックで売り上げアップを目指す。

11:00pm	カラオケ開店1時間、現時点の売り上げ、68万7,300円　まだ遠い。一人で朝市をやることを伺い出る。たった一人で朝市の準備をする矢部。
1:00am	ひとり黙々と朝市の準備。
6:30am	調理場。昨日とは別人の矢部。仕事を終え、朝市に赴く。めちゃイケメンバーも館内の仕事を分担して、矢部を助ける。次第に活況を呈する朝市。
10:00am	全ての客を送りだす。

旅館スタッフ＆メンバーが拍手で迎える。がんばりました。矢部、自信。岡村「全ての売り上げの合計金額は…99万8,500円でございました！」。奇跡起らず。

このままでは終われない。あと、1,500円さえあれば…そうだ、あのチップ（2,000円）があれば。その時、ふらりと売店に向かう岡村の姿が。味噌饅頭を手に、それを買う岡村。売店の店員「1,500円になります」。奇跡の100万円達成。やはり今回の奇跡も、岡村が起こしたのだった。憮然とする矢部。皆に祝福される岡村。拍手と歓声。胴揚げ。呆然と見守る矢部。

岡村　最後で100万達成できました。今のお気持ちは？

矢部　じゃかましわ。

岡村をはり飛ばす。

矢部　旅館最低。

❸「矢部オファーしちゃいましたシリーズ3」

2000年8月5日O.A.。2:00am　TMCの帰り。岡村、後ろから矢部にいきなり「お早うございます！」。第1回はAD、第2回は仲居、第3回は何かな。

「めちゃイケ期末テスト」の結果、矢部は決して大馬鹿ではない、「プッチバカ」である事が判明。にもかかわらず、何と「ザテレビジョン」の記者になれます。やるの？やらないの？　矢部の「やる」で、仕事終わりの午前3時より32時間記者になることが決定。今回の矢部の使命、取材して巻頭のカラーページ「SHOT×SHOT」をつくれ。

3:20am	角川書店へ到着。「ザテレビジョン」は発行部数130万部で売り上げ日本一、スタッフ総勢30名、日本で一番忙しい編集部との異名を持つ。安本編集長は雑誌10冊分の2,500円でオファーを受けてくれた。
4:30am	夜食の買い出し。スタッフ「柿の種ない？」で、買い出しをもう一度。
5:00am	取材用の台本のコピー。
9:00am	徹夜でテープ起こし。
10:15am	「花村大介」収録スタジオに遅刻。
1:00pm	エキストラの人に取材。先輩記者から呼び出しを受け、渋谷でアンケートを手伝い。
4:10pm	表紙撮影の立ち会いにTMCへ。10分遅刻で副編集長に怒られる。レモンの買い出しを命令じられ、買ってきたレモンを磨かされる。
5:00pm	今回の表紙タレント観月ありさ登場。謎の生命体「オカレモン」になって表紙を飾りたいという岡村を追い返し、矢部、編集部に戻り、記事作成。

酢の物300膳、盛り付け格闘中

やっぱり最後は岡村がヒーローに

や

6:00pm	原稿と格闘。
9:30pm	矢部、過去の記事を参考にしてペンが走り出し、締め切り7時間前に完成。安本編集長「あのさ、なめてない？　いままでの記事のパクリじゃん」とマジギレ。
10:30pm	取材のやり直し。
1:30am	ユースケ・サンタマリアの真剣な姿をよく取材。
3:15am	編集部に戻る。原稿と延々と格闘。くずかごが書き損じの原稿で溢れ出る。
6:00am	まだ一文字も書けていない。印刷所持ち込みまであと3時間。
6:55am	自分のオリジナリティはツッコミと気づく。取材時に見た、ユースケの「ダダこねずにスタンバイしよう！」の言葉に「カラ元気やがな、ユースケ」と思わず独り言で呟いたことを思い出す。ペンが走り始める。
8:47am	編集長からのOK。岡村、黄色いマウンテンバイクを持って登場。映画『メッセンジャー』の自転車が奇跡を起こす名場面を思い出せ。写真と原稿の入った封筒を持ち、印刷所に原稿届け。
9:00am	大日本印刷に到着。原稿を渡し、矢部「終わった」。
10:00am	ゆっくりと角川書店に戻る。

編集部一同「お疲れさまでした」と祝福。安本編集長「パクリ原稿書いたときはケリ入れてやろうかと思ったけど、最終的にはいい原稿でした」。早刷りの見本を見せてもらう。もちろん、表紙もできている。

矢部　うわっ！

岡村　観月ありさがオカレモン持ってます。いまだかつてレモンになって表紙を飾った人はいませんから、伝説です。出ちゃった、30歳の「オカレモン」。

[YHOS3,COOL]

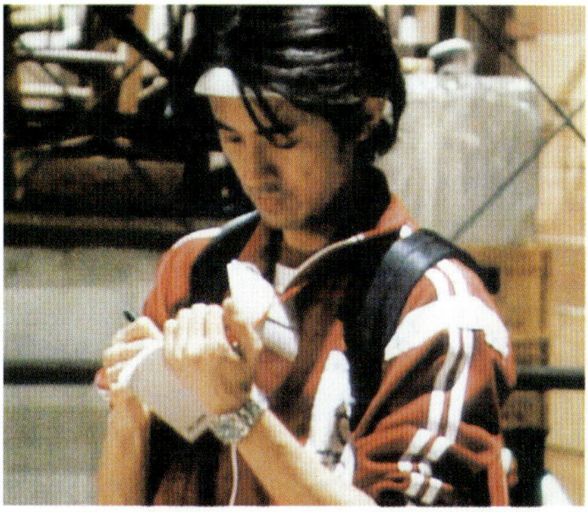

新米記者矢部、真剣に取材中

出ちゃった、30歳の「オカレモン」

矢部口のうっかりミス

（やべぐち・の・うっかり・みす）《名詞》

1998年11月14日にO.A.された「クイズ濱口優」で、司会者の矢部口宏が、解答者としてあさりどを出演させたこと。あさりどは「笑っていいとも！」に出ているから数字（視聴率）を持っているともくろんだ矢部口だったが、その時すでにあさりどは「笑っていいとも！」のレギュラーを卒業していた。「読みがはずれた」とあさりどを冷たく突き放す矢部口。うっかりミスと言いながら、矢部口はSの極致、通称「極S」をあさりどに対して働いている。

参照項目 SとM

[QZHM,COOL]

や

矢部口のマジ携帯番号

（やべぐち・の・まじ・けいたい・ばんごう）《名詞》

「クイズ濱口優」の「矢部口のプレゼントタイム」で、（自分のものというふれこみで）矢部口宏（矢部浩之）が発表した携帯番号。「矢部口のマジ携帯番号、090-2×××-3×××（O.A.ではほんとうに番号を言っている）」に驚き、メモしだす観客たち。すると加藤浩次が「あれ、これ、俺んだろ！　変えたばっかりだぞ！」。放送終了後、加藤の携帯に電話が殺到したのはもちろん、類した番号を持つ全国の皆さんのもとに、1日に20万件の間違い電話が掛かり、大変なご迷惑をおかけしている。この間スタッフはその対応に追われ、ADは1ヵ月の間謝り続け、徳光アシスタントプロデューサー（里利笑ちゃんのお父さん）はまる2ヵ月かけて、謝罪のための全国行脚（あんぎゃ）の旅に出たという。

[QZHM,COOL]

矢部口宏

（やべぐち・ひろし）《名詞》

「クイズ濱口優」の司会者。その名前から関口宏がモデルとなっていることがうかがえるが関口に対するリスペクトはゼロ。解答者のテーブルにひじをついてなれなれしく話しかけたり、「解答者はこいつらだ！」と毎回こいつら呼ばわりするなど、「いったい何様？」と逆に問いただしたくなるような横柄な態度が矢部口の特徴である。そのような一連の言動や行動のベースに見え隠れするのが矢部口の「極Ｓ」の精神である。矢部浩之が本来持っているSの精神が、大物司会者の仮面をかぶることでより極まっているのである。矢部口は解答者の有野晋哉を「ウンコちゃん」などと呼び、相手が不快そうな顔をするのを見ることに無上の喜びを感じるタイプといえる。さらにスタジオの観客に対しても自分へのかけ声を強要するなど、客に対してもその極Ｓぶりを発揮。この極Ｓの行き着く先をＳボケと呼び、相手をいじめているつもりが自分がボケにまわっているパターンも数多い。矢部口に扮する矢部にとって、岡村隆史の自己紹介があるまでは、同コーナーは実は気持ちよくボケられる場所でもあるのだ。

参照項目 SとM

[QZHM,QZHO,COOL]

矢部家

（やべ・け）《名詞》

大阪府吹田市に存在する矢部浩之の家族。粒揃いのキャラクターは、「とぶくすり」のトークコーナー、「うのうのだん」でも常に話題を独占していた。家族構成は父・幸夫（61歳）、母・富江（56歳）、長男・美幸（32歳）、次男・浩之（29歳）、三男・龍弘（たつひろ）（15歳）。そしていまは亡き矢部藤四郎（享年89）さんのことも忘れてはならない。次男・浩之が孝行息子のため、両親はいまでは左うちわ状態。父はゴルフのクラブを全部買い換えてゴルフ三昧（ざんまい）、母はエステ三昧の日々を送っている。長男も、32歳にしてフリーターだが次男が頑張りやなのであまり自分の身の上のことは心配していない。浩之の活躍によって、矢部家は物質的にも精神的にも豊かな日々を送っているらしい。

[HIYK,HIYS,HIYZ,PMET,COOL]

やべ少年

（やべ・しょうねん）《名詞》

恐怖新聞のターゲットになっている芸能人を悪魔の新聞配達人・有野晋哉から助けに行く少年の名前。ラーメン屋や公衆トイレなどで偶然、恐怖新聞を見て走って助けに行くのだが、なぜかいつも一足遅れてしまう。

[KFSB,COOL]

矢部浩之

（やべ・ひろゆき）《名詞》

1971年10月23日、大阪府生まれ。A 型。身長172cm 、体重60kg。吉本興業所属。趣味は温泉とサッカー。めちゃイケでの主なキャラクターはMr.ヤベッチ、矢部置浩二、カール（STAMP）、勘兵衛（七人のしりとり侍）、矢部口宏、矢米宏、やべ少年など。ツッコミのテクニックは内外からの評価が高く、『キャイーンのボケ・つっこみ』（テイ・アイ・エス刊）の中で同じくツッコミの天野ひろゆきは「矢部っちのつっこみとしての成長率は、YAHOO株に匹敵する伸び率である」と書いている。「とぶくすり」以来、メンバーの中でも、この8 年間でもっとも成長したといわれている。どんな企画でもきっちり無駄のない司会で仕切り、めちゃイケの名MC役として重要な役割を果たしている。いくらキャプテンの岡村がコーナーMCを担当しようが、常に番組のリーダーとして、影のMCという役割を果たしている。しかしその一方では好きな映画のタイトルを聞かれて『南極物語』と答えるなど、文化的素養のなさを度々露呈。それが元で「ザ・カルチャータイム」がスタートした。また、2001年1月のpM8 では「とぶくすり」の頃に矢部が作ったショートコントが披露されたが、まったく意味不明の内容。8 年たってようやくショートコントの何たるかを知った矢部だった。

参照項目 リーダーとキャプテン

[SINP,HIYK,PHER,HIYS,HIYZ,POP!,COOL]

山さん

（やま・さん）《名詞》

メンバーたちの山本圭壱の呼び方。メンバーの中で最も年長である山本に対し、尊重の意味を持って「さん」付けで呼んでいる。そして番組にたびたび登場している人形「小っちゃい山さん」は、山本が大きかろうと小さかろうと皆の敬意が表れていることの証である。

類義語 圭ちゃん

[COOL]

山ちゃん

（やま・ちゃん）《名詞》

テレビ東京の番組「おはスタ」MCの山寺宏一。慎吾ママの「おっはー」の元ネタ、「おーはー」（「っ」が入らない）の生みの親で、トム・クルーズ担当の売れっ子声優でもあるが、「爆烈お父さん」にはおはガールを連れて出演したさいには（2000年2月19日O.A.）、お父さんとやけに意気投合。「やまちゃん、アンタも苦労人か。よーし、今日は中目黒（おそらく「ビブ」）で一緒に飲もう！」と誘われた。のちに「七人のしりとり侍」にも出演、平八の「くさび」というキラーパスで野武士の餌食（えじき）となったが、このときは、背中に他局である「おはスタ」の番宣を貼りつけて登場。この行為は本来掟破りなのであるが、「爆烈お父さん」でのトークでその苦労人ぶりが認知されていたためか、めちゃイケにおける山ちゃんはなんとなく「許される存在」なのであり、結果としてめちゃイケと「おはスタ」のあいだには、放送局の枠を越えた姉妹的関係が生まれている。

[BROS,SNSZ,COOL]

山錦

（やまにしき）《名詞》

めちゃイケ内のトーク番組「ここがヘンだよ～」シリーズの論客。どことなく

KONISHIKIに似た風貌で、番組内ではほとんど寝ているだけであった。だが、「SRS」の中田ADから、かつてウンコを漏らしたことを暴露されたときだけは、圭ちゃんと化していた。

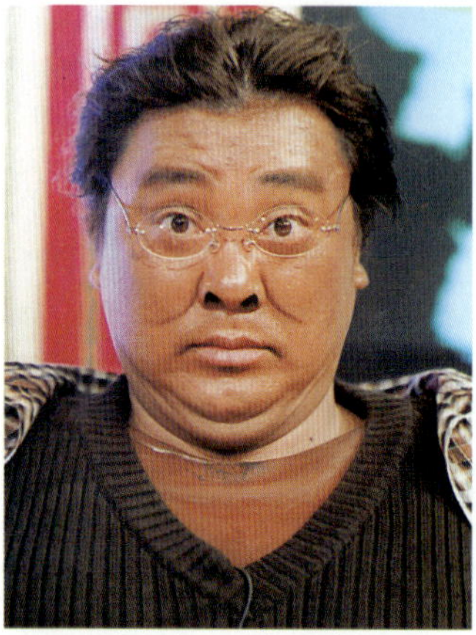

トークバトル中によく寝る論客であった

[KHKA,KHAD,KHMJ,COOL]

山室波恵

（やまむろ・なみえ）《名詞》

「ICDTV」でひじょうに評判のよかった、山本圭壱による安室奈美恵のパロディキャラ。潤んだ瞳と迫真のダンスが見るものを釘付け（くぎづ）けにした。さすが、動けるデブの面目（めんもく）躍如（やくじょ）である。

このダンスも水商売時代に身につけたのか!?

[ICDT,COOL]

山本球団

（やまもと・きゅうだん）《名詞》

めちゃイケメンバー唯一の野球ファン、山本圭壱が結成した球団。山本が自らやりたいとスタッフに申し出た、めちゃイケでもめずらしい企画である。とくに野球好きではないめちゃイケメンバーらは山本にひきずられ、強制的に球団の選手にさせられた。まさに山本の、山本による、山本のための山本球団なのである。そのキャラクターに公害性のある山本がさらに独善性をも併せ持つことでメンバーから煙たがれる同コーナーは「めちゃイケで一番視聴率が悪い」ともいわれている。山本以外には楽しめる人がいない、悪評の高いコーナーである。以下、Part 1からPart 3までの内容を簡単に記す。

Part 1「めちゃイケに感動のゴールを!　実録山本球団」（1998年11月14日O.A.）

感動を生み出す裏には必ず台本がある、と山本自らが「感動！ 9回裏の奇跡」というタイトルで台本を執筆。その台本に基づいて試合が行われた。台本は9回裏から始まり、2アウト満塁で4番山本が逆転満塁サヨナラホームランを打つという内容。山本が自分自身に華をもたせる自作自演の内容であった。しかしこの試合には山本劇団が応援にやってきて、看板女優の伊藤かずえと「みなみー！」「タッちゃん！」と、人気漫画の『タッチ』の主人公になりきり盛り上がる。試合が行われているはずのグラウンドは、どういうわけだかいつのまにか山本劇団の第7回公演開催の会場へと変わってしまっていた。

Part2「実録・山本球団2 俺たちのオールスター」（1999年7月24日O.A.）

今回の目的は西武ライオンズの松坂を打ちに行くこと。松坂と対決するために、根っからの野球好きの若手俳優・小橋賢児、超人的な運動神経を持つ芸能界一の野球バカの井手らっきょ、まさかの石田純一、デンジャラスを新たにスカウトし入団させた。安田和博は正式メンバーだが、野球モグリと認定されたノッチはテスト生として参加。ちなみに、元巨人の宮本和知もスカウトしたが、山本が気に入らないため不合格に。メンバーが決まったところで、松坂が大阪にいることがわかり、一同空路大阪へ向かう。大阪ドームのグラウンドに整列して松坂を待つが、そこに登場したのは松阪牛の 大輔くん（5歳）。スカウト選手たちから山本が突き上げを食らったのはいうまでもない。

Part3「二度あることは三度ある。実録・山本球団3」（2000年7月22日O.A.）

すでにO.A.されたpart1、part2はいずれも視聴率がふるわず、「めちゃイケで一番視聴率が悪い」とめちゃイケメンバーの間でも有名になっていた。ついには「おもしろくない」、「他のコーナーを撮ったのを流せばいいと思う」、「行かなければいいと思う」など、正論の嵐。過去の悪夢から学習したメンバーは一時的につきあったものの、この日のO.A.は視聴率を高くするために、山本が知らない間に「七人のしりとり侍」や「クイズ濱口優」などの人気コーナーをメインに放送し、山本球団はその間にはさみこむというスタイルをとり、最低限の視聴率は確保した。

[YMKD,COOL]

後ろの列のメンバーのさえない表情がもの語るチームワークのなさ

山本圭壱

（やまもと・けいいち）《名詞》

1968年2月23日、広島県広島市生まれ。O型。身長169cm、体重105kg。吉本興業所属。尊敬する人は鉄人・衣笠。めちゃイケでの主なキャラクターは青田昇、油谷さん、伊東部長、神様、クシャミマン、白鳥さん（伊集院さんと白鳥さん）、七郎次（七人のしりとり侍）、つばめ救助隊、ヒトエ（SPEED）、マナブ、ヤシ本真也、山室波恵、山錦。芸人というよりも喜劇役者という表現のほうがより近い芸風が特徴。つまりそれは演じることに秀でているということである。例えば健さんを囲むフジテレビの局長に扮した時には、見事に60がらみの業界人の老醜を演じ、さらに卓越したアドリブ性でそのキャラクターを成長させ続ける。そんな山本の魅力はわき役に回れば回るほどいかんなく発揮され、江頭2:50にも評価される山本のガヤとしての恐るべき才能となって表れる。なお、ダンスのうまい山本には実は水商売上がりという限りなくクロに近い疑惑が。事実、「とぶくすり」の頃にはプロのタンバリンテクニックも披露している。また相方の加藤浩次によれば広島市内の「ブロードウェイ」、次に「がむしゃら」という店で働いていたという。ただし山本はファイナルアンサーで否定している。

[SINP,HIYK,PHER,HIYS,HIYZ,POP!,COOL]

山本劇団

（やまもと・げきだん）《名詞》

「とぶくすり」の頃からストリート系ダンサーの岡村隆史とともに、系統は違うがショーパブ系ダンサーとしてそのダンステクニックを披露し続けてきた山本圭壱が、山室波恵や「〇〇王は誰だ!?」を経て、ついに結成した自らの劇団。1998年1月17日O.A.の「街角ちょっといい話」企画では、C-C-Bの「Romanticが止まらない」に合わせて大量のダンサーとともにみごとにダンスをキメてみせ、いつしか山本と彼のエキストラたちは「山本劇団」と呼ばれるようになった。次なる「ホワイトデー記念　オレの女のオトし方」企画からは女優の伊藤かずえ氏（本物）が劇団専属女優として参加し、「実録ちょっと怖い話」では山本が宙を飛ぶ大がかりな演出をみせるなど、「街角三部作」シリーズの中で当劇団は規模、実力ともに大きく成長していったのだった。なお、この劇団を通して山本が訴えた「みんなで一つになって感動しようぜ」的スピリットは、このあと登場した山本球団に継承されている。

[MKCI,GKJO,OOOK,YMKD,JRKH,TMKO,COOL]

山本通販企画

（やまもと・つうはん・きかく）《名詞》

めちゃイケメンバーの中で唯一モテない男とされる山本圭壱は、ほんとうにモテないのか？　検証を重ねた結果、どうやらいつもイイ人で終わっているらしい。そこで山本に秘策を授け、女性を実際に落としてもらおうという企画。1999年4月24日と9月25日にO.A.。お相手は1回めが24代クラリオンガール・相沢紗世。2回めが女優・小沢真珠。いずれも山本のド真ん中の好みのタイプだったが、この企画のポイントである岡村隆史が授けた秘策とは、通販グッズだった。

イタリア人のフェロモン入りのコロンだとか、股間が盛り上がって一物が大きく見えるパンツだとか、塗るだけで痩せて見え

岡村の秘策に興味を引かれる山本

るクリームだとか、男性エロ週刊誌でしかお目にかかれないような高価で怪しげなグッズを、モテたい一心で購入し、美女に果敢にアタックする山本の姿は、滑稽でもあり、またどこか物悲しくもあった。

けっきょく2回にわたったチャレンジもことごとく不首尾に終わり、山本のモテない生活は一向に解消される気配がない。その日常は、かつて水商売疑惑のかけられるショーパブ時代は、痩せていて確実にモテていた彼が、未だに心には脂肪をまとってはおらず、外見とのギャップに苦しみ続け

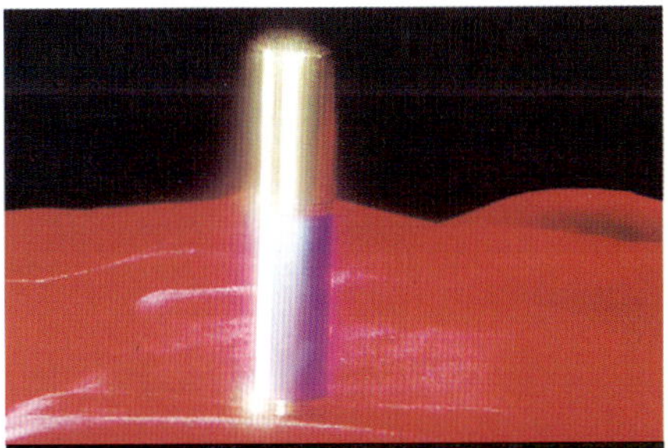

フェロチカホーク　¥8,000-
イタリア人男性のヒトフェロモン入り男性オーデコロン。
ひと吹きで、初対面の女性も即ゲット。

アルディーン　¥4,800-
ドイツで開発された驚異のクリーム。
塗るだけで憧れのほっそりフェイスに。

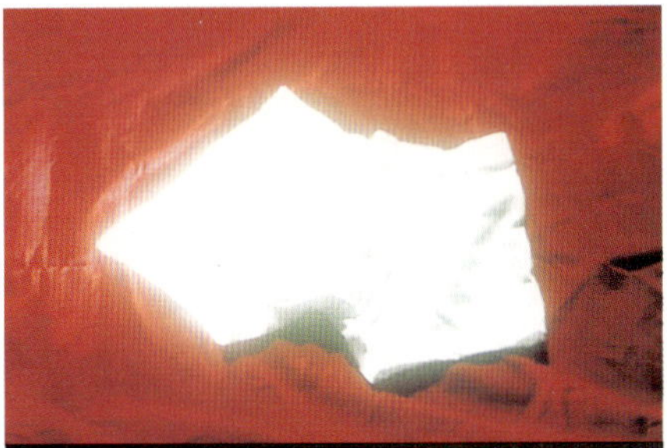

ミラクルパンツ　¥6,500円-
はくだけで女性をモノにできる股間が盛り上がった
スペシャルなパンツ。8段階の別売パッドあり。

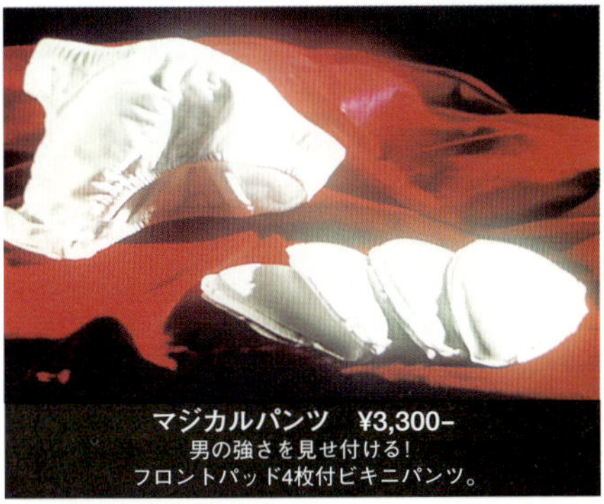

マジカルパンツ　¥3,300-
男の強さを見せ付ける！
フロントパッド4枚付ビキニパンツ。

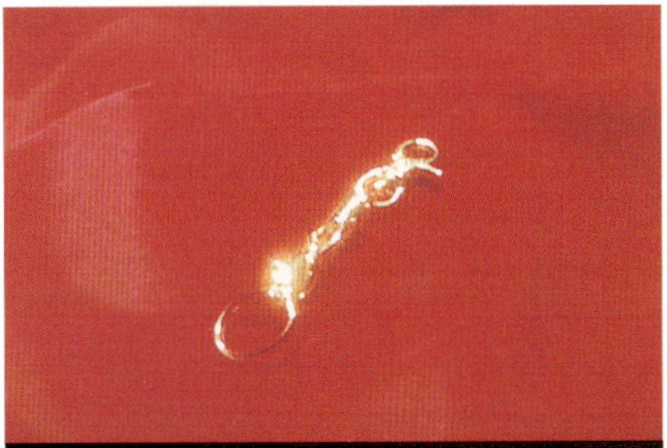

ライスチャーム　¥17,700-
勝ちまくり、ツキまくり、ヤリまくりの幸運を呼ぶキーホルダー。
聖なる水入り。97.6%の欲望達成率。

ハイパージャム　¥10,000-
大田区蒲田で大流行の謎の液体。
飲み物に入れるだけで、30分で女性が理性をなくす。

る、魂の彷徨なのである。
[YMTK,COOL]

矢米宏

（やめ・ひろし）《名詞》

矢部浩之が扮する「ザ・ヤマモトテン」の司会者。黒柳靖子とのコンビ。
[YMTN,COOL]

この人のツッコミしか山本の暴走に釘はさせない

「やんのか、やらへんのか、どっちやねん!?」

（やん・の・か・やら・へん・の・か・どっち・や・ねん・!?）

Mの三兄弟が、インネンを付けた女王様を取り囲み、自分たちに対するM行為を強要する時に歌う脅しの歌。3人揃って体を大きく左右に振り、節を付けて歌う。が、あんまり怖くはない。
[MNSK,COOL]

採譜：Kディレクターの彼女

や

ゆ

「YOUがCANできるならDOしちゃいな」
（ゆーが・きゃん・できるなら・どぅ・しちゃいな）

元は「実録・伊豆の踊子」において、演出のクリストフ監督が頻発したフレーズだったが、その後、「日本一周　ええ仕事の旅!!」(1999年12月25日O.A.) のサブタイトルに転用された。ナインティナインが中居正広のマネジメントを事務所に申し出た際に、「ジャニーズの一番のお偉いさんに言われた」言葉として紹介され、岡村隆史 は「だから我々は中居さんをDO！します」と語っている。

[NHIS4,EGAD,COOL]

ユースケ・サンタマリア
（ゆーすけ・さんたまりあ）《名詞》

「江頭の一言物申す」に、当時出演中の「お見合い結婚」の宣伝のため、共演の松たか子と共に出演。メンバーから「今、勢いがある」とおだてられるユースケと、それが気にくわない江頭2:50とが激しい火花を散らした。

またフジTV警察に逮捕されたり、「矢部オファーしちゃいましたシリーズ3」では、ドラマ「花村大介」の主演俳優として矢部から取材を受けている。

[EGHM,YOSK,FTKS,COOL]

融合
（ゆうごう）《名詞》

1999年大晦日の生特番「めちゃ²あいしてるッ!!」におけるテーマ。ここでいう融合とは、お笑い番組であるめちゃイケと、音楽番組である「LOVE LOVE あいしてる」を合体させたこの特番ならではの「笑いと音楽の融合」の事。中でもこの融合に一番のこだわりをもっていたのは加藤浩次で、始終融合具合を気にし、最後は自分が率先して尾崎豊の「15の夜」を歌い会場の空気をひとつにまとめ上げる事で、完全なる融合へと導いた。

[OMOS6,COOL]

雪まつり
（ゆき・まつり）《名詞》

加藤浩次の仲間はずれキャラが誕生した、記念すべき札幌のイベントのこと。「めちゃ²モテたいッ！」のロケ企画「めちゃスキ！IN 札幌」(1996年2月17日、24日O.A.) で、札幌雪まつりに出かけたメンバーたちは地元の皆さんに、全員分の雪像を作ってもらって大ハシャギ。しかしふと気づけば加藤の分だけ雪像がない。加藤は地元の人ばかりでなくメンバーからもすっかり存在を忘れられていたのだ。この時初めて加藤は、人が本気で怒った時には真正面から大声を怒鳴るのではなく極めて低いトーンで絞るような声を出すのだということを世間に知らしめた。この後も仲間はずれにされる加藤はめちゃモテでの「めちゃスキ！IN 博多」、めちゃイケでのアルツロケ、沖縄でのドラコン大会、「岡村オファーが来ましたシリーズ」のムツゴロウ王国でのキノココウジぶり、「ライオンキング」などで見受けられる（表参照)。その度に怒りと

自分たちの雪像をバックに、加藤のことをすっかり忘れて浮かれるメンバー

ゆ

タイトル	内容	加藤の一言
めちゃスキ！IN札幌	雪まつりで、加藤の分だけ雪像が作られていなかった。	何してんだよ…………。
めちゃスキ！IN博多（1996年5月18日O.A.）	手作りの博多人形が加藤の分だけなかった。	参ったなぁ、オイ……。
めちゃイケINアルツ磐梯	加藤の分だけ夕食が用意されていなかった。	あれかよ、最近オレ、もうひとつだからこういうことかよ………？
ドラコン大会	加藤だけティーグラウンドに立つことを忘れ去られていた。	オレ打ってねえだろ、何でOK出てんだよ…。
動物王国	動物の世話をさせてもらえず、キノコ狩りに行きキノコの天ぷらを全員のために作るが、すっかり忘れ去られていた。	キノコ、ずっと採ってたんだよ。オレ、咳するからさ、王国入れねえってよ……………。
日本一周!!ええ仕事の旅!!	中居正広に言われて、中居のために朝食を用意したが、中居自身がそのことを忘れていた。	オレは報われねえな、いっつも報われねえな……………。
ライオンキング	岡村のためのミュージカルを発案し、演出して感動を呼ぶが、自分のトリの出し物だけ忘れ去られていた。	………ぞっとしたなあ…………。

「………ぞっとしたなぁ…………」

孤独感が入りまじった表情を見せる加藤が印象的である。

[POP!,MIIA,DKTK,NHIS4,OMOS5,OMOS7,COOL]

「ゆくゆくトントン、おいおいトントン」

（ゆくゆく・とんとん・おいおい・とんとん）

敏腕・こにしプロデューサーの口癖。もともと「トントン」とは、収支がプラスマイナス0のことで、儲けるのでもなく、損をするのでもなく「トントン」でいくのがこにしPの最大の目標だった。実際オカピーのカセットアルバムを98円で発売した際に、手売りをした鈴木紗理奈がおつりを渡し忘れて4円ばかり儲けたが、こにしPは「それじゃトントンにならない」と激怒した。

転じて「ゆくゆく〜」は、今はたとえ赤字であっても、ゆくゆく、あるいはおいおい「トントン」に持っていけばよい、という意味だと解される。が、このセリフを発したわずか5ヵ月後に「商売繁盛で笹持って来い」を叫び出し、周囲を唖然とさせた。

[KNPD,COOL]

夢がMORI MORI

（ゆめが・もり・もり）《名詞》

森脇健児、森口博子と共にSMAPが共演していたパナソニック枠の人気バラエティ番組。「新しい波」の、当時はディレクターだった荒井昭博プロデューサーが手がけ、今のめちゃイケメンバーも、コントやキックベースで参加するなど、一連の流れを感じさせる番組である。同番組の終了と共に、同じ枠で「めちゃ²モテたいッ!」がスタートしたわけであるが、SMAPにとっては、こんにちの彼らの「お笑いもできる最強アイドル」の礎（いしずえ）を作った番組として重要な位置を占めている。

[HIYZ,NHIS,COOL]

夢の対決

（ゆめ・の・たいけつ）《名詞》

1998年10月10日O.A.の全員集合スペシャルで行われた江頭2:50VSエスパー伊東の対決。その様子は「ゴジラVSメカゴジラ」にも例えられ、生身の怪獣ゴジラがエガちゃんならば、機械じかけのメカゴジラがエスパー。一見キャラクターが似ているように思われるふたりだが、実はエスパーと並ぶことでエガちゃんの人間味がより引き出されることになる。逆にエスパーは人間というよりも、その名の通り超能力者としか例えようのない特異な個性を際立たせる。小さなカバンに全身を入れるという対決では人間エガちゃんが勝利。本来そういうことが得意なはずのエスパーは「相手が悪かった」と負けを認めた。ゴジラが勝たねばチビッコは盛り上がれないのである。

[ZISP2,COOL]

よ

妖怪しっとるケ

（ようかい・しっとるけ）《名詞》

1980年代中ごろに出没し、自分の年齢を連発した妖怪。岡村オファーが来ましたシリーズ『ライオンキング』のスペシャル名は、「今年で30しっとるケ?!　ガォーッスペシャル!!」であり、これは岡村隆史の実年齢が、尊敬する明石家さんま師匠が「妖怪しっとるケ」を演じていた年齢である30歳に達したことに、リスペクトの気持ちを込めて付けられたものと思われる。ちなみに岡村の『ライオンキング』出演を控えた当日のメイクも「妖怪しっとるケ」で、王の執事であるザズを従えていた。

[OMOS7,COOL]

肩にはザズ　©DISNEY

肩にはカラス　©ひょうきん族

横須賀社長

（よこすか・しゃちょう）《名詞》

株式会社横須賀物産代表取締役。加藤浩次が演じている。身長176cmの横須賀社長の陰から身長156cmの岡村隆史が演じるちっさい社長が登場。大小ふたりの関係は兄弟とも親子とも噂されている。エキセントリックな容姿で、ただ椅子に座ってぼんやりしているようにしか見えない横須賀社長がいつどのような仕事をしているのかはまったく不明。めちゃイケでは唯一キャラクター設定のないショートコントであり、横須賀社長の実態には多くの謎が残されている。そして、そのシュールさこそが何よりのおもしろさにつながっている。なお、横須賀社長の奇妙なルックスの起源は1996年8月の「めちゃ²モテたいッ！」のサイパンロケにさかのぼる。シュルッと微妙な曲線を描くヒゲの生みの親は雛形あきこ（当時18歳）だった。そのシュールなヒゲの形は雛形いわく「友達の友」を表すもの。また、横須賀社長がかぶっている不思議な帽子は、サイパンロケで行われたスカイダイビングの際にインストラクターのアダム先生が用意したものである。

[YSKS,PMET,COOL]

横須賀社長の頭の構造は何かと謎が多い

横田君

（よこた・くん）《名詞》

「ポパイ＆オリーブ」の第3回に登場した警察犬の名。犬種・シェパード、横浜在住。水が苦手。興奮してポパイ（岡村隆史）の尻に噛みつき、数針縫うケガを負わせた。犬にお尻を噛まれるという出来事は実写の世界ではもちろん初めてであり、「オバケのQ太郎」以来のミラクルと絶賛された。しかし岡村はこれがキッカケでほんとうに犬恐怖症になってしまった。警察犬にもかかわらず、自制がきかず訓練士の命令も無視しがちな横田君は、果たして警察犬として仕事を全うできているのか少々疑問である。

[PYOV,OMOS5,COOL]

ポパイをガブガブ！　の横田君

ヨコヤマ弁護士

（よこやま・べんごし）《名詞》

「めちゃ²モテたいッ！」初期に話題となった、岡村隆史による爆笑キャラクター。彼のマスコミとの戦いは社会風刺であり、その後岡ちゃん監督の原型ともなった。

pM8において、かつてのめちゃモテADであり、現在はお笑い芸人として修行中の大隈いちろうのために復活した。

[PMET,COOL]

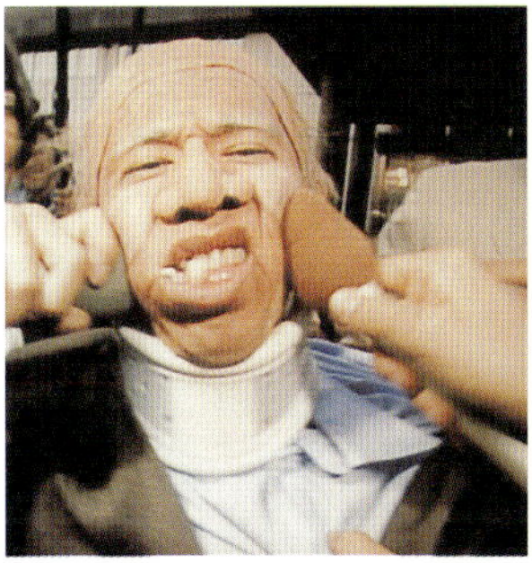

報道陣に囲まれ絶体絶命のヨコヤマ弁護士

吉源

（よしげん）《名詞》

新潟にある高級割烹で、創業150年の老舗。最高級の村上牛（100gで4,000円）を味わえる。「日本一周　フルコースの旅!!」において、中居正広が満面の笑みをたたえ、まるで収録を忘れたかのように言葉少なになりながらステーキを食する姿が、この店の味のよさを伝えていた。どうやら中居は本当にこの店から移動したくなかったようである。

[NHIS2,COOL]

創業150年の風格を漂わせる外観

吉本のディカプリオ

（よしもと・の・でぃかぷりお）《名詞》

矢部浩之に対する誉め殺しのフレーズ。芸人である矢部の芸でなく、その端正なルックスを誉めることで、矢部の持ち味である鋭いツッコミを封じ込めることができる。

[YBOK,COOL]

ヨモギダ君

（よもぎだ・くん）《名詞》

蓬田修士クン。超熱狂的雛形ファンの茨城在住の少年。'96年3月、当時15歳の彼が、「めちゃ^{2}モテたいッ!」で雛形に対して数々のセクハラギャグを繰り返す岡村にキレ、「岡村、来いッ！バカッ!!」という挑戦状を送りつけたことから「ヨモギダ少年愚連隊」は始まった。熱血漢で純情、とてもさわやかな彼のキャラなくして、その後青春大河ドラマ「ヨモギダ〜」シリーズはあり得なかったろう。

[POP!,SNGT4,COOL]

すっかり成長し、精悍なヨモギダ君

ヨモギダ少年愚連隊

（よもぎだ・しょうねん・ぐれんたい）《名詞》

「めちゃ^{2}モテたいッ!」から数えて、足掛け3年のビッグ・プロジェクト。少年愚連隊シリーズの原点がこれであり、シリーズ中、もっとも大掛かりに構想された大作。めちゃイケ で放送されたのは、全3部作の内の最終作「ヨモギダ少年愚連隊3」である。

❶この「ヨモギダ少年愚連隊」は、めちゃモテからの企画であり、part1（1996年3月16日O.A.）は、めちゃモテ当時、超熱狂的雛形ファンの茨城在住ヨモギダ君（当時15歳）が、雛形に対して数々のセクハラギャグを繰り返す岡村にキレ、挑戦状を送りつ

初々しいヘル中時代のヨモギタ君

けたことから始まっている。

この挑戦を受けてたった岡村は、得意の空手で泣かしちゃう事に決め、矢部と共に極秘で茨城入り。この時すでに、ヘル中に扮して彼の中学に接近するなど、岡村アタックの源流は見られる。柔道初段のヨモギダ少年と一触即発の危機を迎えるも、彼に雛形を会わせる事で和解、友情を芽生えさせたのだった。

❷「ヨモギダ少年愚連隊2」（1996年6月22日O.A.）は、Part1から3ヵ月後。岡村は、めちゃモテ出演ですごく有名になったヨモギダ君が、高校生になってすっかりエエ気になっているという情報を得、やっぱり泣かしちゃう事に決め、同じく雛形ファンの内山信二を連れ、ヨモギダ君のもとへ。夜8時、市民球場にて柔道決戦。内山が早々に敗れる。いよいよ岡村との一騎討ち。あっさりと投げられ秒殺、一本負け。実は柔道は生まれて初めてだった岡村。ギャラリーの「クサレ芸人」とのヤジから岡村をかばうヨモギダ君。「言い過ぎだよ！言い過ぎ!!闘ったんだよ!!」。イイやつ。彼はちっともエエ気になんかなっていなかった。勝利の御褒美に、雛形に頬にキスしてもら

い、すっかりゴキゲンのヨモギダ君。ほんとう に嬉しそう。と、ここまでが、めちゃ

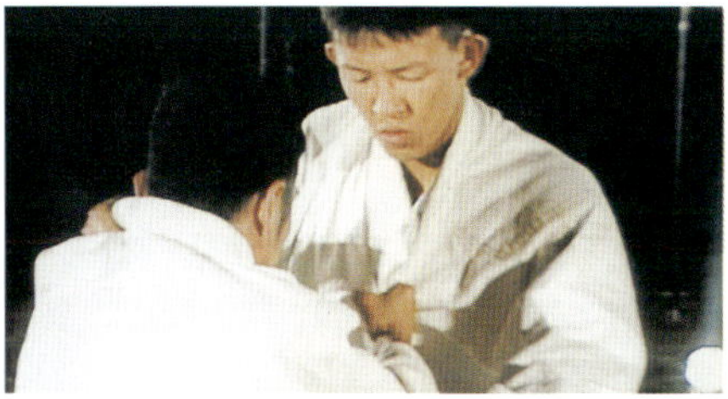
柔道対決で、初心者岡村を秒殺

イケ以前の「ヨモギダ少年愚連隊」だった。そして。

❸-A「ヨモギダ少年愚連隊3　ダダーンボヨヨンボヨヨン　スペシャル!!」第一夜　'98帰郷　1999年3月6日O.A.。あれから3年。めちゃモテ最終回収録後のパーティ以来、顔を見る事の無かったヨモギダ君にまた悪い噂が。モテモテでバラ色の高校生活を送ったのだという。目立つロケバスをやめ、全面改装した運送用トラック「ヨモギダ号」で、ヨモギダ君の動向を窺(うかが)うナインティナイン。3年間で変貌を遂げていたヨモギダ君は、ウワサ通りすっかりナンパになっていたように見えた。

あいつに喝を入れる！しかし今回はケンカではなく、頭で勝負。

岡村　岡村隆史、28歳にして大学を受験します!!（対決方法は）受験戦争に勝つことです!!

目標はヨモギダ君と同じ筑波大学。見事に合格し、ヨモギダ君に「俺は受かったぞ、お前はどうなってん、バカタレ！」と言いたい。

湯島天満宮で合格祈願のお参りをするナインティナイン。おみくじは「末吉　あせるべからず」。だが肝心の願書の提出を忘れていた岡村。締切は、何と今日（当日消印有効）。あせりまくって、急遽大阪の母校茨木西高まで卒業証明書を取りに向かうも、間一髪の所で郵便局が閉まり、アウト！かと思われたが…

❸-B「ヨモギダ少年愚連隊3　あせるべからずスペシャル」第二夜　'98秘密

1999年3月13日O.A.。前回の願書は、郵便局の夜間窓口から無事投函 でき、何とか事なきを得た岡村は、独学で受験勉強を

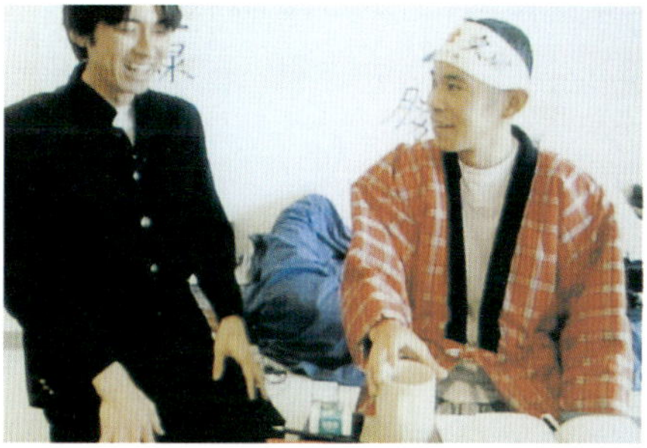
独学で受験勉強に励む岡村

開始。かつては一浪の末、一日10時間勉強し、立命館大学に合格、という経歴を持つ。

一方、受験勉強の最中のハズなのに、雑誌「ランキング大好き！」に取材オファーされたヨモギダ君。約束の原宿での取材に果たして現れるのか？　真剣に受験の事を考えているのなら、絶対こんな取材等にのこのこ現れたりはしないはず。しかし。待つ事暫し、とうとう現れたヨモギダ君。しかも一瞬キムタク似と見えるほどファッショナブルで逞しい青年となっていた彼。この瞬間に岡村は、受験戦争での勝利を確信した。ナインティナインはダミーの取材を通して、ヨモギダ君の素顔を明らかにして行く。ところが、その結果は3年前と変わ

それとは知らず、「ランキング大好き！」のダミー取材を受けるヨモギダ君

らず硬派で純情な彼。筑波大学は推薦での受験が決まっており、今日は勉強の合間の息抜きだったらしい。取材の質問に答えての、「めちゃイケが好き、ナイナイが好き」との発言に思わず感激してしまうナインティナイン。最後、雑誌のスタッフからジャンパーをプレゼント。実は岡村からのメッセージが全身10箇所に縫い込まれているとも知らず、茨城へ帰っていった。

厳しい仕事のスケジュールをぬって勉強を続ける岡村。新春かくし芸大会で、早稲田受験の広末の代打で中国ゴマのチームに起用される岡村。何故、早々に推薦で早稲田大学合格を決めた広末の代わりを、忙しい受験生の自分がつとめなければならないのか、と憤る。そしてこの時、彼は筑波の他に、早稲田大学の受験も決意したのだった。ヨモギダ君への対抗心で始まったドラマは、既に幕を引くことが出来なくなっていた。やり抜くしか無い、自分自身の意地のためにも。

ほどなくして岡村のもとに、ヨモギダ君の筑波推薦入試失敗の報が伝えられる。一般入試に切り替える旨を聞き、勝利を再度確信する岡村。

そんなおり、矢部の指摘により、模試を1コも受けていない事に気がついた岡村は、大慌てで、番組が気を利かせて申し込んでおいた会場に急ぐ。9時間後、憔悴し切って帰ってくる岡村。

岡村　参った…

全科目悲惨な状況。数学に至っては、絶対

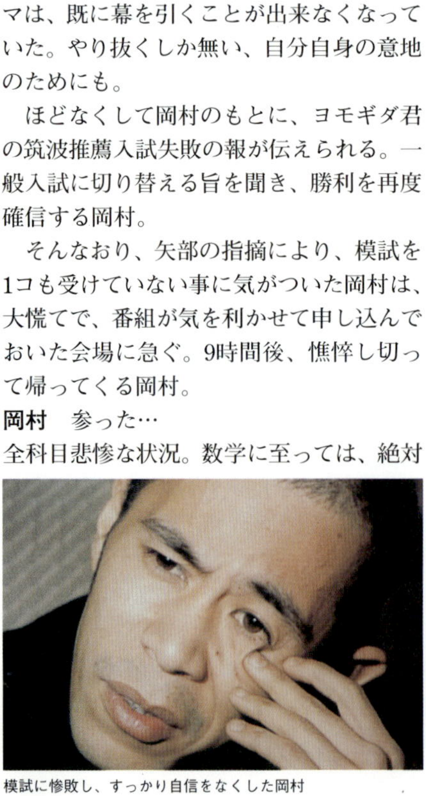

模試に惨敗し、すっかり自信をなくした岡村

0点であるという。惨敗した岡村…。

やはり独学ではダメか…重い事態の打開へと、最強家庭教師軍団5人が用意された。

❸-C「ヨモギダ少年愚連隊3　いんいちがいちスペシャル」第三夜　初恋

1999年3月20日O.A.。最強の家庭教師軍団（東大4人、早稲田1人）の元、勉強に勤しみつつも、日本史担当、東大生の19才の女性（フェロモン先生）に心奪われる岡村。勉強にかこつけて、セクハラを繰り返す岡村だったが、真剣に岡村に合格して欲しいと願っている彼女の顰蹙を買ってしまう。勉強そっちのけで、フェロモン先生に夢中の岡村に矢部が勝手に約束。矢部「受かったら抱けますよ」。

センター入試試験前夜、家庭教師軍団に集合をかける岡村。自ら考案した仏映画『ザ・カンニング』（1980年）ばりのカンニング作戦の数々を披露し、みんなの怒りを買う。けっきょく、不正をあきらめ、正々堂々と入試にのぞむ事に。

いよいよセンター入試当日。ヨモギダ君は元祖爆笑王監視のもと、茨城で、そして岡村は矢部に付き添われ東京の会場で。受験生の皆さんに迷惑をかけないため、ジャ

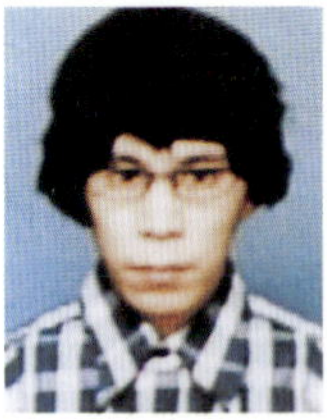

センター試験受験票の顔写真
（受験番号1482R）

ニーズJr.以来の真剣な変装を施し、オカピー特製の手作り弁当を携え、いざ試験会場へ向かう岡村だった。

当日昼の特番「採点スペシャル」によって明らかになった岡村のセンター入試の点数は、223点だった…。

❸-D「ヨモギダ少年愚連隊3　目を覚ませスペシャル」最終夜　'99 巣立ち

1999年4月10日O.A.。岡村は、この時既

に自分が何の為に受験をするのかをすっかり忘れてしまっていた。「父の希望ですし」などと口走る岡村に、矢部はこれまでの経緯を思い出させる。そうだ、ヨモギダ君だ。彼はどうしているのだろうか。再び茨城に飛んだふたりは、少年愚連隊シリーズ恒例のチェックで、ヨモギダ君のやる気を確認する。題して「ヨモギダ君気合入ってる度チェック」。AD中嶋君の繰り出す熱々カップル攻撃を見事クリアー、勉強への集中力を見せるヨモギダ君であった。その後、カエル、ヒッチコックの被りものによる岡村アタックは、間一髪のニアミスで終わり、そして遂にナインティナインは、ヨモギダ君との3年ぶりの再会を決意する。美術デザイナー桐山さん、デュークエイセス、中村ディレクターのアプローチを介して、ジャンパーに縫い込められたメッセージの秘密が次々と明かされ、3年前と同様、ヨモギダ君を市民球場に夜8時に呼び出したのだった。

ヨモギダ君は果たして現れるのか。来た。約束の時間より早く姿を現した。じわじわと間合いを詰めるナインティナインとヨモギダ君。互いに「こんばんは」と低く声を掛け合う。すかっかりオシャレな青年になっているヨモギダ君。一言もしゃべらない岡村。目を合わせようとせず、ようやく「男のくせに、カチューシャなんかすんなよな」と一言。しばしの再会の懐かしさ、照れくささ、眩(まぶ)しさ。あのヘル中の少年が

暫しの再会の余韻に浸るナインティナイン＆ヨモギダ君

こんなにも逞しくなったことに、どうにも素直な気持ちを表せない岡村だった。

ようやくこれまでの経緯を打ち明けるナインティナイン。前年の10月から動きだし、秘密のアジトから観察していたことを告げ、推薦入試に敗れた事を慰める。センター入試には、まずまずの自信があるようだ。ヨモギダ君の変わらぬやる気を確認して安心し、昔のままの彼を噛み締める。

ここで重大発表を。グラウンドのバックスクリーンに大きなやぐらが。そこに垂れ下がる大きく引き延ばされた受験票。1482R番、岡村隆史。同じ時間に同じセンター入試を受験していたことを知り、ヨモギダ君、びっくり！　岡村「俺も筑波を受けて、筑波のキャンパスを歩く！」。

筑波受験の決起大会とするため、因縁(いんねん)の柔道対決を再び行う事に。ここでめちゃイケメンバーも大集合。勝負は、受験勉強の為に時間のないヨモギダ君が前回同様、岡村を秒殺。筑波合格の暁(あかつき)には、人妻となった雛形と再会できると聞いて燃えるヨモギダ君だった。岡村の早大受験も合わせて報告、今どき携帯を持っていなかった彼に、携帯もプレゼントし、今後は受験まで連絡を取り合う事を約束した。

筑波受験に向けて、仕事の合間の勉強にラストスパートをかける岡村。気掛かりは、果たして足切りにかからずに受験票が届くのか？だった。そんな時、筑波大学より、1通の手紙が届けられる。しかも分厚い封筒には色々な二次試験の案内が入っていると思われる！　おめでとう、足切り回避！緊張の開封。奇跡が目の前に。文面を読み入る岡村さん。学長の北原保雄さんより報告。「一次不合格」。切られた足を押さえる岡村。「痛タタタタッ」。沈黙する家庭教師

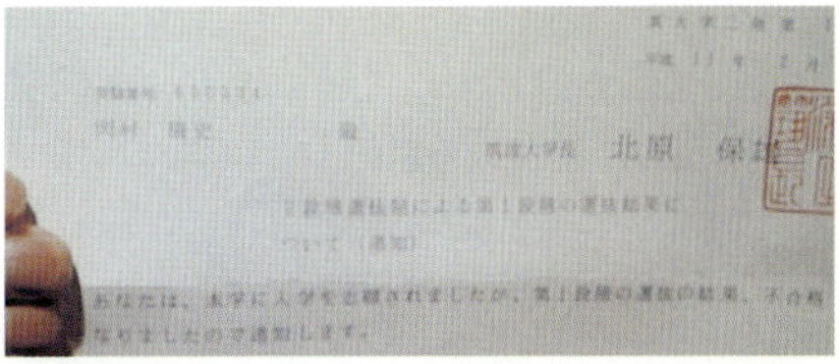

「痛タタタタッ」

よ

軍団。分厚い封筒の中身は、すでに払い込んでいた二次試験受験料払い戻しのお知らせだった。

いや、まだ早稲田が残っていた。しかし、岡村が受験する早大第2文学部は、英語・国語・小論文の3科目。日本史担当のフェロモン先生とは、お別れしなければならない。女とのきれいな別れ方も知らずに、黙ってカネを渡そうとする岡村。手切れ金？　フェロモン「どういうこと！　お金で全部片付ければそれで良いと思ってんの？」。尾崎豊「I LOVE YOU」が流れる。去って行く彼女の後ろ姿。バスルームの鏡に、ルージュで“サヨナラ from フェロモン”のメッセージ。岡村「筑波が終わったと同時に、フェロモンとも終わってもうたな…」。

受験勉強の日々は続く。岡村、センター入試を忘れ、出直しをはかるために、再び湯島天満宮で早稲田受験祈願を！　前回ひいたおみくじ「末吉　あせるべからず」がどうにも気に入らない岡村、今度のは？「中吉　後ほどよく注意せよ」。さて、吉と出るか、凶と出るか？

ヨモギダ君の法政受験日。足の痛みをこらえながら筑波足切りの件をヨモギダ君に報告。俺の筑波は終わった、後はお前に受かって欲しい、自分は早稲田に集中する、と。

とは言うものの、早大のレベルの高さにへこむ岡村。やっぱり早稲田はすごい。そこで早大合格のための秘密兵器、なべやかんを起用した替え玉入試を提案して、またもや家庭教師軍団の不興を買った岡村だった。

入試前夜。早大のトレーナー姿の岡村は、「後ほどよく注意せよ」のおみくじを信じ、試験会場にすぐ行けるよう、注意深く、早稲田に程近い新宿区内のホテルにいた。岡村は賭けに出た。小論文、自分は仕事を持っている社会人であることを大学にアピール。どんなテーマが来ても、お笑い芸人である自分が得意とする「笑いについて」で行く。そう決意したのだった。最後の追い込み。一心不乱に勉強にはげむ岡村だった。

翌朝、矢部が岡村の部屋に行くと、岡村は寝ていた！　小論文の下書きを書いたところで安心して眠ってしまった。岡村の涎が糸を引いている。目を覚まし、呆然とする岡村。もう、時間がない。通常では絶対間に合わない。絶対遅刻だ！　ところが幸い、新宿のホテルに泊まっていた。おみくじの御利益。そして、本当の奇跡は、この7時間後に。

受験を終えて満面の笑みで戻ってくる岡村。「力、付いちゃってた…」。どうやら、試験、出来ちゃったらしい。時間配分もばっちり。さらに、小論文のテーマは、なんと「『笑い』について」。逆転大ホームラン。

「出来ちゃった！」

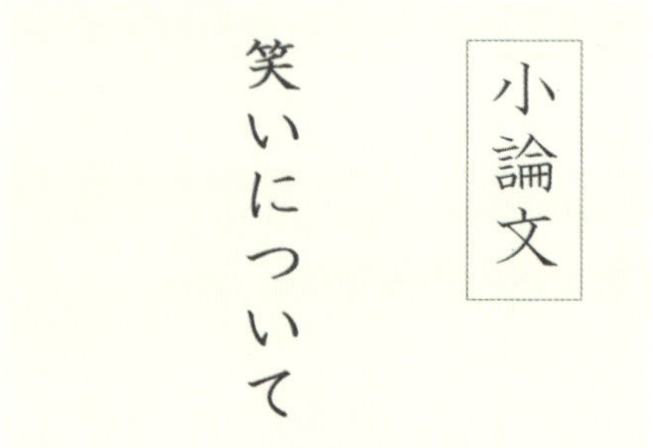
小論文
笑いについて

まさに神憑かり。これが証拠の問題用紙

神憑かりとしか言い様のない、ドラマが起こったのだ。しかし、大喜びしたい気持ちを押さえ、茨城へ。

筑波大学受験を翌日に控えたヨモギダ君を激励に訪れたナインティナインは雛形からの手紙を渡す。感激するヨモギダ君。

翌朝は、ヒナの手作りお弁当とナインティナインのメッセージとをADに託し、ヨモギダ君に。もう、自分達が直接会うべきではないと判断して。

岡村の早稲田合格発表日。ヨモギダ君と合流、一緒に早大に。ヨモギダ君も合格を確信。番組スタッフも駆け付けている。ひとり発表会場に歩いて行く岡村。しばしのインターバルの後、元気よく戻ってくる岡村。手にはさっきまで持っていなかった封筒が！　笑ってる！　受かったのか？　本当に？　笑ってる笑ってる!!

矢部　岡村さん、結果の方をお願いします！

岡村　…はい、………落ちましたッ!!

憮然とするスタッフに土下座して謝る岡村。かばうように抱き締めるヨモギダ君。サクラチル。流れる尾崎豊「卒業」。ふたり肩を抱き合い、ゆっくりと去って行く。ふたりには3年前以上の絆が。

矢部　しょうがないですよ、…というか、

やはり早稲田の壁は厚かった…

こんなんねえ、受かるはずあるかっ！

半年間我慢していた矢部のツッコミであった。

そしてその3日後。ヨモギダ君の筑波大合格発表。ロケバスの中、ヨモギダ君の健闘を祈りつつも、次第に言葉少なになる3人。その頃、湯島天満宮には、ヨモギダ君の合格を祈願するヒナの姿が。「行って来ます」。ナインティナインの方を振り返りながら、ひとりで発表会場に歩を進めるヨモギダ君。緊張のせいか元気がない。穏やかに会話しつつも、どこか落ち着かないナインティナイン。10分が経過。来た！　ゆっくり戻って来るヨモギダ君。静かに歩み寄る。

岡村　お帰り。

ヨモ　ただいま。

岡村　取りあえず、もう、単刀直入に…聞こうかしらと思うてます。

ヨモ　はい。

岡村　どうでしたか！

ヨモ　はい、……（長い沈黙）落ちました。

矢部　無かった？

ヨモ　無かった…ですね…

つらい空気が流れる。そして無言のまま

熱い抱擁を交わすふたり。静かな時間が過ぎていく

抱き合う岡村とヨモギダ君。静かな時間が流れて行く。その様子を見ていた筑波大学サッカー部の皆さんからは、「後期頑張れ！」の声が。そう、この後、ヨモギダ君は4日後の後期日程受験でのリヴェンジを考えている、という。すると実は岡村の分も、番組が気を利かせて申し込んであった。「筑波は俺を見放さなかった、一緒に受けようぜ！」と盛り上がる岡村とヨモギダ君。その時、またもや一通の封筒が。今回も分厚い！　「一次不合格」と北原さんからの再

度の報告。「痛タタタタッ」。前・後期で両足を切られた岡村。辛かった空気が、挫折芸人岡村の生き様で、一気に大爆笑へ。筑波に向かうクルマの中、連絡を受け、ヨモギダ君に会わずに東京に帰る雛形。「幸せですね、ヨモギダ君、みんなにこんなに思われて」。

並木道をゆっくり去って行くヨモギダ君の後ろ姿。

この日以来、ヨモギダ君の姿を見る事はなかった。後期試験前日の、ナインティナインの「オールナイトニッポン」。これは、ヨモギダ君が、いつも欠かさず聴いている放送なのだという。全国の受験生、そしてヨモギダ君に向けて、「♪負けないで〜」(ZARD)と歌う岡村。今夜、ヨモギダ君は、聴いているだろうか。

それから20日後。4月1日。お台場には、雛形と嬉しそうに観覧車に乗るヨモギダ君の姿が。そしてその隣のフジテレビでは、大学合格の暁に番組にプレゼントしてもらうはずだったROLEXの代わりに、ROTAX

観覧車の中、嬉しそうなヨモギダ君と雛形

を腕に嬉しそうな岡村がいた。針が動かなくなるのが玉にきずだけど。

[POP!,SNGT4,COOL]

よゐこ

(よゐこ)《名詞》

1990年にコンビ結成。松竹芸能所属。旧名は「なめくぢ」だったが、これでは売れないということでよゐこに変更した。濱口優と有野晋哉は中学の頃、塾で知り合い、同じ高校に進む。濱口が有野を誘ったことがコンビ結成のきっかけになった。ちなみに、もともとは3人で組もうと思っていたらしい。デビュー当時から芸風は異なるものの、ナインティナインに拮抗(きっこう)する鮮烈な印象を与えていたよゐこを、片岡飛鳥が発掘。1992年10月に「新しい波」に出演を果たした。当時大阪では「シュールの急先鋒」と呼ばれ、そのまったく新しく理解しにくい芸風はカルト的な人気を集めていた。いわゆるアンテナ系タレントの代表格である渡辺満里奈やスチャダラパーらが真っ先に目をつけるような存在だった。1992年1月に大阪のお笑いコンクールの名門「第13回ABCお笑い新人グランプリ」で審査員特別賞を受賞している。よゐこの芸風の特徴とは有野の「ボケ」と、濱口の「とまどい」であるといえるが、いまでもまだコンビとしてのスタイルは確立されていない。そんな、どのジャンルにもカテゴライズされないオリジナリティのある芸風こそがよゐこの魅力であったが、20世紀末についに「天才」と「アホ」の2人組だと明確にカテゴライズされた。

[SINP,HIYK,PHER,HIYS,HIYZ,POP!,COOL]

よゐこ・釈のためにならないTV

(よゐこ・しゃく・の・ため・に・ならない・てれび)《名詞》

ウソ番組のタイトル。2000年4月8日にO.A.された「初生放送だよ全員集合! 4月馬鹿スペシャル」において、台本まで用意されたが、でもこれは壮大な濱口だましの、ほんの小道具であった。

[HGDS4,COOL]

ら

ライオンキング

（らいおん・きんぐ）《名詞》

劇団四季の誇る大絶賛のミュージカル。元はディズニーのアニメーションを、演出家ジュリー・テイモアがブロードウェイで舞台化、トニー賞6部門を受賞する等、世界的な評価を受けている。「岡村オファーが来ましたシリーズ」において、かねてより岡村隆史を高く評価していた日本ミュージカルの父、かの劇団四季の代表浅利慶太氏直々のオファーにより、青ジャージの男に参加が要請された。2000年10月14日O.A.。当初は関心のなかった岡村だが、『ライオンキング』を観劇するなり超感動、出演拒否が一転、ぜひ出演させて欲しいに変わった。出演に当たっての心境は、ライオンを演じる！　しかも主役のシンバ希望!!しかもしかも自信がある!!!　最終的にはプライドロックに立つ！　どんな奇跡を起こすのか。ここに「今年で30しっとるケ!?　ガオーッスペシャル!!」と題された、シリーズ最大の40日間の激闘の記録が開始された。今回のギャラは異例の、「結果次第」。

今回のオファーはシリーズ中最難関のモノとなった。芸能界イチの運動神経とダンスのセンスを持つ岡村といえども、プロのミュージカルの舞台は生易しいものではない。当初希望していた主役のシンバはおろか、アンサンブルと呼ばれる主役級以外の、草、ガゼル、ハイエナを無事こなせるかどうかも非常に危ぶまれる展開となった。実際、途中で岡村の習得状況に危惧を覚えた浅利氏より番組スタッフに対して、出演できない場合の番組の対処を検討して欲しいとの打診もあったのだ。

だが、やはり岡村はただ者ではなかった。忙しい仕事の合間を縫って、最難関のハイエナダンスを中心に睡眠時間を削ってまでも励んだ練習の成果は、プロを驚かせるほどのものとなり、左右3回転ターンに不安

見事にハイエナダンスを決める岡村さん

を残しつつも、ついに最終テストに合格するところまで漕ぎ着けたのだった。

しかしそうはいっても、本番は一発勝負。決して失敗の許されないステージを控え、緊張が極限に達する岡村だった。そして本番当日、7度目の奇跡は起こった。過去最高の出来で左右の3回転ターンを決め、課せられた役を期待以上の出来でこなし、ついでに劇団員以外には禁じられていたカーテンコールまでも受け大満足。「ライオンキング、最高！」と叫び、最後には勝手にプライドロックの上で、ハイエナのくせに子ライオンを高く掲げる事までやってのけた岡村。

浅利氏も心底感心し、ミュージカルに転じても一流になれるとの御墨(おすみ)付きを与えたのだった。

ちなみに、本当にあの子ライオンは岡村のギャラとなり、フジテレビ見学者通路の「めちゃイケの殿堂」に展示されている。

[OMOS7,COOL]

ライダーマン

（らいだー・まん）《名詞》

岡村隆史が演じたキャラクター。改造していない普通の人間である。改造人間V3が憧れの人で、自分とV3の身体の違いに興味を持つなど、怪獣ごっこに夢中になりすぎた、どこかにいそうなコンプレックスの強い内向的な青年のようであった。

[RDMN,COOL]

憧れのV3（右）とのツーショット

ライナーノーツ

（らいなーのーつ）《名詞》

オカピーの内面性を知るうえで重要な役割を果たすもの。オカピーが自身のカセットアルバム「運命の君」に収録した曲をすべて解説し、自己採点したものである（表参照）。自己採点の満点は30点。オカピーのコメントには、彼のスイスらしさがちりばめられている。ちなみに唯一シングルカットされた「永遠より続くように」はオカピーの自己評価は低めである。あの大ヒットに一番驚いたのはオカピー自身だった。

[KNPD,COOL]

り

リーダーとキャプテン

（りーだー・と・きゃぷてん）《名詞》

めちゃイケにおけるナインティナインのこと。矢部浩之がリーダー、岡村隆史がキャプテンというポジションにそれぞれついている。リーダーとはめちゃイケという番組全体の首領であり、キャプテンとはあるひとつのコーナーを方向づける先導者のような存在であるが、残念ながら岡村は本質的にはキャプテン向きとはいえないため、方向そのものが狂うことが多い。が、どちらもめちゃイケにとってなくてはならない重要な役割であり、また矢部のツッコミ、岡村のボケというふたりの秀でた才能が、ひとつの番組の中で最大限に生かされている好例といえる。

[HIYK,PHER,HIYS,HIYZ,POP!,COOL]

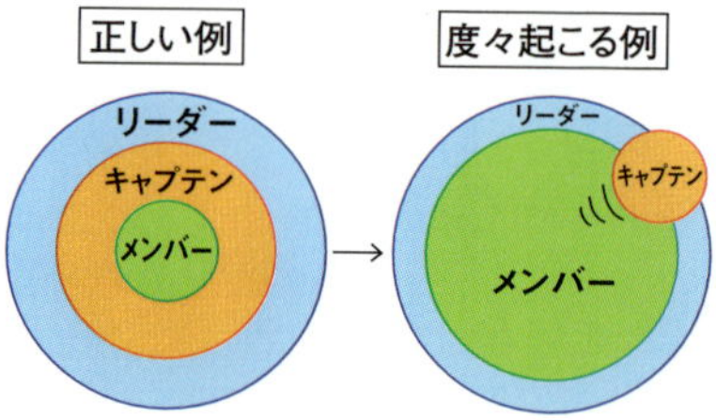

り

「運命の君」(全12曲) セルフライナーノーツ

タイトル	オカピーの一言解説	総合点
募るこの胸の切なさを	「こんな風に人を好きになれたらいいな」というラブソングです。	29点
君の一生懸命	「一生懸命やれば幸せは後からもれなく当たり前に付いてくるんだ」というすごい歌です。	28点
運命の君	できた時はものすごくいい歌だと思いましたが作りながら何回も聞いているうちにこの曲のよさを見失ってた感じもします。	25点
ほんの少しでもいい	ウルトラスペシャル難しいので歌が超ヘタッピーになっていますが、僕としては何ともいえない味があって気に入っています。	26点
キャピタリズム	最初はバラードで歌っていたのですが、どう転んだのかいつのまにかこうなっていました。	26点
迷える僕の……	詩は本当は全然違うことを書こうとしたのですが、これまたどうしてとても暗い詩になってしまいました。	26点
妙にリアル	夢の中をイメージしたのでボーカルにエフェクトが深くかかっています。	24点
人の数だけそれぞれの	この曲は最後の最後まで採用かボツかのボーダーラインにいました。	19点
僕の弱さ	うるさいくらいに絡むコーラスが超ポイントです。	21点
永遠より続くように	「ひなたぼっこしながら紅茶を飲もう」という詩にしたかったのですが、すっかり変わってしまいました。書きたい事が書けないのはストレスがウルトラたまります。	23点
知らない街から見た海は	僕は家から2時間かけてフジテレビに通っているのですが、ある日「2時間かけて逆方向に行ったら何処まで行けるんだろう」とふと思って実行してみたらなんと静岡の沼津まで行けちゃいました。そしてその帰りに真鶴に寄ってずっと海を見てたらできちゃった曲です。	24点
真意	僕の生き方のバイブルのような曲です。ふふふ……。	28点

両A面

(りょう・えー・めん)《名詞》

オカピーのレコード大賞狙いのデビュー・シングル「永遠より続くように」(なんと今どきドーナツ盤。LAレコーディング、1,000枚プレス)をリリースする際にとられた手法。この盤は両面とも同じ楽曲が収められており、プロデュースしたこにしプロデューサーによれば、かける人が迷わないように配慮したとのこと。本来、両A面とは、甲乙付け難い佳曲が2曲ある場合に推し曲をどちらとも定めず、両方の曲をA面扱いでプロモーションすることを指す。なおこのシングルは全部プレゼントされ、一般に売られることは一切なかった。

[KNPD,COOL]

里利笑ちゃん

(りりえ・ちゃん)《名詞》

カネにならないオカピーに見切りを付けてこにしプロデューサーが新たに注目した、夫婦でめちゃイケのスタッフである徳光アシスタントプロデューサーとセットデザイナーの桐山さんの赤ちゃん。生まれながらに飛び切りの歌手にしようというこにしPの計略で、キダ・タローのTVソング集やコージー冨田の「ウキウキソング」、西川のりお＆ぼんちおさむの「あずさ2号」（狩人）といった超ハードな胎教を施されたにもかかわらず、お腹の中で文句も言わずそのうるさい音楽を聴き、1週間後、文字通りプロデュース（産む）され、笑うと可愛い赤ちゃんに。

[KNPD,COOL]

徳光＆桐山夫妻と里利笑ちゃん。こにしPの毒に染まらず、すこやかに育って欲しい

れ

レナト・クーリ

（れなと・くーり）《名詞》

セリエAのペルージャのスタジアム。ヒデが矢部浩之と「プレー」してみたいと言って、待ち合わせに指定した場所である。しかし、そのヒデとはオカマ界のヒデ、日出郎さんだった。

[MKIVI,COOL]

恋愛の加藤教師

（れんあい・の・かとう・きょうし）《名詞》

古典的で意固地な恋愛観を持つ加藤浩次に、恋愛とは何であるかを教える目的で開始されたコーナー。

恋愛落ちこぼれ、カトウコウジくんが勉強中のところへ、家庭教師ならぬ加藤教師センターのヤベヒロユキが加藤教師（女性ゲスト）を連れて現れ、加藤教師のレクチャーをヒントに、毎回違った恋愛のテーマを考えていくという構成になっている。いずれも恋愛に関しては一家言ある、錚々（そうそう）たるメンバーだが、これらの教師たちの言う事をコウジくんが素直にきくのかといったら、これが全くそうではない。何しろこのコウジくん、子供のくせに何だかとっても頑固で、すきあらば説教を垂れ、ゲストを論理で屈服させようとするのだ。だが、毎回返り打ちにあい、結局は教育されてしまうのだが。

以下がコウジくんを教育した加藤教師と彼をヘコませた決め台詞。

1. 鈴木紗理奈「あんた！いっつも否定じゃん。あなたはきっと不幸せだ！」
2. 梨花「あなたみたいなヘリクツタイプって、必ず（相手の）親の話出して来てさ、親と比べるしょっ」
3. 神田うの「あっ、それウザ〜い」
4. 川島なお美「最低っ！」
5. デヴィ・スカルノ「あなたみたいに、まだオムツをつけていそうな男の子に言われたくない」
6. 三原じゅん子とコアラ「恋したことないなんて可哀相にねー」
7. 加賀まりこ「（モテないのは）そうやって愚痴言ってっからだよ！」
8. 飯島愛「（彼女に浮気をさせないのは）お前じゃムリだ！」

男根主義的と言ってもいい程に終始強気一点張りのコウジくんだが、唯一話題が元彼女のミキちゃんの事に及ぶと、途端に弱

メガネを外すと大人になり、「ビブ」での午前様状態になるコウジくん

れ

気になる。どうやら日頃の彼の強気な言動は、彼女への思いを未だ抜き難く抱いている事の反動としてのもののようだ。勉強を続けて、コウジくんは素直な心を取り戻す事ができるのだろうか？
[RAKK,COOL]

連続タライ小説「春よ来い」

（れんぞく・たらい・しょうせつ・はる・よ・こい）《名詞》

ノーリアクションドラマのタイトル。タライさえ落とされなければ、十分に立派なホームドラマとして成立する内容である。逆にいえば、ドラマが正統派であればあるほど、おもしろいこともよりおもしろく見せることができるという典型的なスタイルであるといえる。

第一話「父の退職」

登場人物はサラリーマンの父（岡村隆史）、気のきく妻（光浦靖子）、長男（加藤浩次）と長女（雛形あきこ）。父が退職した日に長女は彼氏（武田真治）をつれてきて結婚したいと告白。父の複雑な心情をよそにタライは落ち続ける。この第一話は、出演者にとってタライが落ちてきても動じないで演技をするための鍛練の場となった。

父が息を引き取る涙のシーン。この回でタライの数は最高記録を樹立

れ

第二話「父の入院」

病に倒れた父と、父を取り巻く家族模様が描かれている。担当医（杉本哲太）と看護婦（鈴木紗理奈）も登場。父の命がもう長くないと知り悲しみに打ちひしがれる長女役の雛形は本物の涙を流す。その迫真の演技が光り、ドラマの真面目さとタライが落ち続けるシュールさとの対比がより際立つことになった。

第三話「父の笑顔」

死期の近い父のために晴れ姿を見てもらおうと長女夫妻が結婚披露宴を行う。仲人夫妻（村井国夫、斎藤慶子）、司会を務める新郎の友人（矢部浩之）、新郎の恩師（山本圭壱）、式場のウエイター（有野晋哉）らも登場。披露宴は感動のうちに進むが、父は静かに式場の中で息を引き取った。100人のエキストラが式の出席者として参加したこの回では史上最大のタライが降り注ぎ、ドラマのクライマックスとなった。

誰かがリアクションをしたところでジ・エンドになるドラマだが、3話を通してその立役者となったのは濱口優である。第一話、第二話では一家のペットの犬・ポチ、第三話では長女夫妻の赤ちゃん・伊吹ちゃんと、本編には登場しないキャラクターだが、最後の最後に登場し、もっとも大きいタライを全身で受け止めている。ちなみに犬のポチはpM8の犬に引き継がれている。

[NRDM,COOL]

ろ

ROTAX

（ろーたっくす）《名詞》

世界的時計ブランド名に酷似した時計ブランド名。「ヨモギダ少年愚連隊3」にて、見事志望大学に合格した暁（あかつき）には、番組にROLEXをプレゼントしてもらう事になっていた岡村隆史だったが、惜しくも合格は果たせず、ROLEXによく似たROTAXをもらった。針が止まっているのが欠点。

[SNGT4,COOL]

もらった時のままの秒針

わ

若頭

(わかがしら)《名詞》

加藤浩次の番組内でのポジションのこと。2000年秋に、明石家さんま率いるダメダメボーイズが「七人のしりとり侍」に乱入し大暴れして去って行った後、軍団をお笑いヤクザに譬(たと)えた加藤は、今田耕司の強烈な活躍を賞賛、そのポジションを若頭とし、自らもめちゃイケで「やるぞ!」との気合いを込め、自称した。特徴はケンカが強く、何ごとにも動じない強い精神力で、どんな困難にも先頭を切って立ち向かう等があげられる。

pM8において書かれた、当初の岡村隆史の予定原稿は上記の通り。加藤の頑張りを讃え、21世紀の飛躍を期待する内容になっていたが、岡村は、この内容が本当に正しいのかどうか検証する必要があると提案。実は1996年8月放送の「めちゃ^{2}モテたいッ!」サイパンロケにて、スカイダイビングに挑戦した加藤は、見事なまでのヘタレぶりを露呈していたのだった。もう一度行ってみよう、あの頃へ。デロリアンを駆って、タイムトリップ。

4年前と同じく、腰を痛めた外人インストラクター、アダム先生を見て記憶が蘇る加藤。さあ、行ってみよう! 空高く舞い上がる加藤。期待する一同。どんな若頭っぷりを見せてくれるのか? ところが…残念なお知らせです、彼はバーを握ったまま離しません。やり直しで、アダム先生の強引なリードで何とか飛び出したものの、前回から全く進歩を見せない加藤のていたらくぶりに、メンバーは呆れるばかりだった。

決定原稿:何事にも動じない強い精神力を持つ(飛ぶのはダメ)。

やっと原稿が確定したと歓んだのもつかの間、岡村はまたもや大事な事に気づく。泳ぎはどうだった? 北海道出身の加藤がカナヅチである事が発覚したのは、やはり1996年8月のめちゃモテサイパンロケでの事だった。すぐ戻ろう、あの頃へ。デロリアンで急いで戻るメンバー。

今回はシドニー出場のエジンバブエことムサンバニ選手を先生に。赤道ギニアからオリンピックに参加し、経験もほとんどないままに競泳にチャレンジし、不屈の魂を見せつけたムサンバニ選手。彼なら、加藤の最良の教師たり得るはず。「腕と脚を動かす事が重要」など、シンプルかつ万全のアドヴァイスを与えられ、いざプールに飛び込む加藤。決してふざけてはいないのだが、どう見ても溺れているようにしか見えない加藤に、遂にライフガードの手が差し伸べられる。

結局、

決定原稿:何事にも動じない強い精神力を持つ(飛ぶのと泳ぐのはダメ)。

というものに落ち着いた。

[PMET,COOL]

早稲田大学

(わせだ・だいがく)《名詞》

矢部浩之の「持ってけ100万円」でなじみが深い私立大学だが、めちゃイケの歴史をさかのぼると、この大学とは長く友好的な関係が続いていることがわかる。そもそもは、タレントの先物買いで独自の鋭さを見せる「早稲田祭」実行委員会のメンバーから声がかかり、1993年の学園祭に「とぶくすりin早稲田祭〜みんな必死ライブ〜」のタイトルで出演。このときは前売り開始15分でチケットが完売した。これ以降、「持ってけ100万円」だけでなく「ヨモギダ少年愚連隊」での受験などで関係性を深め、ファンランの際には、第二文学部不合格のリベンジの意味を込め、岡村隆史が早大駅伝部時代の瀬古選手のユニフォームを着たりもした。ことほどさようにめちゃイケと早稲田大学のあいだには、数奇な関係性が結ばれてきたわけであるが、これは偶然ではなく、早稲田の持つバンカラな在野精神、いや、雑草のような泥臭さがめちゃイケの体質と呼応し合うからなのであろう。これは、たとえばジャニーズ=慶應大学、めちゃイケメンバー=早稲田大学というふうにイメージを浮かべてみると理解できる。
[HIYZ,POP!,YHMH,OMOS6,SNGT4,COOL]

笑いの神様

(わらい・の・かみさま)《名詞》

誰も想像し得なかった、予想外の面白さをもたらす存在のこと。どんなに綿密にシナリオを書き、どんなに準備に万全を期そうとも、時に思いも寄らない瞬間、あるいは方法で爆発的に面白い「笑い」がやってくる。それをミラクルと呼ぶこともあるが、断言できるのは決して計算では成し得ないということだ。それは例えばエスパー伊東の投げたトランプが野田社長の額に的中してしまったり、pM8においてロケバスの中で本田みずほとの事をシリアスに語る濱口の頭に棚から雑誌が落ちてきたりといったことである。彼らは決して計算でやっているのではない。何故起こるのかといえば神様がいるとしか思えないのである。そして、たとえ長く苦しい撮影であっても、この「笑いの神様」を信じていれば乗り越えられ、必ずや面白い作品を完成させることができるのだ。この神様は、めちゃイケに確実に存在している。
[COOL]

笑う男

(わらう・おとこ)《名詞》

基本的には無芸の濱口優にとって、唯一の芸ともいえるのがこれ、である。どんなにシリアスな設定のドラマで、他の出演者が深刻な表情をしたとしても、濱口だけはその傍らでとにかく笑い続ける。ただひたすらに笑い続ける濱口は見るからに異常であり、シュールである。しかし見ている者はやがて、その不条理な世界にどんどん引き込まれてしまい、つられて笑い始めてしまう。そして濱口と一緒に腹がよじれるほど笑い続けることになってしまうのだ。この不思議議な感覚に、学術的な分析を行うことはできない。が、濱口でしかあり得ない芸というのは確かである。そもそも笑う男が誕生したのは1998年11月14日にO.A.されためちゃイケCM(マツモトキヨシ編)がきっかけだった。その時に自分が笑うことで人を笑わせるという新境地を開拓した濱口は、「笑う男」でもめちゃイケCMで着用した時と同じヅラをつけている。なお、濱口が笑い転げていても、出演者はつられないように我慢しなくてはならない。笑いたいけど笑えないという我慢の限界をいつもまっさきに超えるのは、ゲラの加藤浩次。濱口の狙う突破口もそこで、加藤からその笑いは伝染していき、やがて全員が爆笑の渦に巻き込まれることになる。
[MICM,WUOK,COOL]

ひとりずつ、ひとりずつ笑う男の餌食に

笑わず嫌い王決定戦

（わらわず・ぎらい・おう・けってい・せん）《名詞》

フジテレビ系列「とんねるずのみなさんのおかげでした」の人気コーナー、「食わず嫌い王決定戦」のお笑い版。２人のゲストが矢部浩之ペア、岡村隆史ペアにそれぞれ分かれ、自分たちの好きなお笑い芸人やグループ4 〜5 組にネタを披露してもらう。でもその中には1組だけ嫌いな芸人が含まれていて、それを互いのペアが芸人に対するリアクションなどを見ながら当てるというゲームである。1998年から2000年まで年に1 回のペースで行われており、現在では元旦に放映される東西芸人のネタオンパレード特番「爆笑ヒットパレード」に並ぶ、「もうひとつの爆笑ヒットパレード」としてお笑い業界関係者注目の一大芸人まつりといわれるほどの企画に成長した。舞台を中心に活躍していて、テレビではめったに芸を見ることのできない大御所の芸人、バラエティーではよく見ていても、ネタやコントは最近ではあまり見ることのできなくなった芸人、まだ知名度は低いが将来有望な芸人らが、デビュー当時のコントや自慢の持ちネタを披露してくれる。笑わず嫌い王でウケた芸人はその後もめちゃイケに登場する機会が増えるばかりか、他メディアでの仕事量も一気に増えていくのが特徴。そういった意味でも「笑わず嫌い王決定戦」に出演する芸人は玄人ウケすることが大前提であり、デビューしたての新人芸人のこともめちゃイケが試してくれるという理由で業界関係者からの注目も高い。しかし何よりもこのコーナーを支えているのは、「この芸人さんの芸を見たい」というめちゃイケスタッフとメンバーの純粋な気持ちであ

第2回の時の藤井隆。芸人が芸人としての真髄を見せる。

る。お笑い番組であるめちゃ²イケてるッ!は、芸人さんたちを敬愛しているのである。

ちなみに、笑わず嫌い王では10組に及ぶ芸人たちが真剣にネタを仕込むため、本番までに時間がかかり、収録が深夜からスタートし朝方まで及ぶのも定番になっている。

第1回目のゲストはSMAPの草彅剛と香取慎吾。矢部と草彅チーム、岡村と香取チームに分かれて勝負は行われた。

草彅の好きな芸人のリストは

1. せんだ光雄
2. パイレーツ
3. ジョーダンズ
5. 春一番

実はこの時4 番手で登場していた幻の出演者がアフリカマン。だが、時代に合わないという理由でO.A.ができなくなってしまった。

以上のうち、嫌いな芸人はせんだ光雄。理由はとくにエライと思ったことはないから。

香取の好きな芸人のリストは

1. 松本ハウス
2. 西川のりお
3. 林家ペー、パー子
4. エスパー伊東
5. ダチョウ倶楽部

以上のうち、嫌いな芸人はダチョウ倶楽部。理由はジモンさんのお笑いにムダな肉体が嫌いだから。

第2回目は飯島直子と研ナオコがゲスト。

飯島の好きな芸人のリストは

1. 村上ショージ
2. 藤井隆
3. いつもここから
4. 極楽とんぼ
5. コージー冨田

以上のうち嫌いな芸人は藤井隆。理由は芸風は好きだが、本当のオカマではないから。

研の好きな芸人のリストは

1. 電撃ネットワーク
2. 海原はるか・かなた
3. バカルディ
4. 昭和のいる・こいる
5. みつまJAPAN。

以上のうち嫌いな芸人はみつまJAPAN 。理由は可愛すぎるから。

第3回目は久本雅美と釈由美子がゲスト。

久本の好きな芸人のリストは

1. 雨上がり決死隊
2. 山崎邦正
3. あした順子・ひろし
4. 梅垣義明
5. テント

以上のうち、嫌いな芸人は山崎邦正。理由はいつまでも若作りして可愛らしさをアピールしようとするから。

釈の好きな芸人のリストは

1. さまぁ〜ず(バカルディ改め)
2. DonDokoDon
3. 間　寛平&池乃めだか
4. 鉄拳
5. なかやまきんに君

以上のうち嫌いな芸人は鉄拳。理由は本当はいつもここからを呼びたかったのに間違えて呼んでしまったから。

ゲームのルール上、嫌いな芸人をあげなくてはならないが、誰ひとりとして芸風は否定されていない。根底には芸人さんへの愛があるということが、笑わず嫌い王の本質なのである。

[WWGO,COOL]

ワンハンドレッド

(わん・はんどれっど)《名詞》

ナインティナインと中居正広が「笑っていいとも!」の金曜日レギュラーだった当

時（1996年春）、３人で結成したお笑いトリオの名前。99（ナインティナイン）＋１（中居）＝100（ワンハンドレッド）。衣装用として胸に100の字が入ったお揃いのトレーナーも作製した。「日本一周」で見せる３人のコンビネーションは、この時から培（つちか）われているのである。

[NHIS,COOL]

往年のB&Bを彷彿とさせるトレーナー

The timeline of Mechaike 1998-2001

「めちゃ²イケてるッ!」の歴史 1998年～2001年

西暦	O.A. DATE	TOPICS
1996	10月19日 (#001)	船上トーク①(笑福亭鶴瓶) イケてる柔道①(柔軟体操) 日本新記録①(勝俣州和師匠)イケてるジャングル綱渡り ICDTV(PAFEE「これが私の生きる道」あきこ&鈴木紗理奈) ライダーマン① 岡田一少年の事件簿①
	10月26日 (#002)	船上トーク②(江角マキコ) イケてる柔道②(受け身・3人飛び) ICDTV(オ室京介「SQUALL」/岡村隆史) ライダーマン② 改造人間V3登場! 岡田一少年の事件簿②
	11月02日 (#003)	船上トーク③(小林幸子) 日本新記録②(出川哲朗師匠)イケてるスペース急斜面 ICDTV(矢部置浩二「田園」/矢部浩之) STAMP① 岡田一少年の事件簿③
	11月09日 (#004)	船上トーク④(江口洋介) イケてる柔道③(～6人飛び) ICDTV(加ト原敬之「どうしようもない僕に天使が降りてきた」/加藤浩次) STAMP② たつひろ① 岡田一少年の事件簿④
	11月16日 (#005)	たつひろの社会見学①(OP～研ナオコ) 日本新記録③(ダチョウ倶楽部師匠)イケてるアメフトダッシュ ICDTV(山室波恵「太陽のシーズン」/山本圭壱) STAMP③ 岡田一少年の事件簿⑤
	11月23日 (#006)	船上トーク⑤(梅宮辰夫) イケてる柔道④(技、乱取り) STAMP④ イケてるお父さん(爆烈お父さんの原型) 岡田一少年の事件簿⑥
	11月30日 (#007)	日本新記録④(猿岩石師匠)イケてるユーラシア大陸横断ボウリング ICDTV(布袋2:50「CIRCUS」/江頭2:50) プレッシャー星人①(スカウト) 爆烈お父さん第1話「DESTINATION(行き先)」(ゲスト/雛形あきこ) 岡田一少年の事件簿⑦
	12月07日 (#008)	イケてる柔道⑤(試合/めちゃイケ柔道王決定トーナメント) ICDTV(光任谷靖実「まちぶせ」/光浦靖子) ダイブツくん① STAMP⑤ 岡田一少年の事件簿⑧

西暦	O.A. DATE	TOPICS
1996	12月14日 （＃009）	イケてるデート王　バレたら終わり！岡村＆ヒナデート
	12月28日 （＃010）	ケチョンケチョンにしてやるスペシャル！！岡村だまし企画恋愛初心者岡村さんのマジ告白ドキュメント STAMP⑥　スペシャル（VSシャ乱Q） 岡田一少年スペシャルファイル ICDTVスペシャル（オリジナルBEST1は岡保田利伸「LA・LA・LA　LOVESONG」） 爆烈お父さん第2話年の瀬スペシャル「YELLOW YELLOW HAPPY」（黄色い黄色い幸せ）（ゲスト／千秋）
	01月01日 （特番）	めちゃ²イケてるッ新年会ッ！おせち食ってる場合やないでスペシャル！！
1997	01月11日 （＃011）	めちゃスキIN北海道ルスツ高原スキー場！！ 岡村のスノーボード教室 日本新記録⑤（イケてる急斜面チューブJUMP） 寝起き（ゲスト／猿岩石）
	01月18日 （＃012）	フジテレビ球体展望室トーク（ゲスト／西城秀樹） たつひろの社会見学② ダイブツくん② 伊東部長① 寝起き（ゲスト／猿岩石）
	01月25日 （＃013）	土曜スペシャル岡村探検隊シリーズ　伝説の雪男ビッグフットを追え！！ ICDTV（山室波恵「Stop the music」／山本圭壱） ダイクさん
	02月01日 （＃014）	帰ってきためちゃイケギャンブラー矢部浩之の持ってけ100万円・前半 キャッツアイ① プレッシャー星人②（ドミノ）
	02月08日 （＃015）	帰ってきためちゃイケギャンブラー矢部浩之の持ってけ100万円・後半 でるエガ 伊東部長②
	02月15日 （＃016）	光浦バレンタイン企画 STAMP⑦ ダイブツくん③ ストーカー・危険な女① シャンプー刑事①（第1話・原宿表参道交差点） でるエガ
	02月22日 （＃017）	ザ・カルチャータイム①〜④（ウインドウズ'95、ジャミロクワイ、プラダ、オレンジ共済） 日本新記録⑥（スターにしきのあきら師匠）イケてる南極ペンギンジャンプ 爆烈お父さん第3話「OPTIMIST（楽観主義者）」（ゲスト／山口リエ） 江頭の一言物申す①（榊原郁恵と井森美幸）
	03月01日 （＃0018）	最も子ども受けする芸人　めちゃイケ子ども王は誰だ！？ ストーカー・危険な女②
	03月08日 （＃019）	濱口だまし大作戦！恐怖の麦汁ボカン！！ STAMP⑧ 江頭の一言物申す②（武田鉄矢） ダイブツくん④
	03月15日 （＃020）	少年愚連隊シリーズ「七戸少年愚連隊／吹雪をブッ飛ばせ！の巻」

西暦	O.A. DATE	TOPICS
1997	03月29日 (#021)	日本一周フルコースの旅!! キャーン言わしたるスペシャル!! 爆烈お父さん第4話「ULTRA RELAX」(超くつろぎ)(ゲスト/篠原ともえ) ストーカー・危険な女③ 最終回
	04月19日 (#022)	敵は巨人だ!全員集合スペシャル(ゲスト/和田アキ子) NG&傑作集 ものまね兆次① 江頭の一言物申す③(和田アキ子) STAMP⑧ スペシャル
	04月26日 (#023)	日本新記録⑦(イケてる氷上チャリンコ障害) 鉄人作家伊藤さん① 爆烈お父さん第5話「娘がCDを出した日」(ゲスト/鈴木紗理奈) 通訳のジョーンズさん
	05月10日 (#024)	めちゃイケ運輸 ザ・カルチャータイム⑤〜⑧(エビータ、グワシ!!、エスプレッソ、ダブルクリック)
	05月17日 (#025)	最もお年寄りに受ける芸人 めちゃイケお年寄り王は誰だ!? 夫婦(めおと)①
	05月24日 (#026)	知ってるいたずらウォッチング!! ポパイ&オリーブ①(お弁当を口でキャッチの巻)
	05月31日 (#027)	ザ・カルチャータイム⑨〜⑪(ブラピ、動燃、スヴェルト) 日本新記録⑧(イケてるとりもちレスキュー) 伊東部長③ キャッツアイ② 鉄人作家伊藤さん② めちゃイケ向上委員会
	06月07日 (#028)	人手不足のさくらんぼテレビをお手伝い!! 爆烈お父さん第6話「才色兼備」(ゲスト/フジテレビ女子アナウンサー・菊間千乃、富永美樹、木佐彩子、藤村さおり) 鉄人作家伊藤さん③
	06月14日 (#029)	少年愚連隊シリーズ「深野少年愚連隊/小樽の新しいお父さん!の巻」
	06月21日 (#030)	ポパイ&オリーブ② ザ・カルチャータイム⑫⑬(カヒミ・カリィ、香港返還) 伊東部長④(ゲスト/草彅剛) 鉄人作家伊藤さん④ 江頭の一言物申す④(ゲスト/近藤真彦)
	07月05日 (#0031)	土曜スペシャル 岡村隆史探検シリーズ 恐怖! 幻の怪獣ミニラを追え!! こにしプロデューサー①
	07月12日 (#032)	ポパイ&オリーブ③(アクセサリーはどこだワン!?の巻/警察犬横田君) ザ・カルチャータイム⑭⑮(指ぬき、アンディ・ウォーホル) 青田昇① キャッツアイ③前半 こにしプロデューサー②
	07月19日 (#033)	日本新記録⑨(イケてるベジタブル チャリンコダッシュ!!) シャンプー刑事②(事件簿其の一・白い長靴下の女を捜せ) キャッツアイ③後半 古田チック 濱口優の普通劇場

西暦	O.A. DATE	TOPICS
1997	08月02日 (#034)	めちゃイケINグアム!! 加藤水泳特訓 日本新記録⑩(イケてる太平洋ターザンジャンプ) 伊東部長⑤ アフリカマン①
	08月09日 (#035)	めちゃイケINグアム!! ポパイ&オリーブ④(ボールを探して!三千里の巻) アクション寝起き① 青森の素人七戸君とヒナ襲撃!! 江頭の一言物申す⑤(グアム編)
	08月16日 (#036)	爆烈お父さん第7話里帰りスペシャル!!「赤裸々」(ゲスト/つぶやきシロー) こにしプロデューサー③ キャッツアイ④ カルチャータイム⑯⑰(ミルフィーユ、エピ) SPEEED①
	08月30日 (#037)	江頭の一言物申す⑥(ゲスト/シャ乱Q) シャンプー刑事③(事件簿其の二・日に焼けた女性を捜せ) こにしプロデューサー④ SPEEED② STAMP⑨ ザ・カルチャータイム⑱(失楽園)
	09月13日 (#038)	めちゃイケファン感謝デー 矢部浩之のデート王 ポパイ&オリーブ⑤(残暑には冷蔵庫ざんしょ!の巻)
	10月04日 (#039)	岡村オファーが来ましたシリーズ ガチコン言わしたるッ!スペシャル!! ジャニーズJr.岡村!SMAPライブ出演
	10月11日 (#040)	一周年だよ!全員集合スペシャル!!(ゲスト/榊原郁恵、井森美幸) NG集&未公開VTR こども電話相談室 ものまね兆治② 爆烈お父さん第8話秋深しスペシャル「父が訴えられる日!!」(ゲスト/加藤茶) こにしプロデューサー⑤(ゲスト/ダイアナ・キング)
	10月25日 (#0041)	最も外国人に受ける芸人 めちゃイケ外国人王は誰だ!? SPEEED③ ザ・カルチャータイム⑲(官官接待)
	11月01日 (#042)	矢部君26才の誕生日記念 矢部♥素人のせいちゃんデート
	11月15日 (#043)	キャッツアイ⑤(キャッツアイ5000人大集合IN有明レインボーステージ) こにしプロデューサー⑥(ゲスト/宝生舞) クシャミマン フリフリNO.6①
	11月22日 (#044)	日本新記録⑪(イケてるラビットトランポリン大相撲)ゲスト/長嶋一茂 シャンプー刑事④・前編(事件簿其の三、暗黒の巨大ビルディング) ザ・カルチャータイム⑳㉑(ヤン・デ・ボン、パワーザウルス) きだ英蔵 フリフリNO.6②
	11月29日 (#045)	大パニック抱かれたい男No.1 オリ町隆史街角インタビュー!! 爆烈お父さん第9話「姉さんが教えてくれた日」(ゲスト/山田花子) シャンプー刑事④・後編(事件簿其の四・沈黙の大部屋) 伊東部長⑥(ゲスト/別所毅彦)

西暦	O.A. DATE	TOPICS
1997	12月06日 （#046）	キャッツアイ⑥（キャッツアイファンの集い 男子限定IN猿岩石） ザ・カルチャータイム㉒㉓（ELT、アナ・スイ） こにしプロデューサー⑦（ゲスト／田原俊彦） アフリカマン②
	12月13日 （#047）	フジTV警察　密着24時！！逮捕の瞬間100連発
	12月27日 （#048）	少年愚連隊シリーズ「河野少年愚連隊／片思いの彼に告白！の巻」 グイグイ来ておりますスペシャル
1998	01月01日 （特番）	第1998回元旦記念　ボクとアナタが正月王！！
	01月10日 （#049）	爆烈お父さん第10話初春やスペシャル！！「謹賀視聴率」（ゲスト／さとう珠緒） 江頭の一言物申す⑧（横浜銀蠅） ポパイ&オリーブ⑥（鍋パーティーで初潜りの巻）
	01月17日 （#050）	～感動をあなたに～街角ちょっといい話
	01月24日 （#051）	めちゃイケギャンブラー矢部浩之の持ってけ100万円・前半 アフリカマンの部屋①（ゲスト／加藤、紗理奈）
	01月31日 （#052）	めちゃイケギャンブラー矢部浩之の持ってけ100万円・後半
	02月07日 （#053）	めちゃイケINアルツ磐梯！！ 日本新記録⑫（オリジナルソリ） 江頭の一言物申す！！（ゲスト／松本ハウス） 油谷さん①復活（濱口優誕生日）
	02月21日 （#054）	第1回！ イケてる顔パス選手権！！ 日本新記録⑬（イケてる受験生合格ジャンプ！）
	02月28日 （#055）	めちゃイケINアルツ磐梯！！ シャンプー刑事⑤（事件簿其の五・白銀に潜む悪を探せ） アクション寝起き②怒りのアルツ アフリカマンの部屋②（ゲスト／岡村隆史） 極楽ケンカ アフリカマンの挑戦
	03月07日 （#056）	爆烈お父さん第11話臨月スペシャル「娘か息子か？」（ゲスト／モーニング娘。） ザ・カルチャータイム㉔（ガングロ） フリフリNO.6③ ハマディーン 油谷さん②（有野晋哉誕生日）
	03月14日 （#057）	'98ホワイトデー記念 俺の女のオトし方 フリフリNO.6④
	03月21日 （#058）	江頭の一言物申す⑨（ゲスト／横浜銀蠅） ポパイ&オリーブ⑦（星の王子リゾートへ行く！の巻） フリフリNO.6⑤ つばめ救助隊
	04月04日 （#059）	日本一周お見合いの旅　ツイてるねノッてるね状態みたいなスペシャル！！ フリフリNO.6⑥スペシャル！！（ゲスト／明石家さんま）

西暦	O.A. DATE	TOPICS
1998	04月18日 (#060)	日本新記録⑭(イケてるフレッシュマン！荒波ボートバトルIN河口湖)ゲスト／TIM 岡ちゃん① シャンプー刑事⑥(事件簿其の六・浪速に咲いた悪の華) ザ・カルチャータイム㉕(ダディ／頭に矢が刺さって解答不可能) 夫婦② アフリカマンの部屋③(ゲスト／スーパー!?テンションズ)
	04月25日 (#061)	クイズ濱口優①(自宅編) ノーリアクションドラマ連続タライ小説「春よ来い」　第一回「父の定年」 モリグチくん① ザ・カルチャータイム㉓(ロズウェル) 油谷さん③(加藤浩次誕生日)
	05月02日 (#062)	岡村オファーが来ましたシリーズ 岡村に出演依頼！月9ブラザーズ!!
	05月09日 (#063)	第1回！イケてる芸能人顔バレ選手権!! 岡ちゃん②
	05月16日 (#064)	爆烈お父さん第12話初出産スペシャル！！「こんにちは赤ちゃん」(ゲスト／パイレーツ) ザ・カルチャータイム㉖(フェイクファー) 江頭の一言物申す⑩(フジテレビ新入社員) ショートコント・精神科医 アフリカマンの部屋④(ゲスト／with T)
	05月23日 (#065)	シャンプー刑事⑦(事件簿其の七・魔性のアマゾネス軍団) 光浦靖子バースデー記念　女性芸能人初！色じかけダマシ!! 岡ちゃん③ ショートコント・マーシー
	05月30日 (#066)	チビッコ討論会　めちゃイケのココが嫌い 岡ちゃん④ 横須賀社長① 恐怖新聞①(ゲスト／斎藤陽子) アフリカマンの部屋⑤(ゲスト／モーニング娘。)
	06月06日 (#067)	こにしプロデューサー⑧(カセットミュージシャン) 日本新記録⑮　(イケてるゴールキーパーグラグラPK！！)ゲスト／TIM 伊集院さんと白鳥さん①
	06月13日 (#068)	笑わず嫌い王決定戦(草彅剛VS香取慎吾)
	06月20日 (#069)	岡村オファーが来ましたシリーズ 岡村さんの司会者で感動の結婚式を・前編
	06月27日 (#070)	同上・後編
	07月18日 (特番)	「27時間テレビ夢列島てれずにいいこと、てれずに楽しく」内流出！裏めちゃイケてれずにいいこと
	08月01日 (#071)	シャンプー刑事⑧(事件簿其の八・一般企業に忍び寄る悪) クイズ濱口優②(会社編1)ゲスト／猿岩石 スカート・バイ・ミー 恐怖新聞②(ゲスト／山田まりや) 油谷さん④(蔵野孝洋誕生日) ショートコント・銀行強盗

西暦	O.A. DATE	TOPICS
1998	08月08日 (#072)	めちゃイケIN沖縄!! 日本新記録⑯(イケてる水平太平洋横断ダッシュ)ゲスト/TIM、パイレーツ ナイナイVSよゐこガチンコ対決1(水泳) 江頭の一言物申す⑪(パイレーツ、TIM、コンタキンテ)
	08月15日 (#073)	めちゃイケIN沖縄!! 伊集院さんと白鳥さん②(岡村隆史&鈴木紗理奈誕生日) シャンプー刑事⑨(事件簿其の九・灼熱の犯罪地獄) ドラコン大会(極楽ケンカ) クイズ濱口優③(会社編2) 小便小僧
	08月22日 (#074)	アクション寝起き③(NEOKIⅢ JAWS、世界初の人妻アクション寝起き♥沖縄寝起き上手) こにしプロデューサー⑨　移動企画(前半)
	08月29日 (#075)	めちゃイケの残暑お見舞い　実録ちょっと怖い話 こにしプロデューサー⑩　移動企画(後半)
	09月12日 (#076)	ノーリアクションドラマ連続タライ小説「春よ来い」　第二回「父の入院」 クールな魅力にギャル興奮　国民的スターオカ田英寿街角インタビュー! ナイナイVSよゐこガチンコ対決②(腕相撲) めちゃイケCM(マツモトキヨシ編)①
	09月19日 (#077)	爆烈お父さん第13話十五夜スペシャル!!「娘に捧げる夜」(ゲスト/ビジュアルクィーン・オブ・ザ・イヤー'98の皆さん　安西ひろこ、柴田あさみ、中沢純子、鮎川なおみ) ザ・カルチャータイム㉗(バイアグラ) 江頭の一言物申す⑫(ポンキッキーズ) クイズ濱口優④(会社編3)
	10月10日 (#078)	二周年だよ!全員集合　鶴瓶も悩む秋スペシャル!! (ゲスト/笑福亭鶴瓶、斎藤陽子)
	10月24日 (#079)	最も竹村健一に受ける芸人　めちゃイケ竹村健一王は誰だ!? 伊集院さんと白鳥さん③(矢部浩之誕生日) ツタンカーメンの部屋①(ゲスト/草彅剛) めちゃイケCM2
	10月31日 (#080)	濱口1日中ドッキリ!抜き打ち司会テスト!! ものまね兆治③ ザ・カルチャータイム㉘(カベルネ・ソーヴィニヨン) 恐怖新聞③(ゲスト/榎本加奈子) めちゃイケCM3
	11月07日 (#081)	MNN報道特集　超緊急赤字解消企画
	11月14日 (#082)	めちゃイケにも感動のゴールを!実録・山本球団 クイズ濱口優⑤(キャンプ編) ザ・カルチャータイム㉙(ミーシャ) めちゃイケCM4
	11月21日 (#083)	エスパー伊東の聞いて!聞いて!! めちゃイケCM5 野良猫 ザ・カルチャータイム㉚(ラブゲッティー)

西暦	O.A. DATE	TOPICS
1998	11月28日 (#084)	こにしプロデューサー⑪ よゐこVSナイナイガチンコ対決③(卓球) めちゃイケCM⑥
	12月05日 (#085)	オカ田英寿INイタリア!! イタリア娘も興奮♥スーパースター オカ田英寿 街角インタビューinローマ
	12月12日 (#086)	フジTV警察'98密着24時!! 逮捕の瞬間100連発
	12月26日 (#087)	岡村オファーが来ましたシリーズ 絶対満点で年を越すぞ!いつか最高の自分にスペシャル!!(新春かくし芸大会)
1999	01月09日 (#088)	シャンプー刑事⑩(事件簿其の十「年の始めの特別警戒」) 濱口に新しい彼女を! クイズ濱口優⑥(ゲスト/あさりど)
	01月16日 (#089)	爆烈お父さん第14話祝迎春スペシャル「父のとんでもない苦労時代」(ゲスト/YURIMARI) ザ・カルチャータイム㉛(スガシカオ) 笑う男① エスパー伊東の聞いて!聞いて!!②(ゲスト/モーニング娘。)
	01月23日 (#090)	有野はめちゃイケに不必要か!? 存在感CHECK!! ザ・カルチャータイム㉜(金融ビッグバン) 横須賀社長②
	01月30日 (#091)	ボケ肉番付お笑いストラックアウト
	02月06日 (#092)	めちゃイケギャンブラー矢部浩之の持ってけ100万円(大阪編前半) モリグチくん②
	02月13日 (#093)	めちゃイケギャンブラー矢部浩之の持ってけ100万円(大阪編後半) クイズ濱口優⑦(キャンプ編) イケてるキャバクラスカウト
	02月20日 (#094)	バレンタインデー記念ドラマ 光浦家の三姉妹 よゐこVSナイナイガチンコ対決④(相撲) ザ・ヤマモトテン①(風見しんご)
	02月27日 (#095)	14年越しの夢実現! 新田恵利の家に行こう
	03月06日 (#096)	ヨモギダ少年愚連隊3 第一夜「'98帰郷」 ダダーン ボヨヨン ボヨヨンスペシャル!!
	03月13日 (#097)	ヨモギダ少年愚連隊3 第二夜「'98秘密」 あせるべからずスペシャル!!
	03月20日 (#098)	ヨモギダ少年愚連隊3 第三夜「'99初恋」 いんいちがいちスペシャル!!
	04月10日 (#099)	ヨモギダ少年愚連隊3 最終夜「'99巣立ち」 目を覚ませスペシャル!!
	04月17日 (#100)	シャンプー刑事⑪(事件簿其の十一「季節はずれの大捜査線」) 加藤浩次 涙の借金返済ツアー!!
	04月24日 (#101)	山本通販企画 クイズ濱口優⑧(忍者編1) ザ・カルチャータイム㉝(カルチャー用語は無し)

西暦	O.A. DATE	TOPICS
1999	05月08日（#102）	爆烈お父さん第15話黄金週間スペシャル！！「母と子の良き日」（ゲスト／チェキッ娘） クイズ濱口優⑨（忍者編2） ザ・ヤマモトテン②（堤大二郎） 笑う男②（病院編）
	05月15日（#103）	シャンプー刑事⑫（事件簿其の十二「美女在る所に犯罪あり」） エスパー伊東の聞いて！聞いて!! ③（ゲスト/FC 会員NO.7　楠田枝里子） 横須賀社長③ ザ・カルチャータイム㉞（キャメロン・ディアス） めちゃSTEPS ①（ディスコ）
	05月22日（#104）	格闘女神MECHA ①（めちゃ日本女子プロレス） ノンストップママ① ザ・カルチャータイム㉟（ウルトラマリン） 人質名人
	05月29日（#105）	シャンプー刑事⑬（事件簿其の十三「極悪人どもの盆踊り」） こにしプロデューサー⑪ めちゃSTEPS ②（北千住宿場町商店街） ザ・カルチャータイム㊱（バーキン）
	06月12日（#106）	ナイナイ欠席緊急会議 （めさ²イケとるッ！？）
	06月19日（#107）	シャンプー刑事⑭（事件簿其の十四「所轄の意地を見せてやれ！」）ゲスト/筧利夫 めちゃイケ親子大喜利 クイズ濱口優⑩（忍者3） ザ・ヤマモトテン③（ビーナス）
	06月26日（#108）	加藤＆大久保（結婚式編）
	07月10日（#109）	有野ファン感謝デー ザ・カルチャータイム㊲（IOC疑惑） クイズ濱口優⑪（西部劇1） ヤシ本真也
	07月24日（#110）	実録・山本球団②　俺たちのオールスター
	07月31日（#111）	シャンプー刑事⑮（事件簿其の十五「刑事の人生は修羅の道」） ザ・ヤマモトテン④（郷ひろみ） クイズ濱口優⑫（西部劇2） 人質道場破り
	08月07日（#112）	愛するコンビ、別れるコンビ ツタンカーメンの部屋2（ゲスト/榎本加奈子）
	08月14日（#113）	アクション寝起き総集編
	08月21日（#114）	笑わず嫌い王決定戦②（飯島直子VS研ナオコ）
	08月28日（#115）	矢部浩之のオファーしちゃいました!!　矢部めざましテレビ24時間　夢中でAD！！ めちゃイケCM（TBC編・①） ツタンカーメンの部屋③（ゲスト/チェキッ娘）

西暦	O.A. DATE	TOPICS
1999	09月04日 (#116)	Mの三兄弟①(安達祐実) NG大将 めちゃイケCM(TBC編・②) 笑う男③(ゲスト/的場浩司) ザ・カルチャータイム㊳(出題なし) クイズ濱口優⑬(西部劇3)
	09月11日 (#117)	Mの三兄弟②(大神いずみ) 麻布ヤマモト騒動 めちゃイケCM(TBC編・③) 横須賀社長④ NG大将
	09月18日 (#118)	加藤&大久保(完結編)
	09月25日 (#119)	山本通販企画② イケてるキャバクラスカウト②(病院編)
	10月09日 (#120)	岡村オファーが来ましたシリーズ シャカリキに頑張るゾ　動物王国スペシャル!!
	10月16日 (#121)	Mの三兄弟③(たんぽぽ) めちゃイケ親子大喜利② 江頭の一言物申す⑬(嵐) めちゃSTEPS③(神田大明神、秋祭り会場) ツタンカーメンの部屋④(ゲスト/稲垣吾郎)
	10月23日 (#122)	江頭の一言物申す⑭(ジャッキー・チェン) ノンストップママ② Mの三兄弟④(優香) ザ・カルチャータイム㊴(パクセリ) こにしプロデューサー⑫
	11月13日 (#123)	爆烈お父さん第16話七五三スペシャル!!「家族が核心に触れた日」(ゲスト/GABU GIRL) ザ・カルチャータイム㊵(アミダラ女王)初正解を記録 健さん① 恋愛の加藤教師①(加藤教師/鈴木紗理奈)
	12月04日 (#124)	実録・伊豆の踊子(映画オーディション) 恋愛の加藤教師②(加藤教師/梨花) ツタンカーメンの部屋⑤(ゲスト/ビジュアル・クイーン・オブ・ザ・イヤー'99 3人娘　吉井怜、内藤陽子、高以亜希子)
	12月11日 (#125)	フジTV警察'99　密着24時!!逮捕の瞬間100連発
	12月25日 (#126)	日本一周ええ仕事の旅!! YOUがCANできるならDOしちゃいなッスペシャル!!
	12月31日 (特番)	年末スペシャル「めちゃ²あいしてるッ!」 岡村オファーが来ましたシリーズ⑥(フルマラソン)
2000	01月08日 (#127)	江頭の一言物申す⑮(ユースケ・サンタマリア) ナイナイVS雨上がり決死隊ガチンコ対決①(400m走) 恋愛の加藤教師③(加藤教師/神田うの) シャンプー刑事⑯(事件簿其の十六「俺たちの方があぶない刑事」)(デンジャラス) ザ・カルチャータイム㊶(ペタジーニ) ザ・ヤマモトテン⑤(イモ欽トリオ)

西暦	O.A. DATE	TOPICS
2000	01月15日 (#128)	史上最大の作戦　濱口をボウズに！ (スター・ウォーズ・エピソードII)
	01月22日 (#129)	「めちゃ²あいしてるッ！」総集編
	01月29日 (#130)	矢部浩之のオファーしちゃいました!!　第2弾巨大温泉旅館で矢部24時間労働!!
	02月05日 (#131)	寝起き早食い選手権PRIDE① 横須賀社長⑤ 恋愛の加藤教師④(加藤教師／川島なお美) ツタンカーメンの部屋⑥(ゲスト／山口もえ)
	02月12日 (#132)	バレンタインデー記念ドラマ　光浦家の三姉妹② 健さん②(カジノバー編)
	02月19日 (#133)	爆烈お父さん第17話鬼は外スペシャル!!「父が全壊した日」(ゲスト／おはぐみ) クイズ濱口優⑭(おさる登場) めちゃSTEPS④(住宅展示場)
	02月26日 (#134)	格闘女神MECHA②(めちゃ日本女子プロレス)
	03月05日 (#135)	White berryスペシャル　凍死覚悟の北海道で美少女バンドを追え
	03月11日 (#136)	めちゃSTEPS⑤(海ほたる) 七人のしりとり侍①「菊千代キレる」 クイズ濱口優⑮ 恋愛の加藤教師⑤(加藤教師／デヴィ夫人) 笑う男④(ゲスト／石田ひかり) Mの三兄弟⑤(仲間由紀恵)
	03月18日 (#137)	脱税タレント摘発！めちゃイケマルサ!! クイズ濱口優⑯ 七人のしりとり侍②　「九蔵の法則」
	04月08日 (#138)	初生放送だよ全員集合！　4月馬鹿スペシャル!! 濱口が初生放送に合コンで遅刻中!! 爆烈お父さん第18話生放送スペシャル「優の驚くべきお祝い」(ゲスト／藤井隆) クイズ生濱口優
	04月15日 (#139)	矢部＆大久保(温泉ツアー)
	04月22日 (#140)	江頭の一言物申す⑯(佐藤浩市、深津絵里、米倉涼 子、矢部浩之) 七人のしりとり侍③「勝四郎の予習」 めちゃSTEPS⑥(北海道中標津) ナイナイVS雨上がりガチンコ対決②(PK) ツタンカーメンの部屋⑦(ゲスト／IZAM)隣のスフィンクスさん(OL／大久保)も出演。
	05月06日 (#141)	MECHAIKE IMPOSSIBLE (濱口だましの裏側)
	05月13日 (#142)	七人のしりとり侍④「勘兵衛の殺意」 「オールナイトニッポン」救済計画
	05月20日 (#143)	爆烈お父さん第19話優在宅スペシャル!!「狂犬が吠えまくった日」(ゲスト／Z-1) クイズ濱口おさる①(「おさる」にリニューアル) めちゃSTEPS⑦(長野県高遠の城址)

西暦	O.A. DATE	TOPICS
2000	05月27日（#144）	国民的アイドル　キスしたい男No.1オムタク街角インタビュー！！ 七人のしりとり侍⑤「五郎兵衛の秘密」 ここがヘンだよかけだしアイドル
	06月03日（#145）	格闘女神MECHA③（めちゃ日本女子プロレス）
	06月10日（#146）	七人のしりとり侍⑥「七郎次も皆仲間」 クイズ濱口おさる② めちゃSTEPS⑧（フジテレビの新入社員） オカッチ＆ミヤッチ①（いすとり） Mの三兄弟⑥（坂下千里子）
	06月17日（#147）	寝起き早食い選手権PRIDE2
	07月01日（#148）	矢部＆大久保　ふぞろいのイケてるメンバーたち 第2回「愛する人を追いかけますか？」
	07月15日（#149）	夏休み直前企画めちゃイケ期末テスト
	07月22日（#150）	2度あることは3度ある実録・山本球団③ 七人のしりとり侍⑦「平八の没落」 江頭の一言物申す⑰（郷ひろみ） クイズ濱口おさる③
	08月05日（#151）	矢部浩之のオファーしちゃいました!!　第3弾ザテレビジョンで矢部32時間記者!!
	08月19日（#152）	七人のしりとり侍⑧「先生の人柄」（ゲスト／香田晋） クイズ濱口おさる④（刑事編①） オカッチ＆ミヤッチ②（ワッペン取り） ICDTV2①（モーニング娘。） めちゃSTEPS⑨（鴨川第一高校） 恋愛の加藤教師⑥（加藤教師／三原じゅん子とコアラ）
	09月09日（#153）	ノーリアクションドラマ連続タライ小説「春よ来い」　最終回「父の笑顔」 クイズ濱口おさる⑤（刑事編②） ツタンカーメンの部屋⑧（ゲスト／はしのえみ）
	09月16日（#154）	七人のしりとり侍⑨「勘兵衛の裏切り」（ゲスト／ダメダメボーイズ、内山信二） ここがヘンだよAD
	09月23日（#155）	めちゃイケスクリームin河口湖 ICDTV2②（加藤ママ）
	10月14日（#156）	岡村オファーが来ましたシリーズ⑦ 今年で30しっとるケ!? ガオーッスペシャル!!（ライオンキング）
	10月21日（#157）	どっちのADショー
	10月28日（#158）	スポーツの秋ということでめちゃイケスポーツテスト クイズ濱口おさる⑥（刑事編③） 岡村ハイエナダンス
	11月04日（#159）	笑わず嫌い王決定戦③（久本雅美VS釈由美子　前半戦） 七人のしりとり侍⑩「勘兵衛の屈辱」（ゲスト／内山信二＆セイン・カミュ） 恋愛の加藤教師⑦（加藤教師／加賀まりこ）
	11月11日（#160）	爆烈お父さん第20話祝代表スペシャル！！「父が超人気ドラマに出た日」（ゲスト／Whiteberry） 七人のしりとり侍⑪「勝四郎の過去」（ゲスト／大澄賢也）

西暦	O.A. DATE	TOPICS
2000	11月18日（#161）	笑わず嫌い王決定戦③（久本雅美VS釈由美子　後半戦） 七人のしりとり侍⑫「平八の学力」（ゲスト／山寺宏一）
	11月25日（#162）	オナベがチャレンジャー　光浦オトせたら100万円!!
	12月02日（#163）	pM8 Part.1 加藤浩次のスカイダイビング たつひろ（前半）
	12月09日（#164）	pM8 Part.2 たつひろ（後半） 大隈いちろう 油谷さん（佐野アナ結婚祝い・前半）
	12月16日（#165）	pM8 Part.3 油谷さん（佐野アナ結婚祝い・後半） 加藤浩次のカナヅチ（ムサンバニ選手） 岡村隆史 VS 岩城滉一（前半） ダイブツくん
	12月30日（#166）	pM8 Part.4 さよなら大好きな人　涙の完結編スペシャル!!（本田みずほ） 岡村隆史VS岩城滉一（後半）
2001	01月02日（特番）	pM8正月スペシャル 新春緊急呼び出しスペシャル!!
	01月20日（#167）	pM8 Part.5 本田みずほ完結編
	01月27日（#168）	pM8 Part.6 ファイナルアンサースペシャル
	02月03日（#169）	NG集 大事典CM①
	02月10日（#170）	七人のしりとり侍最終回「最終夜　お笑い番組とイジメ問題」 クイズ濱口おさる⑦（まさる＆おさる・かよちゃん①） オカッチ＆ミヤッチ③ 江頭の一言物申す⑱（DA PUMP） めちゃSTEPS⑩（ノア） 大事典 CM②
	02月17日（#171）	男だらけのあいのり 大事典 CM③
	02月24日（#172）	めちゃイケ！お笑いバトル・ロワイアル 大事典 CM④
	03月03日（#173）	格闘女神MECHA④（めちゃ日本女子プロレス） 大事典 CM⑤
	03月10日（#174）	ここがへんだよマネージャー クイズ濱口おさる⑧（まさる＆おさる、かよちゃん②） 恋愛の加藤教師⑧（加藤教師／飯島愛） クイズ＄マジオネア 大事典覆面座談会

Index Entry Keys

「めちゃイケ大百科事典」制作スタッフ

【Special Thanks】

佐藤義和
吉田正樹
鈴木恵悟
小西康弘
荒井昭博
伊戸川俊伸
印田弘幸
小倉伸一
櫟本憲勝
佐久間茂
北村　要
石原由季
清水　東
内村宏幸
中島浩司
岩沢忠夫
田中祥嗣
太田友康
石森慎司
興山洋子
千佐隆智
岡本昭彦
松浦　徹
新井隆之
熊谷竹代
和田　薫
飯島三智
難波規精
岡田　勉
森口　尚
奥井剛平
山根英明

【おだいばZ会】

出演者	岡村隆史 矢部浩之 濱口　優 有野晋哉 山本圭壱 加藤浩次 雛形あきこ 鈴木紗理奈 光浦靖子 武田真治 大久保佳代子
構成	伊藤正宏 御影屋　聖 鈴木工務店 渡辺・プロ すますま・すずき 小矢部マサシ 野村正樹 元祖爆笑王
SW	藤本敏行
カメラ	長瀬正人 辻　稔
VE	塚本　修
音声	高橋幸則 深谷高史 石井俊二 牧野正義
照明	土倉潤一 渡辺啓史 安藤雄郎
音響効果	笠松広司
編集	中根敏晶 岩崎直人 堀　博勝 神保和則 影山朋子 原　健一郎
MA	円城寺　暁 鈴木久美子 民　幸之助
TK	山口美香

美術制作	小須田和彦 須藤康弘
デザイン	桐山三千代
美術進行	石川利久
大道具	毛利　彰
アクリル装飾	早川　崇
視覚効果	山ノ内　健
小道具	岡田寿也
電飾	林　将大
衣裳	中山美和 山口亜希 神波憲人
持道具	森　知美
メイク	春山輝江 峰野恵美 中谷しのぶ
かつら	今井奈緒子 矢津田一寛 川北恭代
特殊装置	福田隆正 平野正英
動物	佐藤　護
アートフレーム	石井智之
CG	岩下みどり
タイトル	佐々木千代乃 岩崎光明
ナレーション	木村匡也 住友七絵
広報	中島良明 石田卓子 岡澤雄一
スチール	関　興一
音楽	重村正道
インフェルノ	佐藤亮平
イラスト	まるはま
車輌	岡本貴幸 瀬谷　勲 上田健次
マネージャー	河内俊昭 中島　毅 坪倉大輔 伊藤　潔 脇　裕之 片山勝三 小森みゆき 坂内貴俊 栗原克昭 馬場基生 塚田儀雄 田中　修 柳井達也
デスク	吉井小惠佳 岡野道子
AD	中嶋優一 吉村正好 山本大輔 松本泰治 久保田聡 大平智恵 大内舞子 田中大祐 杉山康晴 増田玲介
AP	徳光芳文
ディレクター	中村　肇 戸渡和孝 夏野　亮 近藤真広 明松　功
総監督	片岡飛鳥

【出版スタッフ】

装丁・ 本文デザイン ビジュアル	河地貢士
カバー写真	福岡耕造
取材・文	加藤芳幸 多田洋一 藤森陽子 八巻裕実 （アイウエオ順）
編集	将口真明 久村洋輔
広報写真	関　興一
校正	仁平雅晴
DTP制作	大洋印刷株式会社
制作協力	株式会社オム

くすり
Mechaik
Mechaik

めちゃイケ大百科事典
エンサイクロペディア

2001年4月30日初版第1刷発行

発行人
三ツ井　康
発行所
株式会社フジテレビ出版
発売
株式会社扶桑社
〒105-8070
東京都港区海岸1-15-1
TEL.03-5403-8870（編集）
TEL.03-5403-8859（販売）

印刷・製本：凸版印刷株式会社

定価はカバーに表示してあります。
乱丁・落丁は扶桑社販売部（書籍）宛にお送りください。
送料小社負担にてお取り替え致します。

ISBN4-594-03074-2